普通高等教育“十三五”规划教材

# 大学物理

（上册）

（第二版）



主编　石永锋　虞凤英
主审　张晓波

中国水利水电出版社
www.waterpub.com.cn

## 内 容 提 要

本书是根据教育部最新制定的《理工科非物理类专业大学物理课程教学基本要求》，以大众化教育形式下对人才培养的要求为出发点，针对当前学生的特点编写而成。

本书思路清晰、表述简洁，重视物理思想和物理图像的描述，内容通俗易懂。配有丰富的习题，便于知识点的及时巩固。力争做到近代物理与经典物理的有机结合、物理理论与工程技术实际的有机结合。为了提高物理学的亲和力，每章后附有相关物理学家的生平简介。全书采用国际单位制，所有名词均以全国自然科学名词审定委员会1988年公布的基础物理学名词为准。全书共十九章，分为上、下两册，本书为上册，共十章。包括质点力学、刚体力学、静电场、磁场等内容。

本书可作为高等学校理工科非物理类专业大学物理课程的教材或参考书使用，也可供其他专业和社会读者阅读。

图书在版编目（CIP）数据

大学物理. 上册 / 石永锋，虞凤英主编. -- 2版. -- 北京 : 中国水利水电出版社，2016.1(2022.2重印)
普通高等教育“十三五”规划教材
ISBN 978-7-5170-4060-6

Ⅰ. ①大… Ⅱ. ①石… ②虞… Ⅲ. ①物理学－高等学校－教材 Ⅳ. ①O4

中国版本图书馆CIP数据核字(2016)第014224号

| 书名 | 普通高等教育“十三五”规划教材<br>**大学物理（上册）**（第二版） |
|---|---|
| 作者 | 主编 石永锋 虞凤英 主审 张晓波 |
| 出版发行 | 中国水利水电出版社<br>（北京市海淀区玉渊潭南路1号D座 100038）<br>网址：www.waterpub.com.cn<br>E-mail：sales@waterpub.com.cn<br>电话：（010）68367658（营销中心） |
| 经售 | 北京科水图书销售中心（零售）<br>电话：（010）88383994、63202643、68545874<br>全国各地新华书店和相关出版物销售网点 |
| 排版 | 中国水利水电出版社微机排版中心 |
| 印刷 | 清淞永业（天津）印刷有限公司 |
| 规格 | 184mm×260mm 16开本 17.25印张 409千字 |
| 版次 | 2011年1月第1版 2011年1月第1次印刷<br>2016年1月第2版 2022年2月第7次印刷 |
| 印数 | 14501—17500册 |
| 定价 | **49.50**元 |

# 第二版前言

DIERBANQIANYAN

物理学是在人类探索自然奥秘的过程中形成的，是研究物质基本结构、基本运动形式以及物质之间相互作用规律的科学。物理学是从研究物体的机械运动规律开始发展起来的，后来又研究了热现象、电磁现象、光现象和辐射现象等。到了19世纪末物理学已经形成完整的体系，被称为经典物理学。在20世纪初的30年中，物理学经历了一场革命，相对论和量子力学诞生了。从此以后形成的物理学体系称为近代物理学。

物理学是一切自然科学的基础，在探讨物质结构和运动基本规律的进程中，每一次重大的发现和突破都会导致新领域的诞生和新方向的出现，同时也会伴随新的分支学科、交叉学科和新的技术学科的问世。在已经过去的100年间，物理学已经形成若干个系统、清晰的分支学科，例如力学、热学、声学、光学和电磁学等，同时也形成了激光、无线电、微电子、原子能等一些独立学科。我们在大学本科时代学到的知识基本上都是100～400年前的发现。尽管如此，这些古老的基础物理知识与今天乃至未来的人类生活和科技发展仍然有着密切的联系，上至航天技术，下到石油勘探，大到宇宙秘密的探索，小到计算机芯片的研制，样样都离不开物理学的基础作用。甚至似乎与自然科学无关的经济、金融、股票、政治等领域，也有人采用物理学的方法和概念进行研究，并取得令人信服的成果。可见，物理学作为所有自然科学中发展最早、最成熟，理论与实验相辅相成的一门定量化的学科，其成就不仅发展了物理学自身，而且已经成为新技术、新学科、新思维的原动力。物理学始终处在自然科学发展的最前列，它推动着技术的进步和创新，极大地影响着经济和社会的进步。2005年被联合国命名为“国际物理年”，这也是有史以来联合国第一次以单一学科命名的国际年。

随着时代的发展，青年人的兴趣和志向越来越多元化。特别是随着我国高等教育大众化步伐的加快，人才培养模式也随之发生了重大变化。因此，在新形势下为了适应21世纪对高素质人才的需要，如何讲好大学物理这门课，是摆在高校物理教育工作者面前的首要任务。我们要以现代的观点审视传统的物理教学内容，充分利用各种现代化教育技术手段，将传统文本教学资源与现代的动画、图形、图片和视频等教学素材进行全面的整合，在教学中将它们有机地结合起来，使学生获得最佳的学习效果。

本书在编写中充分考虑到了学生的物理基础和学习的实际状况，以“基本要求”中的核心内容作为本书的基本框架，通篇贯彻着“少而精”“理论联系实际”的原则。在基本概念和基本理论的讲述中，力求简单明了、由浅入深、易读易懂、便于掌握。对于一般性的知识只作简单介绍，交代清楚基本的物理观念，给出重要的结论，再通过典型例子加深对这些结论的理解。对于必要的数学推导，在不失严密的情况下尽量从简，而将主要精力放在培养学生使用数学工具解决实际物理问题的能力。

本教材有意侧重例题、习题和问题的基础性、应用性和典型性的训练。部分题目与实际紧密联系，物理原理清楚，难度适中，有较强的实际应用意义和一定的趣味性。相信这些题目在引起学生操作兴趣的同时，可以加深理解本课程的基础知识和基本概念。本书的习题内容和数量选择尽量与教材内容相配合，也有少量有一定难度的习题，以满足对本课程有浓厚兴趣的学生的需要。

本书加强了与中学物理相关内容的衔接，同时也注意到中学物理课程改革对大学物理课程带来的可能影响。学生在浏览本书的目录后会发现，书中的力学、热学、光学和电磁学等内容在中学已经学过了。其中的牛顿定律等内容在中学曾经做过很多练习。但是在大学物理课中，我们将使用全新的数学工具（如微积分、矢量等）去研究这些领域。尽管这些内容学生并不陌生，但是他们仍然要以初学者的心态去认真钻研，必要时也得放弃一些中学时期形成的观念。此外，本书中还有很多的公式，但是它们并不具有同等的重要性，最基本的、核心的公式并不是很多。学生应该花费一定的精力理解它们所蕴含的深刻物理意义，弄清楚它们适用于什么物理过程，描述了什么物理现象和物理图像。这些公式也不抽象，它们与我们的生活总是密切相关。如果能灵活地利用这些公式去解决实际问题，那就说明本门课程你已学得相当不错。

本书的第一～四章、第十一～十五章和第十八章由浙江工业大学之江学院虞凤英编写，第五～九章、第十六章、第十七章和第十九章由浙江理工大学科技与艺术学院石永锋编写。

由于作者水平所限，书中难免存在不当和错误之处，恳请同行专家和读者提出宝贵意见，果能如愿，编者将不胜感激。

如果读者需要与本书相关的电子资料，请发邮件至614918348@qq.com与我们联系。

**《大学物理》编写组**

2015年5月

# 第一版前言

DIYIBANQIANYAN

物理学是在人类探索自然奥秘的过程中形成的，是研究物质基本结构、基本运动形式以及物质之间相互作用规律的科学。物理学是从研究物体的机械运动规律开始发展起来的，后来又研究了热现象、电磁现象、光现象和辐射现象等。到了19世纪末物理学已经形成完整的体系，被称为经典物理学。在20世纪初的30年中，物理学经历了一场革命，相对论和量子力学诞生了。从此以后形成的物理学体系称为近代物理学。

物理学是一切自然科学的基础，在探讨物质结构和运动基本规律的进程中，每一次重大的发现和突破都会导致新领域的诞生和新方向的出现，同时也会伴随新的分支学科、交叉学科和新的技术学科的问世。在已经过去的100年间，物理学已经形成若干个系统、清晰的分支学科，例如力学、热学、声学、光学和电磁学等，同时也形成了激光、无线电、微电子、原子能等一些独立学科。我们在大学本科时代学到的知识基本上都是100～400年前的发现，尽管如此，这些古老的基础物理知识与今天乃至未来的人类生活和科技发展仍然有着密切的联系，上至航天技术、下到石油勘探，大到宇宙秘密的探索、小到计算机芯片的研制，样样都离不开物理学的基础作用。甚至似乎与自然科学无关的经济、金融、股票、政治等领域，也有人采用物理学的方法和概念进行研究，并取得令人信服的成果。可见，物理学作为所有自然科学中发展最早、最成熟，理论与实验相辅相成的一门定量化的学科，其成就不仅发展了物理学自身，而且已经成为新技术、新学科、新思维的原动力。物理学始终处在自然科学发展的最前列，它推动着技术的进步和创新，极大地影响着经济和社会的进步。2005年被联合国命名为“国际物理年”，这也是有史以来联合国第一次以单一学科命名的国际年。

随着时代的发展，青年人的兴趣和志向越来越多元化。特别是我国随着高等教育大众化步伐的加快，人才培养模式也随之发生了重大变化。因此，在新形势下为了适应21世纪对高素质人才的需要，如何讲授好大学物理这门课，是摆在高校物理教育工作者面前的首要任务。我们要以现代的观点审视传统的物理教学内容，充分利用各种现代化教育技术手段，将传统文本教学资源与现代的动画、图形、图片和视频等教学素材进行全面的整合，在教学中将它们有机地结合起来，使学生获得最佳的学习效果。

本书在编写中充分考虑到了学生的物理基础和学习的实际状况，以“基本要求”中的核心内容作为本书的基本框架，通篇贯彻着“少而精”“理论联系实际”的原则。在基本概念和基本理论的讲述中，力求简单明了、由浅入深、易读易懂、便于掌握。对于一般性的知识只作简单介绍，交代清楚基本的物理观念、给出重要的结论，再通过典型例子加深对这些结论的理解。对于必要的数学推导，在不失严密的情况下尽量从简，而将主要精力放在培养学生使用数学工具解决实际物理问题的能力。

本教材有意侧重例题、习题和问题的基础性、应用性和典型性的训练。部分题目与实际紧密联系，物理原理清楚，难度适中，有较强的实际应用意义和一定的趣味性。相信这些题目在引起学生操作兴趣的同时，可以加深理解本课程的基础知识和基本概念。本书的习题内容和数量选择尽量与教材内容相配合，也有少量有一定难度的习题，以满足对本课程有浓厚兴趣的学生的需要。

本书加强了与中学物理相关内容的衔接，同时也注意到中学物理课程改革对大学物理课程带来的可能影响。学生在浏览本教材的目录后会发现，书中的力学、热学、光学和电磁学等内容在中学已经学过了。其中的牛顿定律等内容在中学曾经做过很多的练习。但是在大学物理课中，我们将使用全新的数学工具（如微积分、矢量等）去研究这些领域。尽管这些内容学生并不陌生，但是他们仍然要以初学者的心态去认真钻研，必要时也得放弃一些中学时期形成的观念。此外，本教材中还有很多公式，但是它们并不具有同等的重要性，最基本的、核心的公式并不很多。学生应该花费一定的精力理解它们所蕴含的深刻物理意义，弄清楚它们适用于什么物理过程，描述了什么物理现象和物理图像。这些公式也不抽象，它们与我们的生活总是密切相关。如果你再能灵活地利用这些公式去解决实际问题，那么你的大学物理课程就学得相当不错了。

本书由浙江理工大学石永锋和叶必卿主编，浙江理工大学马春生老师绘制了本教材的部分插图，编写了各章后的科学家史话。浙江理工大学杜娟老师编写了本教材的全部习题。

由于作者水平所限，书中难免存在不当和错误之处，恳请同行专家和读者提出宝贵意见，编者将不胜感激。

编　者

2010 年 10 月

于杭州西子湖畔

# 目录

MULU

# 第一章　质 点 的 运 动

**物理学**（physics）**是研究物质的结构及其运动基本规律的学科。**世界是物质的，一切物质都在作永不停息的运动。在物质的各种运动中，最基本、最普遍的运动形式是机械运动、分子热运动、电磁运动、原子和原子核内部的运动以及其他微观粒子的运动。

**机械运动指一个物体相对于另一个物体的位置随时间的变化或者一个物体内部各部分之间的相对位置随时间的变化运动。力学是研究机械运动规律的学科。**力学一般分为运动学和动力学两大部分。**运动学描述物体的空间位置随时间变化的规律，**而不涉及物体运动改变的原因。

**本章学习要点**

（1）掌握位置矢量、位移、加速度等描述质点运动及运动变化的物理量；理解这些物理量的矢量性、瞬时性和相对性。

（2）理解运动方程的物理意义及其作用，掌握运用运动方程确定质点的位置、位移、速度和加速度的方法，以及已知质点运动的加速度和初始条件求解速度、运动方程的方法。

（3）能计算质点在平面内运动时的速度和加速度，以及质点作曲线运动（包括圆周运动）时的角速度、角加速度、切向加速度和法向加速度。

（4）理解速度、加速度合成定理，并会用它求解质点的相对运动问题。

## 第一节　质点　参考系　运动方程

### 一、质点

实际物体都具有质量、形状和大小。一般来说，物体在运动过程中，其内部各点的运动情况是各不相同的，并且物体的形状和大小也会发生变化。但在研究某些问题时，为了突出其主要性质，忽略次要性质，简化问题的研究，我们常常**忽略物体的形状和大小，将物体看作只有质量而没有形状和大小的理想几何点，称为质点**（particle）。

如果一个物体在运动过程中，其任意两点的连线的空间指向始终保持不变（称这种运动为平动），物体内各点就具有完全相同的速度和加速度，这时我们可以将它当作质点来处理，火车在平直的铁路上平稳行驶就属于这种情况；另外，如果一个物体到观察者的距离远远大于这个物体本身的几何线度，也可以将该物体当作质点来看待，在研究地球绕太阳公转时，由于地球到太阳的平均距离约为地球半径的 $1\times10^4$ 倍，这时可以忽略地球本身的大小和转动，将其当作质点来处理。

一个确定的物体能否抽象成质点，应视具体情况而定。一列火车在转弯时，其内部各点的运动情况并不相同，这时就不能再认为火车是一个质点了。

## 二、参考系和坐标系

自然界中所有的物体都在运动，不存在绝对静止的物体，这就是**运动的绝对性**。为了描述某物体的运动，必须选择另外一个物体作为参考，这个**为了描述物体的运动而被选作参考的物体称为参考系**（frame of reference）。

参考系的选择是任意的，但在描述某一个物体的运动时，如果**选取的参考系不同，对该物体运动的描述也不同，这就是运动描述的相对性**。例如，在相对地面作匀速运动的列车中，一颗螺丝钉从车的顶棚落下。如果以列车为参考系，螺丝钉作直线运动；但如果以地面为参考系，螺丝钉作曲线运动。因此，在描述一个物体的运动时，必须指明是对什么参考系而言的。

在地球上研究物体运动时，往往选地面作为参考系。以后如果没有特别说明，都是以地面作为参考系的。

有了参考系只能对物体运动作定性的描述，要想定量地表示物体在各时刻的位置，还需要**在参考系上建立一个计算系统，这就是坐标系**。在同一个参考系上选择不同的坐标系，物体位置的坐标是不相同的。最常用的坐标系是直角坐标系，此外还有自然坐标系、极坐标系、柱面坐标系、球面坐标系和广义坐标系等。

## 三、位置矢量和运动方程

为了确定质点 $P$ 在某一时刻的位置和方向，我们**由坐标原点 $O$ 向质点 $P$ 作一条有方向的线段，称为位置矢量**（position vector），**简称位矢**，用$\vec{r}$来表示。

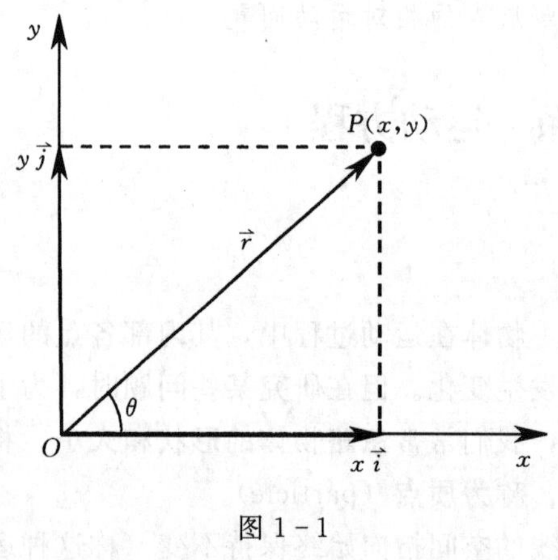


图 1-1

在图 1-1 的平面直角坐标系中，位矢 $\vec{r}$ 在 $x$ 轴和 $y$ 轴上的分量分别为 $x\vec{i}$ 和 $y\vec{j}$，其中$\vec{i}$、$\vec{j}$分别表示 $x$ 轴和 $y$ 轴的单位矢量，则位矢在平面直角坐标系中的表达式为

$$\vec{r}=x\vec{i}+y\vec{j} \tag{1-1}$$

位矢是既有大小、又有方向的物理量，其大小为

$$r=|\vec{r}|=\sqrt{x^2+y^2}$$

其方向用 $\vec{r}$ 与 $x$ 轴的夹角 $\theta$（称为**方向角**）表示，方向角的正切值为

$$\tan\theta=\frac{y}{x}$$

当质点相对于参考系运动时，用来确定质点方位的位矢 $\vec{r}$ 也会随时间变化，即位矢 $\vec{r}$ 是时间 $t$ 的单值连续函数。**随时间变化的位矢**给出了质点在任一时刻的位置，它反映了质点的运动规律，我们称它为**质点的运动方程**，即

$$\vec{r}=\vec{r}(t) \tag{1-2}$$

质点运动方程的平面直角坐标表达式为

$$\vec{r}=x(t)\vec{i}+y(t)\vec{j} \tag{1-3}$$

**质点运动过程中所走的路径称为质点运动的轨迹。描述质点运动轨迹的方程称为轨迹方程。如果质点运动的轨迹是一条直线，称这种运动为直线运动；如果质点运动的轨迹是一条曲线，称这种运动为曲线运动。**

为了讨论问题方便，以上论述中我们都以二维情况为例，这种情况掌握了，推广到三维情况就不难了。

# 第二节　位移　速度　加速度

## 一、位移

为了描述质点在运动过程空间位置变化的大小和方向，我们引入位移的概念。

在图 1-2 的平面直角坐标系中，质点在 $\Delta t$ 时间内从位置 $P_1$ 沿曲线运动到位置 $P_2$，我们从 $P_1$ 点到 $P_2$ 点所作的矢径 $\Delta\vec{r}$，就是质点在 $\Delta t$ 时间内的**位移矢量**（displacement vector），简称**位移**（displacement）。从图 1-2 中容易看出

$$\Delta\vec{r}=\vec{r}_2-\vec{r}_1$$

即质点在 $\Delta t$ 时间内发生的位移等于质点在这段时间间隔内位矢的增量。

在平面直角坐标系中，$\vec{r}_1=x_1\vec{i}+y_1\vec{j}$，$\vec{r}_2=x_2\vec{i}+y_2\vec{j}$，因此

$$\Delta\vec{r}=(x_2\vec{i}+y_2\vec{j})-(x_1\vec{i}+y_1\vec{j})=(x_2-x_1)\vec{i}+(y_2-y_1)\vec{j}=\Delta x\vec{i}+\Delta y\vec{j}$$

位移的大小和方向分别为

$$|\Delta\vec{r}|=\sqrt{(\Delta x)^2+(\Delta y)^2},\ \tan\alpha=\frac{\Delta y}{\Delta x}$$

式中：$\alpha$ 为位移矢量与 $x$ 轴的夹角。

位移表示位置变化的实际效果，并不是质点所经历的路程。**路程（route）是指质点实际运动的轨迹长度，**它是标量，通常用 $\Delta s$ 表示。一般来说 $|\Delta\vec{r}|\neq\Delta s$，只有在 $\Delta t\to0$ 的极限情况下，$|\mathrm{d}\vec{r}|=\mathrm{d}s$。

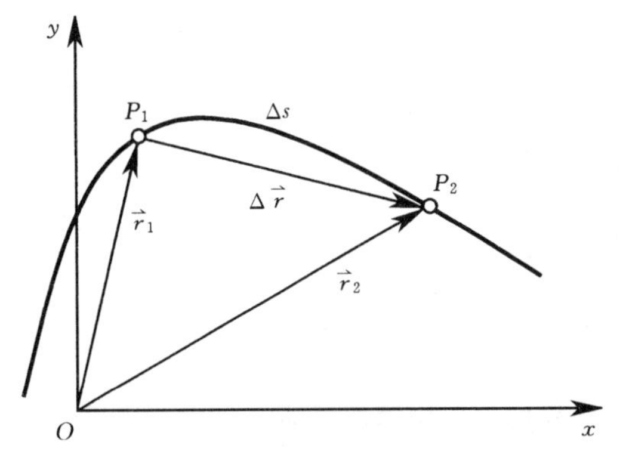


图 1-2

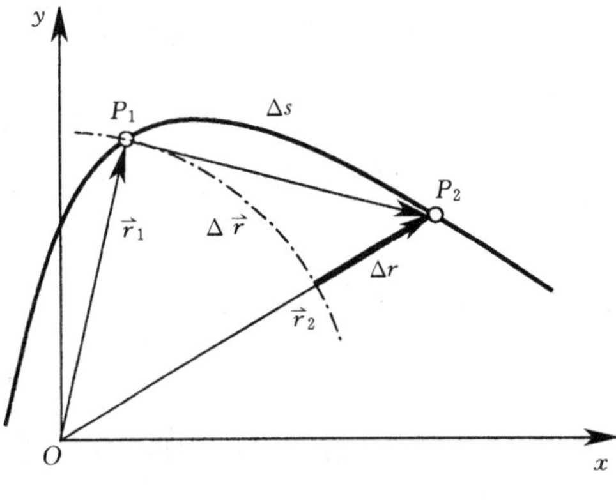


图 1-3

另外，位移的大小$|\Delta\vec{r}|$与位矢大小的增量$\Delta r$是完全不同的两个量，如图1-3所示，$\Delta t$时间内位矢的大小增量为

$$\Delta r=\Delta|\vec{r}|=|\vec{r}_2|-|\vec{r}_1|$$

## 二、速度

物体运动的快慢和方向用速度来描述。物体在作一般曲线运动时，在不同时刻的速度是不同的。

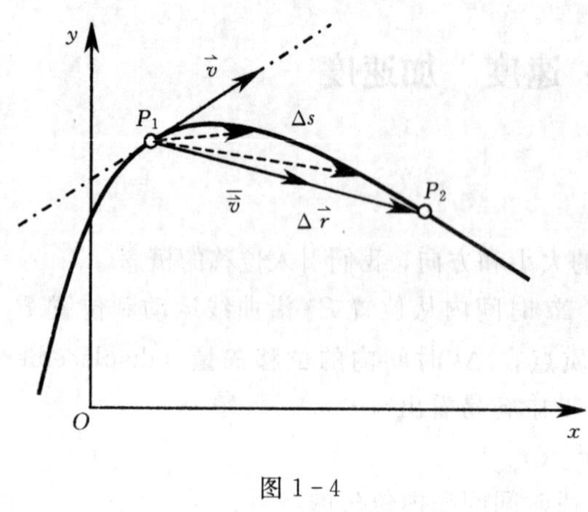


图1-4

如图1-4所示，在$\Delta t$时间内质点的位移为$\Delta\vec{r}$，则质点在这段时间内的平均速度定义为

$$\bar{\vec{v}}=\frac{\Delta\vec{r}}{\Delta t}$$

平均速度是矢量，其方向与位移$\Delta\vec{r}$的方向相同。如果时间间隔$\Delta t$不同，平均速度也不相同，所以在计算平均速度时，一定要强调是哪一段时间内的平均速度。

平均速度对质点的运动状态只能作粗略的描述。为了精确地描述质点运动的快慢程度和移动的方向，我们将时间$\Delta t$无限减小，当$\Delta t\to 0$时，**平均速度的极限称为瞬时速度**（instantaneous velocity），**简称速度**（velocity），用$\vec{v}$表示，即

$$\vec{v}=\lim_{\Delta t\to 0}\frac{\Delta\vec{r}}{\Delta t}=\frac{d\vec{r}}{dt} \tag{1-4}$$

瞬时速度的方向与位移$\Delta\vec{r}$的极限方向相同，由图1-4可以看出，$\Delta\vec{r}$的极限方向，即在$P_1$点瞬时速度的方向沿曲线在该点的切线方向，这个方向也是质点运动的方向。

在平面直角坐标系中，我们对运动方程式（1-3）两边对时间求导，得

$$\vec{v}=\frac{d\vec{r}}{dt}=\frac{dx}{dt}\vec{i}+\frac{dy}{dt}\vec{j}$$

因此，速度在$x$、$y$轴上的分量分别为

$$v_x=\frac{dx}{dt},\quad v_y=\frac{dy}{dt} \tag{1-5}$$

在已知$v_x$、$v_y$的情况下，速度的大小可以写为

$$v=\sqrt{v_x^2+v_y^2}$$

设速度与$x$轴的夹角为$\alpha$，容易得出

$$\tan\alpha=\frac{v_y}{v_x}$$

在$\Delta t$时间内，在单位时间内质点所通过的路程称为**平均速率**，即

$$\bar{v}=\frac{\Delta s}{\Delta t}$$

当 $\Delta t \to 0$ 时，**平均速率的极限称为瞬时速率**（instantaneous speed），**简称速率**（speed），即

$$v=\lim_{\Delta t\to 0}\frac{\Delta s}{\Delta t}=\frac{\mathrm{d}s}{\mathrm{d}t} \tag{1-6}$$

下面我们讨论一下瞬时速度的大小与瞬时速率的关系。瞬时速度的大小可以写为

$$|\vec{v}|=\lim_{\Delta t\to 0}\frac{|\Delta\vec{r}|}{\Delta t}=\lim_{\Delta t\to 0}\frac{|\Delta\vec{r}|}{\Delta s}\cdot\frac{\Delta s}{\Delta t}=\lim_{\Delta t\to 0}\frac{|\Delta\vec{r}|}{\Delta s}\cdot\lim_{\Delta t\to 0}\frac{\Delta s}{\Delta t}$$

由前面的叙述可知

$$\lim_{\Delta t\to 0}\frac{|\Delta\vec{r}|}{\Delta s}=1$$

因此

$$|\vec{v}|=\lim_{\Delta t\to 0}\frac{\Delta s}{\Delta t}=\frac{\mathrm{d}s}{\mathrm{d}t}=v \tag{1-7}$$

式（1－7）表明，**质点瞬时速度的大小等于瞬时速率。**尽管如此，在一般情况下，质点在某段时间内的平均速度大小并不等于在这段时间内的平均速率。

## 三、加速度

加速度是描述速度变化快慢和变化方向的物理量。

在图 1－5 中，质点在 $\Delta t$ 时间内从 $P_1$ 点运动到 $P_2$ 点，在 $P_1$ 点和 $P_2$ 点的速度分别为$\vec{v}_1$ 和$\vec{v}_2$，速度的增量用 $\Delta\vec{v}$来表示，则质点在这段时间内的平均加速度为

$$\bar{\vec{a}}=\frac{\Delta\vec{v}}{\Delta t}$$

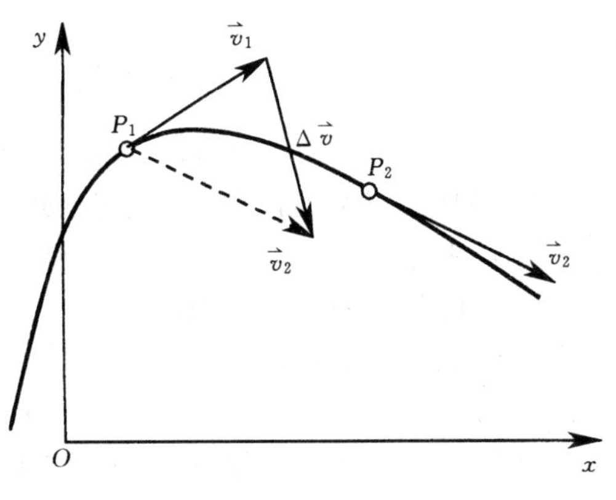


图 1－5

平均加速度是矢量，其方向与速度增量 $\Delta\vec{v}$ 的方向相同。从图 1－5 可以看出，$\Delta\vec{v}$的方向总是指向曲线的凹侧，因此平均加速度的方向也指向曲线的凹侧。

平均加速度只能对速度随时间变化的情况进行粗略的描述，为了精确地描述质点在各时刻速度的变化情况，我们将**当 $\Delta t\to 0$ 时，平均加速度的极限定义为瞬时加速度**（instantaneous acceleration），**简称加速度**，用 $\vec{a}$ 表示，即

$$\vec{a}=\lim_{\Delta t\to 0}\frac{\Delta\vec{v}}{\Delta t}=\frac{\mathrm{d}\vec{v}}{\mathrm{d}t} \tag{1-8}$$

因为$\vec{v}=\frac{\mathrm{d}\vec{r}}{\mathrm{d}t}$，所以加速度也可以表示为

$$\vec{a}=\frac{\mathrm{d}^2\vec{r}}{\mathrm{d}t^2} \tag{1-9}$$

可见，加速度既等于速度对时间的一阶导数，也等于位置矢量对时间的二阶导数。

瞬时加速度的方向与 $\Delta\vec{v}$的极限方向相同，而 $\Delta\vec{v}$的极限方向指向曲线的凹侧，因此$\vec{a}$

**的方向也指向曲线的凹侧。**

在平面直角坐标系中，如果已知速度$\vec{v}=v_x\vec{i}+v_y\vec{j}$和运动方程$\vec{r}=x\vec{i}+y\vec{j}$，由式（1-8）、式（1-9）得加速度为

$$\vec{a}=\frac{dv_x}{dt}\vec{i}+\frac{dv_y}{dt}\vec{j}=\frac{d^2x}{dt^2}\vec{i}+\frac{d^2y}{dt^2}\vec{j}$$

即加速度在$x$、$y$轴上的分量分别为

$$a_x=\frac{dv_x}{dt}=\frac{d^2x}{dt^2},\ a_y=\frac{dv_y}{dt}=\frac{d^2y}{dt^2} \tag{1-10}$$

加速度大小为

$$a=\sqrt{a_x^2+a_y^2}$$

设加速度与$x$轴的夹角为$\varphi$，则

$$\tan\varphi=\frac{a_y}{a_x}$$

## 四、直线运动情形

当质点作直线运动时，可以取运动所在的直线为$x$轴，则在任意时刻质点的位矢、位移、速度和加速度分别为

$$\vec{r}=x\vec{i},\ \Delta\vec{r}=x\vec{i}-x_0\vec{i}=\Delta x\vec{i}$$

$$\vec{v}=v\vec{i}=\frac{dx}{dt}\vec{i},\ \vec{a}=a\vec{i}=\frac{dv}{dt}\vec{i}=\frac{d^2x}{d^2t}\vec{i}$$

其中$x$、$\Delta x$、$v$和$a$有一个共同特点，即当它们为正值时其对应的矢量与$\vec{i}$方向相同，反之与$\vec{i}$方向相反，也就是说它们的符号已经能够表示它们的方向，因此在质点作直线运动的情况下，我们往往直接用$x$、$\Delta x$、$v$和$a$表示任意时刻质点的位矢、位移、速度和加速度，而不必再采用上面的矢量形式。

**【例1-1】** 已知某质点在$xOy$平面内运动，其运动方程为

$$\vec{r}=t^3\vec{i}+(2t-1)\vec{j}$$

公式中的各个物理量均采用国际单位。试求该质点：

（1）从1s到2s时间内的位移。

（2）轨迹方程。

（3）在$t=2$s时刻的速度和加速度的大小和方向。

**解：**（1）该质点在$t_1=1$s到$t_2=2$s时刻的位矢分别为

$$\vec{r}_1=1^3\vec{i}+(2\times1-1)\vec{j}=\vec{i}+\vec{j}$$

$$\vec{r}_2=2^3\vec{i}+(2\times2-1)\vec{j}=8\vec{i}+3\vec{j}$$

因此质点在这段时间内的位移为

$$\Delta\vec{r}=\vec{r}_2-\vec{r}_1=7\vec{i}+2\vec{j}$$

（2）由运动方程可知

$$x=t^3,\ y=2t-1$$

在以上两式中消去时间$t$即得质点运动的轨迹方程为

$$x=\frac{1}{8}(y+1)^3$$

（3）由式（1-4）和式（1-9）得该质点在任意时刻的速度和加速度表达式分别为

$$\vec{v}=\frac{d\vec{r}}{dt}=3t^2\ \vec{i}+2\ \vec{j}$$

$$\vec{a}=\frac{d^2\vec{r}}{dt^2}=6t\ \vec{i}$$

则在 $t=2s$ 时刻的速度和加速度分别为

$$\vec{v}=12\ \vec{i}+2\ \vec{j}，\vec{a}=12\ \vec{i}$$

因此，速度的大小及与 $x$ 轴的夹角分别为

$$v=\sqrt{12^2+2^2}=12.17(m/s)$$

$$\tan\theta=\frac{v_y}{v_x}=\frac{2}{12}=\frac{1}{6}，\theta=9.46°$$

加速度的大小为 $12m/s^2$，方向沿 $x$ 轴正方向。

**【例 1-2】** 已知质点沿 $x$ 轴作匀变速直线运动，加速度为 $a$，运动开始时位于 $x_0$ 处，速度为 $v_0$，求该质点在任意时刻的速度和运动方程。

**解：** 由 $\frac{dv}{dt}=a$ 得 $dv=adt$，对该式两边积分，有

$$\int_{v_0}^{v}dv=\int_0^t a dt$$

因此，质点在任意时刻的速度为

$$v=v_0+at$$

又由 $\frac{dx}{dt}=v$ 得 $dx=vdt$，对该式两边积分，有

$$\int_{x_0}^{x}dx=\int_0^t vdt=\int_0^t(v_0+at)dt$$

因此，质点的运动方程为

$$x=x_0+v_0t+\frac{1}{2}at^2$$

上式也可以写为

$$\Delta x=x-x_0=v_0t+\frac{1}{2}at^2$$

式中：$\Delta x$ 为质点作直线运动的位移。

在速度表达式和运动方程中消去 $t$，得

$$v^2=v_0^2+2a\Delta x$$

以上结论就是我们非常熟悉的匀变速直线运动公式。

**【例 1-3】** 有一个质点沿着 $x$ 轴运动，其加速度 $a$ 与坐标 $x$ 的关系为

$$a=4x+2$$

公式中的各个物理量均采用国际单位。设 $t=0$ 时，$x_0=0$，$v_0=-1m/s$，求质点在任意时刻的速度和运动方程。

**解**：由于 $a=\frac{dv}{dt}$，因此

$$\frac{dv}{dt}=4x+2$$

在上式两边同乘以 $dx$，得

$$\frac{dv}{dt}dx=(4x+2)dx$$

我们注意到$\frac{dx}{dt}=v$，所以上式可以改写为

$$vdv=(4x+2)dx$$

对上式两边积分，有

$$\int_{-1}^{v}vdv=\int_{0}^{x}(4x+2)dx,\ \frac{1}{2}(v^2-1)=2x^2+2x$$

即

$$v=\pm\sqrt{4x^2+4x+1}=\pm(2x+1)$$

由于 $x_0=0$ 时，$v_0=-1\text{m/s}<0$，因此质点在任意时刻的速度为

$$v=-(2x+1)$$

由于 $v=\frac{dx}{dt}$，因此

$$\frac{dx}{dt}=-(2x+1)$$

将上式分离变量，得

$$\frac{dx}{2x+1}=-dt$$

对上式两边积分，有

$$\int_{0}^{x}\frac{dx}{2x+1}=-\int_{0}^{t}dt,\ \frac{1}{2}\ln(1+2x)=-t$$

因此，质点的运动方程为

$$x=\frac{1}{2}(e^{-2t}-1)$$

**【例 1-4】** 如图 1-6 所示，将物体以初速度 $\vec{v}_0$ 抛出去，$\vec{v}_0$ 与 $x$ 轴的夹角为 $\theta_0$，忽略空气阻力，求物体的速度及运动方程。

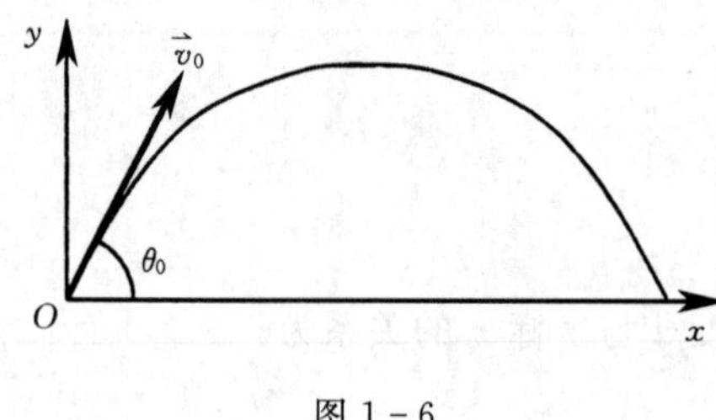


图 1-6

**解**：物体的加速度为

$$\vec{a}=-g\vec{j}$$

即加速度的分量 $a_x=0$、$a_y=-g$，因此

$$dv_x=a_xdt=0dt$$

$$dv_y=a_ydt=-gdt$$

由题意可知，当 $t=0$ 时，$v_{x0}=v_0\cos\theta_0$、$v_{y0}=v_0\sin\theta_0$。对以上两式积分得

$$v_x - v_0\cos\theta_0 = \int_{v_0\cos\theta_0}^{v_x} \mathrm{d}v_x = \int_0^t 0\mathrm{d}t = 0$$

$$v_y - v_0\sin\theta_0 = \int_{v_0\sin\theta_0}^{v_y} \mathrm{d}v_y = -\int_0^t g\mathrm{d}t = -gt$$

因此，物体的速度分量表达式为

$$v_x = v_0\cos\theta_0,\quad v_y = v_0\sin\theta_0 - gt$$

速度的矢量表达式为

$$\vec{v} = v_0\cos\theta_0\,\vec{i} + (v_0\sin\theta_0 - gt)\vec{j}$$

由速度的定义得

$$\mathrm{d}x = v_x\mathrm{d}t = v_0\cos\theta_0\mathrm{d}t,\quad \mathrm{d}y = v_y\mathrm{d}t = (v_0\sin\theta_0 - gt)\mathrm{d}t$$

由题意可知，当 $t=0$ 时，$x_0=0$、$y_0=0$。对以上两式积分得

$$x = \int_0^x \mathrm{d}x = \int_0^t v_x\mathrm{d}t = \int_0^t v_0\cos\theta_0\mathrm{d}t = v_0\cos\theta_0 t$$

$$y = \int_0^y \mathrm{d}y = \int_0^t v_y\mathrm{d}t = \int_0^t (v_0\sin\theta_0 - gt)\mathrm{d}t = v_0\sin\theta_0 t - \frac{1}{2}gt^2$$

因此，质点的运动方程为

$$\vec{r} = v_0\cos\theta_0 t\,\vec{i} + \left(v_0\sin\theta_0 t - \frac{1}{2}gt^2\right)\vec{j}$$

讨论：

（1）在质点的运动方程中消去时间 $t$，即得质点的轨迹方程为

$$y = -\frac{g}{2v_0^2\cos^2\theta_0}x^2 + \tan\theta_0 x$$

即质点的运动轨迹为过坐标原点的抛物线。

（2）在轨迹方程中设 $y=0$，得到质点的射程为

$$X = \frac{v_0^2\sin 2\theta_0}{g}$$

当 $\sin 2\theta_0 = 1$，即 $\theta_0 = \frac{\pi}{4}$ 时射程最大，最大射程为 $X_{max} = \frac{v_0^2}{g}$。

（3）令 $v_y = v_0\sin\theta_0 - gt = 0$，解得质点到达最高点的时间为

$$t = \frac{v_0\sin\theta_0}{g}$$

将上式代入质点运动方程的 $y$ 分量式 $y = v_0\sin\theta_0 t - \frac{1}{2}gt^2$ 中，即得质点上升的最大高度为

$$Y = \frac{v_0^2\sin^2\theta_0}{2g}$$

## 思考与讨论

1. 已知一个作直线运动的质点的运动学方程为

$$x = 3t - 2t^3 + 1$$

公式中的各个物理量均采用国际单位。试求该质点的加速度表达式，加速度的方向。

2. 有一个质点沿直线运动，它的运动学方程为

$$x=5t-t^2$$

公式中的各个物理量均采用国际单位。试计算在 0～2s 的时间间隔内，质点的位移大小和走过的路程。

3. 某质点沿 $x$ 轴作直线运动，其运动学方程为

$$x=1+5t+10t^2-t^3$$

公式中的各个物理量均采用国际单位。则

（1）质点在 $t=0$ 时刻的速度 $v_0$ 为多少？

（2）当加速度为 0 时，该质点的速度 $v$ 为多少？

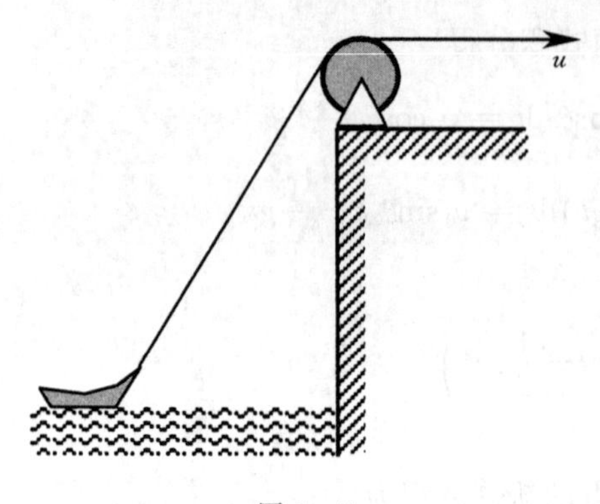


图 1-7

4. 有一个质点沿 $x$ 方向运动，其加速度随时间变化的关系式为

$$a=2t+3$$

公式中的各个物理量均采用国际单位。如果开始时质点的速度 $v_0=5\text{m/s}$，则当 $t=3\text{s}$ 时，质点的速度 $v$ 为多少？

5. 如图 1-7 所示，水面上有一只小船，有人用绳绕过岸上一定高度处的定滑轮拉静水中的船向岸边运动。设该人以匀速率 $u$ 收绳子，假设绳子不能伸长。请考虑一下小船的加速度的变化情况。

## 第三节　圆周运动　曲线运动

圆周运动是曲线运动的一种特例，但曲线运动又可以看成是由无数圆周运动组成的，因此我们可以利用圆周运动知识来解决曲线运动问题。另一方面，刚体在作定轴转动时，其内部的每一点都在作圆周运动，如果我们利用圆周运动知识解决了刚体上每一点的运动问题，就可以知道整个刚体的运动规律。

### 一、匀速圆周运动的加速度

质点在作平面匀速圆周运动的过程中，虽然速度大小不变，但速度方向却不断随时间变化，因此必然存在加速度。

在图 1-8 中，质点在 $t$ 时刻位于 $P_1$ 点，速度为 $\vec{v}_1$，在 $t+\Delta t$ 时刻位于 $P_2$ 点，速度为 $\vec{v}_2$，为了研究问题方便，我们将 $\vec{v}_1$ 和 $\vec{v}_2$ 都平行移动到 $A$ 点，并设 $\vec{v}_1$ 和 $\vec{v}_2$ 的末端分别为 $B$ 和 $C$，从 $B$ 点向 $C$ 点作一条有方向的线段，这就是速度增量 $\Delta\vec{v}=\vec{v}_2-\vec{v}_1$。质点的加速度为

$$\vec{a}=\lim_{\Delta t\to 0}\frac{\Delta\vec{v}}{\Delta t}$$

质点加速度的方向是 $\Delta t\to 0$ 时 $\Delta\vec{v}$ 的极限方向，这时 $\Delta\theta\to 0$，$\Delta\vec{v}$ 的方向趋近于与 $\vec{v}$ 垂

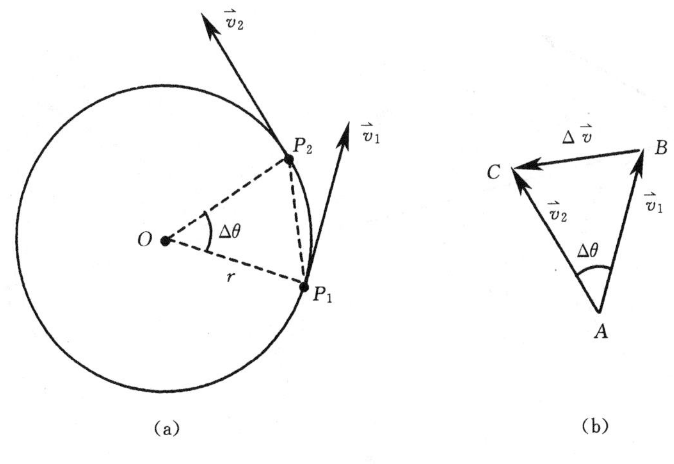


图 1-8

直，并沿半径指向圆心，也就是质点作平面匀速圆周运动时的加速度方向与速度$\vec{v}$垂直，并沿着半径指向圆心，因此称其为**向心加速度**（centripetal acceleration）。

现在来研究向心加速度的大小。由于$\triangle OP_1P_2$和$\triangle ABC$都是等腰三角形，并且它们的顶角相等，因此$\triangle OP_1P_2 \backsim \triangle ABC$，因为相似三角形对应边成比例，所以

$$\frac{\overline{P_1P_2}}{r}=\frac{|\Delta\vec{v}|}{v}$$

由上式得到

$$\frac{|\Delta\vec{v}|}{\Delta t}=\frac{v}{r}\frac{\overline{P_1P_2}}{\Delta t}$$

加速度的大小为

$$a=\lim_{\Delta t\to 0}\frac{|\Delta\vec{v}|}{\Delta t}=\lim_{\Delta t\to 0}\frac{v}{r}\frac{\overline{P_1P_2}}{\Delta t}=\frac{v}{r}\lim_{\Delta t\to 0}\frac{\overline{P_1P_2}}{\Delta t}$$

在上式中，$\lim\limits_{\Delta t\to 0}\frac{\overline{P_1P_2}}{\Delta t}$等于质点的速度大小。在上一节中我们已经知道，质点的速度大小等于速率，即$\lim\limits_{\Delta t\to 0}\frac{\overline{P_1P_2}}{\Delta t}=v$，因此向心加速度的大小为

$$a=\frac{v^2}{r} \tag{1-11}$$

## 二、变速圆周运动的加速度

质点在平面上作圆周运动时，一般情况下其速度大小和方向都会变化，这种**速度大小和方向都随时间变化的圆周运动称为变速圆周运动。**

在图 1-9 中，某质点作变速圆周运动，在$t$时刻位于$P_1$点，速度为$\vec{v}_1$，在$t+\Delta t$时刻位于$P_2$点，速度为$\vec{v}_2$，将$\vec{v}_1$和$\vec{v}_2$平行移动到$A$点，它们的末端分别为$B$和$C$，有向线段$\overrightarrow{BC}$就是速度增量$\Delta\vec{v}$。我们在$AC$上取一点$D$，使$\overline{AD}=\overline{AB}=v_1$，从$B$点向$D$点作矢径$\Delta\vec{v}_n$，从$D$点向$C$点作矢径$\Delta\vec{v}_\tau$，显然

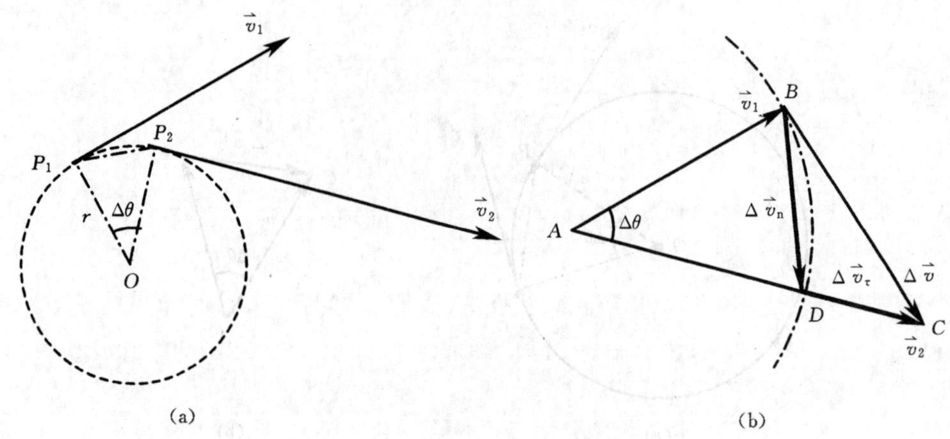


图 1-9

$$\Delta\vec{v}=\Delta\vec{v}_n+\Delta\vec{v}_\tau$$

因此质点作圆周运动的加速度可以写为

$$\vec{a}=\lim_{\Delta t\to 0}\frac{\Delta\vec{v}}{\Delta t}=\lim_{\Delta t\to 0}\frac{\Delta\vec{v}_n}{\Delta t}+\lim_{\Delta t\to 0}\frac{\Delta\vec{v}_\tau}{\Delta t}$$

这样，瞬时加速度被分解成了两个分量，与匀速圆周运动相似，当 $\Delta t\to 0$ 时，$\lim\limits_{\Delta t\to 0}\frac{\Delta\vec{v}_n}{\Delta t}$的方向与$\vec{v}$垂直，并且沿半径指向圆心，它也称为**法向加速度**（centripetal acceleration），用$\vec{a}_n$ 表示。由于 $\Delta t\to 0$ 时 $\Delta\vec{v}_\tau$ 的极限方向与 $P_1$ 点的速度方向平行，而速度方向是沿着切线方向的，因此$\lim\limits_{\Delta t\to 0}\frac{\Delta\vec{v}_\tau}{\Delta t}$称为**切向加速度**（tangential acceleration），用$\vec{a}_\tau$ 表示。

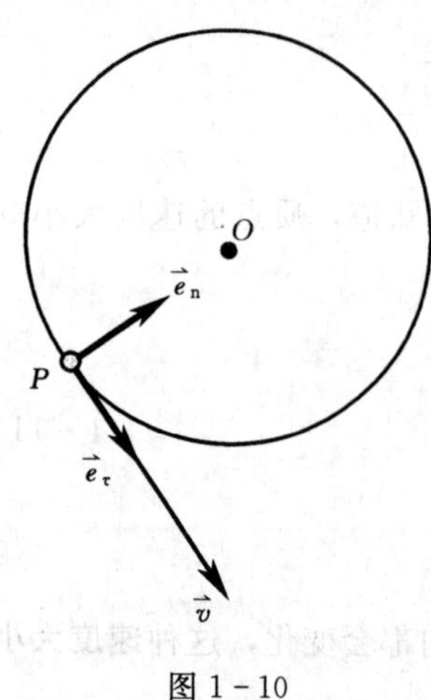


图 1-10

实际上，在这里我们采用了如图 1-10 所示的**自然坐标系**（natural coordinates），这种坐标系的一个轴沿着质点所在位置的切线并指向质点的运动方向，这个轴称为**切向坐标轴**，其单位矢量用$\vec{e}_\tau$ 表示；另外一个轴与切线垂直并沿半径指向圆心，称为**法向坐标轴**，其单位矢量用$\vec{e}_n$ 表示。

加速度在自然坐标系下可以表示为

$$\vec{a}=\vec{a}_n+\vec{a}_\tau=a_n\,\vec{e}_n+a_\tau\,\vec{e}_\tau \tag{1-12}$$

容易看出，法向加速度的大小与匀速圆周运动情况一样，仍然等于$\frac{v^2}{r}$，不过要注意，在匀变速圆周运动中 $v$ 是随时间变化的。下面我们来讨论切向加速度的大小。我们注意到，在图 1-9 中 $\Delta\vec{v}_\tau$ 的大小等于速度大小（即速率）的增量，即$|\Delta\vec{v}_\tau|=\Delta v$，因此切向加速度的大小为

$$a_\tau=\lim_{\Delta t\to 0}\frac{\Delta v_\tau}{\Delta t}=\lim_{\Delta t\to 0}\frac{\Delta v}{\Delta t}=\frac{dv}{dt} \tag{1-13}$$

至此，我们得到了质点作变速圆周运动时的加速度在自然坐标系下的表达式为

$$\vec{a}=\frac{v^2}{r}\vec{e}_n+\frac{dv}{dt}\vec{e}_\tau \qquad (1-14)$$

当质点作匀速圆周运动时，由于速度的方向改变而其大小不变，因此存在法向加速度，但切向加速度为零；当质点作变速直线运动时，由于速度的方向不变而其大小改变，因此法向加速度为零，但却存在切向加速度。可见，**法向加速度描述了速度方向随时间变化的快慢，而切向加速度则描述了速度大小随时间变化的快慢。**

如图 1-11 所示，当质点作变速圆周运动时，设加速度$\vec{a}$与$\vec{v}$之间的夹角为 $\beta$，将$\vec{a}$分解成法向加速度$\vec{a}_n$ 和切向加速度$\vec{a}_\tau$，在$\vec{a}_n$、$\vec{a}_\tau$ 的大小已知的情况下，有

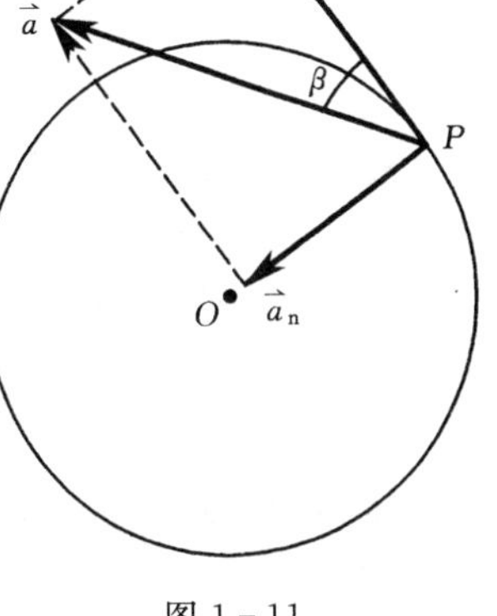

图 1-11

$$a=\sqrt{a_n^2+a_\tau^2}$$

$$\tan\beta=\frac{a_n}{a_\tau}$$

当质点作加速圆周运动时，$\vec{a}_\tau$ 与速度$\vec{v}$的方向相同，这时 $0<\beta<\frac{\pi}{2}$；当质点作匀速圆周运动时，$\vec{a}_\tau=0$，这时 $\beta=\frac{\pi}{2}$；当质点作减速圆周运动时，$\vec{a}_\tau$ 与$\vec{v}$的方向相反，$\frac{\pi}{2}<\beta<\pi$。

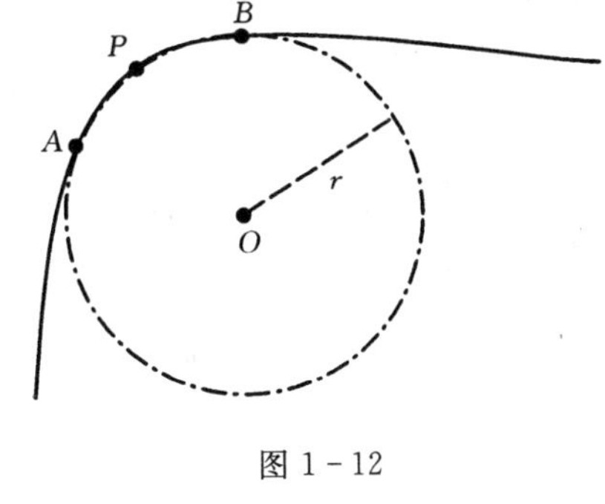

图 1-12

我们也可以运用法向加速度和切向加速度的知识来解决曲线运动问题。如图 1-12 所示，在曲线上 $P$ 点邻近取 $A$、$B$ 两点，通过 $P$、$A$ 和 $B$ 三点作圆 $O$，当 $A$、$B$ 两点趋近 $P$ 点时，该圆趋近一个极限位置，这个极限位置的圆称为曲线上 $P$ 点的**曲率圆**，该圆的半径称为**曲率半径**。质点在 $P$ 点的运动可以认为是在这点的曲率圆上运动，其法向加速度和切向加速度可以用前面讲过的公式求解，不过要注意，法向加速度中的曲率半径 $r$ 不是常量，在曲线上不同的点有不同的值。

## 三、圆周运动的角量描述

在图 1-13 中，作圆周运动的质点在 $t$ 时刻位于 $P_1$ 点，从 $O$ 点向 $P_1$ 点作位置矢量 $\vec{r}$，设 $\vec{r}$ 与 $x$ 轴正方向的夹角为 $\theta$。在质点旋转过程中，位置矢量的长度（等于圆周的半径）并不发生变化，只有 $\theta$ 角随时间改变。因此，质点的位置可以用位置矢量 $\vec{r}$ 与 $x$ 轴的夹角 $\theta$ 来描述，并将 $\theta$ 称为**角坐标**。角坐标随时间变化的函数也称为**质点的运动方程**，即

$$\theta=\theta(t)$$

经过 $\Delta t$ 时间质点从 $P_1$ 点运动到 $P_2$ 点，位置矢量 $\vec{r}$ 转过的角度 $\Delta\theta$ 称为**角位移**(angular displacement)。应该指出，角坐标和角位移都有方向，通常规定逆时针转向的

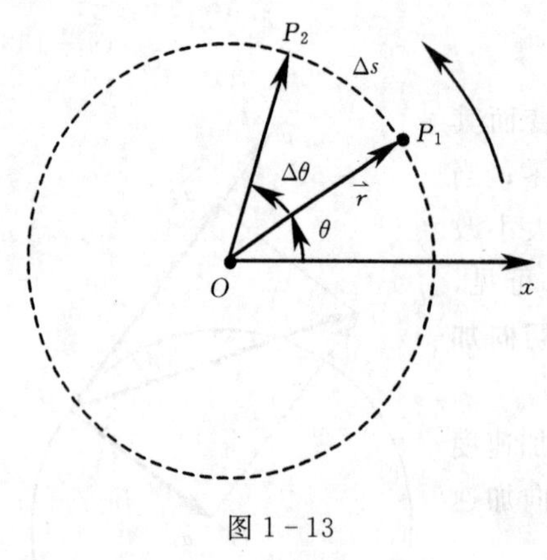

图 1-13

角坐标（相对于 $x$ 轴正方向）和角位移为正，反之为负。

角坐标和角位移的单位均为弧度（rad）。

**角坐标随时间的变化率称为角速度**（angular velocity），用符号 $\omega$ 表示，即

$$\omega=\lim_{\Delta t\to 0}\frac{\Delta\theta}{\Delta t}=\frac{\mathrm{d}\theta}{\mathrm{d}t} \tag{1-15}$$

角速度是描述作圆周运动的质点转动快慢的物理量，其单位为弧度每秒（rad/s）。

**角速度随时间的变化率称为角加速度**（angular acceleration），用符号 $\alpha$ 表示，即

$$\alpha=\lim_{\Delta t\to 0}\frac{\Delta\omega}{\Delta t}=\frac{\mathrm{d}\omega}{\mathrm{d}t} \tag{1-16}$$

角加速度是描述作圆周运动的质点的角速度变化快慢的物理量，其单位为弧度每二次方秒（$\mathrm{rad/s^2}$）。

当质点作匀速圆周运动时，角速度等于恒量，角加速度为零；当质点作变速圆周运动时，角速度不等于恒量，角加速度可以等于恒量也可以不等于恒量，但不能等于零；角加速度等于恒量的圆周运动称为匀变速圆周运动。

从上面的叙述中我们注意到，圆周运动的角量描述方法与对质点的直线运动描述非常类似。因此我们可以采用类比的方法得到下面一些圆周运动公式。

匀速直线运动　$\Delta x=vt$　　　　匀速圆周运动　$\Delta\theta=\omega t$

匀变速直线运动 $\begin{cases} v=v_0+\alpha t \\ \Delta x=v_0 t+\dfrac{1}{2}\alpha t^2 \\ v^2=v_0^2+2\alpha\Delta x \\ \dfrac{\Delta x}{t}=\dfrac{v_0+v}{2} \end{cases}$　　匀变速圆周运动 $\begin{cases} \omega=\omega_0+\alpha t \\ \Delta\theta=\omega_0 t+\dfrac{1}{2}\alpha t^2 \\ \omega^2=\omega_0^2+2\alpha\Delta\theta \\ \dfrac{\Delta\theta}{t}=\dfrac{\omega_0+\omega}{2} \end{cases}$

## 四、线量与角量的关系

质点作圆周运动时，既可以用线量描述也可以用角量描述。因此线量和角量之间必然存在某种关系。

设质点在 $\Delta t$ 时间内通过的弧长为 $\Delta s$，它所对的角位移为 $\Delta\theta$（图 1-13），则

$$\Delta s=r\Delta\theta$$

因此

$$\lim_{\Delta t\to 0}\frac{\Delta s}{\Delta t}=\lim_{\Delta t\to 0}r\frac{\Delta\theta}{\Delta t}=r\lim_{\Delta t\to 0}\frac{\Delta\theta}{\Delta t}$$

在上式中，$\lim\limits_{\Delta t\to 0}\dfrac{\Delta s}{\Delta t}=\dfrac{\mathrm{d}s}{\mathrm{d}t}=v$ 为质点在 $P_1$ 点的速率，$\lim\limits_{\Delta t\to 0}\dfrac{\Delta\theta}{\Delta t}=\dfrac{\mathrm{d}\theta}{\mathrm{d}t}=\omega$ 为质点在 $P_1$ 点的角速度，所以速率与角速度的关系为

$$v=r\omega \tag{1-17}$$

将式（1－17）两边对时间 $t$ 求导得

$$\frac{\mathrm{d}v}{\mathrm{d}t}=r\frac{\mathrm{d}\omega}{\mathrm{d}t}$$

其中 $\frac{\mathrm{d}v}{\mathrm{d}t}=a_\tau$ 为质点在 $P_1$ 点的切向加速度，$\frac{\mathrm{d}\omega}{\mathrm{d}t}=\alpha$ 为质点在该点的角加速度，所以切向加速度与角加速度的关系为

$$a_\tau=r\alpha \tag{1-18}$$

将 $v=r\omega$ 代入法向加速度公式 $a_n=\frac{v^2}{r}$，立即得到法向加速度与角速度的关系为

$$a_n=r\omega^2 \tag{1-19}$$

**【例 1－5】** 如图 1－14 所示，质点 $P$ 在 $xOy$ 平面内以原点 $O$ 为圆心作半径为 $r$ 的匀速圆周运动。

（1）已知在 $t=0$ 时，$y=0$、$x=r$。试在该平面直角坐标系中，用半径 $r$、角速度 $\omega$ 表达在 $t$ 时刻该质点 $P$ 的位置矢量。

（2）求在该平面直角坐标系中，质点 $P$ 的速度 $\vec{v}$ 和加速度 $\vec{a}$ 的矢量表示式。

（3）证明加速度 $\vec{a}$ 指向圆心。

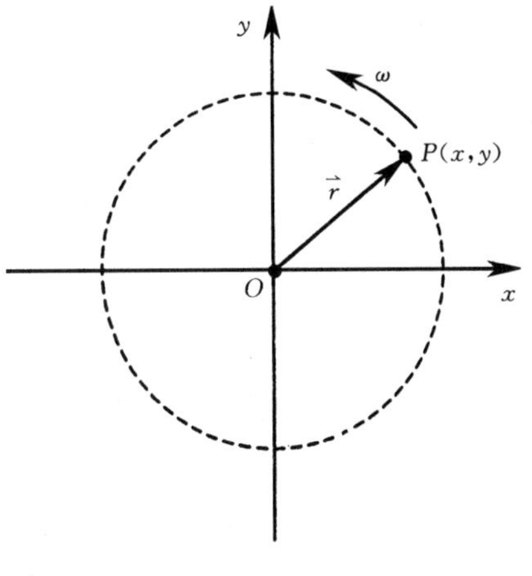

图 1－14

**解：**（1）由题意可知，在 $t$ 时刻该质点的位置矢量为

$$\vec{r}=x\vec{i}+y\vec{j}=r\cos\omega t\,\vec{i}+r\sin\omega t\,\vec{j}$$

（2）由速度和加速度的定义得

$$\vec{v}=\frac{\mathrm{d}\vec{r}}{\mathrm{d}t}=-r\omega\sin\omega t\,\vec{i}+r\omega\cos\omega t\,\vec{j}$$

$$\vec{a}=\frac{\mathrm{d}\vec{v}}{\mathrm{d}t}=-r\omega^2\cos\omega t\,\vec{i}-r\omega^2\sin\omega t\,\vec{j}$$

（3）将 $\vec{a}$ 的矢量表示式改写为

$$\vec{a}=-\omega^2(r\cos\omega t\,\vec{i}+r\sin\omega t\,\vec{j})=-\omega^2\vec{r}$$

上式表明 $\vec{a}$ 与 $\vec{r}$ 方向相反，即加速度 $\vec{a}$ 是指向圆心的。

**【例 1－6】** 如图 1－15 所示，某物体以初速度 $v_0$、仰角 $\alpha$ 由地面抛出，其落点与抛出点在同一水平面上。求该抛体运动轨迹的最大曲率半径与最小曲率半径。

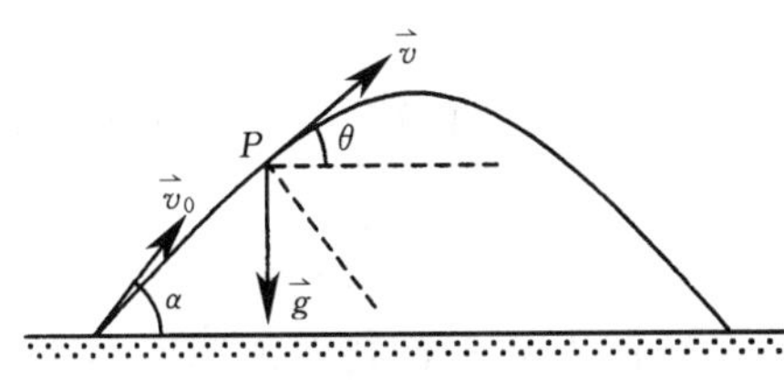

图 1－15

**解：**以 $\theta$ 表示物体在运动轨迹上任意点 $P$ 处的速度与水平方向的夹角，则有

$$v\cos\theta=v_0\cos\alpha$$

物体在 $P$ 处的法向加速度为

$$a_n=g\cos\theta$$

由法向加速度的定义式 $a_n=\dfrac{v^2}{r}$ 可得物体在任意点 $P$ 处的曲率半径为

$$r=\frac{v^2}{a_n}=\frac{v_0^2\cos^2\alpha}{\cos^2\theta}\frac{1}{g\cos\theta}=\frac{v_0^2\cos^2\alpha}{g\cos^3\theta}$$

因为 $0\leqslant\theta\leqslant\alpha$，$1\geqslant\cos\theta\geqslant\cos\alpha$，所以在 $\theta=\alpha$ 处，即在物体抛出点处运动轨迹的曲率半径最大，其最大值为

$$r_{\max}=\frac{v_0^2}{g\cos\alpha}$$

在 $\theta=0$ 处，即物体在运动轨迹的最高点处曲率半径最小，其最小值为

$$r_{\min}=\frac{v_0^2\cos^2\alpha}{g}$$

## 思考与讨论

1. 一运动质点在某瞬时位于矢径 $\vec{r}(x,\ y)$ 的端点处，下列公式中的哪些表示其速度大小？

①$\dfrac{\mathrm{d}r}{\mathrm{d}t}$；②$\dfrac{\mathrm{d}\vec{r}}{\mathrm{d}t}$；③$\dfrac{|\mathrm{d}\vec{r}|}{\mathrm{d}t}$；④$\dfrac{\mathrm{d}|\vec{r}|}{\mathrm{d}t}$；⑤$\sqrt{\left(\dfrac{\mathrm{d}x}{\mathrm{d}t}\right)^2+\left(\dfrac{\mathrm{d}y}{\mathrm{d}t}\right)^2}$；⑥$\dfrac{\mathrm{d}s}{\mathrm{d}t}$。

2. 某物体以速度 $\vec{v}_0$ 水平抛出，测得它落地时的速度为 $\vec{v}_t$，试问：它在空中运动了多长时间？

3. 在高台上分别沿 30°仰角方向和水平方向，以同样的速率抛出两颗小石子，在忽略空气阻力的情况下，试问：它们落地时速度的大小是否相同？方向是否相同？

4. 某质点沿半径为 $R$ 的圆周运动，运动学方程为 $\theta=t^2+3$，公式中的各个物理量均采用国际单位。试问：$t$ 时刻质点的角加速度、法向加速度和切向加速度的大小分别为多少？

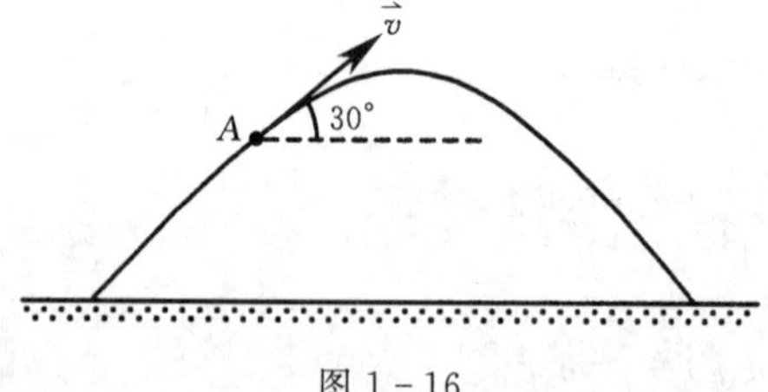

图 1-16

5. 某物体作如图 1-16 所示的斜抛运动，测得在轨迹 $A$ 点处速度的大小为 $v$，其方向与水平方向夹角成 30°。试问：物体在该点的切向加速度的大小为多少？轨道的曲率半径为多少？

6. 距直河岸 400m 处有一艘静止的巡航舰，舰上的探照灯以 $n=1.5\mathrm{r/min}$ 的转速转动。当光束与岸边成 30°角时，试问：光束沿岸边移动的速度大小为多少？

7. 在 $xOy$ 平面内有一个运动质点，其运动学方程为

$$\vec{r}=4\cos2t\,\vec{i}+4\sin2t\,\vec{j}$$

公式中的各个物理量均采用国际单位。试问：在任意时刻 $t$ 该质点的速度 $\vec{v}$ 为多少？其切向加速度的大小为多少？该质点运动的轨迹是什么图形？

8. 某质点作半径为 0.5m 的圆周运动，在 $t=0$ 时经过 $P$ 点，此后它的速率按 $v=(2+5t)\mathrm{m/s}$ 的规律变化。试问：质点沿圆周运动一周再经过 $P$ 点时的切向加速度和法向加速度的大小分别为多少？

# 第四节 相 对 运 动

我们站在地面上看到一架飞机正在向上方飞行，一列正在向右作匀速直线运动的火车上的乘客也看到了这架飞机，他看到的情况与我们看到的有什么不同？两个观察结果又是什么关系？这就是本次课题要研究的问题。

如图 1-17 所示，选择地面为一个参考系，并在上面建立坐标系 $K$，一般把这样的坐标系称为**静止坐标系**。再选择运动物体为另外一个参考系，在其上建立坐标系 $K'$，把这种相对于地面运动的坐标系称为**运动坐标系**。为了研究问题方便，我们假设 $K'$ 坐标系相对于 $K$ 坐标系作**平动**，即在运动坐标系中的任意两点之间的连线的方位在运动过程中始终保持不变。在图 1-17 中，当 $K'$ 坐标系相对 $K$ 坐标系平动时，坐标轴 $x'$、$y'$ 和 $z'$ 始终与 $x$、$y$ 和 $z$ 平行。

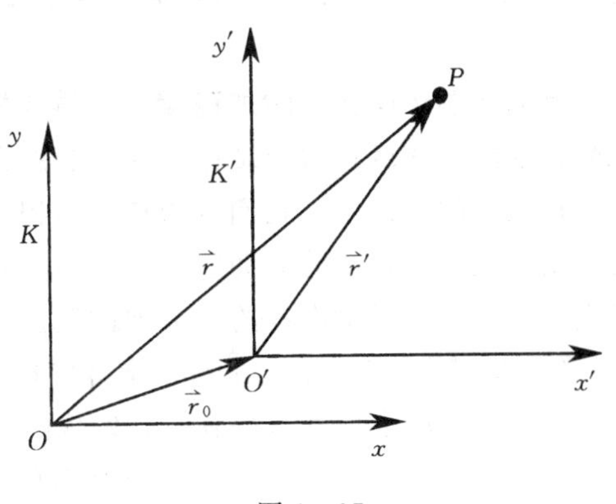


图 1-17

在图 1-17 中，$P$ 点是被考察的运动质点，为了找到两个参考系观察结果的关系，我们做了三个位置矢量，$\vec{r}$ 是质点 $P$ 对 $O$ 点的位矢，$\vec{r}'$ 是质点 $P$ 对 $O'$ 点的位矢，$\vec{r}_0$ 是 $O'$ 点对 $O$ 点的位矢。从图中容易得出如下关系式：

$$\vec{r}=\vec{r}_0+\vec{r}' \tag{1-20}$$

将上式两边对时间 $t$ 求导得

$$\frac{\mathrm{d}\vec{r}}{\mathrm{d}t}=\frac{\mathrm{d}\vec{r}_0}{\mathrm{d}t}+\frac{\mathrm{d}\vec{r}'}{\mathrm{d}t}$$

式中：$\frac{\mathrm{d}\vec{r}}{\mathrm{d}t}$ 是质点 $P$ 对坐标系 $K$ 的运动速度，称为**绝对速度**，用 $\vec{v}$ 表示；$\frac{\mathrm{d}\vec{r}'}{\mathrm{d}t}$ 是质点 $P$ 对坐标系 $K'$ 的运动速度，称为**相对速度**，用 $\vec{v}'$ 表示；$\frac{\mathrm{d}\vec{r}_0}{\mathrm{d}t}$ 是 $K'$ 坐标系对 $K$ 坐标系的运动速度，称为**牵连速度**，用 $\vec{v}_0$ 表示。将上式写为

$$\vec{v}=\vec{v}'+\vec{v}_0 \tag{1-21}$$

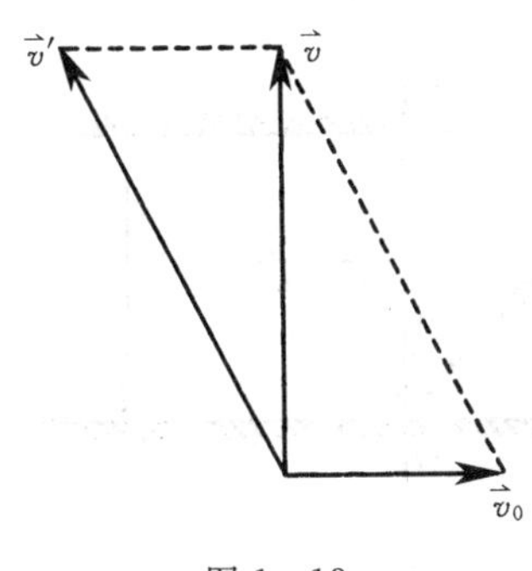


图 1-18

即**质点相对静止坐标系的速度等于质点相对运动坐标系的速度加上运动坐标系相对静止坐标系的速度**，这个结论称为**速度合成定理**。

在前面提到的例子中，绝对速度方向向上，设为 $\vec{v}$；牵连速度方向向右，设为 $\vec{v}_0$，画出如图 1-18 所示的示意图，由速度合成定理可得出相对速度。因此火车中的乘客看到飞机向上偏左飞行。

对式（1-20）两边对时间 $t$ 求二阶导，或对式（1-21）两边对时间 $t$ 求一阶导得

$$\frac{d^2\vec{r}}{dt^2}=\frac{d^2\vec{r}_0}{dt^2}+\frac{d^2\vec{r}'}{dt^2} \quad 或 \quad \frac{d\vec{v}}{dt}=\frac{d\vec{v}_0}{dt}+\frac{d\vec{v}'}{dt}$$

上两式中：$\frac{d^2\vec{r}}{dt^2}=\frac{d\vec{v}}{dt}$是质点$P$对坐标系$K$的加速度，称为**绝对加速度**，用$\vec{a}$表示；$\frac{d^2\vec{r}'}{dt^2}=\frac{d\vec{v}'}{dt}$是质点$P$对坐标系$K'$的加速度，称为**相对加速度**，用$\vec{a}'$表示；$\frac{d^2\vec{r}_0}{dt^2}=\frac{d\vec{v}_0}{dt}$是$K'$坐标系对$K$坐标系的加速度，称为**牵连加速度**，用$\vec{a}_0$表示。将上式写为

$$\vec{a}=\vec{a}'+\vec{a}_0 \tag{1-22}$$

**即质点相对静止坐标系的加速度等于质点相对运动坐标系的加速度加上运动坐标系相对静止坐标系的加速度**，这个结论称为**加速度合成定理**。

在上面的讨论中，我们认为在任何相互作平动的参考系中测得的时间和长度都相同，这只是在低速（物体的运动速度远远小于光速）情况下才成立，关于在高速情况下的问题我们将在有关相对论内容的章节中讨论。

**【例1-7】** 当汽车静止时，乘客发现雨滴下落方向偏向车头，偏角为30°，当汽车以30m/s的速率沿水平直路行驶时，发现雨滴下落方向偏向车尾，偏角为45°，已知雨滴相对于地面的速度保持不变，试计算雨滴相对地面的速度大小。

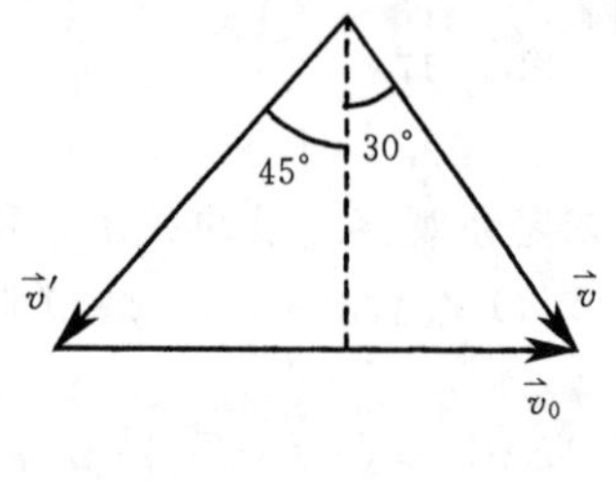


图1-19

**解**：选地面为静止参考系，汽车为运动参考系。则雨滴相对于地面的速度$\vec{v}$是绝对速度，其方向为偏向车头30°；汽车行驶时，雨滴相对于汽车的速度$\vec{v}'$是相对速度，其方向为偏向车尾45°；汽车的行驶速度$\vec{v}_0$是牵连速度，方向水平向右。根据题意画出示意图，如图1-19所示。由速度合成定理$\vec{v}=\vec{v}'+\vec{v}_0$得

$$v\sin30°=-v'\sin45°+v_0$$
$$v\cos30°=v'\cos45°$$

由以上两式解得

$$v=(\sqrt{3}-1)v_0=14.6\text{m/s}$$

**【例1-8】** 设钱塘江的宽度为$l$，江水自西向东流。设江心水流速率为$v_0$，靠两岸的水流速率为零。江中任意一点的水流速率与江中心水流速率之差与江心到该点距离的平方成正比。有一艘相对于水的速度为$\vec{v}'$的汽船由南岸出发，向北偏西45°方向航行，试求这艘汽船航线的轨迹方程以及它到达北岸的地点。

**解**：以出发点为坐标原点$O$，向东为$x$轴正方向，向北为$y$轴正方向，建立如图1-20所示的平面直角坐标系。

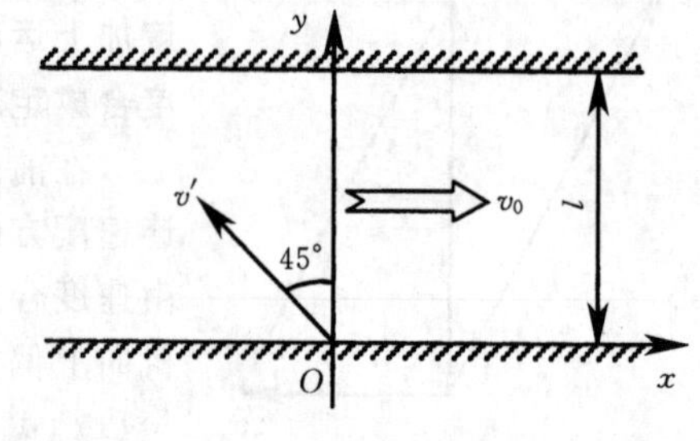


图1-20

由于水流速度沿$x$轴正方向，由题意可得

$$v_{0y}=0$$
$$v_{0x}=k\left(y-\frac{l}{2}\right)^2+b$$

由于在 $y=0$ 和 $y=l$ 处，$v_{0x}=0$；在 $y=\frac{l}{2}$处，$v_{0x}=v_0$。因此 $k=-\frac{4v_0}{l^2}$、$b=v_0$。将这个结果代入上式得

$$v_{0x}=-\frac{4v_0}{l^2}\left(y-\frac{l}{2}\right)^2+v_0=-\frac{4v_0}{l^2}(y^2-ly)$$

由速度合成定理$\vec{v}=\vec{v}'+\vec{v}_0$ 得船相对于岸的速度$\vec{v}$的两个分量分别为

$$v_x=v_x'+v_{0x}=-v'\sin45°+v_{0x}=-\frac{\sqrt{2}}{2}v'-\frac{4v_0}{l^2}(y^2-ly)$$

$$v_y=v_y'+v_{0y}=v'\cos45°+v_{0x}=\frac{\sqrt{2}}{2}v'$$

由于船沿 $y$ 轴正方向作匀速直线运动，因此

$$y=v_yt=\frac{\sqrt{2}}{2}v't$$

由于

$$v_x=\frac{dx}{dt}=\frac{dx}{dy}\frac{dy}{dt}=v_y\frac{dx}{dy}=\frac{\sqrt{2}}{2}v'\frac{dx}{dy}$$

因此

$$\frac{\sqrt{2}}{2}v'\frac{dx}{dy}=-\frac{\sqrt{2}}{2}v'-\frac{4v_0}{l^2}(y^2-ly)$$

将上式分离变量得

$$dx=-\left[1+\frac{4\sqrt{2}v_0}{v'l^2}(y^2-ly)\right]dy$$

将上式积分，有

$$\int_0^x dx=\int_0^y\left[1+\frac{4\sqrt{2}v_0}{v'l^2}(y^2-ly)\right]dy$$

积分即得汽船航线的轨迹方程为

$$x=-\frac{4\sqrt{2}v_0}{3v'l^2}y^3+\frac{2\sqrt{2}v_0}{v'l}y^2-y$$

这艘汽船到达北岸时

$$y=l$$

$$x=-\frac{4\sqrt{2}v_0}{3v'l^2}l^3+\frac{2\sqrt{2}v_0}{v'l}l^2-l=\left(\frac{2\sqrt{2}v_0}{3v'}-1\right)l$$

即该汽船到达北岸的地点为$\left[\left(\frac{2\sqrt{2}v_0}{3v'}-1\right)l,\ l\right]$。

## 思考与讨论

1. 在相对于地面静止的坐标系 $S$ 内，$A$、$B$ 两船都以 3m/s 的速率匀速行驶，$A$ 船沿 $y$ 轴正方向，$B$ 船沿 $x$ 轴正方向。现在 $B$ 船上设置与静止坐标系 $S$ 方向相同的坐标系 $S'$

($x'$、$y'$方向的单位矢量也用$\vec{i}$、$\vec{j}$表示)，试问：在 $B$ 船上的坐标系 $S'$中，$A$ 船的速度为多少？

2. 小船从岸边 $P$ 点开始渡河，如果该船始终与河岸垂直向前划，则经过时间 $t_1$ 到达对岸下游 $A$ 点；如果小船以同样的速率划行，但垂直河岸横渡到正对岸 $B$ 点，则需要与 $P$、$B$ 两点连线成 $\alpha$ 角逆流划行，经过时间 $t_2$ 到达 $B$ 点。若 $A$、$B$ 两点之间的距离为 $S$，试问：这条河的宽度是多少？$\alpha$ 角等于多少？

3. 有两条交叉成 $\varphi$ 角的直公路，两辆汽车分别以速率 $v$ 和 $u$ 沿两条公路行驶，试问：一辆汽车相对另一辆汽车的速度大小是多少？

4. 轮船在水上以相对于水的速度$\vec{v}_1$ 航行，水流速度为$\vec{v}_2$，某人在轮船上相对于甲板以速度$\vec{v}_3$ 行走。如果此人相对于河岸静止，试问：$\vec{v}_1$、$\vec{v}_2$ 和$\vec{v}_3$ 的关系怎样？

5. 当一列火车以 20m/s 的速率向东行驶时，如果相对于地面竖直下落的雨滴在火车的窗子上形成的雨迹偏离竖直方向 30°，试问：雨滴相对于地面的速率是多少？相对于火车的速率是多少？

## 习　题

1. 一个质点沿 $x$ 轴运动，其加速度 $a$ 与位置坐标 $x$ 的关系为

$$a=1+3x^2$$

公式中的各个物理量均采用国际单位。如果质点在坐标原点处的速度为 0，试求其在任意位置处的速度。

2. 一个质点以速度 $v_0$、加速度 $a_0$ 开始作直线运动，此后加速度随时间均匀增加，经过时间 $T$ 后加速度为 $2a_0$，经过时间 $2T$ 后加速度为 $3a_0$……。试求经过时间 $nT$ 后该质点的加速度、速度和走过的距离。

3. 一个物体悬挂在弹簧上在竖直方向振动，其加速度为 $a=-kx$，其中 $k$ 为常量，取平衡位置为坐标原点。设振动物体在 $x_0$ 处的速度为 $v_0$。试求速度 $v$ 与坐标 $x$ 的函数关系式。

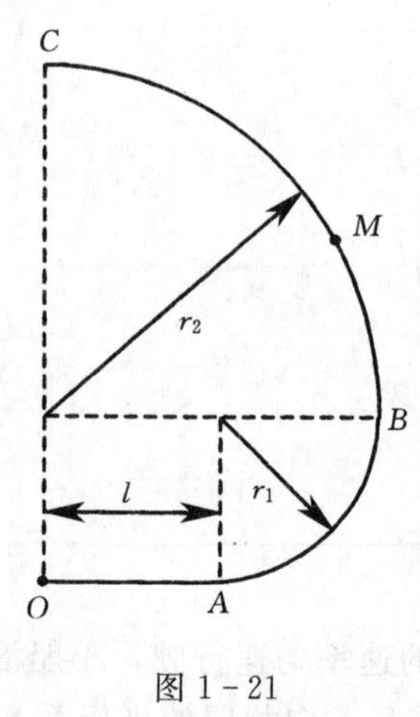


图 1-21

4. 有一个质点沿着 $x$ 轴运动，其加速度为 $a=2t\text{m/s}^2$。已知质点开始运动时位于 $x_0=8$m 处，这时的速度 $v_0=0$。试求其位置和时间的关系式。

5. 由楼顶以水平初速度$\vec{v}_0$发射出一颗子弹，取枪口为坐标原点，沿$\vec{v}_0$ 方向为 $x$ 轴正方向，竖直向下为 $y$ 轴正方向，并取发射的瞬间为计时起点，试求：(1) 子弹的位置矢量及轨迹方程；(2) 子弹在任意时刻 $t$ 的速度、切向加速度和法向加速度。

6. 质点 $M$ 在水平面内的运动轨迹如图 1-21 所示，$OA$ 段为长 $l=10$m 的直线段，$AB$、$BC$ 段分别为半径 $r_1=10$m、$r_2=20$m 的两个 1/4 圆周。设 $t=0$ 时，$M$ 处在 $O$ 点，已知运动学方程为

$$S=5t^2+10t$$

公式中的各个物理量均采用国际单位。试求质点 $M$ 运动到 $C$ 点用了多少时间？$t=2\text{s}$ 时质点 $M$ 的切向加速度和法向加速度的大小分别为多少？

7. 某质点作半径为 $R$ 的圆周运动。质点所经过的弧长与时间的关系为

$$S=at^2+bt$$

其中 $a$、$b$ 是大于 0 的常量。试问：在什么时刻质点的切向加速度与法向加速度大小相等？

8. 质点在重力场中作斜上抛运动，初速度大小为 $v_0$，与水平方向成 $\alpha$ 角。忽略空气阻力，试求质点到达与抛出点同一高度时的切向加速度、法向加速度的大小以及该时刻质点所在处轨迹的曲率半径。

9. 河水自西向东流动，速度大小为 15km/h。一艘轮船在水中航行，船相对于河水的航向为北偏西 30°，相对于河水的航速大小为 30km/h。此时风向为正西，风速大小为 15km/h。轮船上烟囱冒出的烟缕离开烟囱后马上就获得与风相同的速度，试求在船上观察到的烟缕飘向。

10. 某飞机相对于空气以恒定速率 $v$ 沿正方形轨道飞行，在无风天气测得其运动周期为 $T$。若有恒定小风沿平行于正方形的一对边吹来，风速为 $u=kv(k\ll 1)$。如果飞机相对于地面仍然沿原正方形轨道飞行，试问该飞机飞行的周期将增加多少？

11. 一无顶盖的电梯以恒定速率 $v=15\text{m/s}$ 上升。当电梯离地面 $h=5\text{m}$ 高时，电梯中的一个小孩竖直向上抛出一个小球。小球抛出时相对于电梯的速率 $v_0=30\text{m/s}$。(1) 如果从地面算起，试问小球能上升的最大高度。(2) 小球被抛出以后，需经过多长时间才能再次回到电梯上？

12. 某人乘坐在一辆游乐平板车上，平板车在平直的轨道上匀加速行驶，其加速度为 $a$。此人向车行进的斜上方抛出一个小球，设在抛球过程中人和球对车的加速度 $a$ 均没有影响，如果他在车中没有移动位置就接住了球，试问：小球被抛出的方向与竖直方向的夹角 $\varphi$ 应为多大？

## 科学家史话　伽利略

伽利略·伽利雷（Galileo Galilei，1564—1642），近代实验科学的先驱者，意大利文艺复兴后期伟大的天文学家、力学家、哲学家、物理学家和数学家。他是为了维护真理而进行不屈不挠战斗的战士。恩格斯称他是“不管有何障碍，都能不顾一切而打破旧说，创立新说的巨人之一”。

伽利略出生在意大利比萨城一个破落的贵族家庭。他的父亲凡山杜是一个很有才华的作曲家，此外他的数学也很好，并且精通希腊文和拉丁文。但是美妙的音乐不能填饱他一家人的肚子，他的数学才能也不能给他谋到一个好职位。为了维持一家人的生活，凡山杜开了一间卖毛织品的小铺子。伽利略从小就非常聪明，对任何事物都充满强烈的好奇心，而且心灵手巧。他似乎永远闲不住，不是画图画，就是弹琴，而且时常给弟弟妹妹做一些灵巧的机动玩具。

伽利略17岁进入著名的比萨大学学习医学。但是他对医学并没有多大兴趣，而对数学、物理学等自然科学非常着迷，并且以怀疑的眼光看待那些自古以来被人们奉为经典的学说。一次伽利略信步来到他熟悉的比萨大教堂，蓦地，教堂大厅中央的巨灯晃动起来，是修理房屋的工人在那里安装吊灯。伽利略目不转睛地跟踪着摆动的吊灯，同时用右手按着左腕的脉，计算着吊灯摆动一次脉搏跳动的次数，以此计算吊灯摆动的时间。伽利略发现，不管圆弧大小，吊灯摆一次的时间总是一样的。这与古希腊哲学家亚里士多德的说法完全不同。他立即跑回大学宿舍反复做这个试验，最后不得不大胆地得出这样的结论：亚里士多德的结论是错误的，决定摆动周期的是绳子的长度，与它末端的物体重量没有关系。这就是伽利略发现的摆的运动规律。

1589年夏天，25岁的伽利略获得了比萨大学数学和科学教授的职位。在此期间他在比萨斜塔上进行了自由落体实验，不仅证明了不同重量的物体由同一高度下落时速度是相同的，更重要的是，这个大胆的结论推翻了亚里士多德的权威结论。由于亚里士多德的信徒们与伽利略势不两立，伽利略在比萨大学仅仅呆了一个学期。

1592年，28岁的伽利略被任命为帕多瓦大学的数学、科学和天文学教授。从此伽利略迎来了一生中的黄金时代。在1609年，由于受到荷兰眼镜商人利帕希制造的“镜管”的启发，伽利略研制出世界上第一架望远镜。伽利略在一封写给妹夫的信里写道：“我制成望远镜的消息传到威尼斯一星期之后，就命我把望远镜呈献给议长和议员们观看，他们感到非常惊奇。绅士和议员们虽然年纪很大了，但都按次序登上威尼斯的最高钟楼，眺望远在港外的船只，看得都很清楚。如果没有我的望远镜，就是眺望两个小时，也看不见。这仪器的效用可使50mi（1mi＝1.609344km）以外的物体，看起来就像在5mi以内那样。”这是天文学研究中具有划时代意义的一次革命，几千年来天文学家单靠肉眼观察日月星辰的时代结束了，代之而起的是光学望远镜，有了这种有力的武器，近代天文学的大门被打开了。过去人们一直以为月亮是个光滑的天体，像太阳一样自身发光。但是伽利略透过望远镜发现，月亮和我们生存的地球一样，有高峻的山脉，也有低凹的洼地。他还从月亮上亮的和暗的部分的移动，发现了月亮自身并不能发光，月亮的光是通过太阳得来的。伽利略又把望远镜对准横贯天穹的银河，以前人们一直认为银河是地球上的水蒸气凝成的白雾。他用望远镜对准夜空中雾蒙蒙的光带，不禁大吃一惊，原来那根本不是云雾，而是千千万万颗星星聚集在一起。伽利略还观察了天空中的斑斑云彩——即通常所说的星团，发现星团也是很多星体聚集在一起，像猎户座星团、金牛座星团、蜂巢星团等都是如此。伽利略的望远镜揭开了一个又一个宇宙的秘密。现在我们知道，木星共有16颗卫星，伽利略发现了其中最大的4颗。此外，伽利略还用望远镜观察到了太阳的黑子，他通过黑子的移动现象推断，太阳也是在转动的。1610年3月，伽利略将一个又一个振奋人心的天文学发现写成了著作《星际使者》，著作一出版，立即在欧洲引起轰动。他的天文学发现以及他的天文学著作明显地体现出了哥白尼日心说的观点。因此从1616年开始，伽利略开始受到罗马宗教裁判所长达20多年的残酷迫害。

1642年1月8日凌晨4时，为科学和真理奋斗一生的伟大战士、科学巨人伽利略离开了人世，享年78岁。他在离开人世前还重复着这样一句话：“追求科学需要特殊的勇气”。

# 第二章 动量和角动量

英国物理学家牛顿（I. Newton，1643—1727）1687 年在他的名著《自然哲学的数学原理》中给出了力学三大定律的完整陈述，至今已有三百多年。三百多年间，人们对自然界的探索已经从宏观领域进入到了微观领域，对物质世界的认识也从实物扩展到场。随着物理学研究的不断深入，人们渐渐地认识到动量、角动量和能量概念比力的概念更具有普遍意义，特别是动量、角动量和能量守恒定律比起牛顿运动定律来，具有更加广泛、深刻的内涵，这些守恒定律既适应于宏观领域也适应于微观领域，既适应于实物也适应于场。

**本章学习要点**

（1）熟练掌握牛顿三大定律及其应用条件，会运用牛顿定律和运动学知识解决实际问题。

（2）充分理解力、动量、冲量的物理意义；掌握质点、质点系的动量定理和动量守恒定律，在解决具体问题时会判断动量守恒的条件，并能运用它们分析、解决质点以及质点系的一般力学问题。

（3）理解角动量（即动量矩）的概念，掌握动量矩守恒定律及其适用条件，能够应用角动量守恒定律分析、计算有关问题。

## 第一节 牛 顿 定 律

### 一、牛顿定律的内容

牛顿在伽利略等人的工作基础上，经过深入的分析、总结和研究，于 1687 年出版了经典著作《自然哲学的数学原理》，在该书中完整地陈述了三条定律的内容。牛顿定律是质点力学、刚体力学、流体力学、弹性力学以及各种应用力学的基础，以牛顿定律为基础建立起来的力学理论体系称为牛顿力学（也叫经典力学）。牛顿力学只适用宏观物体的低速（远远小于光速）机械运动，解决高速物体的运动问题要用相对论力学，解决微观粒子的运动问题要用量子力学，因此牛顿力学具有一定的局限性。

**牛顿第一定律：任何物体都保持静止或匀速直线运动状态，直到其他物体的作用迫使它改变这种状态为止。**

牛顿第一定律表明：

（1）**任何物体都具有保持静止或匀速直线运动状态的性质，物体的这种性质称为惯性**(inertia)，牛顿第一定律也称为**惯性定律**。

(2) 物体不受外力作用或所受外力为零时，它的运动状态不会发生改变，要使物体的运动状态发生变化，一定要有其他物体对它作用，这种**一个物体对另一个物体的作用称为力。因此力是改变物体运动状态的原因。**

(3) 由于自然界中不受外力作用的物体是不存在的，因此牛顿第一定律不能直接用实验验证。我们坚信这个定律的正确性，是因为从它导出的结果都与实验事实相符合。

**牛顿第二定律：物体受到外力作用时，物体所获得的加速度的大小与合外力成正比，与物体的质量成反比，加速度的方向与外力的方向相同。**在国际单位制中，该定律的数学表达式为

$$\vec{F}=m\vec{a} \tag{2-1}$$

应用牛顿第二定律时应注意的两个问题：

(1) 该定律只适用于质点。

(2) 合外力与加速度存在瞬时关系。

设质点 $m$ 受几个力 $\vec{F}_1$，$\vec{F}_2$…作用时产生的加速度为$\vec{a}$，如果有另外一个力 $\vec{F}$ 作用在 $m$ 上产生了同样的加速度$\vec{a}$，则称 $\vec{F}$ 为 $\vec{F}_1$，$\vec{F}_2$…这几个力的合力，即

$$\vec{F}=\sum_i \vec{F}_i$$

由牛顿第二定律得

$$\sum_i \vec{F}_i = m\vec{a}$$

另一方面，如果质点 $m$ 只受力 $\vec{F}_i$ 的作用时产生的加速度为$\vec{a}_i$，对该质点应用牛顿第二定律得

$$\vec{F}_i=m\vec{a}_i$$

对上式两边求和得

$$\sum_i \vec{F}_i = m\sum_i \vec{a}_i$$

因此

$$\vec{a}=\sum_i \vec{a}_i \tag{2-2}$$

**力的独立性原理：几个力同时作用在某质点上所产生的加速度，等于各个力单独作用在该质点上所产生的加速度的矢量和。**

在牛顿第二定律的数学表达式中

$$\vec{a}=\frac{\mathrm{d}^2\vec{r}}{\mathrm{d}t^2}$$

因此

$$\vec{F}=m\frac{\mathrm{d}^2\vec{r}}{\mathrm{d}t^2} \tag{2-3}$$

上式称为**质点运动微分方程。**

质点运动微分方程在平面直角坐标系中的分量形式为

$$F_x=m\frac{\mathrm{d}^2x}{\mathrm{d}t^2},\quad F_y=m\frac{\mathrm{d}^2y}{\mathrm{d}t^2}$$

当质点作曲线运动时，质点运动微分方程的法向方程和切向方程分别为

$$F_n=m\frac{v^2}{r}，F_t=m\frac{dv}{dt}$$

**牛顿第三定律：两个物体之间的作用力 $\vec{F}$ 和反作用力 $\vec{F}'$，大小相等，方向相反，作用在同一条直线上**，即

$$\vec{F}=-\vec{F}' \tag{2-4}$$

在应用牛顿第三定律时应该注意以下几点：

(1) 作用力与反作用力总是同时存在、同时消失的。

(2) 作用力与反作用力分别作用在两个不同的物体上，其效果不能互相抵消。

(3) 作用力与反作用力属于同一性质的力。

## 二、牛顿定律所涉及的基本概念和物理量

### (一) 惯性参考系

如图 2-1 所示，一列车在平直轨道上从静止开始作加速度为$\vec{a}$的匀加速直线运动。光滑的车厢桌面上有一小球，地面上的人看到小球仍然保持静止状态，因为小球在水平方向没有受到力，由牛顿定律可知，小球在水平方向一定不会产生加速度；而车厢里的人看到小球以加速度$-\vec{a}$向车尾运动，但他却无论如何都找不到使小球产生加速度的力，即他看小球的运动是不符合牛顿定律的。我们将**牛顿定律适用的参考系称为惯性参考系，简称惯性系** (inertial system)；**牛顿定律不适用的参考系称为非惯性参考系，简称非惯性系** (non-inertial system)。可以理解，凡是对已知惯性系作匀速直线运动的参考系都应该是惯性系。在本例中，地面上的人选择地面为参考系来研究小球运动时牛顿定律成立，这个参考系就是惯性系；而车厢里的人则选择了该列车为参考系，由于牛顿定律在这个参考系中不成立，因此这个参考系是非惯性系。

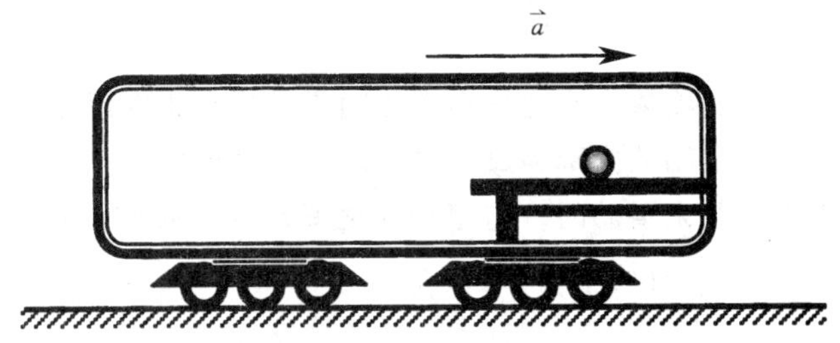


图 2-1

### (二) 力

由于力是物体对物体的作用，因此力总是成对出现的，一个物体受到了力，一定存在另外一个施力物体，没有受力物体的力和没有施力物体的力都是不存在的。

在物质世界中，力的形式是多种多样的，在宏观领域常见的力有万有引力（重力）、弹性力和摩擦力等。

*1. 万有引力　重力*

牛顿对行星的运动进行了认真的分析和研究，指出不仅天体之间，而且任何**物体之间**

**都存在相互的吸引力，这种吸引力被称为万有引力**（gravitational force）。并提出了**万有引力定律：任何两个质点之间都存在引力，引力的方向沿着两个质点的连线方向，引力的大小与两个质点的质量 $m_1$、$m_2$ 的乘积成正比，与它们之间距离 $r$ 的平方成反比**，即

$$F=G_0\,\frac{m_1m_2}{r^2} \tag{2-5}$$

式中：$G_0$ 为**万有引力常量**，在国际单位制中，$G_0=6.67\times10^{-11}\mathrm{N\cdot m^2/kg^2}$。

**地球对地面附近的物体的作用力称为物体所受到的重力**（gravity），用$\vec{G}$表示。

设质量为 $m$ 的物体在重力的作用下获得加速度$\vec{g}$（称为**重力加速度**），由牛顿第二定律得

$$\vec{G}=m\,\vec{g} \tag{2-6}$$

在忽略地球自转的影响情况下，可以认为物体的重力等于地球对它的万有引力，对地面附近的物体有

$$G=G_0\,\frac{mM_e}{R_e^2}$$

式中：$M_e$、$R_e$ 分别为地球的质量和半径。

比较以上两式可以得到

$$g=G_0\,\frac{M_e}{R_e^2} \tag{2-7}$$

2. 弹性力

**物体受力后会发生形变，外力撤除以后能完全恢复原状的形变称为弹性形变。相互接触的两个物体发生弹性形变时，每一个物体都企图恢复原来的形状，这时彼此之间的作用力称为弹性力**（elastic force）。常见的弹性力有：被拉伸或压缩的弹簧产生的弹性力；被拉紧的绳索产生的张力；放在支承面上的重物对支承面的压力和支承面对重物的支持力等。

3. 摩擦力

**两个接触并相互挤压的物体，当它们存在相对滑动或有相对滑动趋势时，在接触面上会产生一种阻碍它们相对滑动的力称为摩擦力**（friction force）。

**当物体有滑动趋势但并未滑动时，与接触面之间产生的摩擦力称为静摩擦力**（static friction force），用 $\vec{F}_{f0}$ 表示。静摩擦力 $\vec{F}_{f0}$ 总是与使物体产生滑动趋势的外力 $\vec{F}$ 大小相等而方向相反，即

$$\vec{F}_{f0}=-\vec{F}$$

由上式可以看出，随着外力 $\vec{F}$ 的增大静摩擦力 $\vec{F}_{f0}$ 也在增大，当外力 $\vec{F}$ 增大到一定程度，静摩擦力会达到一个最大值，这时的静摩擦力称为**最大静摩擦力**，用 $\vec{F}_{f0max}$ 表示。实验表明，最大静摩擦力的数值与物体的正压力 $\vec{F}_N$ 的大小成正比，即

$$F_{fmax}=\mu_0 F_N$$

$\mu_0$ 称为**静摩擦系数**。静摩擦系数与两物体接触面的材料性质、粗糙程度等因素有关，一般要通过实验测定。

**物体在滑动过程中受到的摩擦力称为滑动摩擦力**（sliding friction force）用 $\vec{F}_f$ 表示。滑动摩擦力的方向与物体相对平面的运动方向相反，大小也是与物体的正压力 $\vec{F}_N$ 的大小成正比，即

$$F_f=\mu F_N$$

$\mu$ 称为**滑动摩擦系数**。一般情况下，滑动摩擦系数 $\mu$ 略小于静摩擦系数 $\mu_0$，在不是特别精确的运算中，可以认为它们相等。

## 三、力学单位制和量纲

力学中的物理量（如位移、时间、速度、加速度、质量、力、能量和动量等）是有一定联系的，如果其中几个物理量和它们的单位被选定以后，就可以利用有关的定义和定理导出其他物理量和它们的单位。**几个被选出的物理量称为基本量，基本量的单位称为基本单位。由基本量利用定义和定理导出的物理量称为导出量，导出量的单位称为导出单位。**1984 年国务院发布了《关于在我国统一实行法定计量单位的命令》，确定了以国际单位制（SI）为基础的我国法定计量单位。在 SI 单位制中，力学的基本量是长度、质量和时间，基本单位是米（m）、千克（kg）和秒（s）。其他力学物理量都是导出量，其单位是导出单位。

按照上述力学基本量和基本单位的规定，速度的单位为“米每秒”（m/s）；角速度的单位为“弧度每秒”（rad/s）；加速度的单位为“米每二次方秒”（$m/s^2$）；角加速度的单位为“弧度每二次方秒”（$rad/s^2$）；力的单位名称为“牛顿”（N），$1N=1kg\cdot m/s^2$。

在不考虑数字因素时，**表示一个物理量是由哪些基本量导出的以及如何导出的式子称为该物理量的量纲。**在力学中，分别用 $l$、$m$ 和 $t$ 表示长度、质量和时间三个基本量，用 L、M 和 T 分别表示这三个基本量的量纲，其他力学量 $A$ 的量纲（用 $\dim A$ 表示）与基本量的量纲之间的关系按下列形式表达出来

$$\dim A=\mathrm{L}^p\mathrm{M}^q\mathrm{T}^r$$

其中 $p$、$q$ 和 $r$ 称为**量纲系数，$\mathbf{L}^p\mathbf{M}^q\mathbf{T}^r$ 称为力学量 $A$ 的量纲。**例如，速度的量纲是 $\mathrm{LT}^{-1}$，角速度的量纲是 $\mathrm{T}^{-1}$，加速度的量纲是 $\mathrm{LT}^{-2}$，角加速度的量纲是 $\mathrm{T}^{-2}$，力的量纲是 $\mathrm{LMT}^{-2}$。

由于只有量纲相同的物理量才能相加减和用等号连接，因此只要考察等式两端各项量纲是否相同，就可以初步检验等式的正确性。这种方法在求解问题和科学实验中非常有效。此外，量纲还可以用于单位换算、为寻求复杂的物理规律提供线索等。

## 四、牛顿定律的应用举例

在利用牛顿定律解习题时，一般采取以下基本思路：

(1) 认清物体：即明确研究对象，如果存在多个研究对象，要分别对它们进行隔离。

(2) 分析受力：对已经被隔离的各个物体分别作受力分析，同时画出力的示意图。

(3) 明确运动：确定各个物体的运动状态、运动轨迹以及它们的加速度等。

(4) 列出方程：根据具体问题建立适当的坐标系，在建立的坐标系下对力和加速度等

进行分解，列出它们的运动方程分量式，再利用其他约束条件列出补充方程。

(5) 求解方程：先用文字符号求解出要求的物理量，最后代入数据计算出最终结果。

**【例 2-1】** 如图 2-2 (a) 所示，在水平地面上有一个质量为 $M$ 的小车 $D$，小车的一端有一个轻滑轮 $C$。一条质量可以忽略不计的绳子通过定滑轮将质量分别为 $m_1$ 和 $m_2$ 的物体 $A$ 和 $B$ 连接起来，物体 $A$ 在小车的水平台面上，物体 $B$ 被绳悬挂着，当物体 $A$ 和 $B$ 运动时，绳子与滑轮之间没有相对滑动。已知所有接触面都是光滑的。系统最初处于静止状态，现在让系统运动，求以多大的水平力 $\vec{F}$ 作用于小车上，才能使物体 $A$ 与小车 $D$ 之间无相对滑动。

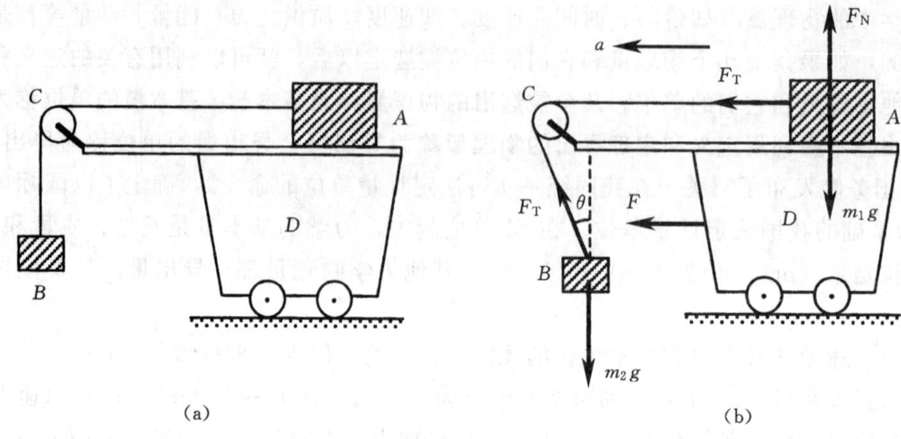


图 2-2

**解**：为了使物体 $A$ 与小车 $D$ 之间没有相对滑动，在小车 $D$ 上加水平向左的力 $F$。由于这时系统中的各物体之间没有相对滑动，因此可以对整个系统应用牛顿第二定律，有

$$F=(m_1+m_2+M)a \tag{①}$$

为了求解系统的加速度 $a$，需要对物体 $A$ 和 $B$ 作受力分析。设连接物体 $B$ 的绳子与竖直方向成 $\theta$ 角。物体 $A$ 和 $B$ 的受力情况如图 2-2 (b) 所示。在水平方向对物体 $A$ 应用牛顿第二定律，有

$$F_T=m_1 a \tag{②}$$

在水平和竖直方向分别对物体 $B$ 应用牛顿第二定律，有

$$F_T\sin\theta=m_2 a \tag{③}$$

$$F_T\cos\theta-m_2 g=0 \tag{④}$$

将式②、式③和式④联立解得

$$a=\frac{m_2 g}{\sqrt{m_1^2 m_2^2}} \tag{⑤}$$

将式⑤代入式①即得

$$F=\frac{(m_1+m_2+M)m_2 g}{\sqrt{m_1^2-m_2^2}} \tag{⑥}$$

**【例 2－2】** 如图 2－3 所示，一条轻绳跨过一个轻质光滑的滑轮，在绳的一端挂一个质量为 $m_1$ 的物体，另一侧绳上套一个质量为 $m_2$ 的圆环。当圆环相对于绳以恒定的加速度 $a_0$ 沿绳向下滑动时，物体和圆环相对地面的加速度各是多少？环与绳间的摩擦力是多少？

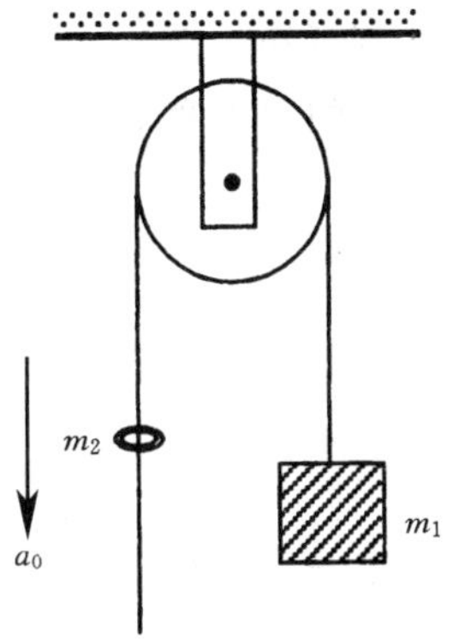

**解：** 因为绳子的质量忽略不计，因此圆环受到的摩擦力在数值上等于绳子张力 $F_T$。

设 $m_1$ 相对地面的加速度（即绳子的加速度）为 $a_1$，取向下为正方向，对其应用牛顿第二定律，有

$$m_1 g - F_T = m_1 a_1 \quad ①$$

$m_2$ 相对地面的加速度为 $a_2$，取向上为正方向，对其应用牛顿第二定律，有

$$F_T - m_2 g = m_2 a_2 \quad ②$$

由相对运动的加速度合成定理式（1－21）得

$$a_2 = a_1 + (-a_0) = a_1 - a_0 \quad ③$$

图 2－3

因此

$$F_T - m_2 g = m_2 (a_1 - a_0) \quad ④$$

将式①、式④联立，解得物体相对地面的加速度为

$$a_1 = \frac{(m_1 - m_2)g + m_2 a_0}{m_1 + m_2} \quad ⑤$$

将式⑤代入式③，得圆环相对地面的加速度为

$$a_2 = \frac{(m_1 - m_2)g - m_1 a_0}{m_1 + m_2} \quad ⑥$$

将式⑤代入式①，得圆环与绳间的摩擦力为

$$F_f = F_T = \frac{m_1 m_2 (2g - a_0)}{m_1 + m_2} \quad ⑦$$

**【例 2－3】** 飞机降落时的着地速度大小 $v=90\text{km/h}$，方向与地面平行，飞机与地面间的摩擦系数 $\mu=0.1$，迎面空气阻力为 $C_1 v^2$，升力为 $C_2 v^2$（$v$ 是飞机在跑道上的滑行速度，$C_1$ 和 $C_2$ 为均常量）。已知飞机的升阻比 $K=C_2/C_1=5$，求飞机从着地开始到停止这段时间内所滑行的距离。（设飞机刚着地时对地面无压力）

**解：** 以飞机着地点为坐标原点，飞机滑行方向为 $x$ 轴正方向。设飞机的质量为 $m$，着地后地面对飞机的支持力为 $F_N$。

飞机在跑道上滑行过程中，竖直方向所受的合力为零，即

$$F_N + C_2 v^2 - mg = 0$$

即

$$F_N = mg - C_2 v^2$$

因此，飞机受到地面的摩擦力为

$$F_f = \mu F_N = \mu(mg - C_2 v^2)$$

由于飞机在水平方向受到摩擦力和空气阻力，因此

$$-\mu(mg-C_2v^2)-C_1v^2=m\frac{dv}{dt}=mv\frac{dv}{dx}$$

将上式分离变量，有

$$dx=-\frac{mvdv}{\mu mg+(C_1-\mu C_2)v^2}$$

由题意可知，当 $x=0$ 时，$v=v_0=90km/h=25m/s$。设飞机从着地开始到停止（$v=0$）这段时间内所滑行的距离为 $x$，对上式积分，有

$$x=\int_0^x dx=-\int_{v_0}^0\frac{mvdv}{\mu mg+(C_1-\mu C_2)v^2}$$

$$=-\frac{m}{2(C_1-\mu C_2)}\int_{v_0}^0\frac{d[\mu mg+(C_1-\mu C_2)v^2]}{\mu mg+(C_1-\mu C_2)v^2}$$

$$=\frac{m}{2(C_1-\mu C_2)}\ln\frac{\mu mg+(C_1-\mu C_2)v_0^2}{\mu mg}$$

由于飞机刚着地前瞬间，所受重力等于升力，即

$$mg=C_2v_0^2$$

因此

$$C_2=\frac{mg}{v_0^2}$$

已知飞机的升阻比 $K=C_2/C_1=5$，因此

$$C_1=\frac{C_2}{K}=\frac{mg}{5v_0^2}$$

将 $C_1$、$C_2$ 代入 $x$ 的表达式中，即得飞机滑行的距离为

$$x=\frac{5v_0^2}{2g(1-5\mu)}\ln\frac{1}{5\mu}=221m$$

**【例 2-4】** 水平转台上放置一个质量 $M=4kg$ 的小物块，物块与转台间的静摩擦系数 $\mu_0=0.1$，一条光滑的绳子一端系在物块上，另一端由转台中心处的小孔穿下并且悬一质量 $m=1.6kg$ 的物块。转台以角速度 $\omega=2\pi rad/s$ 绕竖直中心轴转动。当转台上的物块与转台保持相对静止时，物块转动半径的最大值 $r_{max}$ 和最小值 $r_{min}$ 分别为多少？

**解：** 水平转台上的物块 $M$ 作圆周运动的向心力是由它与平台间的静摩擦力 $F_{f0}$ 和物块 $m$ 对它的拉力 $F_T$ 的合力提供的。当物块 $M$ 有离心运动趋势时，$F_{f0}$ 和 $F_T$ 的方向相同，这时

$$F_T+F_{f0}=Mr\omega^2$$

由于物块 $m$ 是静止的，因此 $F_T=mg$。当转台以恒定的角速度绕竖直中心轴转动时，物块 $M$ 转动的半径 $r$ 越大，静摩擦力 $F_{f0}$ 越大，当静摩擦力达到最大静摩擦力时，对应的物块转动半径也达到最大值，即

$$mg+F_{f0max}=Mr_{max}\omega^2$$

其中 $F_{f0max}=\mu_0Mg$，因此

$$r_{max}=\frac{(m+\mu_0M)g}{M\omega^2}=0.124m$$

而当物块 $M$ 有向心运动趋势时，$F_{f0}$ 和 $F_T$ 的方向相反。这时

$$F_T-F_{f0}=Mr\omega^2$$

由于 $F_T$ 和 $\omega$ 恒定，当静摩擦力达到最大值时，对应的物块转动半径有最小值，即

$$mg-F_{f0\max}=Mr_{\min}\omega^2$$

因此

$$r_{\min}=\frac{(m-\mu_0 M)g}{M\omega^2}=0.074\text{m}$$

**【例 2-5】** 如图 2-4 所示，一条质量为 $M$、长度为 $L$ 的均匀绳子，一端拴在竖直转轴 $AB$ 上，并以角速度 $\omega$ 在水平面内匀速旋转，在转动过程中绳子始终处于伸直状态。在不考虑重力的情况下，求距离转轴为 $r$ 处的绳中张力 $F_T$。

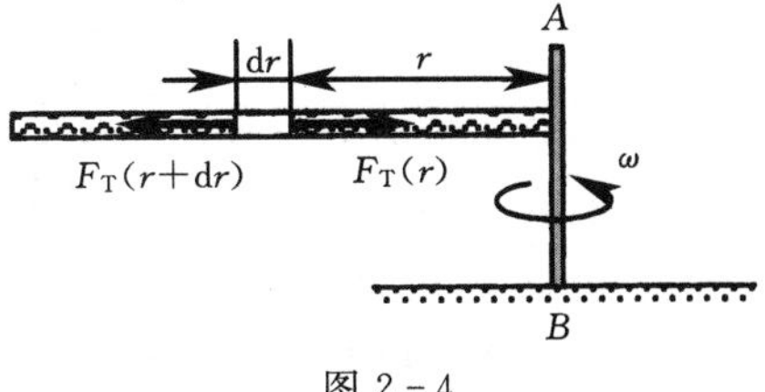


图 2-4

**解：** 在绳子上距转轴为 $r$ 处取线元 $dr$，设绳子的质量线密度为 $\lambda=\frac{M}{L}$，则线元的质量为

$$dm=\lambda dr$$

由于绳子作圆周运动，因此线元有法向加速度，由牛顿定律得

$$F_T(r)-F_T(r+dr)=r\omega^2\lambda dr$$

由于 $dF_T(r)=F_T(r+dr)-F_T(r)$，因此上式可以写为

$$dF_T(r)=-\omega^2\lambda r dr$$

由于绳子的末端是自由端，因此当 $r=L$ 时，$F_T(r)=0$。对上式积分，有

$$\int_{F_T(r)}^{0} dF_T(r)=-\int_{r}^{L}\omega^2\lambda r dr$$

因此，距离转轴为 $r$ 处的绳中张力为

$$F_T(r)=\frac{1}{2}\omega^2\lambda(L^2-r^2)=\frac{M\omega^2(L^2-r^2)}{2L}$$

**【例 2-6】** 如图 2-5（a）所示，表面光滑的直圆锥体底面固定在水平面上，其顶角为 $2\theta$。一根长为 $l$、不能伸长的轻绳的一端系一个质量为 $m$ 的小球，另一端系在圆锥的顶点上。现在使小球在圆锥面上以角速度 $\omega$ 绕 $AB$ 轴匀速转动，试求：

（1）轻绳对小球的张力 $F_T$ 和锥面对小球的支持力 $F_N$。

（2）当 $\omega$ 增大到多少时小球将离开锥面？这时轻绳对小球的张力 $F_T$ 又是多少？

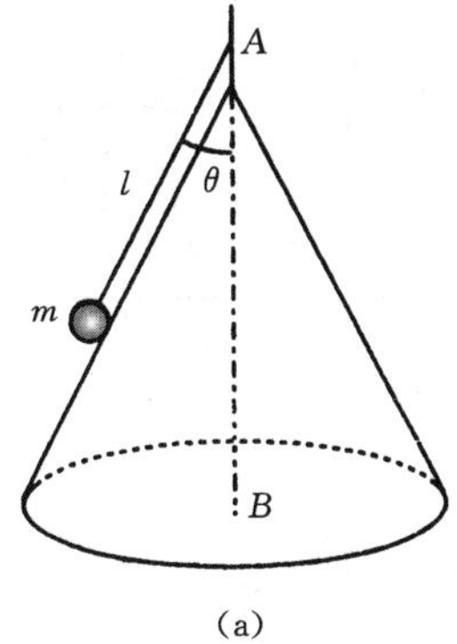


(a)

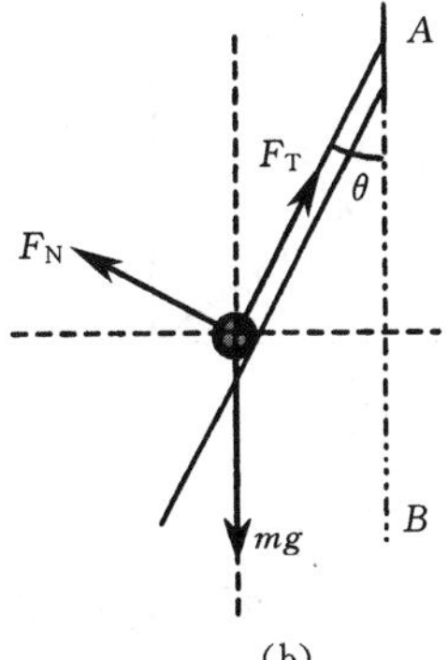


(b)

图 2-5

**解**：(1) 图 2-5 (b) 是小球的受力分析图。小球在水平面内作匀速圆周运动，由牛顿定律得

$$F_T\sin\theta - F_N\cos\theta = mr\omega^2 \qquad ①$$

其中 $r=l\sin\theta$ 为小球作圆周运动的半径。

小球在竖直方向所受的合力为零，即

$$F_T\cos\theta + F_N\sin\theta - mg = 0 \qquad ②$$

将式①、式②联立求解即得轻绳对小球的张力 $F_T$ 和锥面对小球的支持力 $F_N$ 分别为

$$F_T = mg\cos\theta + m\omega^2 l\sin^2\theta \qquad ③$$

$$F_N = mg\sin\theta - m\omega^2 l\sin\theta\cos\theta \qquad ④$$

(2) 由式④可以看出，随着角速度 $\omega$ 的增大锥面对小球的支持力 $F_N$ 在逐渐减小，当 $F_N=0$ 时小球开始离开锥面，因此

$$0 = mg\sin\theta - m\omega^2 l\sin\theta\cos\theta$$

由上式解得

$$\omega = \sqrt{\frac{g}{l\cos\theta}} \qquad ⑤$$

即当 $\omega \geqslant \sqrt{\dfrac{g}{l\cos\theta}}$ 时小球将离开锥面。

当小球刚刚离开锥面时，小球在竖直方向所受的合力仍然为零，即

$$F_T\cos\theta - mg = 0$$

这时轻绳对小球的张力 $F_T$ 为

$$F_T = \frac{mg}{\cos\theta} \qquad ⑥$$

**【例 2-7】** 如图 2-6 (a) 所示，升降机内的固定光滑斜面与水平方向的夹角为 $\theta$，当升降机以匀加速度 $\vec{a}_0$ 上升时，斜面上质量为 $m$ 的物体 $P$ 沿斜面下滑，求 $P$ 相对于地面的加速度 $\vec{a}$。

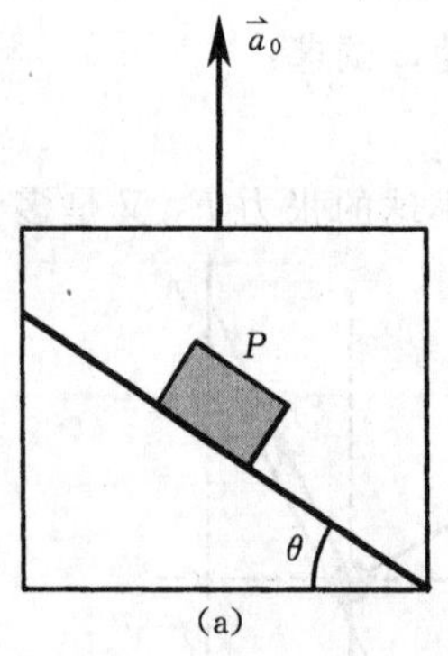


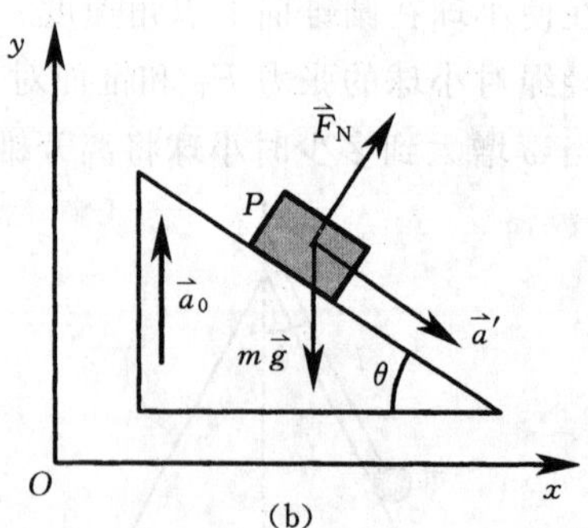


图 2-6

**解**：如图 2-6 (b) 所示，在地面上建立平面直角坐标系 $xOy$，物体 $P$ 在重力 $m\vec{g}$ 和斜面的支持力 $\vec{F}_N$ 的作用下，随升降机以牵连加速度 $\vec{a}_0$ 向上运动的同时，还以相对加速度

$\vec{a}'$（相对于升降机）沿斜面向下运动，因此物体 $P$ 相对于地面的加速度为$\vec{a}=\vec{a}_0+\vec{a}'$。

对物体 $P$ 在 $x$ 方向和 $y$ 方向分别应用牛顿定律，有

$$F_N\sin\theta=ma'\cos\theta$$

$$F_N\cos\theta-mg=m(a_0-a'\sin\theta)$$

通过以上两式解得

$$a'=(g+a_0)\sin\theta$$

因此物体 $P$ 相对于地面加速度的 $x$、$y$ 分量分别为

$$a_x=a'\cos\theta=(g+a_0)\sin\theta\cos\theta=\frac{1}{2}(g+a_0)\sin2\theta$$

$$a_y=a_0-a'\sin\theta=a_0\cos^2\theta-g\sin^2\theta$$

## 思考与讨论

1. 如图 2-7 所示，有两个质量相等的小球 $A$、$B$ 用一根轻弹簧相连接，再用一根细绳悬挂在天花板上，原来两个小球都处于平衡状态。现在用剪刀将绳子剪断，在绳被剪断的一瞬间，试问：小球 $A$、$B$ 的加速度分别为多少？

2. 如图 2-8 所示，一条轻绳跨过一个质量可以忽略的定滑轮，绳的两端各系一个物体，它们的质量分别为 $M_1$ 和 $M_2$，已知 $M_1>M_2$，并且滑轮以及轴上的摩擦均忽略不计，此时重物的加速度的大小为 $a$。现在将物体 $M_1$ 卸掉，而用一个竖直向下的恒力 $F=M_1g$ 直接作用于绳端，试问：这时质量为 $M_2$ 的物体的加速度与原来的相比有什么变化？

图 2-7

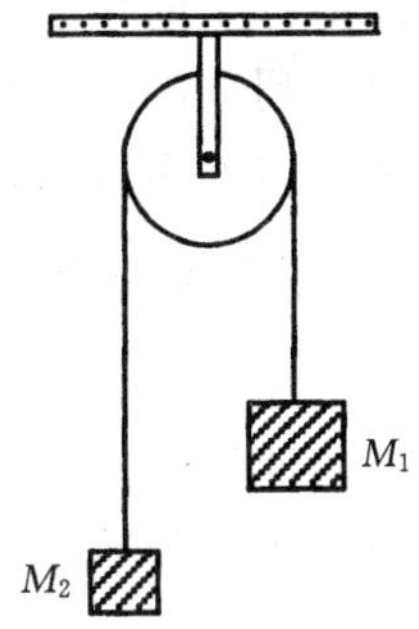


图 2-8

3. 如图 2-9 所示，一个质量为 $m$ 的物体 $P$ 靠在一辆小车的竖直壁上，物体 $P$ 和车壁之间的静摩擦系数为 $\mu_0$，要使物体 $P$ 不沿车壁下落，试问：小车的加速度应该满足什么条件？

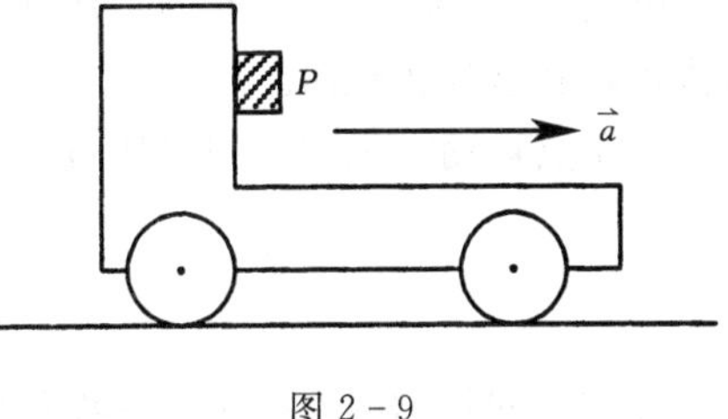


图 2-9

4. 质量为 $M$ 的物体在空中从静止开始下落，它除了受到重力作用外，还受到一个与速度平方成正比的阻力作用，已知比例系数为 $k$（$k$ 为大于零的常数）。试问：该物体下落的收尾速度是多少？

5. 如图 2-10 所示，一个摆线长度为 $l$、摆锤质量为 $m$ 的圆锥摆，摆线与竖直方向的

夹角恒为 $\varphi$。试问：该圆锥摆的摆锤转动的周期等于多少？摆线的张力为多大？摆锤转动的速率为多少？

6. 如图 2-11 所示，一块水平木板上放一个质量为 $m$ 的小物体，手托木板保持水平状态，使木板在竖直平面内做半径为 $R$、速率为 $v$ 的匀速率圆周运动。当小物体随着木板一起运动到图示的位置时，试问：小物体受到木板的摩擦力和支持力分别为多少？

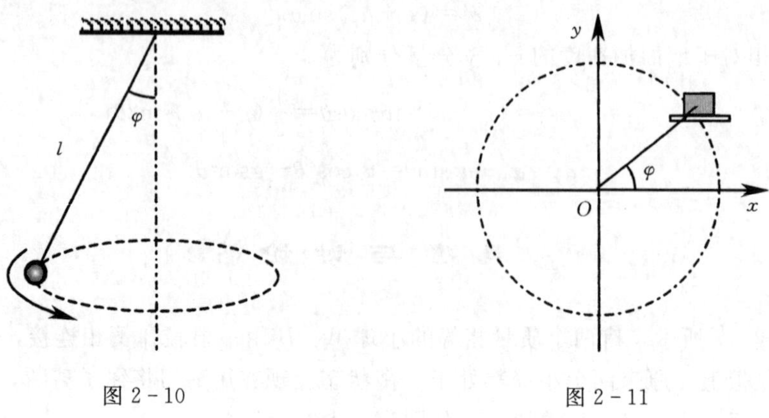


图 2-10　　　　图 2-11

## 第二节 动量 冲量 质点动量定理

我们一直认为，速度是描述物体运动状态的物理量，但实际上物体的运动状态还与物体的质量有关。同样的两辆汽车以相同的速度行驶，一辆正常，一辆超载。当遇到紧急情况以同样的制动力刹车时，超载汽车很难在正常的刹车距离内停下来。因此，在考察物体的运动状态时必须同时考虑速度和质量这两个因素，为此引入了动量这个概念。质点的质量 $m$ 和它的速度 $\vec{v}$ 的乘积称为质点的**动量**（momentum），用 $\vec{p}$ 表示，即

$$\vec{p}=m\vec{v} \tag{2-8}$$

动量是矢量，方向与质点的速度 $\vec{v}$ 方向相同。

牛顿在他的著作《自然哲学的数学原理》中第一次提到的牛顿第二定律的形式为

$$\vec{F}=\frac{\mathrm{d}\vec{p}}{\mathrm{d}t} \tag{2-9}$$

力是改变物体运动状态的原因，从这个公式中我们深刻地体会到，**动量是更加准确地描述物体运动状态的物理量。**

在质点运动过程中，如果质量 $m$ 保持不变，由式（2-9）可得

$$\vec{F}=\frac{\mathrm{d}\vec{p}}{\mathrm{d}t}=\frac{\mathrm{d}(m\vec{v})}{\mathrm{d}t}=m\frac{\mathrm{d}\vec{v}}{\mathrm{d}t}$$

其中 $\frac{\mathrm{d}\vec{v}}{\mathrm{d}t}=\vec{a}$ 是质点的加速度，因此 $\vec{F}=m\vec{a}$。这是我们非常熟悉的牛顿第二定律。式（2-9）是牛顿第二定律的普遍形式，它表明：**质点受到的合外力等于质点的动量对时间的变化率。**

将式（2-9）改写为

$$d\vec{p}=\vec{F}dt$$

设外力 $\vec{F}$ 对质点的作用时间从 $t_1$ 到 $t_2$，在这两个时刻的动量分别为$\vec{p}_1$ 和$\vec{p}_2$，对上式作积分得

$$\int_{t_1}^{t_2}\vec{F}dt=\int_{t_1}^{t_2}d\vec{p}=\vec{p}_2-\vec{p}_1$$

其中 $\int_{t_1}^{t_2}\vec{F}dt$ 是**作用在质点上的力 $\vec{F}$ 在 $t_1$ 到 $t_2$ 时间内的积累量，称为冲量** (impulse)，用 $\vec{I}$ 表示，即

$$\vec{I}=\int_{t_1}^{t_2}\vec{F}dt \tag{2-10}$$

因此，上述关系式可以写为

$$\vec{I}=\int_{t_1}^{t_2}\vec{F}dt=\vec{p}_2-\vec{p}_1 \tag{2-11}$$

式 (2-11) 称为**质点动量定理** (theorem of momentum)，**即质点在某段时间内所受合外力的冲量等于质点在同样时间内的动量增量。**可见，要使质点动量发生变化，仅有力的作用是不够的，力还必须持续作用在质点上一段时间。

动量 $\vec{p}$ 的单位为 kg·m/s，冲量 $\vec{I}$ 的单位为 N·s，它们的量纲都是 $MLT^{-1}$。

冲量 $\vec{I}$ 是矢量，其方向与质点动量增量的方向一致。

质点动量定理在平面直角坐标系下的分量式为

$$I_x=\int_{t_1}^{t_2}F_x dt=mv_{2x}-mv_{1x},\ I_y=\int_{t_1}^{t_2}F_y dt=mv_{2y}-mv_{1y}$$

在打击、碰撞等问题中，**物体之间的相互作用时间很短，但相互作用力却很大，这种力称为冲力** (impulsive force)。由于冲力的作用时间很短，随时间变化的规律又非常复杂，因此在实际应用中往往用**平均冲力**（恒力）替代冲力（变力）。这时

$$\vec{I}=\int_{t_1}^{t_2}\vec{F}dt=\int_{t_1}^{t_2}\overline{\vec{F}}dt=\overline{\vec{F}}\int_{t_1}^{t_2}dt=\overline{\vec{F}}(t_2-t_1)$$

或者

$$\vec{I}=\int_{t_1}^{t_2}\vec{F}dt=\overline{\vec{F}}\Delta t \tag{2-12}$$

从式 (2-12) 可以看出，引入平均冲力的概念后，并不影响原来的冲量。此外我们还注意到，冲量的方向与平均冲力的方向是相同的。用平均冲力表达的动量定理为

$$\vec{I}=\overline{\vec{F}}\Delta t=\vec{p}_2-\vec{p}_1 \tag{2-13}$$

式 (2-13) 的平面直角坐标系分量式为

$$\overline{F}_x\Delta t=mv_{2x}-mv_{1x},\ \overline{F}_y\Delta t=mv_{2y}-mv_{1y}$$

## 第三节　质点系动量定理　动量守恒定律

### 一、质点系动量定理

下面从质点系动量定理出发，来讨论质点系所遵循的动量定理。一般作用于系统中某

一质点上的力有很多，其中**质点系以外的物体对该质点的作用力称为外力**（external force），**质点系的其他质点对该质点的作用力称为内力**（internal force）。为了分析问题方便，首先研究由两个质点组成的系统。如图 2-12 所示，设两个质点的质量分别为 $m_1$ 和 $m_2$。$m_1$ 质点受到的外力、内力分别为 $\vec{F}_1$、$\vec{f}_1$；$m_2$ 质点受到的外力、内力分别为 $\vec{F}_2$、$\vec{f}_2$，在 $\Delta t=t_2-t_1$ 时间内，两质点所遵循的动量定理分别为

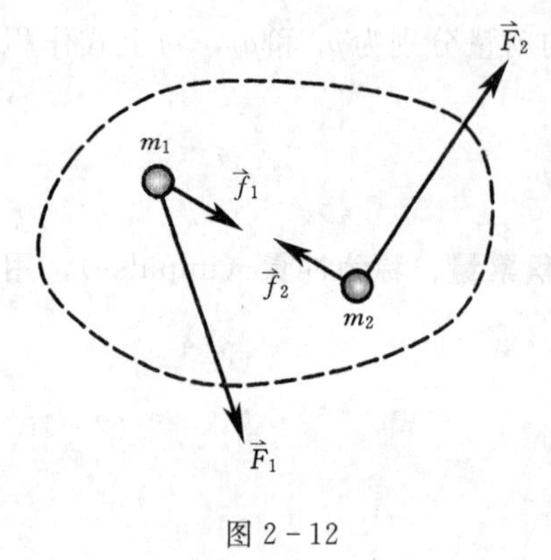


图 2-12

$$\int_{t_1}^{t_2}(\vec{F}_1+\vec{f}_1)\mathrm{d}t = m_1\vec{v}_1 - m_1\vec{v}_{10}$$

$$\int_{t_1}^{t_2}(\vec{F}_2+\vec{f}_2)\mathrm{d}t = m_2\vec{v}_2 - m_2\vec{v}_{20}$$

显然，质点系内的各个质点的动量增量既与外力的冲量有关，也与内力的冲量有关。将以上两式相加，有

$$\int_{t_1}^{t_2}(\vec{F}_1+\vec{F}_2+\vec{f}_1+\vec{f}_2)\mathrm{d}t = (m_1\vec{v}_1+m_2\vec{v}_2)-(m_1\vec{v}_{10}+m_2\vec{v}_{20})$$

由牛顿第三定律可知$\vec{f}_1=-\vec{f}_2$ 或$\vec{f}_1+\vec{f}_2=0$，即系统内两质点间的内力之和为零，因此上式变为

$$\int_{t_1}^{t_2}(\vec{F}_1+\vec{F}_2)\mathrm{d}t = (m_1\vec{v}_1+m_2\vec{v}_2)-(m_1\vec{v}_{10}+m_2\vec{v}_{20})$$

其中，$\vec{F}_1+\vec{F}_2$、$m_1\vec{v}_1+m_2\vec{v}_2$ 和 $m_1\vec{v}_{10}+m_2\vec{v}_{20}$ 分别为质点系受到的合外力、质点系末态的动量和初态的动量，分别用 $\vec{F}$、$\vec{p}$和$\vec{p}_0$ 表示。对由 $n$ 个质点组成的系统

$$\vec{F}=\sum_{i=1}^{n}\vec{F}_i,\vec{p}=\sum_{i=1}^{n}m_i\vec{v}_i,\vec{p}_0=\sum_{i=1}^{n}m_i\vec{v}_{i0}$$

上述关系式可以表达为

$$\vec{I}=\int_{t_1}^{t_2}\vec{F}\mathrm{d}t=\vec{p}-\vec{p}_0 \tag{2-14}$$

这就是**质点系动量定理**。该定理表明：**质点系所受的合外力的冲量等于该系统的动量增量。**

质点系动量原理在平面直角坐标系下的分量式为

$$I_x=\int_{t_1}^{t_2}F_x\mathrm{d}t=p_x-p_{x0},I_y=\int_{t_1}^{t_2}F_y\mathrm{d}t=p_y-p_{y0}$$

应该指出：①作用于质点系的合外力是作用于系统内每一个质点的外力的矢量和；②只有外力才对整个系统的动量变化有贡献，内力不能改变系统的动量。

## 二、动量守恒定律

在质点系动量定理式（2-14）中，如果 $\vec{F}=\sum_{i=1}^{n}\vec{F}_i=0$，则

$$\vec{p}=\vec{p}_0 \tag{2-15}$$

上式称为**动量守恒定律**（law of conservation momentum），**即如果质点系在运动过程所受的合外力为零，则其总动量保持不变。**

在质点系动量守恒的情况下，外力及内力的作用可以使系统的总动量在各物体之间的分配发生变化。

动量守恒定律在平面直角坐标系下的分量式如下：

如果 $F_x = \sum_{i=1}^{n} F_{ix} = 0$，则　　$p_x = p_{x0}$

如果 $F_y = \sum_{i=1}^{n} F_{iy} = 0$，则　　$p_y = p_{y0}$

可见，即使整个质点系所受的合外力不为零，但如果合外力在某一方向的分量等于零，系统的总动量在该方向的分量也可以保持不变。

当外力比系统内各物体相互作用的内力小得多而可以忽略时，系统的动量也可以认为是守恒的。例如在碰撞、打击以及爆炸等过程就是这种情况。

由于动量定理、动量守恒定律是在牛顿第二定律基础上推导出来的，因此这两个定理只在惯性参考系中成立。

动量守恒定律虽然是从描述宏观物体运动规律的牛顿运动定律导出的，但近代的科学实验和理论都表明，大到天体间的相互作用，小到原子、核子、电子以及各种微观粒子间的相互作用都遵循动量守恒定律，而在微观领域中，牛顿运动定律却不适用。因此，动量守恒定律比牛顿运动定律更加基本，它与后面讲到的能量守恒定律一样，是自然界中最普遍、最基本的定律。

**【例 2－8】** 如图 2－13（a）所示，煤粉从传送带 $A$ 落到传送带 $B$ 上。已知煤粉落在 $B$ 上之前的速度大小 $v_1 = 8\text{m/s}$，方向与水平方向的夹角为 45°，落在 $B$ 上以后的速度与传送带 $B$ 的速度相同，大小 $v_2 = 4\text{m/s}$，与水平方向的夹角为 30°。如果传送带的运煤量为 $q_m = 2000\text{kg/h}$，求煤粉作用在传送带 $B$ 上的力的大小和方向。

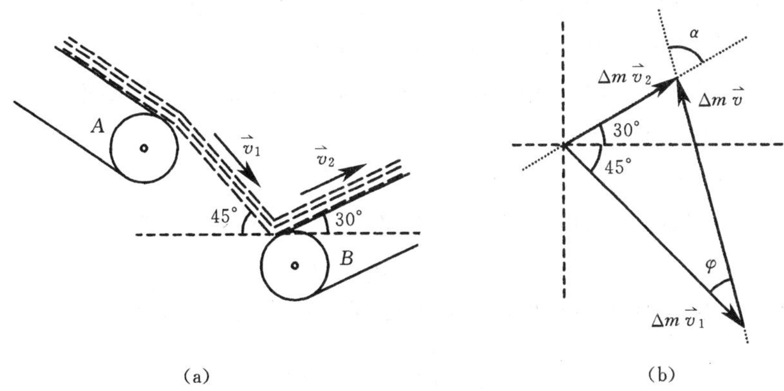


图 2－13

**解：** 设在 $\Delta t$ 时间内落在传送带 $B$ 上的煤粉质量为 $\Delta m$，即

$$\Delta m = q_m \Delta t$$

如图 2－13（b）所示，煤粉动量的增量为

$$\Delta m\vec{v}=\Delta m\vec{v}_2-\Delta m\vec{v}_1$$

煤粉动量增量的大小为

$$\Delta mv=\Delta m\sqrt{v_1^2+v_2^2-2v_1v_2\cos75^\circ}$$

由动量定理式（2-13）可得煤粉受到传送带 $B$ 的作用力的大小为

$$\begin{aligned}F&=\frac{\Delta mv}{\Delta t}=\frac{\Delta m}{\Delta t}\sqrt{v_1^2+v_2^2-2v_1v_2\cos75^\circ}\\&=q_m\sqrt{v_1^2+v_2^2-2v_1v_2\cos75^\circ}\\&=4.42\text{N}\end{aligned}$$

由正弦定理得

$$\frac{\Delta mv}{\sin75^\circ}=\frac{\Delta mv_2}{\sin\varphi},\ \varphi=29^\circ$$

则煤粉受到传送带 $B$ 的作用力 $\vec{F}$ 与传送带 $B$ 的速度 $\vec{v}_2$ 之间的夹角为

$$\alpha=180^\circ-(75^\circ+\varphi)=76^\circ$$

由牛顿第三定律可知，煤粉作用在传送带 $B$ 上的力与 $\vec{F}$ 大小相等方向相反。这个力是煤粉对传送带 $B$ 的撞击力与摩擦力的合力。

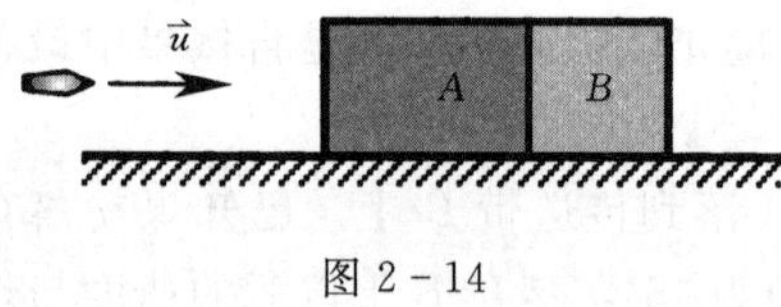

图 2-14

**【例 2-9】** 如图 2-14 所示，有两个静止在光滑水平桌面上的长方形物体 $A$ 和 $B$，它们紧紧地靠着在一起，其中物体 $A$ 的质量 $m_1=3\text{kg}$，物体 $B$ 的质量 $m_2=7\text{kg}$。现在有一个质量 $m=0.2\text{kg}$ 的子弹以水平速率 $u=700\text{m/s}$ 射入物体 $A$，经过 $t=0.02\text{s}$ 又射入物体 $B$，最后停留在 $B$ 内。已知子弹射入物体 $A$ 时受到的摩擦力为 $F_f=3000\text{N}$，求：

（1）子弹在射入物体 $A$ 的过程中，物体 $B$ 受到 $A$ 的作用力大小。

（2）当子弹留在物体 $B$ 中时，$A$ 和 $B$ 的速度大小。

**解：**（1）子弹在射入物体 $A$ 但没有进入物体 $B$ 以前，$A$、$B$ 在摩擦力 $F_f$ 的推动下共同作匀加速运动，设加速度为 $a$，则

$$F_f=(m_1+m_2)a$$

只分析物体 $B$ 的运动时，是物体 $A$ 推动物体 $B$ 产生了加速度 $a$，即

$$F_N=m_2a$$

因此，子弹在射入物体 $A$ 的过程中，物体 $B$ 受到 $A$ 的作用力大小为

$$F_N=\frac{m_2}{m_1+m_2}F_f=2100\text{N}$$

（2）子弹在射穿物体 $A$ 的过程中，对 $A$、$B$ 系统应用动量定理，有

$$F_ft=(m_1+m_2)v_1$$

因为子弹进入物体 $B$ 后，物体 $A$ 作匀速直线运动，所以 $v_1$ 就是子弹留在物体 $B$ 中时物体 $A$ 的速度大小，其值为

$$v_1=\frac{F_f t}{m_1+m_2}=6\mathrm{m/s}$$

如果取 $A$、$B$ 和子弹组成的系统为研究对象，由于系统所受的合外力为零，因此系统的动量守恒，即

$$mu=m_1v_1+(m+m_2)v_2$$

当子弹留在物体 $B$ 中时，$B$ 的速度大小为

$$v_2=\frac{mu-m_1v_1}{m+m_2}=17\mathrm{m/s}$$

**【例 2-10】** 一发炮弹发射后，在最高点 19.6m 处炸裂成质量相等的两块弹片。其中第一块弹片在炮弹爆炸后 1s 落到爆炸点正下方的地面上，测得此处与发射点的距离为 1000m，问第二块弹片的落地点与发射地点之间的距离等于多少？（空气阻力不计，$g=9.8\mathrm{m/s^2}$）

**解：** 为了求解第二块弹片的落地点与发射地点之间的距离，必须先求出炮弹炸裂时第二块弹片的速度。由于炮弹炸裂时动量守恒，因此要根据运动学知识先求出炮弹炸裂前的速度和炮弹炸裂时产生的第一块弹片的速度。

以炮弹的发射点为坐标原点 $O$，炮弹运动的水平方向为 $x$ 轴正方向，竖直方向为 $y$ 轴正方向建立坐标系。

设炮弹从发射点运动到最高点经历的时间为 $t$，在最高点炮弹只有水平速度，根据题意得

$$S=v_x t,\quad H=\frac{1}{2}gt^2$$

由以上两式解得

$$v_x=S\sqrt{\frac{g}{2H}}=500\mathrm{m/s},\quad t=\sqrt{\frac{2H}{g}}=2\mathrm{s}$$

因此炮弹在最高点炸裂前的速度为

$$\vec{v}=v_x\vec{i}+v_y\vec{j}=500\vec{i}\,\mathrm{m/s}$$

由于炮弹炸裂后产生的第一块弹片落在其正下方的地面上，因此它的速度沿竖直方向。设 $t_1$ 为它落到地面的时间，由于 $t_1=1\mathrm{s}<t=2\mathrm{s}$，因此速度方向竖直向下。依题意有

$$H=v_1t_1+\frac{1}{2}gt_1^2$$

由上式解得

$$v_1=\frac{H}{t_1}-\frac{1}{2}gt_1=14.7\mathrm{m/s}$$

因此炮弹炸裂时产生的第一块弹片的速度为

$$\vec{v}_1=v_{1x}\vec{i}+v_{1y}\vec{j}=-14.7\vec{j}\,\mathrm{m/s}$$

炮弹炸裂时动量守恒，由动量守恒定律得

$$m\vec{v}=\frac{1}{2}m\vec{v}_1+\frac{1}{2}m\vec{v}_2$$

因此炮弹炸裂时产生的第二块弹片的速度为

$$\vec{v}_2=2\vec{v}-\vec{v}_1=(1000\vec{i}+14.7\vec{j})\text{m/s}$$

以第二块弹片形成时开始计时，这块弹片的运动方程为

$$x_2=S+v_{2x}t_2\text{，}\ y_2=H+v_{2y}t_2-\frac{1}{2}gt_2^2$$

当第二块弹片落地时，有 $y_2=0$，即

$$H+v_{2y}t_2-\frac{1}{2}gt_2^2=0$$

由上式解得

$$t_2=\frac{v_{2y}\pm\sqrt{v_{2y}^2+2gH}}{g}=\begin{cases}4\text{s}\\-1\text{s}\ (\text{不合题意，舍去})\end{cases}$$

因此第二块弹片的落地点与发射地点之间的距离为

$$x_2=S+v_{2x}t_2=5000\text{m}$$

## 思考与讨论

1. 质量为 $m$ 的小球以不变的速率 $v$ 沿图 2-15 中正方形 $ABCD$ 的水平光滑轨道运动。当小球越过 $A$ 角时，试问：轨道作用于小球的冲量大小等于多少？

2. 如图 2-16 所示，圆锥摆的摆球质量为 $m$，其速率为 $v$，圆周半径为 $R$。当摆球在轨道上运动半周时，试问：摆球所受重力、合力以及摆绳拉力的冲量各分别为多少？

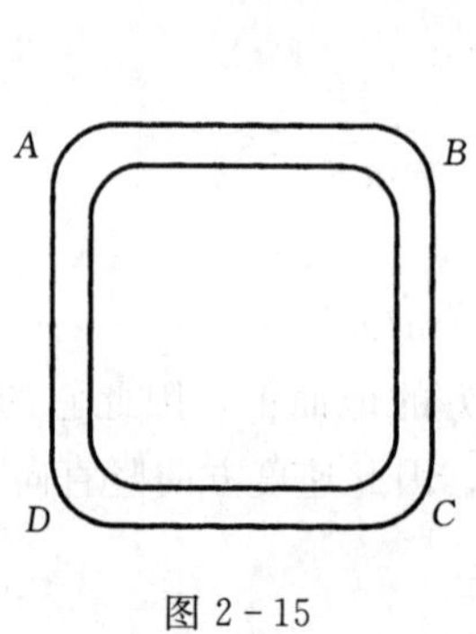


图 2-15

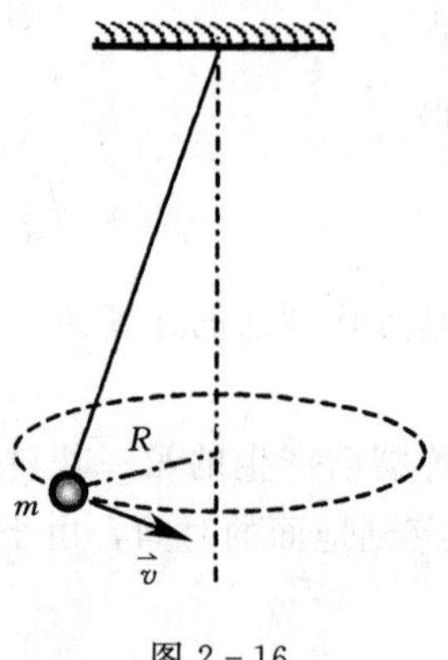


图 2-16

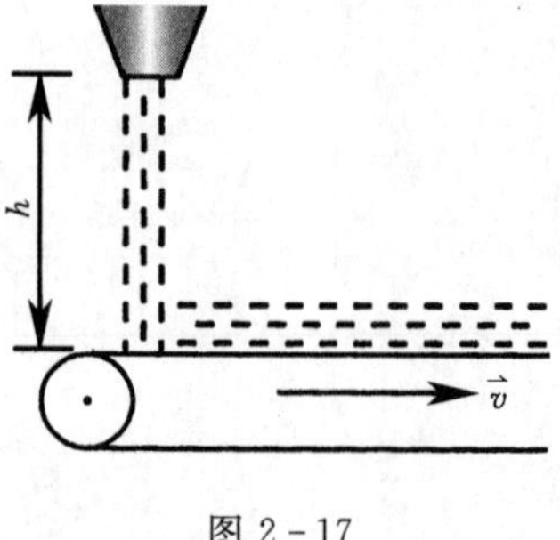


图 2-17

3. 如图 2-17 所示，矿砂从 1.5m 高处下落到传送带上，传送带以 4.2m/s 的速率水平向右运动。试问：刚落到传送带上的矿砂受到传送带的作用力的方向是怎样的？

4. 有两艘船停在湖面上，它们之间用一根轻绳连接。第一艘船和人的总质量为 300kg，第二艘船的质量为 450kg，水的阻力可以忽略不计。现在站在第一艘船上的人用 $F=60\text{N}$ 的水平力来拉绳子，试问：3s 后这两艘船的速度分别为多少？

5. 一颗子弹在枪筒里运动时所受的合力大小为 $F=300-6\times10^5t$，公式中的各个物理量均采用国际单位。子弹从枪口射出时的速率为 300m/s。如果子弹离开枪口时合力恰好等于零，试问：子弹走完枪筒全长用了多长时间？子弹在枪筒中受到的冲量等于多少？子弹的质量是多少？

6. 两个质量分别为 3.0g 和 6.0g 的小球在光滑的水平面上运动。已知它们的速度分别为$\vec{v}_1=0.5\vec{i}$m/s 和$\vec{v}_2=(0.6\vec{i}+0.9\vec{j})$m/s。这两个小球碰撞以后合为一体，试问：它们碰撞后的速度$\vec{v}$为多少？$\vec{v}$与 $x$ 轴正方向的夹角等于多少？

7. 平静的水面上停着两只质量都为 $M$ 的小船。第一只船上站着一个质量为 $m$ 的人，此人以水平速度$\vec{v}$从第一只船上跳到第二只船上，然后又以同样大小的水平速度跳回到第一只船上。试问：这时两只小船的速度分别为多少？

## 第四节　质点的角动量和角动量守恒定律

我们将在本节认识一个除动量和能量外的另一个重要物理量以及它的变化规律，这就是角动量。在人们对自然界进行细致观察、深入思考中发现，动量和能量并不能反映物体运动的全部特点。例如，天文学观测表明，地球在围绕太阳旋转的过程中，在近日点附近速度较快，远日点较慢。这个特点只有用角动量概念及其规律才能很好说明。此外，在有些物理过程中，动量和机械能都不守恒，但是角动量却是守恒的，这就为我们求解此类问题开辟了新途径。

### 一、质点的角动量

如图 2-18 所示，设有一个质量为 $m$、速度为$\vec{v}$的质点位于 $A$ 点，该点相对给定坐标系的原点 $O$ 的位矢为 $\vec{r}$，则质点 $m$ 对 $O$ 点的**角动量**（angular of momentum）定义为

$$\vec{L}=\vec{r}\times\vec{p}=\vec{r}\times m\vec{v}\qquad(2-16)$$

质点的角动量$\vec{L}$是一个矢量，其方向垂直于 $\vec{r}$ 和$\vec{p}$所确定的平面，指向遵守右旋法则。角动量$\vec{L}$的大小为

$$L=pr\sin\theta=mvr\sin\theta\qquad(2-17)$$

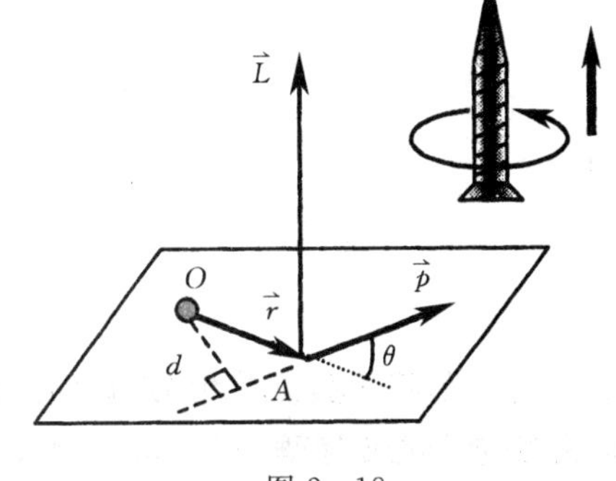


图 2-18

从 $O$ 点向矢量$\vec{p}$作垂线，垂线段长度 $d=r\sin\theta$，因此上式可以改写为

$$L=pd=mvd$$

$d$ 与力矩定义中的“力臂”的定义方法相同，因此人们也将角动量称为**动量矩**。

由于一个质点的位矢 $\vec{r}$ 与参考点的选择有关，质点的动量 $\vec{p}$ 与参考系的选择有关，而角动量与位矢 $\vec{r}$ 和动量 $\vec{p}$ 都有关系，因此角动量既与参考点的选择有关，也与参考系的选择有关。

当质点作圆周运动时，由于半径矢量 $\vec{r}$（即选择圆心为参考点时质点的位矢）与质点的速度 $\vec{v}$（或动量 $\vec{p}$）相互垂直，因此质点对圆心的角动量 $\vec{L}$ 的大小为

$$L=pr=mvr \tag{2-18}$$

在国际单位制中，角动量的单位为 $kg\cdot m^2/s$，其量纲为 $ML^2T^{-1}$。

## 二、力矩

如图 2-19 所示，作用于质点 $A$ 上的力为 $\vec{F}$，质点 $A$ 相对于 $O$ 点的位矢为 $\vec{r}$，定义力 $\vec{F}$ 对 $O$ 点的力矩（moment of force）为

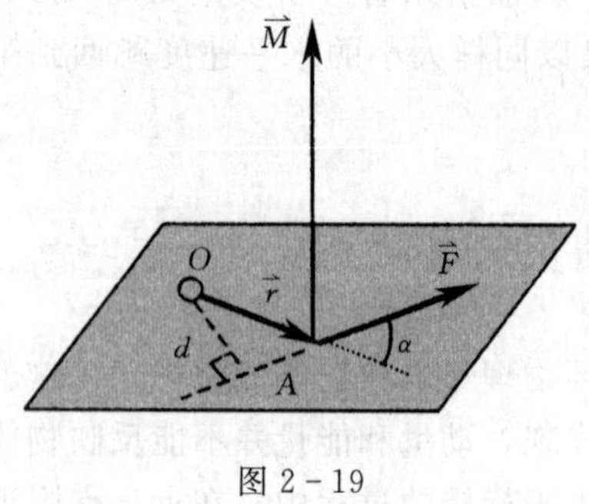

图 2-19

$$\vec{M}=\vec{r}\times\vec{F} \tag{2-19}$$

力矩 $\vec{M}$ 的方向垂直于 $\vec{r}$ 和 $\vec{F}$ 所确定的平面，指向遵守右旋法则。力矩 $\vec{M}$ 的大小为

$$M=Fr\sin\alpha=Fd \tag{2-20}$$

其中 $d=r\sin\alpha$ 称为**力臂**（arm of force）。

在国际单位制中，力矩的单位为 $N\cdot m$，其量纲为 $ML^2T^{-2}$。

## 三、质点的角动量定理和角动量守恒定律

质点在运动过程中其角动量会发生变化的，为了找到引起角动量变化的原因，我们先来考察角动量随时间的变化率。由角动量的定义式（2-16）得

$$\frac{d\vec{L}}{dt}=\frac{d(\vec{r}\times\vec{p})}{dt}=\vec{r}\times\frac{d\vec{p}}{dt}+\frac{d\vec{r}}{dt}\times\vec{p}$$

其中

$$\frac{d\vec{r}}{dt}\times\vec{p}=\vec{v}\times\vec{p}=0,\ \vec{r}\times\frac{d\vec{p}}{dt}=\vec{r}\times\vec{F}=\vec{M}$$

因此

$$\vec{M}=\frac{d\vec{L}}{dt} \tag{2-21}$$

上式表明，**作用于质点的合力对 $O$ 点的力矩等于质点对该点的角动量随时间的变化率，这就是质点角动量定理**（theorem of angular momentum）**的微分形式。**

式（2-21）与牛顿第二定律 $\vec{F}=\frac{d\vec{p}}{dt}$ 在形式上非常相似，将两式进行比较，对深入理解力矩、角动量以及它们的关系很有帮助。

将上式两边乘 $dt$ 得

$$\vec{M}dt=d\vec{L}$$

设质点在 $t_1$ 和 $t_2$ 时刻对 $O$ 点的角动量分别为 $\vec{L}_1$、$\vec{L}_2$，在这段时间内对上式积分得

$$\int_{t_1}^{t_2} \vec{M}\mathrm{d}t = \vec{L}_2 - \vec{L}_1 \tag{2-22}$$

其中 $\int_{t_1}^{t_2} \vec{M}\mathrm{d}t$ 称为质点在 $\Delta t = t_2 - t_1$ 时间内受到的**冲量矩**（moment of impulse）。上式表明：**质点所受的冲量矩等于质点角动量的增量**，这个结论称为质点的**角动量定理**（theorem of angular momentum）的积分形式。

在式（2-22）中，如果 $\vec{M}=0$，即质点所受的合力矩为零，则有

$$\vec{L} = \vec{r} \times \vec{p} = \vec{r} \times m\vec{v} = \text{恒矢量} \tag{2-23}$$

上式表明，**如果合力对 O 点的力矩为零，则质点对该点的角动量保持不变。这就是质点角动量守恒定律**（law of conservation of angular momentum）。

当质点作匀速圆周运动时，质点所受的合力只有法向力，由于它对圆心的力矩为零，所以它对圆心的角动量守恒。这时 $\vec{r}$ 与 $\vec{p}$ 垂直，因此

$$L = pr = mvr = \text{恒量} \tag{2-24}$$

与作匀速圆周运动的质点所受的法向力类似，**如果质点所受力的作用线总是通过某固定点（称为力心），称这样的力为有心力**（central force）。有心力对力心的力矩总是等于零，因此在有心力作用下，质点对力心的角动量守恒。太阳系中行星的轨道为椭圆，行星受到的太阳引力是指向太阳的有心力，如果以太阳为参考点 $O$，则行星的角动量守恒。

可以证明，角动量定理和角动量守恒定律对质点系也成立，公式中的 $\vec{M}$ 应该是质点系所受的合外力矩和，$\vec{L}$ 是质点系的总角动量。

**【例 2-11】** 一个质量为 0.5kg 的质点在运动过程中受到的力为

$$\vec{F} = (12t^2 - 3t)\vec{i} + (6t-2)\vec{j}$$

公式中的各个物理量均采用国际单位。该质点由坐标原点出发从静止开始运动。求在 2s 时刻，该质点受到对原点的力矩和对原点的角动量。

**解：** 由牛顿第二定律 $\vec{F} = m\vec{a}$ 得质点的加速度为

$$\vec{a} = \frac{\vec{F}}{m} = \frac{(12t^2-3t)\vec{i} + (6t-2)\vec{j}}{0.5} = (24t^2-6t)\vec{i} + (12t-4)\vec{j}$$

由于 $\vec{a} = \frac{\mathrm{d}\vec{v}}{\mathrm{d}t}$，因此

$$\mathrm{d}\vec{v} = \vec{a}\mathrm{d}t = [(24t^2-6t)\vec{i} + (12t-4)\vec{j}]\mathrm{d}t$$

由题意可知，当 $t=0$ 时 $\vec{v}_0 = 0$，对上式积分得质点的速度为

$$\vec{v} = \int_0^{\vec{v}} \mathrm{d}\vec{v} = \int_0^t [(24t^2-6t)\vec{i} + (12t-4)j]\mathrm{d}t = (8t^3-3t^2)\vec{i} + (6t^2-4t)\vec{j}$$

由于 $\vec{v} = \frac{\mathrm{d}\vec{r}}{\mathrm{d}t}$，因此

$$\mathrm{d}\vec{r} = \vec{v}\mathrm{d}t = [(8t^3-3t^2)\vec{i} + (6t^2-4t)\vec{j}]\mathrm{d}t$$

当 $t=0$ 时 $\vec{r}_0 = 0$，对上式积分得质点的运动方程为

$$\vec{r} = \int_0^{\vec{r}} \mathrm{d}\vec{r} = \int_0^t [(8t^3-3t^2)\vec{i} + (6t^2-4t)\vec{j}]\mathrm{d}t = (2t^4-t^3)\vec{i} + (2t^3-2t^2)\vec{j}$$

当 $t=2\text{s}$ 时，质点的位置矢量、受力和速度分别为

$$\vec{r}=24\vec{i}+8\vec{j},\ \vec{F}=42\vec{i}+10\vec{j},\ \vec{v}=52\vec{i}+16\vec{j}$$

因此在 2s 时刻，质点受到对原点的力矩和对原点的角动量分别为

$$\vec{M}=\vec{r}\times\vec{F}=(24\vec{i}+8\vec{j})\times(42\vec{i}+10\vec{j})=-96\vec{k}\text{N}\cdot\text{m}$$

$$\vec{L}=\vec{r}\times m\vec{v}=0.5(24\vec{i}+8\vec{j})\times(52\vec{i}+16\vec{j})=-16\vec{k}\text{kg}\cdot\text{m}^2/\text{s}$$

**【例 2-12】** 一条轻绳绕过一个轻质定滑轮，两个质量相同的人分别抓住绳的两端。开始时两人在同一高度处，左面的人从静止开始向上爬，而右边的人握住绳子不动，忽略轴上摩擦，试问：谁先到达滑轮处？如果两个人的质量不相等，情况又将如何？

**解：**(1) 将两个人看成质量相等的质点，以滑轮转轴处为参考点，取两个人、绳、滑轮为系统，则系统所受的合外力矩为两个人对转轴处的重力矩，由于它们大小相等、方向相反，其矢量和为零，因此系统对参考点的角动量守恒。

设 $\vec{v}_1$、$\vec{v}_2$ 分别为左右两人相对于地面的速度，由于系统初始时刻静止，总角动量为零，因此

$$mv_1R-mv_2R=0,\ v_1=v_2$$

即在任一时刻，两人具有相同的速度。因为开始时两人在同一高度处，所以他们将同时到达滑轮处。

(2) 如果两个人的质量不相等，系统所受的合外力矩不等于零，系统对参考点的角动量不守恒。此时合外力矩的大小为

$$M=(m_2-m_1)gR$$

系统对参考点的角动量大小为

$$L=m_1v_1R-m_2v_2R$$

根据角动量定理，得

$$\frac{\mathrm{d}L}{\mathrm{d}t}=(m_2-m_1)gR$$

如果 $m_2>m_1$，则 $\frac{\mathrm{d}L}{\mathrm{d}t}>0$。由于系统的初角动量 $L_0=0$，因此两人向上攀爬的过程中有 $L>0$，即

$$m_1v_1R-m_2v_2R>0$$

故有

$$\frac{v_1}{v_2}>\frac{m_2}{m_1}>1,\ v_1>v_2$$

如果 $m_2<m_1$，$\frac{\mathrm{d}L}{\mathrm{d}t}<0$，$L<0$，即

$$m_1v_1R-m_2v_2R<0,\ \frac{v_1}{v_2}<\frac{m_2}{m_1}<1,\ v_1<v_2$$

可见，总是体重较轻的人向上攀爬的速率较大，即体重轻的人先到达滑轮处。

**【例 2-13】** 行星沿椭圆轨道绕太阳运行，太阳位于椭圆的一个焦点上。由太阳到行星的矢径在相等的时间内扫过的面积相等，即掠面速度不变。试证明之。

**解**：如图 2-20 所示，由于行星受到的太阳引力是指向太阳的有心力，因此行星相对于太阳的力矩$\vec{M}=0$。以太阳为参考点 $O$，则行星的角动量守恒，即$\vec{L}=$常矢量，因此行星作平面运动。

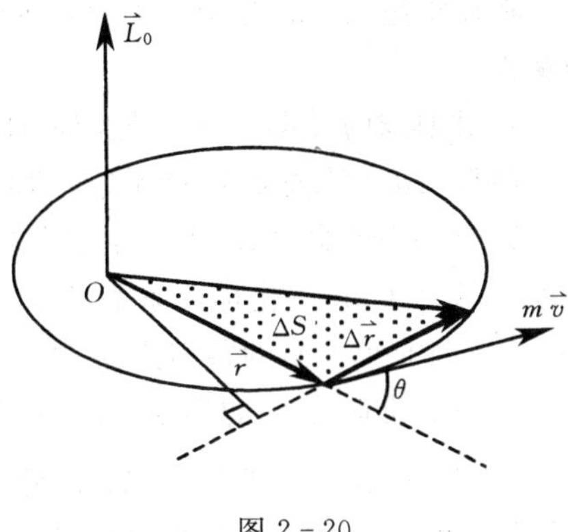


图 2-20

行星绕太阳运动的角动量大小为

$$L=mrv\sin\theta=mr\left|\frac{\mathrm{d}\vec{r}}{\mathrm{d}t}\right|\sin\theta$$

其中为矢径 $\vec{r}$ 与速度$\vec{v}$之间的夹角。当 $\Delta t\to 0$ 时，$\Delta\vec{r}$ 与$\vec{v}$的方向相同，因此矢径在这段时间内扫过的面积为

$$\Delta S=\frac{1}{2}r\left|\Delta\vec{r}\right|\sin\theta$$

平均掠面速度为

$$\frac{\Delta S}{\Delta t}=\frac{1}{2}r\left|\frac{\Delta\vec{r}}{\Delta t}\right|\sin\theta$$

掠面速度为

$$\frac{\mathrm{d}S}{\mathrm{d}t}=\lim_{\Delta t\to 0}\frac{\Delta S}{\Delta t}=\frac{1}{2}r\left|\frac{\mathrm{d}\vec{r}}{\mathrm{d}t}\right|\sin\theta$$

将角动量的表达式代入上式即得

$$\frac{\mathrm{d}S}{\mathrm{d}t}=\frac{L}{2m}=\text{常量}$$

## 思考与讨论

1. 质量为 10g 的子弹以 500m/s 的速度沿图 2-21 所示的方向射入质量为 0.49kg 的静止摆球中，设摆线长度不能伸缩。试问：子弹射入摆球后与摆球一起开始运动的速率为多少？

2. 质点在作匀速率圆周运动的过程中，它的动量是否发生变化？它对圆心的角动量是否发生变化？

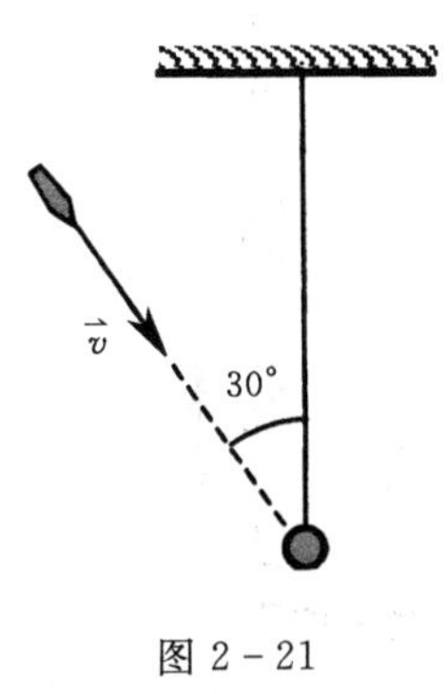


图 2-21

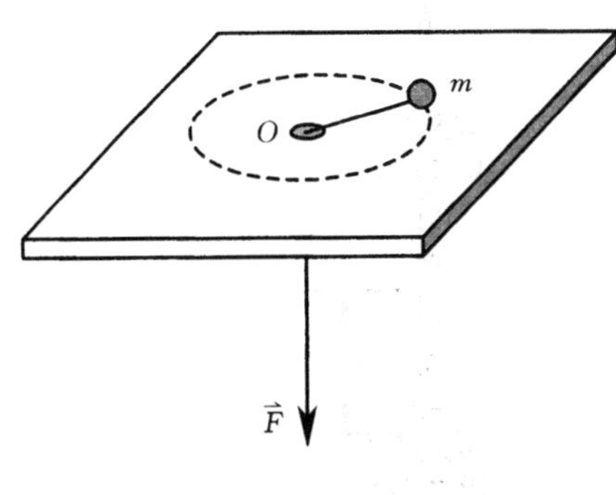


图 2-22

3. 如图 2-22 所示，质量为 50g 的小球置于光滑水平桌面上。有一条绳一端连接小球，另一端穿过桌面中心的小孔。小球原来以 5rad/s 的角速度在距孔 0.2m 的圆周上转

动，现在将绳从小孔缓慢往下拉，使小球的转动半径变为0.1m。试问：小球的角速度变为多少？

4. 设地球的质量为$m$，太阳的质量为$M$，地心与日心的距离为$R$，万有引力常量为$G$，试问：地球围绕太阳作圆周运动的轨道角动量等于多少？

5. 哈雷彗星绕太阳运行的轨道是以太阳为一个焦点的椭圆。测得它离太阳最近的距离为$8.75\times10^{10}$m，此时其速率$5.46\times10^{4}$m/s；它离太阳最远时的速率为$9.08\times10^{2}$m/s。试问：这时它离太阳的距离是多少？

6. 一个质量为$m$的质点沿着一条曲线运动，其运动方程的直角坐标表达式为$\vec{r}=a\cos\omega t\,\vec{i}+b\sin\omega t\,\vec{j}$，其中$a$、$b$、$\omega$都为常量。试问：此质点对原点的角动量$\vec{L}$为多少？它所受到的对坐标原点的力矩$\vec{M}$为多少？

7. 质量为$m$的质点以速度$\vec{v}$沿一条直线运动。试问：它对该直线上任一点的角动量为多少？对直线外垂直距离为$r$的一点的角动量为多少？

## 习　题

1. 如图2-23所示，长为1.0m、质量为2.0kg的均匀绳，两端分别连接质量为5.0kg和8.0kg的重物$A$和$B$，今在$A$端施加大小为180N的竖直向上的拉力，使绳和物体一起向上运动。试求距离绳的下端为$x$处绳中的张力$F_T(x)$。

2. 质量为$m$的子弹以速度$v_0$水平射入砂土中，设子弹所受阻力与速度方向相反，大小与速度成正比，比例系数为$k$，忽略子弹的重力。试求：

(1) 子弹射入砂土后，速度随时间变化的函数式。

(2) 子弹进入砂土的最大深度。

3. 如图2-24所示，开口向上的竖直细U形管中装有某种密度均匀的液体。U形管的横截面粗细均匀，两根竖直细管之间的距离为$l$，U形管底部的连通管水平。当U形管沿水平方向以加速度$\vec{a}$运动时，两竖直管内的液面将产生$h$的高度差。如果两竖直管内的液面可以认为是水平的，试求两液面的高度差$h$。

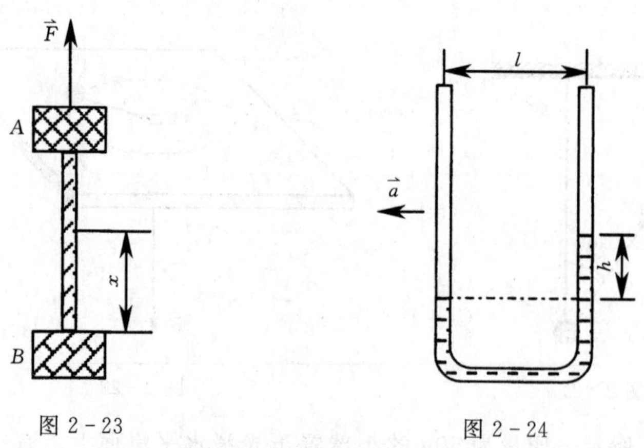


图2-23　　图2-24

4. 如图2-25所示，一个质量为$M$、角度为$\alpha$的劈形斜面$A$，放在粗糙的水平面上，

斜面上有一个质量为 $m$ 的物体 $B$ 沿斜面下滑。如果 $A$、$B$ 之间的滑动摩擦系数为 $\mu$，且 $B$ 下滑时 $A$ 保持不动，试求斜面 $A$ 对地面的压力和摩擦力。

5. 如图 2－26 所示，一个质量为 65kg 的人，站在用绳和滑轮连接的质量为 35kg 的底板上。设滑轮、绳的质量以及轴处的摩擦可以忽略不计，绳子不可伸长。测得人和底板以 $2\mathrm{m/s^2}$ 的加速度上升，试求：人对绳子的拉力多大？人对底板的压力多大？

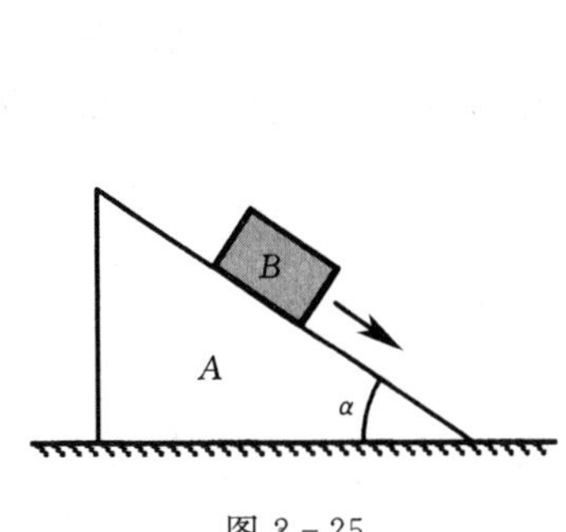


图 2－25

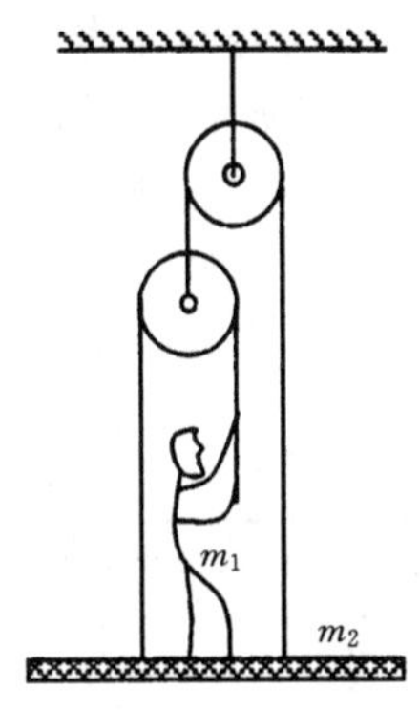


图 2－26

6. 已知一个质量为 $m$ 的质点在 $x$ 轴上运动，质点只受到指向原点的引力的作用，引力大小与质点离原点的距离 $x$ 的平方成反比，即 $f=-\dfrac{k}{x^2}$，其中 $k$ 为比例常数。设质点在 $x=A$ 处的速度等于零，试求质点在 $x=0.5A$ 处的速度。

7. 质量为 $m$ 的小球在水中受的恒定浮力 $F$，当它从静止开始下沉时，受到水的黏滞阻力大小为 $f=kv$（$k$ 为常数）。试证明小球在水中下沉的速度 $v$ 与时间 $t$ 的关系为 $v=\dfrac{mg-F}{k}(1-\mathrm{e}^{-kt/m})$，式中 $t$ 为从下沉开始计算的时间。

8. 如图 2－27 所示，质量为 $m$ 的物体系于长度为 $l$ 的绳子的一端，绳子的另一端固定在 $O$ 点。该物体在竖直平面内作圆周运动。设物体的瞬时速率为 $v$，绳子与竖直向上的方向成 $\varphi$ 角。试求：

（1）$t$ 时刻绳中的张力 $F_{\mathrm{T}}$ 和物体的切向加速度 $a_\tau$。

（2）说明在物体运动过程中 $a_\tau$ 的大小和方向是如何变化的。

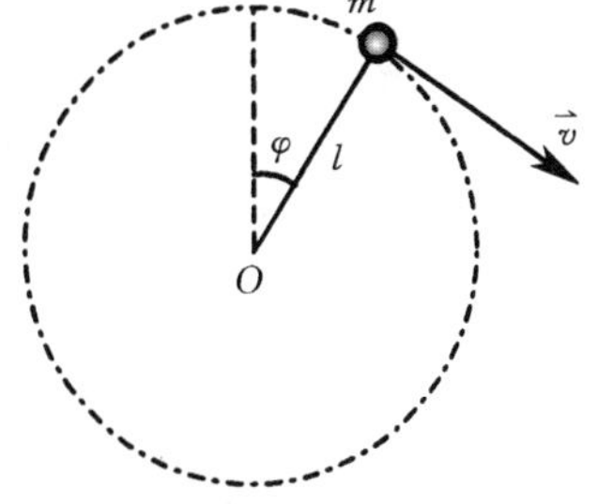


图 2－27

9. 公路的转弯处是一半径为 300m 的圆形弧线，其内外坡度是按车速 60km/h 设计的，此时轮胎不受路面左右方向的力。雪后公路上结冰，若汽车以 40km/h 的速度行驶，试问车胎与路面间的摩擦系数至少多大才能保证汽车在转弯时不至于滑出公路？

10. 已知地球半径 $R=6.37\times10^6\mathrm{m}$，地面上重力加速度 $g=9.8\mathrm{m/s^2}$。

（1）试求赤道正上方的地球同步卫星距地面的高度。

（2）如果 10 年内允许这个卫星从初位置向东或向西漂移 10°，则它的轨道半径的误差限度应该是多少？

11. 如图 2-28 所示，$A$、$B$、$C$ 三个物体的质量均为 $m$，$A$、$B$ 放在光滑水平桌面上，两者间连有一段长为 0.3m 的细绳，细绳最初是松弛的。$A$、$B$ 靠在一起，$B$ 的另一侧用跨过桌边定滑轮的细绳与 $C$ 相连。滑轮和绳子的质量及轮轴上的摩擦不计，绳子不可伸长。试问：

(1) $B$、$C$ 启动后，需经过多长时间 $A$ 也开始运动？

(2) $A$ 开始运动时的速率是多少？

12. 如图 2-29 所示，质量为 $M$ 的滑块正在沿着光滑水平面向右滑动。一个质量为 $m$ 的小球水平向右飞行，以速度 $\vec{v}_1$ 与滑块斜面相碰，碰撞以后以速度 $\vec{v}_2$ 竖直向上弹起。如果碰撞的时间为 $\Delta t$，试计算在此过程中地面受到滑块的平均作用力和滑块速度增量的大小。

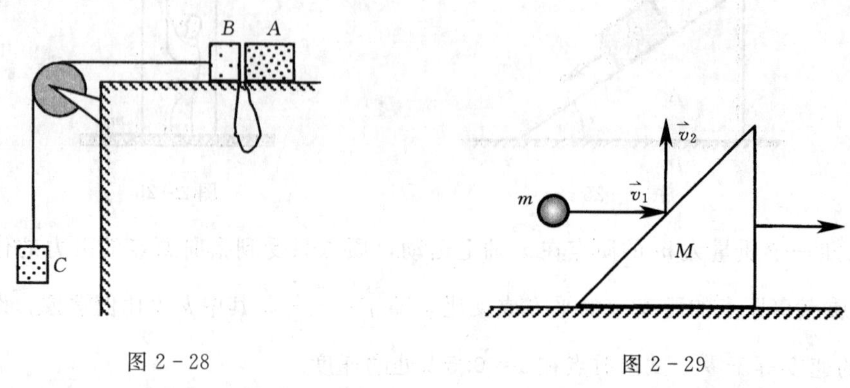


图 2-28　　图 2-29

13. 有一个水平运动的传送带将矿粉从一处运到另一处，矿粉经过一个竖直的静止漏斗落到传送带上，传送带以恒定的速率 $v$ 水平地运动。忽略机件各部位的摩擦，试问：

(1) 若每秒有质量为 $q_m = dm/dt$ 的矿粉落到传送带上，要维持传送带以恒定速率 $v$ 运动，需要多大的功率？

(2) 如果 $q_m = 35kg/s$，$v = 2.0m/s$，则水平牵引力需多大？所需要的功率多大？

14. 如图 2-30 所示，质量为 $M = 2.0kg$ 的物体，用一根长为 $l = 1.5m$ 的细绳悬挂在天花板上。现在有一个质量为 $m = 10g$ 的子弹以 $v_0 = 600m/s$ 的水平速度射穿物体，刚穿出物体时子弹的速度大小 $v = 40m/s$，设穿透时间极短。求：

(1) 子弹刚穿出物体时绳中张力的大小。

(2) 子弹在穿透过程中受到的冲量。

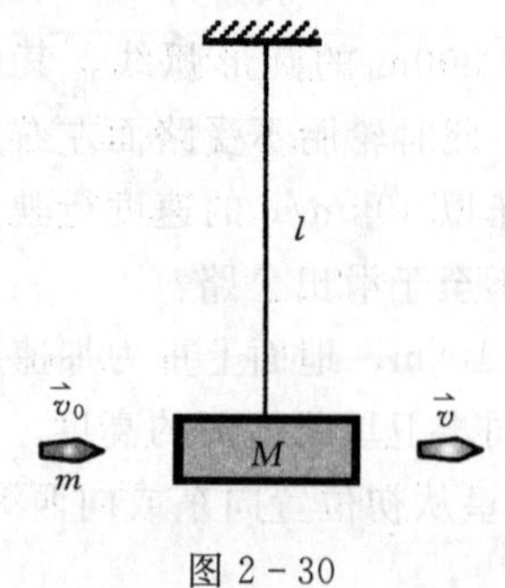


图 2-30

# 科学家史话 牛顿

艾萨克·牛顿（Isaac Newton，1643—1727），英国伟大的数学家、物理学家、天文学家和自然哲学家，其研究领域包括物理学、数学、天文学、神学、自然哲学和炼金术。其主要贡献是发明了微积分，发现了万有引力定律和经典力学，设计并制造了第一架反射式望远镜等，被誉为人类历史上最伟大、最有影响力的科学家。

1643 年 1 月 4 日，牛顿诞生在英格兰林肯郡小镇沃尔索浦的一个自耕农家庭里。牛顿是一个早产儿，出生时只有 3lb（1lb=0.4536kg）重，接生婆和他的亲人都担心他能否活下来。但谁也没有料到这个看起来微不足道的小东西竟会成为一位震古烁今的科学巨人，并且竟活到了 84 岁的高龄。

大约从 5 岁开始，牛顿被送到公立学校读书。少年时的牛顿并不是神童，他资质平常，成绩一般，但他喜欢读书，喜欢看一些介绍各种简单机械模型制作方法的读物，并从中受到了启发，便自己动手制作一些奇奇怪怪的小玩意，如风车、木钟、折叠式提灯等。

传说小牛顿把风车的机械原理摸透后，自己制造了一架磨坊的模型，他将老鼠绑在一架有轮子的踏车上，然后在轮子的前面放上一粒玉米，刚好那个地方是老鼠可望而不可及的位置。老鼠想吃玉米，就不断地跑动，于是轮子不停地转动起来。有一次，他放风筝时，在绳子上悬挂着小灯，夜间村人看去惊疑是彗星出现。他还制造了一个小水钟，每天早晨小水钟会自动滴水到他的脸上，催他起床。他还喜欢绘画、雕刻，尤其喜欢刻日晷，家里墙角、窗台上到处安放着他刻画的日晷，用以验看日影的移动。

牛顿 12 岁时进入离家不远的格兰瑟姆中学。牛顿的母亲原希望他成为一个农民，但牛顿本人却无意如此，而酷爱读书。随着年龄的增大，牛顿越发爱好读书，喜欢沉思，做科学小实验。他在格兰瑟姆中学读书时，曾经寄宿在一位药剂师家里，使他受到了化学试验的熏陶。

牛顿在中学时代学习成绩并不出众，只是爱好读书，对自然现象有强烈的好奇心，例如，颜色、日影四季的移动，尤其是几何学、哥白尼的日心说等。他还分门别类地记读书笔记，又喜欢别出心裁地做些小工具、小技巧、小发明、小试验。

后来迫于生活，母亲让牛顿停学在家务农，赡养家庭。但牛顿一有机会便埋头书卷，以致经常忘了干活。每次母亲叫他同佣人一起上市场，熟悉做交易的生意经，他总是恳求佣人一个人上街，自己则躲在树丛后看书。有一次，牛顿的舅父起了疑心，就跟踪牛顿上市镇去，发现他的外甥伸着腿，躺在草地上，正在聚精会神地钻研一个数学问题。牛顿的好学精神感动了舅父，于是舅父说服了母亲让牛顿复学，并鼓励牛顿上大学读书。牛顿又重新回到了学校，如饥似渴地汲取着书本上的营养。

1661 年，19 岁的牛顿以减费生的身份进入剑桥大学三一学院，靠为学院做杂务的收入支付学费。1664 年他成为奖学金获得者，1665 年获学士学位。

1665 年初，牛顿创立级数近似法，以及把任意幂的二项式化为一个级数的规则；同年 11 月创立微分法；次年 1 月用三棱镜研究颜色理论；5 月开始研究积分法。这一年内，牛顿开始着手研究重力问题，并想把重力理论推广到月球的运动轨道上去。他还从开普勒定律中推导出使行星保持在它们的轨道上的力必定与它们到旋转中心的距离平方成反比。牛顿见苹果落地而悟出地球引力的传说，说的也是此时发生的轶事。

1666 年夏末一个温暖的傍晚，在英格兰林肯郡乌尔斯索普，一个腋下夹着一本书的年轻人走进

他母亲家的花园里，坐在一棵树下，开始埋头读他的书。当他翻动书页时，他头顶的树枝中有样东西晃动起来。一只历史上最著名的苹果落了下来，打在23岁的牛顿的头上，恰巧在那天，牛顿正苦苦思索着一个问题：是什么力量使月球保持在环绕地球运行的轨道上，以及使行星保持在其环绕太阳运行的轨道上？为什么这只打中他脑袋的苹果会坠落到地上？正是从思考这一问题开始，他找到了这些问题的答案——万有引力理论。由于牛顿的《自然哲学的数学原理》一书用的是欧几里得几何学的表述方式，因此它是一个严密的、完美的体系。

事实上，万有引力定律是一个复杂的理论问题，绝不是靠一时的"灵感"就能发现的。牛顿深入地研究了哥白尼、开普勒等科学家的成就，长期细致地观察了天体的运动，才得以发现万有引力定律。牛顿不仅是一位伟大的科学家，并且还是一位伟大的发明家。他发现了万有引力定律，总结了力学三大定律，发明了三棱镜和反射望远镜，创立了微积分学。

在牛顿的全部科学贡献中，数学成就占有突出的地位。他数学生涯中的第一项创造性成果就是发现了二项式定理；笛卡儿的解析几何把描述运动的函数关系和几何曲线相对应。牛顿在老师巴罗的指导下，在钻研笛卡儿的解析几何的基础上，找到了新的出路。可以把任意时刻的速度看作是在微小的时间范围里的速度的平均值，这就是一个微小的路程和时间间隔的比值，当这个微小的时间间隔缩小到无穷小的时候，就是这一点的准确值，这就是微分的概念。一个变速的运动物体在一定时间范围里走过的路程，可以看作是在微小时间间隔里所走路程的和，这就是积分的概念。求积分相当于求时间和速度关系的曲线下面的面积。牛顿从这些基本概念出发，建立了微积分。

微积分的创立是牛顿最卓越的数学成就。牛顿是为解决运动问题，才创立这种和物理概念直接联系的数学理论的，牛顿称之为"流数术"。它所处理的一些具体问题，如切线问题、求积问题、瞬时速度问题以及函数的极大和极小值问题等，在牛顿之前已经得到人们的研究了。但牛顿超越了前人，他站在了更高的角度，对以往分散的结论加以综合，将自古希腊以来求解无限小问题的各种技巧统一为两类普通的算法——微分和积分，并确立了这两类运算的互逆关系，从而完成了微积分发明中最关键的一步，为近代科学发展提供了最有效的工具，开辟了数学上的一个新纪元。

1727年3月20日，伟人牛顿逝世。同其他很多杰出的英国人一样，他被埋葬在了威斯敏斯特教堂。他的墓碑上镌刻着：让人们欢呼这样一位多么伟大的人类荣耀曾经在世界上存在。

# 第三章　功　和　能

能量是物理学中最重要的概念之一。能量可以从一种形式转换为另一种形式，但总能量保持不变。做功是使能量发生转换的一种手段。本章将从功的概念开始研究，接着讨论动能、势能以及它们之间的转换和守恒等问题。

**本章学习要点**

（1）掌握功的概念；能熟练计算直线运动情况下变力所做的功。

（2）充分理解动能的概念及其物理意义；能熟练运用动能定理分析、解决实际问题。

（3）理解保守力做功的特点及势能的概念；会用功能原理分析、解决实际问题。充分理解功和能的关系。

（4）熟练掌握机械能守恒的条件，能熟练运用机械能守恒定律分析、解决实际问题。

（5）会用动量、能量的知识解决碰撞问题。

## 第一节　功　动能　动能定理

### 一、功　功率

在力持续作用在物体上时，为了描述力的时间积累效应，在前面我们引入了冲量的概念。为了描述**力在空间的积累效应**，将在下面引入**功**（work）这个物理量。

1. 恒力做功

如图 3-1 所示，质点 $P$ 在恒力 $\vec{F}$ 的作用下沿直线从 $a$ 点运动到 $b$ 点，该质点发生的位移为 $\Delta\vec{r}$，力 $\vec{F}$ 与位移 $\Delta\vec{r}$ 之间的夹角为 $\theta$，在这个过程中力 $\vec{F}$ 对质点 $P$ 做的功为

$$W=F|\Delta\vec{r}|\cos\theta=\vec{F}\cdot\Delta\vec{r} \qquad (3-1)$$

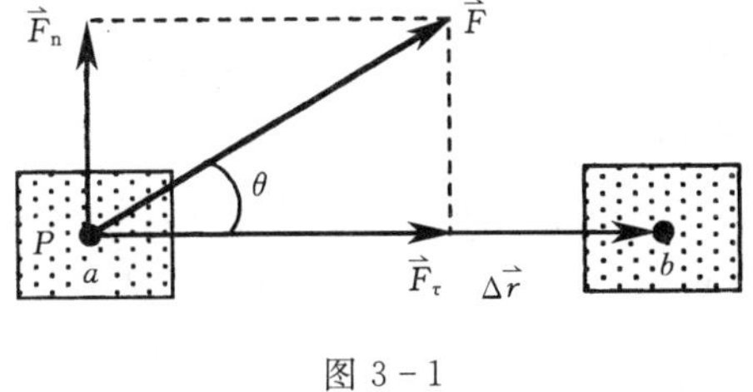

图 3-1

功是标量，虽然没有方向，但却有正负。当 $0\leqslant\theta<90°$ 时，$W>0$，力 $\vec{F}$ 做正功；当 $\theta=90°$ 时，$W=0$，力 $\vec{F}$ 不做功；当 $90°<\theta\leqslant180°$ 时，$W<0$，力 $\vec{F}$ 做负功，即质点反抗力 $\vec{F}$ 做了功。如果将力 $\vec{F}$ 分解成切向分量和法向分量，则切向力做功，法向力不做功。

在国际单位制中，功的单位是焦耳（Joule），用符号 J 表示，1J=1N·m。

2. 变力做功

如图 3-2 所示，质点在变力 $\vec{F}$ 的作用下沿任意曲线 $L$ 从 $a$ 点运动到 $b$ 点，为了计算质点沿曲线运动过程中变力所做的功，我们将曲线 $L$ 分割成许多位移元，设在曲线上任意点 $P$ 处的位移元为 $\mathrm{d}\vec{r}$。由于位移元的长度 $|\mathrm{d}\vec{r}|$ 足够小，在如此短的线段上，总可以认为力 $\vec{F}$ 是恒力。设力 $\vec{F}$ 与位移 $\mathrm{d}\vec{r}$ 之间的夹角为 $\theta$，则变力 $\vec{F}$ 对质点所做的元功为

$$\mathrm{d}W=\vec{F}\cdot\mathrm{d}\vec{r}=F\cos\theta\mathrm{d}s \tag{3-2}$$

质点沿曲线 $L$ 运动过程中变力 $\vec{F}$ 所做的总功等于在各段位移元上所有元功的和，即

$$W=\int_{a(\overset{\frown}{L})}^{b}\vec{F}\cdot\mathrm{d}\vec{r}=\int_{a(\overset{\frown}{L})}^{b}F\cos\theta\mathrm{d}s \tag{3-3}$$

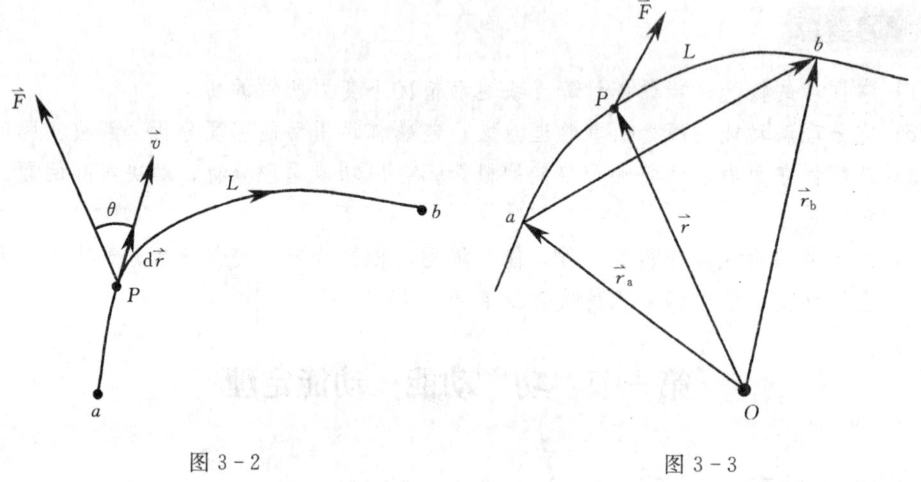


图 3-2　　　　图 3-3

如图 3-3 所示，质点在恒力 $\vec{F}$ 的作用下沿曲线 $L$ 从 $a$ 点运动到 $b$ 点，$a$、$b$ 两点对 $O$ 点的位矢分别为 $\vec{r}_a$ 和 $\vec{r}_b$，则力 $\vec{F}$ 所做的功为

$$W=\int_{a(\overline{L})}^{b}\vec{F}\cdot\mathrm{d}\vec{r}=\vec{F}\cdot\int_{\vec{r}_a}^{\vec{r}_b}\mathrm{d}\vec{r}=\vec{F}\cdot(\vec{r}_b-\vec{r}_a)$$

其中 $\vec{r}_b-\vec{r}_a=\Delta\vec{r}$ 是质点作曲线运动全过程的位移，因此

$$W=\vec{F}\cdot\Delta\vec{r} \tag{3-4}$$

**即质点在恒力作用下作曲线运动时，恒力所做的功等于恒力 $\vec{F}$ 与运动过程中的位移 $\Delta\vec{r}$ 的数量积。**

在平面直坐标系下，$\vec{F}$ 和 $\mathrm{d}\vec{r}$ 分别为

$$\vec{F}=F_x\vec{i}+F_y\vec{j},\ \mathrm{d}\vec{r}=\mathrm{d}x\vec{i}+\mathrm{d}y\vec{j}$$

这时变力 $\vec{F}$ 所做的功为

$$W=\int_{a(\overline{L})}^{b}\vec{F}\cdot\mathrm{d}\vec{r}=\int_{x_a}^{x_b}F_x\mathrm{d}x+\int_{y_a}^{y_b}F_y\mathrm{d}y \tag{3-5}$$

质点在 $x$ 轴上作直线运动时，由于 $\vec{F}=F\vec{i}$、$\mathrm{d}\vec{r}=\mathrm{d}x\vec{i}$，因此变力 $\vec{F}$ 所做的功为

$$W=\int_{a(\overline{L})}^{b}\vec{F}\cdot d\vec{r}=\int_{x_a}^{x_b}F dx \tag{3-6}$$

3. 合力做功

如果质点同时受到几个力 $\vec{F}_1$，$\vec{F}_2$，…，$\vec{F}_n$ 的作用，则几个力的合力为 $\vec{F}=\vec{F}_1+\vec{F}_2+\cdots\vec{F}_n$，在质点由 $a$ 点沿任意路径运动到 $b$ 点的过程中，合力所做的功为

$$\begin{aligned}W&=\int_{a(\overline{L})}^{b}\vec{F}\cdot d\vec{r}=\int_{a(\overline{L})}^{b}(\vec{F}_1+\vec{F}_2+\cdots+\vec{F}_n)\cdot d\vec{r}\\&=\int_{a(\overline{L})}^{b}\vec{F}_1\cdot d\vec{r}+\int_{a(\overline{L})}^{b}\vec{F}_2\cdot d\vec{r}+\cdots+\int_{a(\overline{L})}^{b}\vec{F}_n\cdot d\vec{r}\\&=W_1+W_2+\cdots+W_n\end{aligned}$$

**即合力对质点所做的功，等于各个分力所做功的代数和。**

4. 功率

为了描述物体做功的快慢程度，我们引入了功率的概念。**功率**（power）**是指物体单位时间内所做的功**，即

$$P=\frac{dW}{dt} \tag{3-7}$$

由于元功 $dW=\vec{F}\cdot d\vec{r}$，因此

$$P=\frac{\vec{F}\cdot d\vec{r}}{dt}=\vec{F}\cdot\frac{d\vec{r}}{dt}$$

其中$\frac{d\vec{r}}{dt}=\vec{v}$是物体运动的瞬时速度，所以功率也可以表达为

$$P=\vec{F}\cdot\vec{v}=Fv\cos\theta \tag{3-8}$$

即功率等于力在物体运动方向上的分量大小与物体速率的乘积。

在国际单位制中，功率的单位是瓦特，用符号 W 表示，1W=1J/s。

**【例 3-1】** 某物体作直线运动的运动方程为 $x=at^3$，式中 $a$ 为常量，$t$ 为时间。设物体在运动过程中所受的阻力正比于速度的平方，比例系数为 $b$。试求物体由 $x=0$ 运动到 $x=s$ 时，阻力所做的功。

**解：** 由 $x=at^3$ 得物体的速度为

$$v=\frac{dx}{dt}=3at^2$$

物体所受到的阻力大小为

$$F_f=bv^2=9a^2bt^4=9a^{2/3}bx^{4/3}$$

物体由 $x=0$ 运动到 $x=s$ 时，阻力 $F_f$ 对物体所做的功为

$$W=\int_L dW=-\int_0^s F_f dx=-\int_0^s 9a^{2/3}bx^{4/3}dx=-\frac{27}{7}a^{2/3}bs^{7/3}$$

## 二、动能　动能定理

1. 动能　质点动能定理

**能量**（energy）**是描述物体做功的能力或做功本领的物理量。**风是流动的空气，它可

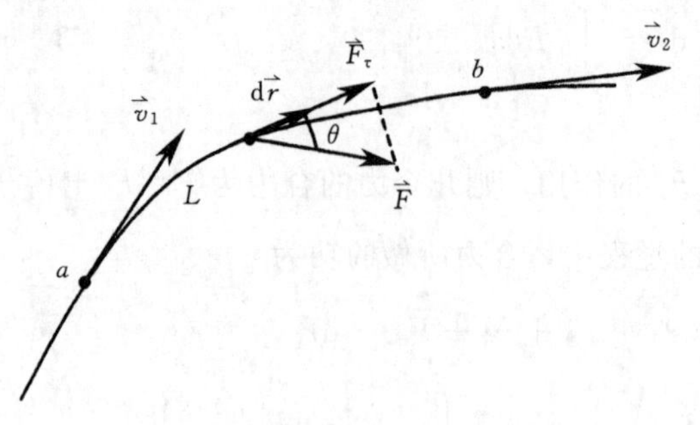


图 3-4

以推动帆船运动，说明运动的物体（例如风）具有做功的能力，我们将**物体由于运动所具有的能量称为动能**（kinetic energy）。风在推动帆船运动的过程中对帆船做了功，结果使帆船的速度发生了变化。可见力对物体做功的结果，会使物体发生某种变化。

如图 3-4 所示，一个质量为 $m$ 的质点在合外力 $\vec{F}$ 作用下沿曲线 $L$ 从 $a$ 点移动到 $b$ 点，它在 $a$ 点和 $b$ 点的速度分别为 $\vec{v}_1$ 和 $\vec{v}_2$。合外力 $\vec{F}$ 在使质点发生位移 $d\vec{r}$ 的过程中所做的功为

$$dW = \vec{F} \cdot d\vec{r} = F\cos\theta ds$$

其中 $\theta$ 是合外力 $\vec{F}$ 与位移元 $d\vec{r}$ 之间的夹角。$F\cos\theta = F_\tau$ 是切向力，由牛顿第二定律可得

$$F_\tau = ma_\tau = m\frac{dv}{dt}$$

此外，$ds = vdt$，因此

$$dW = m\frac{dv}{dt} \cdot vdt = mvdv$$

对上式积分

$$W = \int_{v_1}^{v_2} mvdv$$

所以质点从 $a$ 点移动到 $b$ 点时合外力 $\vec{F}$ 所做的功为

$$W = \frac{1}{2}mv_2^2 - \frac{1}{2}mv_1^2 \tag{3-9}$$

质点的动能定义为

$$E_k = \frac{1}{2}mv^2 \tag{3-10}$$

式（3-8）表明：**合外力对质点所做的功等于质点动能的增量**。这个结论称为**质点动能定理**（theorem of kinetic energy）。

能量的单位与功一样，也是焦耳（J）。

当合外力对质点做正功（$W>0$）时，质点的动能增加；当合外力对质点做负功（$W<0$）时，质点的动能减少。

2. 质点系动能定理

现在我们将质点动能定理推广到质点系的情况。设有 $n$ 个质点构成一个质点系统。我们**将质点系外的物体对质点系内的质点的作用力称为外力；将质点系内各质点之间的相互作用力称为内力。**

我们首先对质点系内的第 $i$ 个质点应用动能定理，设它的质量为 $m_i$，在某一段时间内外力和内力对它所做的功分别为 $W_{i外}$、$W_{i内}$，在这段时间内它的速度由 $\vec{v}_{i0}$ 变为 $\vec{v}_i$，则

$$W_{i外}+W_{i内}=\frac{1}{2}m_i v_i^2-\frac{1}{2}m_i v_{i0}^2 \quad (i=1,\ 2,\ 3,\ \cdots,\ n)$$

将质点系内各个质点所满足的动能定理相加得

$$\sum_{i=1}^{n}W_{i外}+\sum_{i=1}^{n}W_{i内}=\sum_{i=1}^{n}\frac{1}{2}m_i v_i^2-\sum_{i=1}^{n}\frac{1}{2}m_i v_{i0}^2$$

式中：$\sum\limits_{i=1}^{n}W_{i外}$ 为外力对质点系所做的功，用 $W_外$ 表示；$\sum\limits_{i=1}^{n}W_{i内}$ 为内力对质点系所做的功，用 $W_内$ 表示；$\sum\limits_{i=1}^{n}\frac{1}{2}m_i v_{i0}^2$ 为质点系初状态的动能，用 $E_{k0}$ 表示；$\sum\limits_{i=1}^{n}\frac{1}{2}m_i v_i^2$ 为质点系末状态的动能，用 $E_k$ 表示。这样上式可以写为

$$W_外+W_内=E_k-E_{k0} \tag{3-11}$$

上式表明：**外力对质点系所做的功与内力对质点系所做的功的和等于质点系的动能增量。**这个结论称为**质点系动能定理。**

在应用动能定理时有两点要特别注意：

(1) 动能和功是两个不同的概念。质点的运动状态一旦确定，它的动能也就唯一地确定了，即动能是一个状态量（由运动状态决定的函数），而功与质点动能的变化过程有关，是过程量。

(2) 动能定理仅适用于惯性参考系。由于动能定理是在牛顿定律的基础上得到的，而牛顿定律只适用于惯性系，因此动能定理，以及相关的功和动能的数值都依赖于所选取的惯性系。

**【例 3-2】** 一个质量为 $m$ 的质点在 $xOy$ 平面上运动，其运动方程为

$$\vec{r}=a\sin\omega t\,\vec{i}+b\cos\omega t\,\vec{j}$$

式中 $a$、$b$、$\omega$ 都是正的常量，并且 $a>b$。公式中的各个物理量均采用国际单位。求：

(1) 质点在 $P(a,\ 0)$ 点和 $Q(0,\ b)$ 点处的动能。

(2) 质点所受的合外力 $\vec{F}$。

(3) 当质点从 $P$ 点运动到 $Q$ 点的过程中，$\vec{F}$ 的分力 $\vec{F}_x$ 和 $\vec{F}_y$ 分别做了多少功？

**解：** (1) 由运动方程得质点的速度为

$$\vec{v}=\frac{d\vec{r}}{dt}=a\omega\cos\omega t\,\vec{i}-b\omega\sin\omega t\,\vec{j}$$

质点处于任一点时的动能为

$$E_k=\frac{1}{2}mv^2=\frac{1}{2}m(v_x^2+v_y^2)=\frac{1}{2}m\omega^2(a^2\cos^2\omega t+b^2\sin^2\omega t)$$

由运动方程可知，质点在 $P(a,\ 0)$ 点时，有 $\sin\omega t=1$、$\cos\omega t=0$；在 $Q(0,\ b)$ 点时，有 $\sin\omega t=0$、$\cos\omega t=1$，因此质点在 $P$、$Q$ 两点的动能分别为

$$E_{kP}=\frac{1}{2}mb^2\omega^2,\quad E_{kQ}=\frac{1}{2}ma^2\omega^2$$

(2) 质点的加速度为

$$\vec{a}=\frac{d\vec{v}}{dt}=-a\omega^2\sin\omega t\,\vec{i}-b\omega^2\cos\omega t\,\vec{j}$$

根据牛顿第二定律 $\vec{F}=m\vec{a}$ 得质点所受的合外力为

$$\vec{F}=-ma\omega^2\sin\omega t\,\vec{i}-mb\omega^2\cos\omega t\,\vec{j}$$

(3) 当质点从 $P(a,0)$ 点运动到 $Q(0,b)$ 点的过程中，$\vec{F}$ 的分力 $\vec{F}_x$ 和 $\vec{F}_y$ 做的功分别为

$$W_x=\int_a^0 F_x\mathrm{d}x=-\int_a^0 m\omega^2 a\sin\omega t\,\mathrm{d}x=-m\omega^2\int_a^0 x\,\mathrm{d}x=\frac{1}{2}m\omega^2a^2$$

$$W_y=\int_0^b F_y\mathrm{d}y=-\int_0^b m\omega^2 b\cos\omega t\,\mathrm{d}y=-m\omega^2\int_0^b y\mathrm{d}y=-\frac{1}{2}m\omega^2b^2$$

## 思考与讨论

1. 一个质点同时在几个力的作用下发生的位移为 $\Delta\vec{r}=6\,\vec{i}+5\,\vec{j}+4\,\vec{k}$(m)，其中一个力为 $\vec{F}=2\,\vec{i}-7\,\vec{j}+6\,\vec{k}$(N)。试问：此力在该位移过程中所做的功等于多少？

2. 如图 3－5 所示，一个质点在 $xOy$ 平面内作圆周运动，有一力 $\vec{F}=ax\,\vec{i}+by\,\vec{j}$ 作用在该质点上。试问：在该质点从坐标原点运动到（0，$2R$）位置过程中，力 $\vec{F}$ 对它所做的功为多少？

3. 如图 3－6 所示，在光滑水平地面上放着一辆小车，车上右端放着一个木块，现在用水平恒力 $\vec{F}$ 拉木块，使它由小车的右端运动到左端，一次小车被固定在水平地面上，另一次小车没有固定。如果以水平地面为参照系，对这两种情况作比较，试问：力 $\vec{F}$ 做的功是否相等？摩擦力对木块做的功是否相等？木块获得的动能是否相等？由于摩擦而产生的热量是否相等？

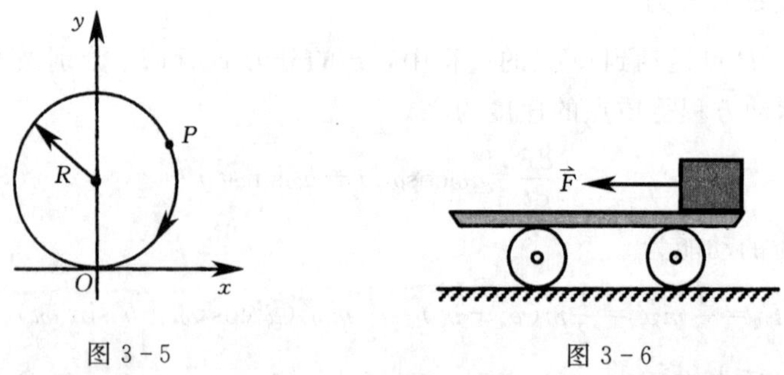


图 3－5　　　　图 3－6

4. 质量为 $m$ 和 $2m$ 的两个质点分别以动能 $E_k$ 和 $2E_k$ 沿着某一直线相向运动，试问：它们的总动量等于多少？

5. 某质点在力 $\vec{F}=(x^2+2x+3)\vec{i}$（公式中的各个物理量均采用国际单位）的作用下沿着 $x$ 轴作直线运动，在该质点从 $x=4$m 处移动到 $x=16$m 的过程中，试问：力 $\vec{F}$ 所做的功等于多少？

# 第二节　保守力　势能

## 一、重力做功的特点

如图 3－7 所示，质量为 $m$ 的质点在重力作用下从 $A$ 点沿着任意路径 $ACB$ 运动到 $B$ 点，由于重力 $m\vec{g}$是恒力，根据式（3－4）得重力所做的功为

$$W=m\vec{g}\cdot\Delta\vec{r}=mg|\Delta\vec{r}|\cos\theta$$

其中 $\Delta\vec{r}$ 为质点从起点 $A$ 到末点 $B$ 的位移，$\theta$ 是重力 $m\vec{g}$与位移 $\Delta\vec{r}$ 之间的夹角。在地面上建立平面直角坐标系 $xOy$，$A$ 点和 $B$ 点在该坐标系中的纵坐标分别为 $y_A$ 和 $y_B$，由图 3－7 中容易看出

$$|\Delta\vec{r}|\cos\theta=y_A-y_B$$

因此重力所做的功为

$$W=mgy_A-mgy_B \tag{3-12}$$

式（3－12）表明，重力所做的功只与质点的起点和末点位置有关，而与质点所经过的中间路径无关。这是重力做功的重要特点。

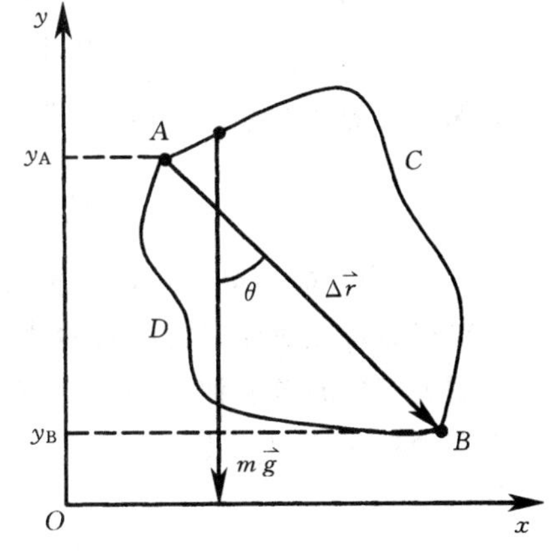


图 3－7

如果质点从 $A$ 点出发沿路径 $ACB$ 到达 $B$ 点后再沿着路径 $BDA$ 返回到 $A$ 点，重力在整个过程所做的功为

$$W_{ACBDA}=W_{ACB}+W_{BDA}$$

其中 $$W_{BDA}=m\vec{g}\cdot(-\Delta\vec{r})=-m\vec{g}\cdot\Delta\vec{r}=-W_{ACB}$$

因此 $$W_{ACBDA}=W_{ACB}+W_{BDA}=W_{ACB}+(-W_{ACB})=0$$

即质点在重力场中沿任意闭合路径运动一周时，重力所做的功为零。这是重力做功特点的另一种表达方式。

## 二、保守力　势能

与重力具有同样特点的力还有弹性力、万有引力、静电力等，我们将这一类力统称为**保守力**（conservative force），用 $\vec{F}_c$ 表示，即**保守力做功仅与质点的始末位置有关，而与质点经历的路径无关；或质点沿任意闭合路径运动一周时，保守力对它做的功为零。还有一类力是非保守力，这类力对质点所做的功既与质点的始末位置有关，也与质点经历的路径有关，或质点沿任意闭合路径运动一周时，非保守力对它做的功不等于零。**摩擦力、汽车的牵引力等是典型的非保守力。

功是能量改变的量度，重力等保守力做功当然会引起相应的能量变化。由式（3－12）可以看出，这种能量的变化取决于质点位置的变化。我们将**由质点位置所确定的能量称为**

**势能**（potential），用 $E_{\mathrm{P}}$ 表示。势能的增量为 $\Delta E_{\mathrm{P}}=E_{\mathrm{PB}}-E_{\mathrm{PA}}$，保守力做的功与势能的关系为

$$W_{\mathrm{AB}}=E_{\mathrm{PA}}-E_{\mathrm{PB}}=-(E_{\mathrm{PB}}-E_{\mathrm{PA}}) \tag{3-13}$$

**即保守力所做的功等于相应势能增量的负值。**

由于质点所处的空间位置是相对的，因此质点在空间某处的势能也具有相对性。为了确定质点在某一位置的势能值，必须首先选定势能零点，一般把它称为**零势能参考点**。零势能参考点的选取往往是任意的，可以根据处理问题的需要而定。如果我们选取质点运动的末点 $B$ 为零势能参考点（这点设为 $B_0$），即 $E_{\mathrm{PB}_0}=0$，由式（3-13）可得

$$W_{\mathrm{AB}_0}=E_{\mathrm{PA}}-E_{\mathrm{PB}_0}=E_{\mathrm{PA}}-0$$

注意到保守力做功 $W_{\mathrm{AB}}=\int_A^B \vec{F}_{\mathrm{c}}\cdot \mathrm{d}\vec{r}$，所以质点在任意点 $A$ 的势能为

$$E_{\mathrm{PA}}=W_{\mathrm{AB}_0}=\int_A^{B_0} \vec{F}_{\mathrm{c}}\cdot \mathrm{d}\vec{r} \tag{3-14}$$

式（3-14）为势能的定义式，**即质点在某一位置的势能等于质点从这个位置沿任意路径移至零势能参考点时保守力所做的功。**

**与重力相关的势能称为重力势能**（gravitational potential energy）。如图 3-7 所示，我们选取坐标原点 $O$ 为零势能参考点（即 $y_{\mathrm{B}_0}=0$），由势能定义式（3-14）和式（3-12）可得到

$$E_{\mathrm{PA}}=W_{\mathrm{AB}_0}=mgy-mgy_{\mathrm{B}_0}=mgy-0$$

即重力势能的表达式为

$$E_{\mathrm{P}}=mgy \tag{3-15}$$

对重力势能而言，有两点应该注意：

（1）重力势能增量 $\Delta E_{\mathrm{P}}$ 有绝对意义，但重力势能 $E_{\mathrm{P}}$ 只有相对意义。重力势能增量等于重力对运动质点所做功的负值，只要质点的始末位置确定，这个功值是不会变化的。而重力势能的数值与零势能参考点的选取有关，选取不同的零势能参考点，重力势能的数值是不同的。

（2）重力势能属于质点与地球所组成的系统。在重力势能的表达式（3-15）中，重力加速度由 $g=\dfrac{G_0M_{\mathrm{e}}}{R_{\mathrm{e}}^2}$ 确定，其中 $M_{\mathrm{e}}$、$R_{\mathrm{e}}$ 分别是地球的质量和半径。

对一般的势能而言，有同样的两点需要注意：**①势能增量 $\Delta E_{\mathrm{P}}$ 是绝对的，而势能 $E_{\mathrm{P}}$ 则是相对的；②势能属于相互作用的质点系统。**

## 三、弹性势能　万有引力势能

### 1. 弹性势能

如图 3-8 所示，质量为 $m$ 的物体放置在光滑的水平面上，弹簧的一端固定，另一端与物体相连接，我们把这样的系统称为**弹簧振子**。当弹簧不发生形变时，物体在水平方向不受外力，此时物体所处的位置称为**平衡位置**。为了分析问题方便，我们往往以平衡位置 $O$ 为坐标原点，向右为 $x$ 轴正方向建立一维坐标系。

物体在光滑水平面上左右运动，在时刻 $t$ 位于 $x$ 处，$x$ 也是弹簧的伸长量（在分析弹

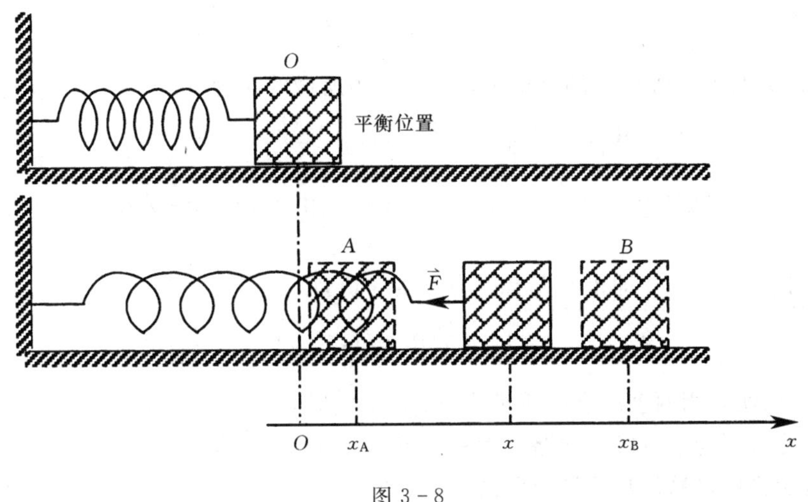


图 3-8

簧振子问题时，也称 $x$ 为位移)，这时物体受到的弹性力由胡克定律给出，即

$$F=-kx$$

设物体在运动过程中的起点为 $A$，终点为 $B$，它们对应的坐标分别为 $x_A$、$x_B$，在该过程中弹性力所做的功为

$$W_{AB}=\int_A^B \vec{F}\cdot d\vec{r}=\int_{x_A}^{x_B} F dx=-\int_{x_A}^{x_B} kx\,dx=-\left(\frac{1}{2}kx_B^2-\frac{1}{2}kx_A^2\right) \qquad (3-16)$$

在物体运动过程中，其始末位置是确定的，至于物体是如何从起点 $A$ 出发到达终点 $B$ 的并没有提到，从上式可以看到弹性力所做的功只由始、末位置决定，而与弹簧的形变过程毫无关系。因此弹性力也是保守力。

既然弹性力是保守力，必然存在相应的势能。与弹性力相关的势能称为**弹性势能**(elastic potential energy)。如果取弹簧无变形时物体的位置（即 $x_{B_0}=0$）为零势能参考点，则由势能定义式（3-14）和式（3-16）得

$$E_{PA}=W_{AB_0}=-\left(\frac{1}{2}kx_{B_0}^2-\frac{1}{2}kx_A^2\right)=-\left(0-\frac{1}{2}kx_A^2\right)$$

即弹性势能的表达式为

$$E_P=\frac{1}{2}kx^2 \qquad (3-17)$$

弹性势能属于运动物体与弹簧所组成的系统。

*2. 万有引力的功　万有引力势能*

如图 3-9 所示，有两个质量分别为 $M$ 和 $m$ 的质点，其中质点 $M$ 固定不动。$m$ 在万有引力的作用下经任意路径由 $A$ 点运动到 $B$ 点。取 $M$ 所在的位置为坐标原点，则 $A$、$B$ 两点的位置矢量分别为 $\vec{r}_A$ 和 $\vec{r}_B$。设在某一时刻质点 $m$ 的位置矢量为 $\vec{r}$，则质点 $m$ 受到质点 $M$ 的万有引力为

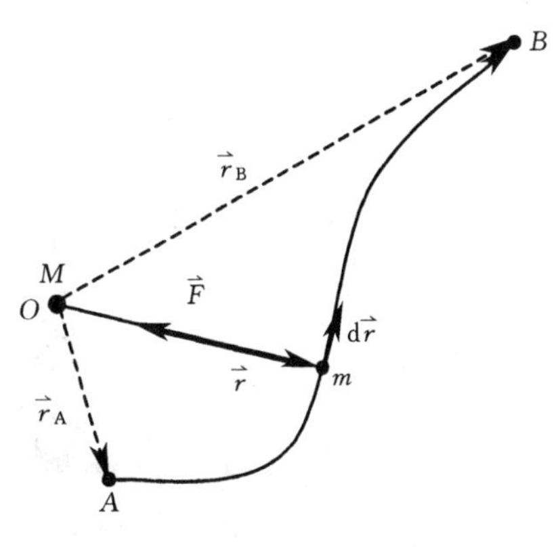


图 3-9

$$\vec{F}=-G_0\frac{Mm}{r^3}\vec{r}$$

在 $m$ 由 $A$ 点运动到 $B$ 点的过程中，万有引力所做的功为

$$W_{AB}=\int_A^B\vec{F}\cdot d\vec{r}=-G_0\int_{r_A}^{r_B}\frac{Mm}{r^3}\vec{r}\cdot d\vec{r}$$

对等式 $\vec{r}\cdot\vec{r}=r^2$ 两边微分得 $d\vec{r}\cdot\vec{r}+\vec{r}\cdot d\vec{r}=2rdr$，由于 $d\vec{r}\cdot\vec{r}=\vec{r}\cdot d\vec{r}$，因此

$$\vec{r}\cdot d\vec{r}=rdr$$

将这个结果代入上式，立即得到万有引力所做的功为

$$W_{AB}=-G_0\int_{r_A}^{r_B}\frac{Mm}{r^2}dr=G_0Mm\left(\frac{1}{r_B}-\frac{1}{r_A}\right) \tag{3-18}$$

式（3－18）表明，当两个质点的质量 $M$ 和 $m$ 给定时，万有引力所做的功只由质点 $m$ 的始末位置决定，而与它所经历的路径无关。因此万有引力也是保守力。

**与万有引力相联系的势能称为引力势能。**如果取无限远处为引力势能的零势能参考点（即 $r_{B_0}=\infty$），则由势能定义式（3－14）和式（3－18）得

$$E_{PA}=W_{AB_0}=G_0Mm\left(\frac{1}{r_{B_0}}-\frac{1}{r_A}\right)=G_0Mm\left(\frac{1}{\infty}-\frac{1}{r_A}\right)=G_0Mm\left(0-\frac{1}{r_A}\right)$$

即引力势能的表达式为

$$E_p=-G_0\frac{Mm}{r} \tag{3-19}$$

引力势能属于 $M$ 和 $m$ 两个质点所组成的系统。

## 思考与讨论

1. 如图 3－10 所示，劲度系数为 $k$ 的轻弹簧竖直放置，下端悬挂一个质量为 $m$ 的小球，开始时弹簧为原长并且小球恰好与地面接触，然后将弹簧上端缓慢地提起，直到小球刚能脱离地面为止。试问：在这个过程中，外力所做的功为多少？

2. 如图 3－11 所示，$A$、$B$ 两个轻弹簧的劲度系数分别为 $k_1$ 和 $k_2$，将这 2 个弹簧连接起来并竖直悬挂起来，当两个弹簧静止时，试问：它们的弹性势能 $E_{P1}$ 与 $E_{P2}$ 之比为多少？

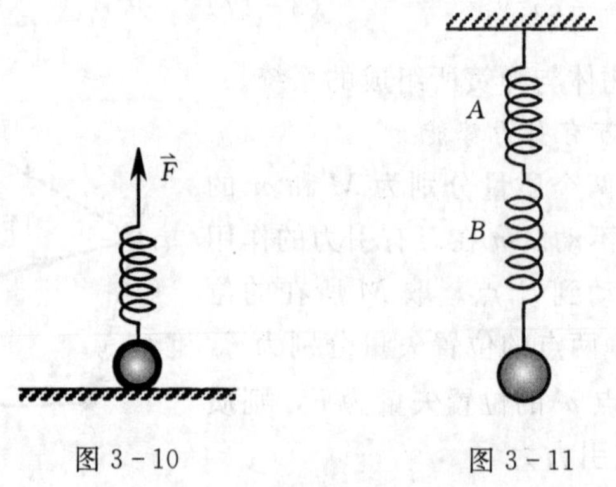


图 3－10　　　图 3－11

3. 已知地球的半径 $R$，质量为 $M$。一颗质量为 $m$ 的人造地球卫星在地球表面上空 2 倍于地球半径的高度沿圆形轨道运行。试问：这颗卫星的动能和引力势能分别为多少?

4. 如图 3－12 所示，轻弹簧的一端固定在倾角为 $\theta$ 的光滑斜面底端，另一端与质量为 $m$ 的物体 $P$ 相连，$O$ 点为弹簧的原长位置，$A$ 点为物体 $P$ 的平衡位置，$x_0$ 为弹簧被压缩的长度。物体在某一外力的作用下由 $A$ 点沿斜面向上缓慢移动了 $2x_0$ 距离而到达 $B$ 点。试问：在这个过程中，该外力所做的功为多少?

5. 如图 3－13 所示，一根弹簧原长为 20cm，劲度系数为 40N/m，其一端固定在半径为 20cm 的半圆环的端点 $A$ 处，另一端与一个套在半圆环上的小环相连。在将小环由半圆环中点 $B$ 移到另一端 $C$ 的过程中，试问：弹簧的拉力对小环所做的功为多少?

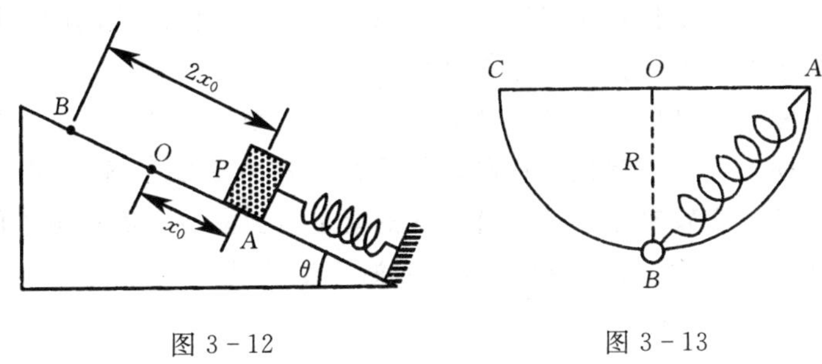


图 3－12　　　　图 3－13

# 第三节　功能原理和机械能守恒定律　能量守恒定律

## 一、功能原理

质点系的动能定理告诉我们内力可以做功，而内力既有保守力也有非保守力，因此内力所做的功应该包括保守内力做的功和非保守内力做的功，即

$$W_{内}=W_{保内}+W_{非保内}$$

这样质点系的动能定理式（3－11）就可以改写为

$$W_{外}+W_{保内}+W_{非保内}=E_k-E_{k0}$$

式（3－13）告诉我们，保守内力所做的功等于势能增量的负值，即

$$W_{保内}=-(E_P-E_{P0})$$

将这个关系式代入质点系的动能定理中，得到

$$W_{外}+W_{非保内}=(E_k+E_P)-(E_{k0}+E_{P0})$$

**某一时刻动能与势能的和称为机械能**（mechanical energy）。若以 $E_0$ 和 $E$ 分别代表质点系的初机械能和末机械能，上式可以改写为

$$W_{外}+W_{非保内}=E-E_0 \tag{3-20}$$

式（3－20）表明，**外力和非保守内力对质点系所做的功之和等于质点系的机械能增量。** 这一结论称为**功能原理**。

由功能原理可以看出，功和能量是密切关联但又有区别的两个物理量。功总是与能量的变化过程相联系，是能量变化的量度。而能量则表示物体系统在一定状态下所具有的做功本领，它与质点系统的状态有关。

## 二、机械能守恒定律

如果质点系既没有受到外力也没有受到非保守内力作用，或者外力和非保守内力所做的功都为零，即 $W_{外}=0$、$W_{非保内}=0$，则有 $E=E_0$，也就是

$$E_k+E_p=恒量 \tag{3-21}$$

式（3-21）称为**机械能守恒定律**（law of conservation of mechanical energy），**即当质点系统内只有保守内力做功时，这个系统的总机械能保持不变。**

$W_{外}=0$ 是说系统与外界没有能量交换；$W_{非保内}=0$ 是说系统内部不发生机械能与其他形式的能的转换。当两个条件都满足时，质点系内的动能和势能之间的转换只是通过质点系内的保守力做功来实现的，而总机械能则保持不变。

如果系统内部除了保守内力做功，还有非保守内力做功，则系统的机械能就要与其他形式的能量发生转换。**与自然界无任何联系的系统（称为孤立系统），内部各种形式的能量是可以相互转换的，在转换过程中一种形式的能量减少多少，其他形式的能量就增加多少，而能量的总和保持不变。这一结论称为能量守恒定律**（law of conservation of energy），它是自然界的基本定律之一。

# 第四节　碰　　撞

如果**两个或两个以上物体发生相互作用的力很大，并且作用时间又很短，我们就将这种作用过程称为碰撞**（collision）。台球之间的碰撞、打桩机气锤对桩柱的打击、飞机撞击飞鸟、炮弹爆炸、分子以及原子间的相互作用等都属于碰撞现象。

在研究物体间的碰撞问题时，由于物体之间的内力比物体系统受到的外力大得多，因此我们可以忽略外力的影响，认为物体系统的动量守恒。为了分析问题方便，下面只讨论两个物体之间的碰撞。设这两个物体的质量分别为 $m_1$ 和 $m_2$，它们碰撞前的速度分别$\vec{v}_{10}$和$\vec{v}_{20}$，碰撞后的速度分别为$\vec{v}_1$ 和$\vec{v}_2$，它们遵守的动量守恒方程为

$$m_1\vec{v}_1+m_2\vec{v}_2=m_1\vec{v}_{10}+m_2\vec{v}_{20} \tag{3-22}$$

两个物体在碰撞过程中总是存在内力的，由功能原理可以知道，内力做功一般会伴随着机械能的改变。我们也可以按照机械能是否守恒对碰撞进行分类。没有机械能损失的碰撞过程称为**完全弹性碰撞**；有机械能损失的碰撞过程称为**非弹性碰撞**；机械能损失最多的碰撞过程称为**完全非弹性碰撞**。可以证明，两物体碰撞后结合在一起以相同速度运动时机械能损失最多，这种碰撞就是完全非弹性碰撞。下面对三种情况分别加以讨论。

1. 完全弹性碰撞

两个物体在做完全弹性碰撞的过程中，它们之间的内力是弹性力。因为弹性力是保守力，而保守力做功不改变系统的机械能，因此在这种碰撞中系统的机械能守恒。即

$$\frac{1}{2}m_1v_1^2+\frac{1}{2}m_2v_2^2=\frac{1}{2}m_1v_{10}^2+\frac{1}{2}m_2v_{20}^2$$

一般情况下，两个物体作完全弹性碰撞以后，它们的速度大小和方向都会发生变化。

如果两个物体碰撞前后的速度都在同一条直线上，就将这种碰撞称为**对心碰撞或一维碰撞**，如图 3-14 所示。这种情况下动量守恒方程可以写为

$$m_1v_1+m_2v_2=m_1v_{10}+m_2v_{20}$$

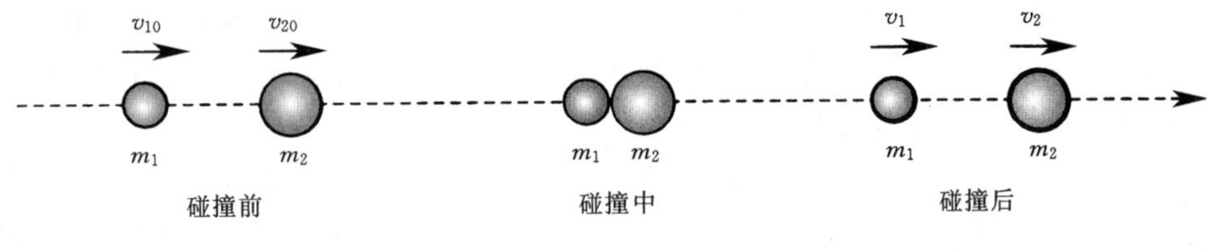


图 3-14

将机械能守恒方程和动量守恒方程联立求解，得

$$v_1=\frac{(m_1-m_2)v_{10}+2m_2v_{20}}{m_1+m_2} \tag{3-23}$$

$$v_2=\frac{(m_2-m_1)v_{20}+2m_1v_{10}}{m_1+m_2} \tag{3-24}$$

现在来讨论以下三种特殊情况：

(1) 如果两个物体质量相等，即 $m_1=m_2$，则有 $v_1=v_{20}$、$v_2=v_{10}$，两个物体在碰撞后交换了速度。

(2) 如果两个物体质量相差很大，并且质量大的物体碰撞前静止，即 $m_2\gg m_1$、$v_{20}=0$，则有 $v_1\approx-v_{10}$、$v_2\approx0$，碰撞以后质量小的物体以原速率返回，质量大的物体仍然静止不动，乒乓球与墙壁的碰撞就属于这种情况。

(3) 如果两个物体质量相差很大，并且质量小的物体碰撞前静止，即 $m_2\ll m_1$、$v_{20}=0$，则有 $v_1\approx v_{10}$、$v_2\approx2v_{10}$，碰撞以后质量大的物体仍然以原来速度前进，质量小的物体将以质量大的物体原来速度的两倍向前运动。

2. 完全非弹性碰撞

物体之间发生完全非弹性碰撞后，物体一起以相同的速度运动，物体在碰撞过程中发生的形变完全不能恢复，物体之间的相互作用内力不是弹性力，因此碰撞前、后系统机械能不守恒。两个物体发生完全非弹性碰撞时，它们满足的动量守恒方程为

$$m_1v_{10}+m_2v_{20}=(m_1+m_2)v$$

由上式可以计算出在这种碰撞中的机械能损失为

$$|\Delta E|=\left(\frac{1}{2}m_1v_{10}^2+\frac{1}{2}m_2v_{20}^2\right)-\frac{1}{2}(m_1+m_2)v^2=\frac{m_1m_2(v_{10}-v_{20})^2}{2(m_1+m_2)}$$

3. 非弹性碰撞

非完全弹性碰撞是介于完全弹性碰撞和完全非弹性碰撞之间的一种碰撞。发生这种碰撞时，物体的形变不能完全恢复，因此也存在机械能损失，机械能损失多少，往往与参与碰撞的物体材料有关，**恢复系数**（coefficient of restitution）就是一个只与碰撞物体材料有关的物理量，用符号 $e$ 表示。其定义式为

$$e=\frac{v_2-v_1}{v_{10}-v_{20}} \tag{3-25}$$

也就是说**恢复系数等于碰撞后两物体的分离速度与碰撞前两物体的接近速度之比。**

由式（3－25）可以看出，如果 $v_2=v_1$，则 $e=0$，即碰撞之后两物体的速度相等，这正是完全非弹性碰撞；如果 $v_2-v_1=v_{10}-v_{20}$，则 $e=1$，即碰撞之后两物体的分离速度等于碰撞之前两物体的接近速度，这实际上是完全弹性碰撞；在一般情况下，参与碰撞的两物体的恢复系数可以通过实验方法测定，在恢复系数已知的条件下，我们可以利用上式和动量守恒方程求解出两物体碰撞之后的速度 $v_1$ 和 $v_2$，也可以计算出碰撞之后系统的机械能损失，有兴趣的同学可以动手尝试一下。

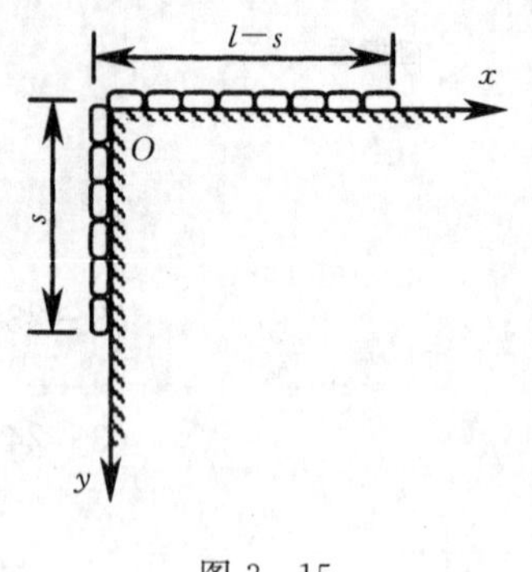


图 3－15

**【例 3－3】** 如图 3－15 所示，一条质量为 $M$、长为 $l$ 的链子放在水平桌面上，它有长度为 $s$ 的一段下垂。已知链子与桌面之间的滑动摩擦系数为 $\mu$。

（1）链子由静止开始运动，到刚离开桌面的过程中，摩擦力对其做了多少功?

（2）链子刚离开桌面时速率是多少?

**解**：（1）建立如图 3－15 所示的坐标系。设在某一时刻，桌面上的链子长为 $x$，则桌面上的链子受到的摩擦力大小为

$$f=\mu\frac{M}{l}xg$$

链子在桌面上运动的过程中，摩擦力对其做的功为

$$W_f=\int_{l-s}^{0}f\,dx=\int_{l-s}^{0}\mu\frac{M}{l}xg\,dx=\frac{\mu Mg}{2l}x^2\Big|_{l-s}^{0}=-\frac{\mu Mg}{2l}(l-s)^2$$

（2）选择桌面为零重力势能参考面，则链子下落过程中重力势能的增量为

$$\Delta E_P=-Mg\frac{l}{2}-\left(-\frac{M}{l}sg\frac{s}{2}\right)=-\frac{Mg(l^2-s^2)}{2l}$$

对链子下落的全过程应用功能原理，有

$$W_f=\Delta E_k+\Delta E_P$$

即

$$-\frac{\mu Mg}{2l}(l-s)^2=\left(\frac{1}{2}Mv^2-0\right)-\frac{Mg(l^2-s^2)}{2l}$$

因此，链子刚离开桌面时速率为

$$v=\sqrt{\frac{g}{l}[(l^2-s^2)-\mu(l-s)^2]}$$

**【例 3－4】** 如图 3－16 所示，物体 $P$ 与斜面间的摩擦系数 $\mu=0.50$，倾角 $\theta=45°$ 的斜面固定在地面上。物体沿斜面上滑的初速率 $v_0=20\text{m/s}$，求：

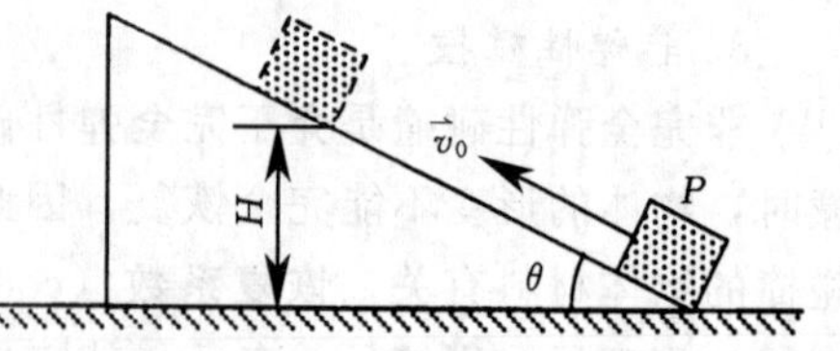


图 3－16

（1）物体能上升的最大高度 $H$。

（2）物体沿斜面返回到原出发点时的速率 $v$。

**解**：（1）物体沿斜面上滑的过程中，摩擦力做负功，即

$$W_f=-F_f s$$

其中 $s$ 为物体上升到最大高度 $H$ 时沿斜面的位移大小，$F_f$ 为摩擦力，它们分别为

$$s=\frac{H}{\sin\theta}, \quad F_f=\mu F_N=\mu mg\cos\theta$$

因此，摩擦力做的功为

$$W_f=-\mu mgH\cot\theta$$

如果取物体开始上滑的位置为重力势能零点，则物体在初末位置的机械能分别为

$$E_1=\frac{1}{2}mv_0^2, \quad E_2=mgH$$

根据功能原理，有 $W_f=E_2-E_1$，即

$$-\mu mgH\cot\theta=mgH-\frac{1}{2}mv_0^2$$

由上式即得物体上升的最大高度为

$$H=\frac{v_0^2}{2g(1+\mu\cot\theta)}=13.6\text{m}$$

（2）对下滑过程再应用功能原理，有

$$-\mu mgH\cot\theta=\frac{1}{2}mv^2-mgH$$

将（1）中得出的最大高度 $H$ 的表达式代入上式，得

$$v=v_0\sqrt{\frac{1-\mu\cot\theta}{1+\mu\cot\theta}}=11.5\text{m/s}$$

**【例 3－5】** 可以将地球看作是半径 $R_e=6400\text{km}$ 的球体，一颗人造地球卫星在地面上空 $h=800\text{km}$ 的圆形轨道上以 $v_\tau=7.5\text{km/s}$ 的速度绕地球运动。在卫星的外侧发生一次爆炸，其冲量不影响卫星当时的切向速度，但却使卫星获得指向地心的径向速度 $v_n=0.2\text{km/s}$，如图 3－17 所示。求这次爆炸后卫星轨道的最低点和最高点分别距地球表面多少 km?

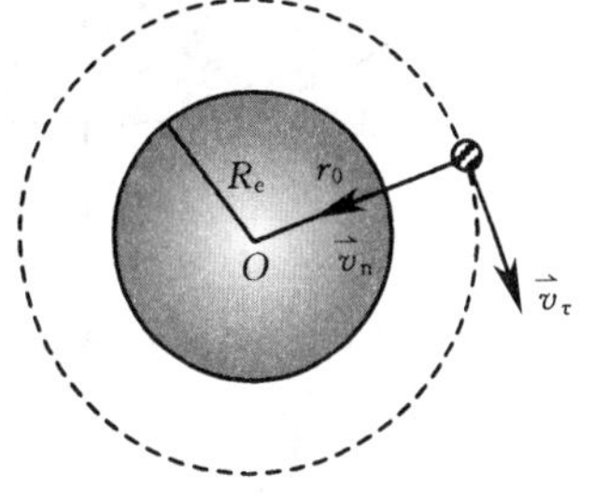

图 3－17

**解：** 在这次爆炸发生前后，卫星只受到地球的万有引力，该力指向地心。在爆炸发生的过程中，由题意可知卫星受到的冲量方向也是指向地心的，因此卫星对地心的角动量始终是守恒的，即

$$L=mv_\tau r_0=mvr \qquad ①$$

其中 $r$ 是新圆周轨道到地心的距离，$v$ 是卫星围绕新圆周轨道运动的速率。

在这次爆炸发生之后，卫星、地球系统的机械能守恒，即

$$\frac{1}{2}mv_\tau^2+\frac{1}{2}mv_n^2-G\frac{Mm}{r_0}=\frac{1}{2}mv^2-G\frac{Mm}{r} \qquad ②$$

此外，由牛顿第二定律得

$$G\frac{mM}{r_0^2}=m\frac{v_\tau^2}{r_0} \qquad ③$$

将式①、式②和式③联立，解得

$$(v_\tau^2-v_n^2)r^2-2v_\tau^2r_0r+v_\tau^2r_0^2=0$$

或

$$[(v_\tau+v_n)r-v_\tau r_0][(v_\tau-v_n)r-v_\tau r_0]=0$$

由上式解得卫星围绕新圆周轨道运动的半径为

$$r_1=\frac{v_\tau}{v_\tau+v_n}r_0=\frac{v_\tau}{v_\tau+v_n}(R_e+h)$$

$$r_2=\frac{v_\tau}{v_\tau-v_n}r_0=\frac{v_\tau}{v_\tau-v_n}(R_e+h)$$

因此，这次爆炸后卫星轨道的最低点和最高点与地球表面的距离分别为

$$h_1=r_1-R_e=\frac{v_\tau h-v_n R_e}{v_\tau+v_n}=613\text{km}$$

$$h_2=r_2-R_e=\frac{v_\tau h+v_n R_e}{v_\tau-v_n}=997\text{km}$$

**【例 3-6】** 如图 3-18（a）所示，在光滑的圆盘面上有一个质量为 $m$ 的物体 $P$ 系在一根细绳上，细绳穿过圆盘中心 $O$ 处的光滑小孔。开始时该物体距圆盘中心 $O$ 的距离为 $r_0$，并以角速度 $\omega_0$ 绕盘心 $O$ 作圆周运动。然后向下拉绳，当质点 $P$ 的径向距离由 $r_0$ 减少到 $0.4r_0$ 时，向下拉绳的速度为 $V$，求在向下拉绳的过程中拉力做的功。

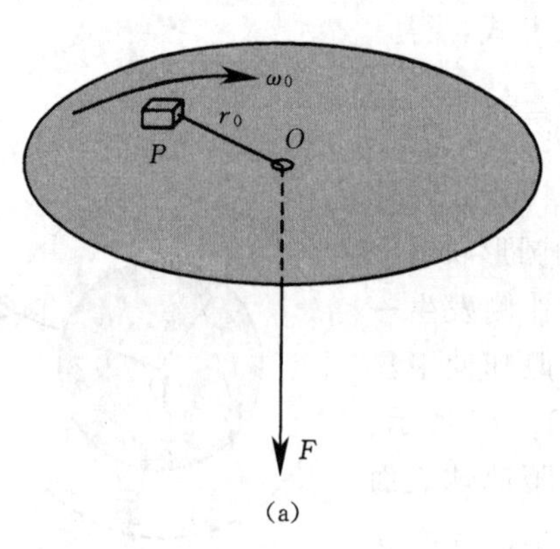

(a)

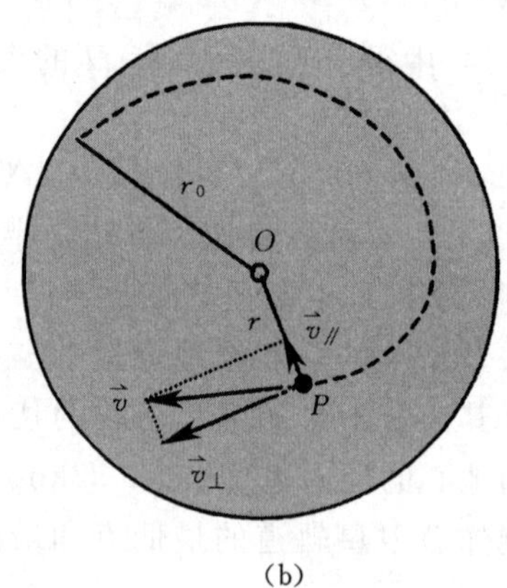

(b)

图 3-18

**解：** 当向下拉绳时，物体 $P$ 的运动轨迹如图 3-18（b）所示。

物体 $P$ 在运动过程中受到绳的拉力，由于该拉力对盘心 $O$ 的力矩为零，因此物体 $P$ 对 $O$ 点的角动量守恒，即

$$mv_0r_0=mv_\perp r$$

其中 $v_0=r_0\omega_0$，$v_\perp$ 是 $r=0.4r_0$ 时的速度 $\vec{v}$ 在垂直于 $r$ 方向的分量大小。

根据动能定理，在向下拉绳的过程中拉力所做的功为

$$W=\frac{1}{2}mv^2-\frac{1}{2}mv_0^2$$

由图 3-18（b）可知，当 $r=0.4r_0$ 时物体 $P$ 的速度 $\vec{v}$ 的大小与两个分量的关系为

$$v^2=v_\perp^2+v_{/\!/}^2$$

其中 $v_{/\!/}$ 就是向下拉绳的速度 $V$。将上式和角动量守恒关系式代入功的表达式中，得

$$W=\frac{1}{2}m(v_{\perp}^2+v_{//}^2)-\frac{1}{2}mv_0^2=\frac{1}{2}m\left[\left(\frac{v_0r_0}{r}\right)^2+V^2\right]-\frac{1}{2}mv_0^2$$

$$=\frac{1}{2}m\left[\left(\frac{r_0^2\omega_0}{0.4r_0}\right)^2+V^2\right]-\frac{1}{2}m(r_0\omega_0)^2=\frac{21}{8}m(r_0\omega_0)^2+\frac{1}{2}mV^2$$

## 思考与讨论

1\. 当一艘质量为 $m$ 的宇宙飞船关闭发动机返回地球时，可以认为该飞船只在地球的引力场中运动。已知地球质量为 $M$，万有引力恒量为 $G$，则当这艘宇宙飞船从距地球中心 $R_1$ 处下降到 $R_2$ 处时，试问：飞船动能增加了多少？

2\. 如图 3-19 所示，一个质量为 $m$ 的物体，位于直立的轻弹簧正上方 $h$ 高度处。该物体从静止开始落向弹簧，如果弹簧的劲度系数为 $k$，不考虑空气阻力，试问：物体下降过程中可能获得的最大动能为多少？

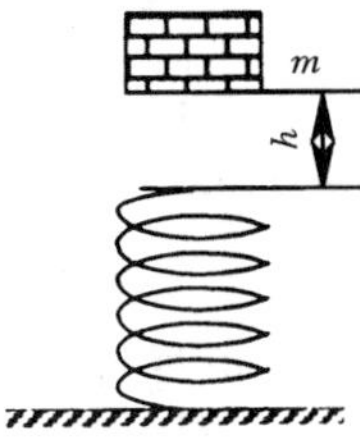

图 3-19

3\. 一个质点在几个外力同时作用下运动时，如果质点的动量改变，试问：质点的动能是否一定改变？如果质点的动能不变，质点的动量是否一定改变？如果外力的冲量等于零，外力所做的功是否一定等于零？如果外力所做的功等于零，外力的冲量是否一定等于零？

4\. 一颗速率为 $v$ 的子弹射中一块固定在地面上的木板，当子弹打穿这块木板时速率恰好为零。已知木板对子弹的阻力是恒定的，当子弹射入木板的深度等于木板厚度一半时，试问：子弹的速度是多少？

5\. 如图 3-20 所示，一颗人造地球卫星绕地球运动的轨道是椭圆形，其近地点为 $a$，远地点为 $b$，$a$、$b$ 两点距离地心分别为 $r_1$、$r_2$。已知卫星的质量为 $m$，地球的质量为 $M$，万有引力常量为 $G$。试问：卫星在 $a$、$b$ 两点处的万有引力势能之差（$E_{Pb}-E_{Pa}$）和动能之差（$E_{kb}-E_{ka}$）分别等于多少？

6\. 如图 3-21 所示，质量为 $m$ 的小球系在劲度系数为 $k$ 的轻弹簧一端，弹簧的另一端固定在 $O$ 点。开始时弹簧水平，处于自然状态，其长度为 $l_0$，小球的位置为 $a$。将小球由静止释放，下落到最低位置 $b$ 时弹簧的长度为 $l$，试问：小球到达 $b$ 点时的速度为多少？

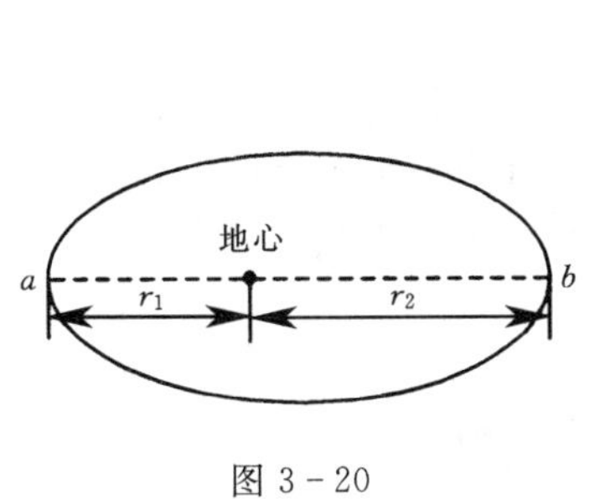


图 3-20

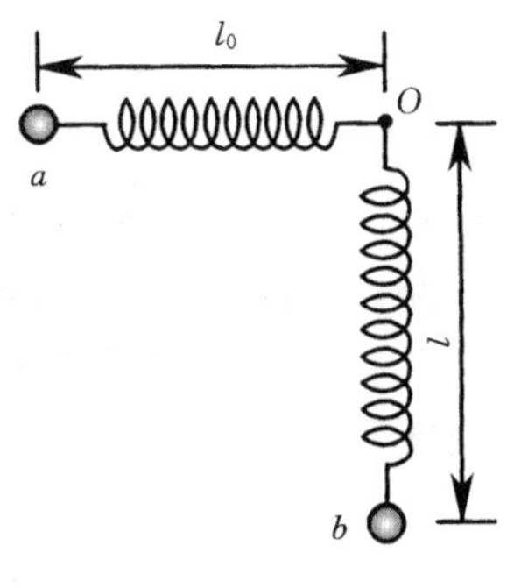


图 3-21

7\. 质量为 1kg 的静止物体，从坐标原点出发在水平面内沿 $x$ 轴正方向运动，它所受

的合力方向与运动方向一致，合力的大小为

$$F=2+3x^2$$

公式中的各个物理量均采用国际单位。在物体运动 4m 的过程中，试问：该合力所做的功等于多少？在 $x=4$m 处，该物体的速率等于多少？

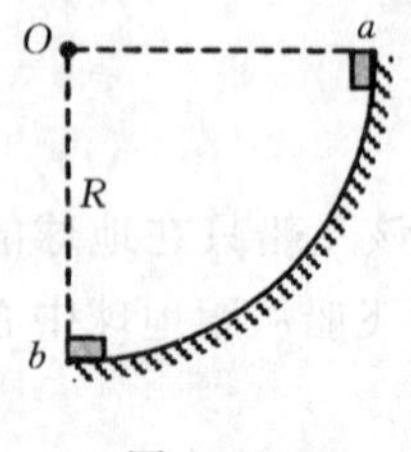

图 3-22

8. 如图 3-22 所示，质量为 4kg 的物体从静止开始，沿 1/4 圆弧从 $a$ 点滑到 $b$ 点，在 $b$ 点的速率为 12m/s，已知圆的半径 $R=8$m。试问：物体从 $a$ 运动到 $b$ 的过程中，摩擦力对它所做的功等于多少？

9. 一个质量为 $m$ 的质点在指向圆心的力作用下作半径为 $r$ 的圆周运动，该力的表达式为

$$F=-\frac{k}{r^2}$$

其中 $k$ 为正的常数。试问：该质点在任意位置处的速度等于多少？如果取距圆心无穷远处为势能零点，其机械能等于多少？

10. 一个质点在 2 个恒力的共同作用下发生的位移为 $\Delta\vec{r}=3\vec{i}+8\vec{j}$(m)。已知在此过程中的动能增量为 24J，如果其中一个恒力为 $\vec{F}_1=12\vec{i}-3\vec{j}$(N)，试问：另一个恒力所做的功等于多少？

11. 有一个质量为 4kg 的物体，在 0～10s 内受到如图 3-23 所示的变力 $F$ 的作用。物体由静止开始沿 $x$ 轴正向运动，力的方向始终与 $x$ 轴的正方向相同。试问：在 10s 内变力 $F$ 所做的功为多少？

12. 如图 3-24 所示，一个质量为 60kg 人站在质量为 240kg 的静止的船上，他用 100N 的恒力拉一水平轻绳，绳的另一端系在岸边的一棵树上。试问：在船开始运动后第 3 秒末的速率为多少？在这段时间内拉力对船做了多少功？（忽略水的阻力）

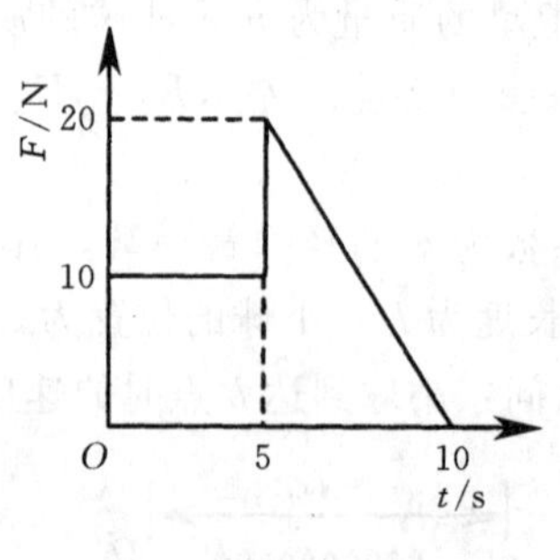

图 3-23

图 3-24

13. 一条长为 $l$、质量分布均匀的链条放在光滑的水平桌面上，如果使其长度的一半悬于桌边下，然后由静止释放任其滑动，试问：当它全部离开桌面时的速率为多少？

14. 一个金属球从 1m 高处落到一块钢板上，向上弹跳到 0.81m 高处，试问：小球与钢板碰撞的恢复系数 $e$ 是多少？

## 习 题

1. 一个小孩从 10m 深的井中提水。开始时桶中装有 6kg 的水，桶的质量为 0.5kg。

由于水桶漏水，每升高 1m 要漏去 0.1kg 的水。试求水桶匀速地从井中提到井口时小孩所做的功。

2. 质量为 3.0kg 的质点在力 $\vec{F}=(3t^2+1)\vec{i}$(N) 的作用下从静止出发沿 $x$ 轴正向作直线运动，试求该力在前 3s 内所做的功。

3. 一根不遵守胡克定律的弹簧的弹性力 $F$ 与其伸长量 $x$ 之间的关系为

$$F=50x+40x^2$$

公式中各个物理量均采用国际单位。试问：

(1) 在将弹簧从 $x_1=0.5$m 拉伸到 $x_2=1.0$m 的过程中，外力做了多少功?

(2) 将弹簧横放在光滑水平桌面上，一端固定，另一端系一个质量为 2.0kg 的物体，然后将弹簧拉伸到 $x_2=1.0$m，再将物体由静止释放，则当弹簧回到 $x_1=0.5$m 时，物体的速率为多少?

(3) 该弹簧的弹力 $F$ 是保守力吗?

4. 如图 3-25 所示，在与水平面成 $\varphi$ 角的光滑斜面上放置一个质量为 $M$ 的物体，该物体系在一根劲度系数为 $k$ 的轻弹簧的一端，弹簧的另一端固定在斜面的顶端。物体最初静止在斜面上，突然使物体获得沿斜面向下的速度，设与该速度对应的动能为 $E_{k0}$，试求当弹簧的伸长达到 $x$ 时物体的动能。

5. 如图 3-26 所示，光滑斜面与水平面的夹角 $\theta=30°$，一根劲度系数 $k=30$N/m 的轻质弹簧上端固定，在弹簧的另一端轻轻地挂上质量 $M=2.0$kg 的木块，则木块沿斜面向下滑动。当木块下滑 $x=0.4$m 时，恰好被一颗水平飞来的质量 $m=0.02$kg、速度 $v=300$m/s 的子弹击中，并且子弹陷在了木块中。试求子弹陷入木块后它们的共同速度。

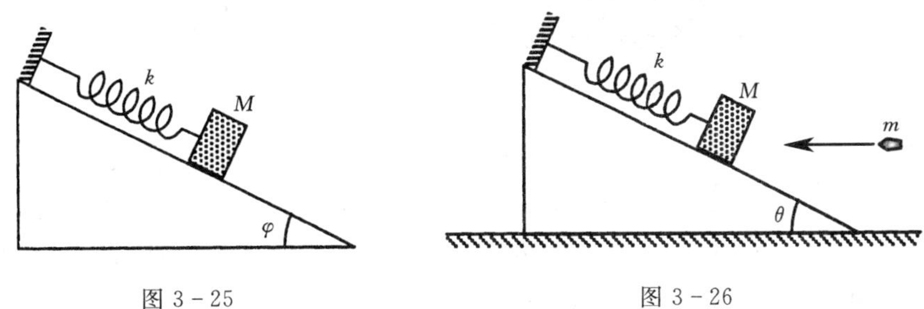


图 3-25　　　　图 3-26

6. 如图 3-27 所示，质量为 $m_1$ 的小球 $a$ 沿光滑的弧形轨道滑下，与放在轨道端点 $Q$ 处（该处轨道的切线是水平的）的静止小球 $b$ 发生弹性对心碰撞，小球 $b$ 的质量为 $m_2$，$a$、$b$ 两小球碰撞后同时落在水平地面上。如果它们的落地点距 $Q$ 点正下方 $O$ 点的距离之比 $s_1:s_2=3:7$，试求两小球的质量之比 $m_1:m_2$。

7. 质量分别为 $m_1$ 和 $m_2$ 的两个滑块 $a$ 和 $b$，分别穿在两条平行且水平的光滑导杆上，两根导杆间的距离为 $l$，再以一个劲度系数为 $k$、原长为 $l$ 的轻质弹簧连接两滑块，如图 3-28所示。设开始时静止滑块 $a$ 与滑块 $b$ 之间的水平距离为 $s$，试求释放后两滑块的最大速度。

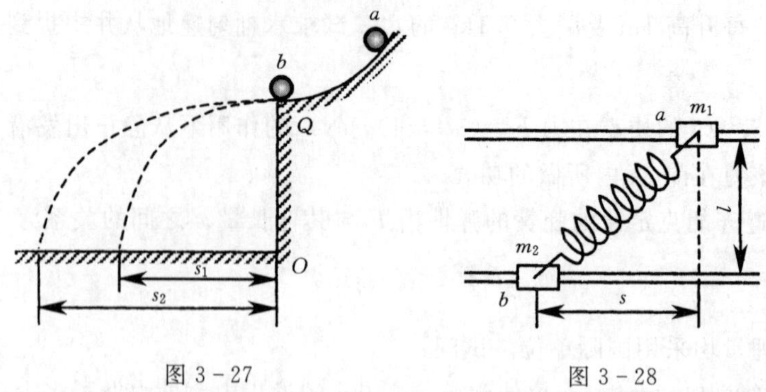

图 3-27　　图 3-28

8. 如图 3-29 所示，一辆静止在光滑水平面上的小车，车上装有光滑的弧形轨道，轨道下端切线沿水平方向，车与轨道总质量为 $M$。一个质量为 $m(<M)$、速度为 $\vec{v}_0$ 的铁球从轨道下端水平射入，试求球沿弧形轨道上升的最大高度 $H$ 以及此后下降离开小车时的速度 $\vec{v}$。

9. 如图 3-30 所示，质量为 4.0kg 的笼子用轻弹簧悬挂起来，静止在平衡位置，弹簧伸长 $x_0=0.1$m，质量为 1.0kg 的小球由距笼子底面高 0.3m 处自由落到笼底上，试求笼子向下移动的最大距离。

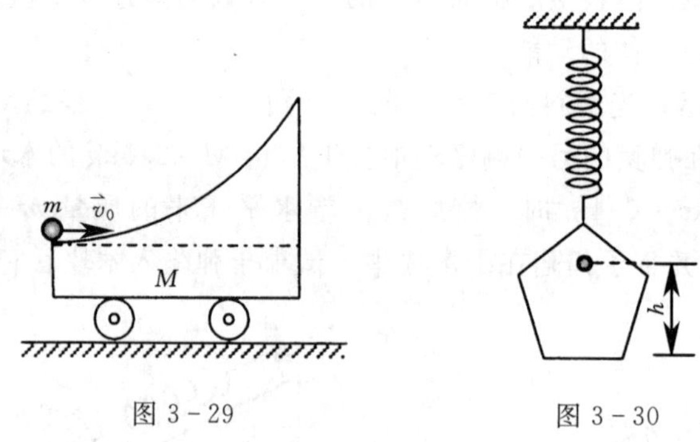

图 3-29　　图 3-30

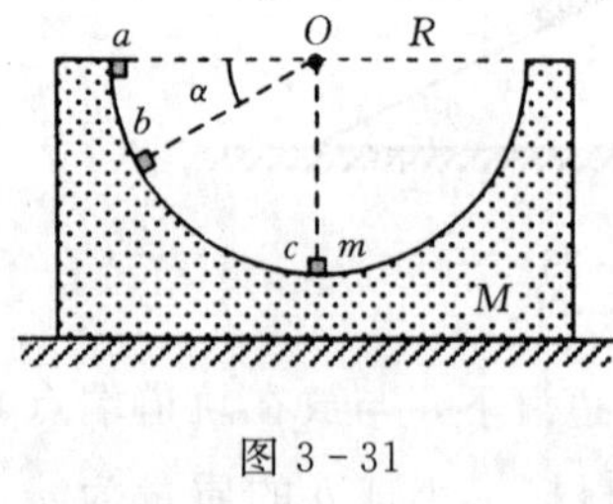

图 3-31

10. 如图 3-31 所示，一个半径为 $R$、质量为 $M$ 的半圆形光滑槽静止在光滑的桌面上。一个质量为 $m$ 的小物体可以在槽内滑动。起始时小物体静止在与圆心 $O$ 同高的 $a$ 处。试问：

(1) 小物体滑到任意位置 $b$ 处时，小物体对半圆槽以及半圆槽对地的速度各为多少？

(2) 当小物体滑到半圆槽最低点 $c$ 处时，半圆槽移动了多少距离？

11. 如图 3-32 所示，一辆质量为 $M$ 的平顶小车在光滑水平面上作速度为 $v_0$ 的匀速直线运动，此时在车顶的前部边缘 $P$ 处轻轻放上一个质量为 $m$ 的小物体，物体相对地面的速度为零。物体与车顶之间的摩擦系数为 $\mu$，为使物体不至于从顶上滑出去，试问：车顶的长度 $L$ 最短应该为多少？

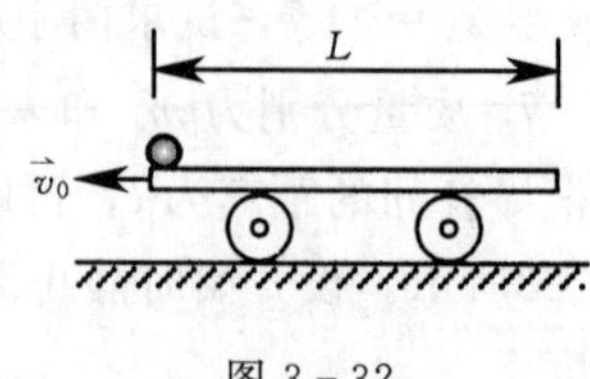

图 3-32

12. 如图 3－33 所示，在中间有小孔 $O$ 的水平光滑桌面上放置一个用绳子连接的、质量为 4kg 的小块物体。绳的另一端穿过小孔下垂并用手拉住。开始时物体以 0.5m 的半径在桌面上转动，其线速度是 4m/s。然后将绳缓慢地匀速下拉，已知绳最多只能承受 600N 的拉力，试求绳刚被拉断时物体的转动半径。

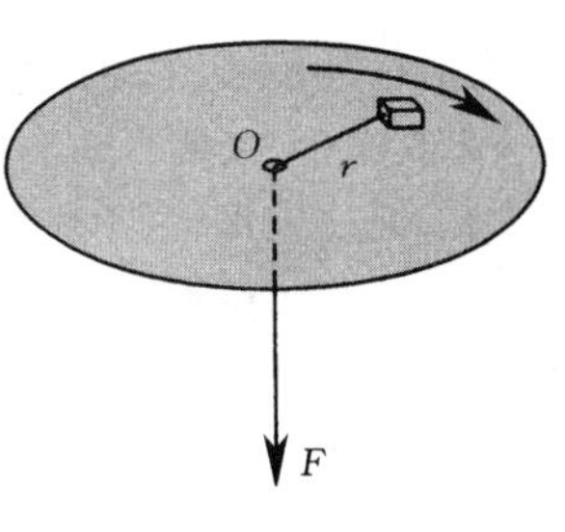


图 3－33

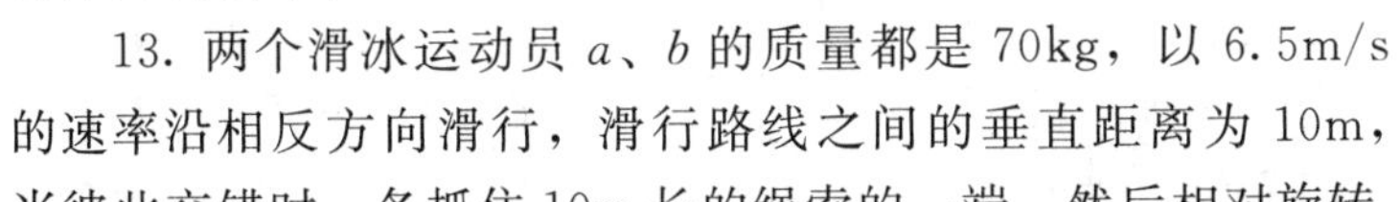

13. 两个滑冰运动员 $a$、$b$ 的质量都是 70kg，以 6.5m/s 的速率沿相反方向滑行，滑行路线之间的垂直距离为 10m，当彼此交错时，各抓住 10m 长的绳索的一端，然后相对旋转，试问：

（1）在抓住绳索之前，他们各自对绳索中心的角动量是多少？抓住后又是多少？

（2）他们各自收拢绳索，到绳长为 5m 时，各自的速率等于多少？这时绳的张力多大？

（3）两人在收拢绳索时，设收绳速率相同，他们各做了多少功？

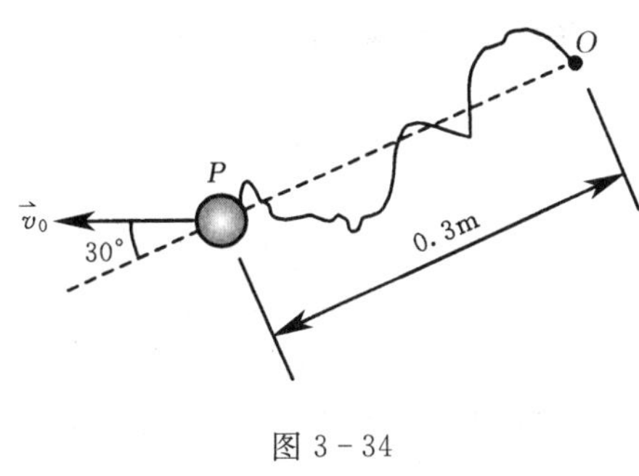


图 3－34

14. 在光滑的水平桌面上，有一根原长为 0.5m、劲度系数为 8N/m 的弹性绳，绳的一端系一个质量为 0.2kg 的小球 $P$，另一端固定在 $O$ 点。最初弹性绳是松弛的，小球 $P$ 的位置以及速度 $\vec{v}_0$ 如图 3－34 所示。在以后的运动中，当小球 $P$ 的速率为 $v$ 时，它与 $O$ 点的距离最大，这时弹性绳的长度为 1.0m，试求此时的速率 $v$ 及初速率 $v_0$。

## 科学家史话　焦耳

詹姆斯·普雷斯科特·焦耳（James Prescott Joule，1818—1889），18 世纪英国著名物理学家。那时人们对热的本质的研究走上了一条弯路，“热质说”在物理学史上统治了 100 多年。虽然曾有一些科学家对这种错误理论产生过怀疑，但人们一直没有办法解决热和功的关系的问题，是自学成才的物理学家焦耳为最终解决这一问题指出了道路。

焦耳最初的研究方向是电磁机，他想将父亲的酿酒厂中应用的蒸汽机替换成电磁机以提高工作效率。1837 年，焦耳组装成功了用电池驱动的电磁机，但由于支持电磁机工作的电流来自锌电池，而锌的价格昂贵，用电磁机反而不如用蒸汽机合算。焦耳的最初目的虽然没有达到，但他从实验中发现电流可以做功，这激发了他进行深入研究的兴趣。

1840 年，焦耳把环形线圈放入装水的试管内，测量不同电流强度和电阻时的水温。他通过这个实验发现：导体在一定时间内放出的热量与导体的电阻及电流强度的平方之积成正比。4 年之后，俄国物理学家楞次公布了他的大量实验结果，从而进一步验证了焦耳关于电流热效应的结论的正确性。因此，该定律称为焦耳-楞次定律。

焦耳总结出焦耳-楞次定律以后，进一步设想电池电流产生的热与电磁机的感生电流产生的热在本质上应该是一致的。1843 年，焦耳设计了一个新实验。将一个小线圈绕在铁芯上，用电流计测量感生电流，把线圈放在装水的容器中，测量水温以计算热量。这个电路是完全封闭的，没有外界电源供电，水温的升高只是机械能转化为电能、电能又转化为热的结果，整个过程不存在所谓热质的转移。这一实验结果完全否定了热质说。

上述实验也使焦耳想到了机械功与热的联系，经过反复的实验、测量，焦耳终于测出了热功当量，但结果并不精确。1843 年 8 月 21 日在英国学术会上，焦耳报告了他的论文《论电磁的热效应和热的机械值》，他在报告中说 1 千卡的热量相当于 460 千克米的功。他的报告没有得到支持和强烈的反响，这时他意识到自己还需要进行更精确的实验。

1844 年，焦耳研究了空气在膨胀和压缩时的温度变化，他在这方面取得了许多成就。通过对气体分子运动速度与温度的关系的研究，焦耳计算出了气体分子的热运动速度值，从理论上奠定了波义耳-马略特和盖-吕萨克定律的基础，并解释了气体对器壁压力的实质。焦耳在研究过程中的许多实验是和著名物理学家威廉·汤姆生（后来受封为开尔文勋爵，即 J. 汤姆生）共同完成的。在焦耳发表的 97 篇科学论文中有 20 篇是他们的合作成果。当自由扩散气体从高压容器进入低压容器时，大多数气体和空气的温度都要下降，这一现象就是两人共同发现的。这一现象后来被称为焦耳-汤姆生效应。

无论是在实验方面，还是在理论上，焦耳都是从分子动力学的立场出发进行深入研究的先驱者之一。

在从事这些研究的同时，焦耳并没有间断对热功当量的测量。1847 年，焦耳做了迄今认为设计思想最巧妙的实验：他在量热器里装了水，中间安上带有叶片的转轴，然后让下降重物带动叶片旋转，由于叶片和水的摩擦，水和量热器都变热了。根据重物下落的高度，可以算出转化的机械功；根据量热器内水的升高的温度，就可以计算水的内能的升高值。把两数进行比较就可以求出热功当量的准确值来。

1889 年 10 月 11 日，焦耳在索福特逝世，享年 71 岁。后人为了纪念焦耳，将功和能的单位定为焦耳。

在焦耳去世前两年，他曾对他的弟弟说“我一生只做了两三件事，没有什么值得炫耀的。”相信对于大多数物理学家，他们只要能够做到这些小事中的一件也会很满意了。焦耳的谦虚是非常真诚的。很可能，如果他知道了在威斯敏斯特教堂为他建造了纪念碑，并以他的名字命名能量单位，他将会感到惊奇的，虽然后人决不会感到惊奇。

# 第四章 刚 体 力 学 基 础

质点是力学中建立的最简单、最基本的理想模型。但在实际问题中，很多物体的大小和形状是不能忽略的。例如，在研究车轮的转动、星球的自转等问题时，就不能把这些运动着的物体当作质点看待。这时我们可以将整个物体看成由很多质点构成的质点系。一般情况下，在外力作用下物体的形状和大小会发生变化，或者说在外力作用下物体上的任意两个质点之间的距离会发生变化。这给我们分析问题带来了很大的麻烦。我们发现，现实生活中总存在这样一些物体，它们在强大的外力作用下，形状和大小变化非常微小，以致到可以忽略的程度，火车的轮子就是一个很好的例子。我们将**在外力作用下形状和大小不发生变化的物体，或在外力作用下任意两点之间的距离保持不变的物体称为刚体**（rigid body）。刚体也是一种理想化的物理模型。

本章主要讨论刚体的定轴转动问题，介绍描述刚体定轴转动的角位移、角速度、角加速度、转动惯量、力矩、转动动能以及角动量等物理量，讲述描写刚体定轴转动规律的转动定律、角动量定理和角动量守恒定律以及它们的应用。

**本章学习要点**

（1）熟练掌握刚体定轴转动的运动学知识。

（2）熟练掌握转动惯量的物理意义、定义及其几何形状规则的刚体绕定轴转动转动惯量的计算。

（3）理解对固定轴的力矩概念；熟练掌握刚体绕固定轴的转动定律，会利用该定律处理一般的刚体定轴转动的动力学问题。

（4）掌握刚体的动能和外力矩对刚体做功的表达式，能熟练运用刚体定轴转动的动能定理分析、解决实际问题。

（5）掌握定轴转动的角动量概念；了解角动量定理；掌握角动量守恒的条件，会利用刚体定轴转动的角动量守恒定律分析、解决相关的实际问题。

## 第一节 刚 体 的 运 动

刚体的运动形式是多种多样的。例如运动中的车轮、发射到空中的炮弹、月球围绕着地球的运动、电子的自转等。刚体最简单、最基本的运动是平动和定轴转动，刚体的任何复杂运动总可以看成是由这两种基本运动合成的。

### 一、刚体的平动

刚体在运动过程中，如果**所有质点的运动轨迹都相同，或者任意两质点连线的方向保**

**持不变，这种运动称为刚体的平动**（translation）。刚体作平动时，其中所有质点都具有相同的运动状态，只要知道任何一点的运动，整个刚体的运动也就确定了。因此刚体内任何一点的运动就可以代表整个刚体的平动，前三章讲述的有关质点的运动规律可以直接用来描述刚体的平动。

刚体的平动也有直线运动和曲线运动之分，直线运动是指刚体内各质点的运动轨迹是直线，曲线运动是指刚体内各质点的运动轨迹是曲线。

## 二、刚体的转动

**如果刚体上各质点都绕同一直线作圆周运动，则称刚体的这种运动为刚体的转动**（rotation），**这条直线称为转轴**。刚体在转动过程中，如果转轴相对于选定的参考系始终静止，称为刚体的**定轴转动**（fixed－axis rotation）。例如房门的转动、钟表指针的转动、砂轮、电机转子的转动都是定轴转动。定轴转动是刚体最基本、最普遍的转动，本章重点讨论刚体的这种运动。

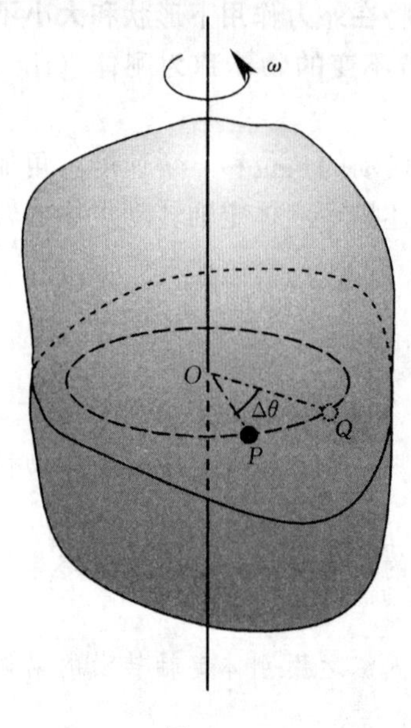

图 4－1

如图 4－1 所示，在刚体上任取一点 $P$，过 $P$ 点作垂直于固定轴的平面，这个平面称为**转动平面**，转动平面与固定轴的交点是转动平面上的各质点作圆周运动的圆心，称为**转心**。刚体作定轴转动时，由于在转动平面上的各个质点作半径不同的圆周运动，在相同的时间内，它们的位移各不相同，在某一时刻，它们的速度、加速度也各不相同，因此用线量描述刚体的定轴转动比较繁琐。但是我们注意到，在相同的时间内，各个质点的角位移相同，在某一时刻，它们的角速度相同、角加速度也相同，正是由于这个原因，我们一般采用角量来描述刚体的定轴转动。

刚体的定轴转动可以等效成转动平面上某个质点（如质点 $P$）的转动，第一章讲过的质点作圆周运动的运动学知识完全适用于刚体的定轴转动。

刚体作定轴转动时，在 $\Delta t$ 时间内的角位移为 $\Delta\theta$。

刚体作定轴转动的角速度为

$$\omega=\frac{\mathrm{d}\theta}{\mathrm{d}t} \tag{4-1}$$

角速度是矢量，其方向由右手螺旋法则来确定，即用右手握住转轴，使四指的环绕方向与刚体的转动方向一致，则拇指的指向就是角速度的方向。因为刚体作定轴转动的方向只有顺时针和逆时针，所以角速度也只有沿转轴向上和向下两个方向。正是由于这个原因，上式中角速度没有写成矢量形式，在具体问题中采用正负号表示其方向就足够了。

刚体定轴转动的角加速度为

$$\alpha=\frac{\mathrm{d}\omega}{\mathrm{d}t} \tag{4-2}$$

角加速度也是矢量，方向也沿着转轴。如果刚体作加速转动，角加速度的方向与角速度的

方向相同；作减速转动时其方向与角速度的方向相反。

有时也需要知道刚体上某点的线量。距离转轴为 $r$ 的质点的线速度、法向加速度和切向加速度分别为

$$v=r\omega,\ a_n=r\omega^2,\ a_\tau=r\alpha$$

刚体在运动过程时，如果转轴上只有一点相对参考系静止，刚体的转动方向不断变动，这种转动称为**定点转动**。图 4-2 是陀螺的转动，这是比较典型的定点转动，陀螺在绕竖直轴旋转的同时，还绕自身的轴转动，$O$ 点是定点。

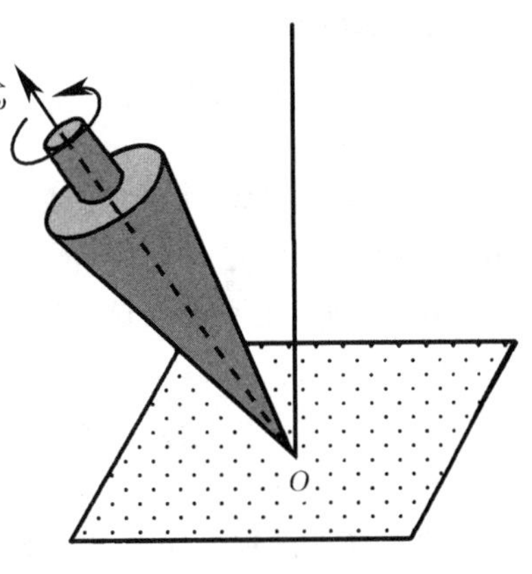


图 4-2

**【例 4-1】** 已知电唱机的转盘以 120r/min 的转速匀速转动。求：

(1) 转盘上与转轴相距 0.25m 处的一点 $P$ 的线速度和法向加速度。

(2) 切断电动机电源后，唱机转盘在恒定的阻力矩作用下减速，并在 10s 内停止转动，求转盘在停止转动前的角加速度及转过的圈数。

**解：**(1) 因为转盘角速度为

$$\omega_0=2\pi n=\frac{2\pi\times 120}{60}\text{rad/s}=12.6\text{rad/s}$$

所以 $P$ 点的线速度 $v$ 和法向加速度 $a_n$ 分别为

$$v=r\omega_0=0.25\times 12.6\text{m/s}=3.14\text{m/s}$$

$$a_n=r\omega_0^2=0.25\times 12.6^2\text{m/s}^2=39.69\text{m/s}^2$$

(2) 因为 $\omega=\omega_0+\alpha t$，所以角加速度为

$$\alpha=\frac{0-\omega_0}{t}=\frac{0-12.6}{10}\text{rad/s}^2=-1.26\text{rad/s}^2$$

设转盘在停止转动前转过的角度为 $\Delta\theta$，由 $\frac{\Delta\theta}{t}=\frac{\omega_0+\omega}{2}$ 得到

$$\Delta\theta=\frac{\omega_0+\omega}{2}t=\frac{\omega_0+0}{2}t=\frac{1}{2}\omega_0 t$$

因此，转盘在停止转动前转过的圈数为

$$N=\frac{\Delta\theta}{2\pi}=\frac{\omega_0 t}{4\pi}=\frac{12.6\times 10}{4\pi}=10$$

## 思考与讨论

1. 如图 4-3 所示，用电动机拖动真空泵时采用皮带传动。电动机上装一个半径为 0.1m 的轮子，真空泵上装一个半径为 0.3m 的轮子，如果电动机的转速为 1500r/min，试问：真空泵上的轮子边缘上一点的线速度等于多少？真空泵的转速是多少？

2. 绕定轴转动的飞轮均匀地减速，$t=0$ 时的角速度为 $\omega_0=5\text{rad/s}$，$t=10\text{s}$ 时的角速

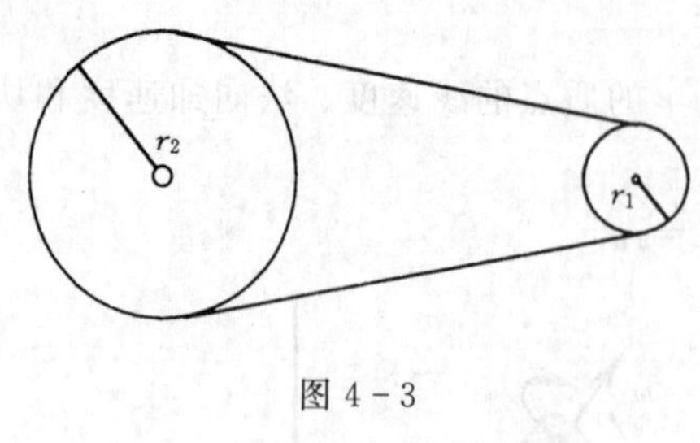


图 4-3

度为 $0.5\omega_0$，试问：飞轮的角加速度 $\alpha$ 等于多少？$t=0$ 到 $t=50\text{s}$ 的时间内飞轮所转过的角度 $\theta$ 等于多少？

3. 半径为 0.3m 的飞轮从静止开始以 0.5rad/s 的匀角加速度转动，试问：飞轮边缘上一点在飞轮转过 300°时的切向加速度 $a_\tau$ 等于多少？法向加速度 $a_n$ 等于多少？

4. 半径为 0.2m 的主动轮通过皮带拖动半径为 0.5m 的被动轮转动，皮带与轮之间没有相对滑动。如果主动轮从静止开始作匀角加速转动，在 4s 内被动轮的角速度达到 8πrad/s，试问：主动轮在这段时间内转过了多少圈？

## 第二节　刚体定轴转动的转动定律

力使物体的速度发生变化，即产生了加速度，牛顿第二定律描述了力与加速度的关系。同样道理，刚体在作定轴转动时角速度也会变化，即产生了角加速度。通过本节的学习你将会知道，是力矩使刚体产生了角加速度，描述力矩与角加速度之间关系的定律是转动定律。

### 一、刚体定轴转动的力矩

在本书第二章第四节中我们讲过，作用于质点上的力 $\vec{F}$ 对给定点的力矩为$\vec{M}=\vec{r}\times\vec{F}$，这个公式对刚体的定轴转动也应该成立，不过由于这时刚体的转动受到了固定转轴的限制，因此该公式需要加以改造，才能适合刚体定轴转动这种特殊情况。

在图 4-4 中的刚体在力 $\vec{F}$ 的作用下绕固定轴 $KK'$ 转动，$A$ 点为力 $\vec{F}$ 的作用点。将力 $\vec{F}$ 分解成垂直于转轴（或在转动平面内）的分量 $\vec{F}_1$ 和平行于转轴的分量 $\vec{F}_2$，即 $\vec{F}=\vec{F}_1+\vec{F}_2$，刚体受到的力矩为

$$\vec{M}=\vec{r}\times\vec{F}=\vec{r}\times\vec{F}_1+\vec{r}\times\vec{F}_2$$

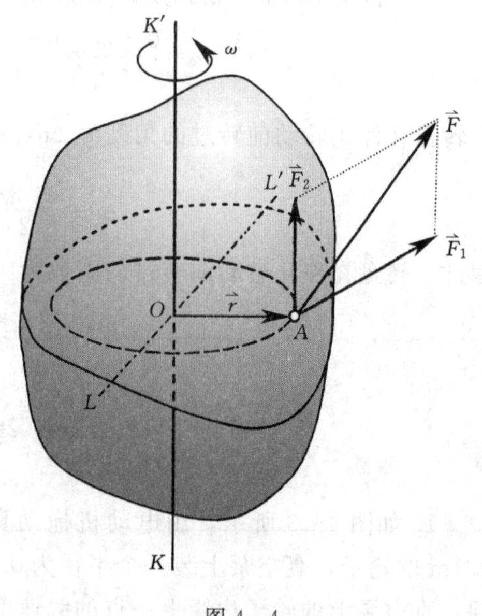


图 4-4

力矩的分量 $\vec{r}\times\vec{F}_2$ 应该使刚体发生绕过 $O$ 点且垂直于 $\vec{r}\times\vec{F}_2$ 所确定的平面的轴 $LL'$ 转动，但是由于固定轴 $KK'$ 的限制，这种转动不会发生，因此分力矩 $\vec{r}\times\vec{F}_2$ 对刚体绕 $KK'$轴的定轴转动没有贡献。所以使刚体作定轴转动的力矩为

$$\vec{M}=\vec{r}\times\vec{F}_1 \qquad (4-3)$$

由式（4-3）可以看出，力矩$\vec{M}$的方向也是沿着

转轴的。以后在研究刚体的定轴转动问题时，总是认为外力 $\vec{F}$ 就在转轴平面内。

在图 4-5 中，$\vec{F}$ 在转轴平面内，力矩 $\vec{r}\times\vec{F}$ 可以使刚体绕 $KK'$ 轴作定轴转动。为了更细致地讨论 $\vec{F}$ 的作用，我们将力 $\vec{F}$ 进一步分解成平行于 $\vec{r}$ 的分量 $\vec{F}_{//}$ 和垂直于 $\vec{r}$ 的分量 $\vec{F}_{\perp}$，即 $\vec{F}=\vec{F}_{//}+\vec{F}_{\perp}$，这样刚体受到的力矩为

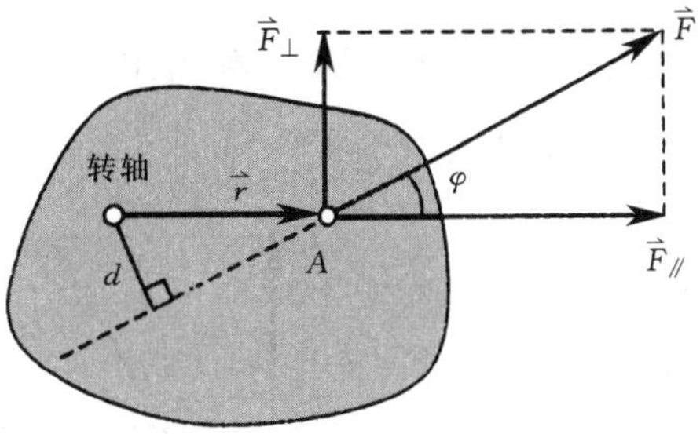

$$\vec{M}=\vec{r}\times\vec{F}=\vec{r}\times\vec{F}_{//}+\vec{r}\times\vec{F}_{\perp}$$

在上式中，因为 $\vec{r}//\vec{F}_{//}$，所以 $\vec{r}\times\vec{F}_{//}=0$，上式可以写为

$$\vec{M}=\vec{r}\times\vec{F}_{\perp}$$

图 4-5

可见，对刚体作定轴转动真正有贡献的力是在转轴平面内、垂直于矢径 $\vec{r}$ 的分力，这个力是沿着 $A$ 点圆周轨道的切线方向。由于 $\vec{r}\perp\vec{F}_{\perp}$，$F_{\perp}=F\sin\varphi$，因此力矩的大小

$$M=rF_{\perp}=rF\sin\varphi$$

由图 4-5 可以看出，$d=r\sin\varphi$，因此力矩的大小也可以写为

$$M=Fd \tag{4-4}$$

其中 $d$ 是力 $\vec{F}$ 对转轴的力臂大小。

通过上面的分析我们可以知道，刚体作定轴转动时受到的力矩大小由式（4-4）给出，方向沿着转轴。当刚体作加速转动时，其方向与角速度的方向相同；作减速转动，方向与角速度的方向相反。

## 二、转动定律

在研究刚体运动规律时，我们可以将刚体看作是由许多质点组成的质点系，每一个质点都是体积非常微小的质量元（简称质元）。首先对各个质元应用质点力学定律，再将全部质元所遵从的规律加以综合，就可以得到整个刚体的运动规律。

如图 4-6 所示，设第 $i$ 个质元的质量为 $\Delta m_i$，与转轴的距离为 $r_i$。该质元受到的外力和内力分别为 $\vec{F}_i$ 和 $\vec{f}_i$，它们的切向分量大小分别为 $F_{i\tau}$ 和 $f_{i\tau}$。对这个质元应用牛顿第二定律，得

$$F_{i\tau}+f_{i\tau}=\Delta m_i r_i\alpha$$

将上式两边同乘以 $r_i$，得

$$r_iF_{i\tau}+r_if_{i\tau}=(\Delta m_ir_i^2)\alpha$$

对刚体中所有质元求和，得

$$\sum_i r_iF_{i\tau}+\sum_i r_if_{i\tau}=\sum_i(\Delta m_ir_i^2)\alpha$$

上式中 $\sum\limits_i r_iF_{i\tau}$ 是所有外力对刚体产生的力矩，用 $M$ 表示；$\sum\limits_i r_if_{i\tau}$ 是刚体中各个质元受到的内力矩的代数和。在图 4-7 中，我们任意找两个质元 $\Delta m_i$ 和 $\Delta m_k$，根据牛顿第三定

律，它们之间的相互作用力大小相等，方向相反，由于它们对同一个转轴有相同的力臂，因此它们对转轴产生的力矩的代数和为零。由于内力总是成对出现的，因此刚体中所有质元受到的内力矩的代数和为零，即 $\sum_i r_i f_{i\tau}=0$；对确定的刚体和确定的转轴而言，$\sum_i(\Delta m_i r_i^2)$ 是一个恒量，称为刚体对给定轴的**转动惯量**（moment of inertia），用 $J$ 表示。这样上式简写为

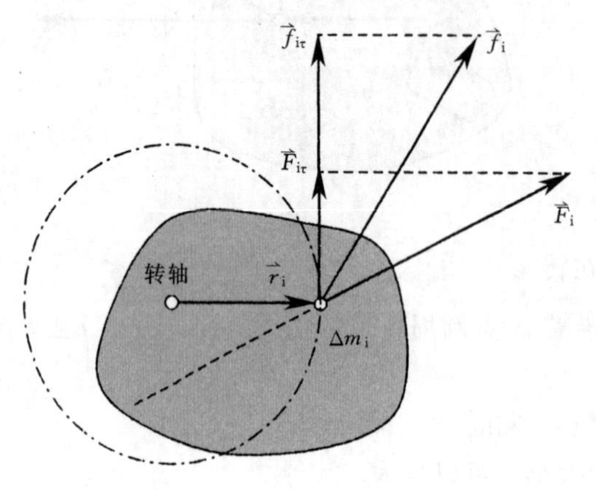


图 4－6

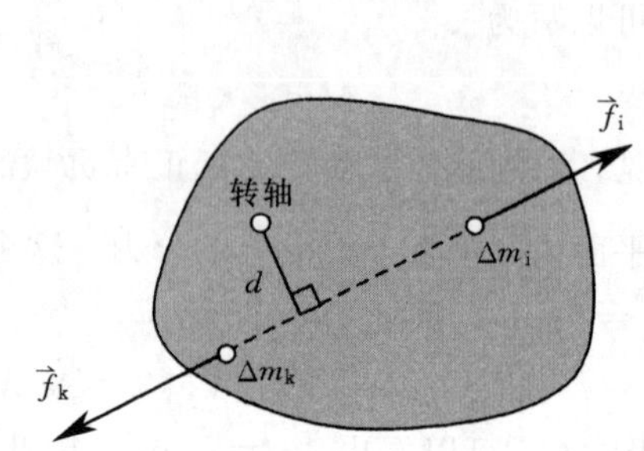


图 4－7

$$M=J\alpha \tag{4-5}$$

式（4－5）表明，**刚体的角加速度与它所受的合外力矩成正比，与刚体的转动惯量成反比**。这一结论称为**刚体定轴转动的转动定律**。这是刚体作定轴转动时所遵守的基本定律。刚体定轴转动的其他规律都是由这条定律推导出来的。值得注意的是，由于这条定律是在牛顿定律基础上推导出来的，因此它只适用于惯性参考系。

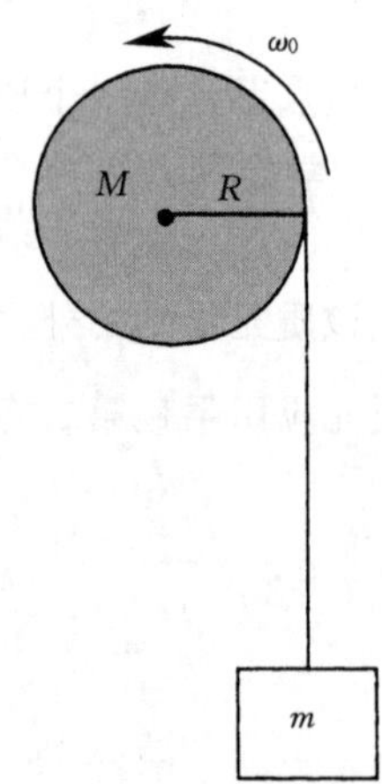


图 4－8

**【例 4－2】** 如图 4－8 所示，一个质量为 2.00kg、半径为 0.10m 的定滑轮支承在光滑的轴上，一根没有弹性的轻绳一端固定在定滑轮上，另一端系有一个质量为 4.00kg 的物体。已知定滑轮的转动惯量为 $J=\frac{1}{2}MR^2$，其初角速度为 8.0rad/s，方向垂直纸面向外。求：

（1）定滑轮的角加速度大小及方向。

（2）定滑轮静止时，物体上升的高度。

**解：**（1）对物体 $m$ 应用牛顿第二定律，对滑轮应用转动定律得

$$mg-F_T=ma$$

$$F_T R=J\alpha$$

由于物体下落的加速度等于滑轮边缘的切向加速度，因此

$$a=R\alpha$$

将以上三式联立，解得

$$\alpha=\frac{mgR}{J+mR^2}$$

将 $J=\frac{1}{2}MR^2$ 代入上式得

$$\alpha=\frac{mgR}{\frac{1}{2}MR^2+mR^2}=\frac{2mg}{(2m+M)R}=78.4\text{rad/s}^2$$

方向垂直纸面向里。

（2）由于初角速度方向与角加速度方向相反，因此定滑轮作减速转动。在公式 $\omega^2=\omega_0^2-2\alpha\theta$ 中，令 $\omega=0$，得

$$\theta=\frac{\omega_0^2}{2\alpha}=0.408\text{rad}$$

物体上升的高度为

$$h=R\theta=0.04\text{m}$$

## 三、转动惯量

现在我们将刚体定轴转动的转动定律式（4－5）与牛顿第二定律 $F=ma$ 进行一下类比，我们发现这两个定律不仅在形式上非常相似，而且对应的物理量的意义也非常相近。我们知道，质量 $m$ 是物体惯性大小的量度，而**转动惯量则是描述刚体转动惯性大小的量度**。例如，想使高速转动的飞轮停下来必须施加制动力矩，飞轮转动惯量越大，它的转动惯性越大，想使它停下来就越困难。

转动惯量的定义式为

$$J=\sum_i \Delta m_i r_i^2 \tag{4-6}$$

对于离散的质点系统，可以直接利用上式计算该系统的转动惯量。例如，图 4－9 所示的是一个由轻质材料制成的边长为 $a$ 的正三角形框架，在三个角上分别固定着质量为 $m$、$2m$ 和 $3m$ 的小球，它们的体积很小可以当成质点看待。$O$ 点位于小球 $m$ 和 $3m$ 中央，整个系统可以绕过 $O$ 点且垂直于三角形平面的轴转动，则该系统的转动惯量为

$$J=m\left(\frac{a}{2}\right)^2+2m\left(\frac{\sqrt{3}a}{2}\right)^2+3m\left(\frac{a}{2}\right)^2=\frac{5}{2}ma^2$$

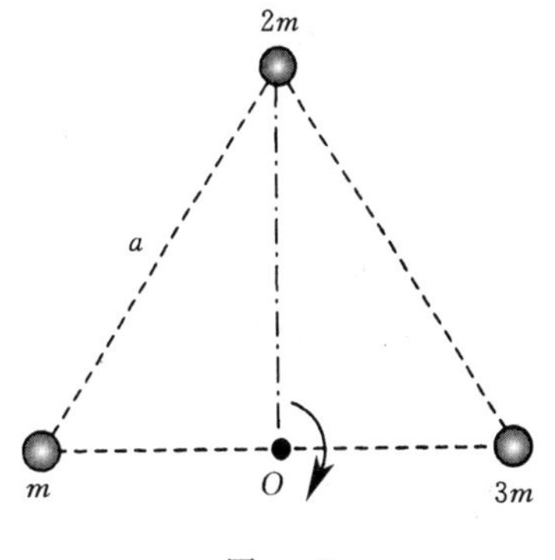


图 4－9

如果刚体的质量是连续分布的，可以认为刚体是由无限多个小质元组成，其中任意一个质元的质量为 $\mathrm{d}m$，到转轴的垂直距离为 $r$，则该质元对给定转轴的转动惯量为 $r^2\mathrm{d}m$。将所有质元对给定转轴的转动惯量相加，就得到了整个刚体对给定轴的转动惯量为

$$J=\int_\Omega r^2\mathrm{d}m \tag{4-7}$$

公式中 $\Omega$ 泛指刚体质量分布的区域。有以下三种情况：

（1）如果刚体的质量分布在体上，$\Omega$ 用 $V$ 代替。质量体密度定义为单位体积的质量，用符号 $\rho$ 表示，即

$$\rho=\frac{dm}{dV}$$

这时质元的质量可以表示为 $dm=\rho dV$。

（2）如果刚体的质量分布在面上，$\Omega$ 用 $S$ 代替。质量面密度定义为单位面积的质量，用符号 $\sigma$ 表示，即

$$\sigma=\frac{dm}{dS}$$

这时质元的质量可以表示为 $dm=\sigma dS$。

（3）如果刚体的质量分布在线上，$\Omega$ 用 $L$ 代替。质量线密度定义为单位长度的质量，用符号 $\lambda$ 表示，即

$$\lambda=\frac{dm}{dl}$$

这时质元的质量可以表示为 $dm=\lambda dl$。

在国际单位制中，转动惯量的单位是 $kg\cdot m^2$，其量纲为 $ML^2$。

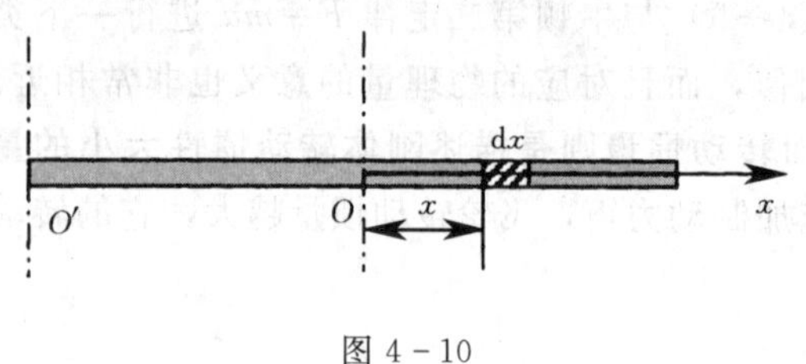



图 4－10

**【例 4－3】** 求质量为 $m$、长为 $l$ 的匀质细棒对于通过棒的中点和通过棒的一端且与棒垂直的轴的转动惯量。

**解：**（1）沿着棒长方向建立坐标轴 $x$，选棒的中心为坐标原点 $O$，如图 4－10 所示。在棒上取长度为 $dx$ 的质元，其质量为

$$dm=\lambda dx=\frac{m}{l}dx$$

棒对通过其中点且与棒垂直的轴的转动惯量为

$$J=\int_L x^2 dm=\int_{-\frac{l}{2}}^{\frac{l}{2}} x^2\frac{m}{l}dx=\frac{1}{3}\frac{m}{l}x^3\Big|_{-\frac{l}{2}}^{\frac{l}{2}}=\frac{1}{12}ml^2$$

（2）将坐标原点移到棒的一端，用 $O'$ 表示，$O'$ 点到质元的距离为 $x$，这样棒对通过其一端且与棒垂直的轴的转动惯量为

$$J=\int_L x^2 dm=\int_0^l x^2\frac{m}{l}dx=\frac{1}{3}\frac{m}{l}x^3\Big|_0^l=\frac{1}{3}ml^2$$

**【例 4－4】** 求质量为 $m$、半径为 $R$ 的匀质圆盘对于通过圆心且垂直于圆盘平面的轴的转动惯量。

**解：** 首先我们来求一个质量为 $m$、半径为 $R$ 的圆环，对过圆环中心并且与圆环平面垂直的轴的转动惯量。如图 4－11（a）所示，在圆环上任取一个质量为 $dm$ 的质元，由于圆环上的各点到转轴的距离都等于 $R$，因此

$$J=\oint_L R^2 dm=R^2\oint_L dm=mR^2$$

考虑到上述结论，我们可以认为匀质圆盘是由无数个与圆盘同心的微分圆环组成。因此，我们在圆盘上取一个半径为 $r$、宽度为 $dr$ 的微分圆环，如图 4－11（b）所示。微分圆环的面积为 $2\pi rdr$，设圆盘的质量面密度为 $\sigma$，则微分圆环对通过圆心且垂直于圆盘平

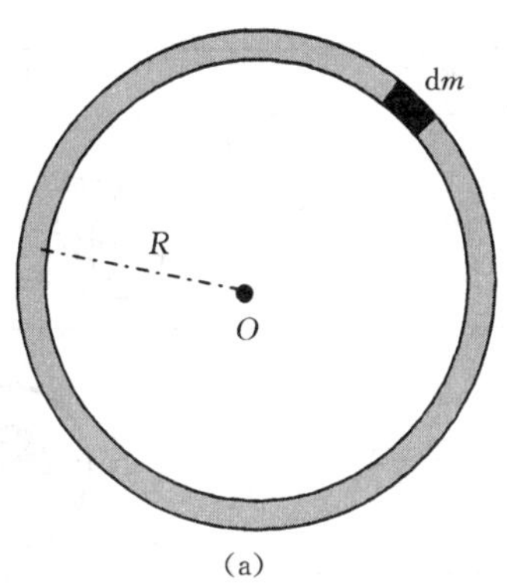

(a)

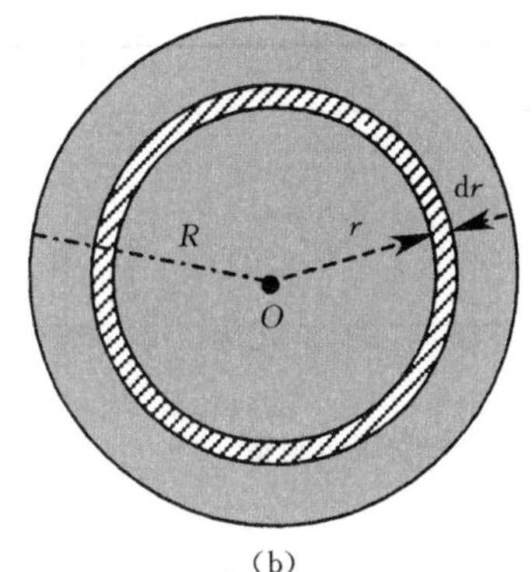

(b)

图 4-11

面的轴的转动惯量为

$$dJ=r^2dm=r^2\sigma ds=\sigma r^2 2\pi r dr=2\pi\sigma r^3 dr$$

对上式积分得

$$J=\int_S dJ=\int_0^R 2\pi\sigma r^3 dr=\frac{1}{2}\pi\sigma R^4$$

由题意可知

$$\sigma=\frac{m}{\pi R^2}$$

因此，整个圆盘对给定轴的转动惯量为

$$J=\frac{1}{2}\pi\cdot\frac{m}{\pi R^2}\cdot R^4=\frac{1}{2}mR^2$$

可以理解，上式也等于质量为 $m$、半径为 $R$ 的匀质圆柱体绕几何轴转动的转动惯量。

通过上述分析我们可以看出，决定刚体转动惯量大小的因素有：

(1) 与刚体的质量有关。例如：半径相同、厚度相同的铁质和铝质圆盘都绕通过圆心且与圆盘平面垂直的轴转动，铁质圆盘的转动惯量比铝质的大。

(2) 与刚体的质量分布有关。在质量相同的情况下，质量分布的离转轴越远，刚体的转动惯量越大。

(3) 与转轴位置有关。由［例 4-3］的结果很容易得出这个结论。

几种常见均质刚体的转动惯量见表 4-1。

**表 4-1　　几种常见均质刚体的转动惯量**

| 刚体名称 | 转轴位置 | 转轴惯量 | 刚体示意图 |
|---|---|---|---|
| 细棒 | 通过中心与棒垂直 | $J=\frac{1}{12}ml^2$ | $l$ |
| 薄壁圆筒 | 沿几何轴 | $J=mR^2$ | $R$ |

续表

| 刚体名称 | 转轴位置 | 转轴惯量 | 刚体示意图 |
| --- | --- | --- | --- |
| 圆柱体 | 沿几何轴 | $J=\frac{1}{2}mR^2$ | 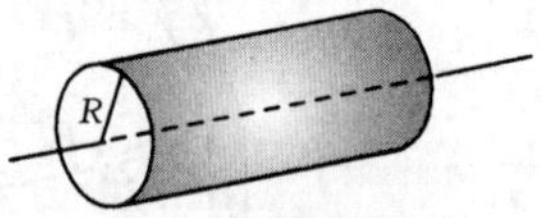 R |
| 厚壁圆筒 | 沿几何轴 | $J=\frac{1}{2}m\ (R_1^2+R_2^2)$ | 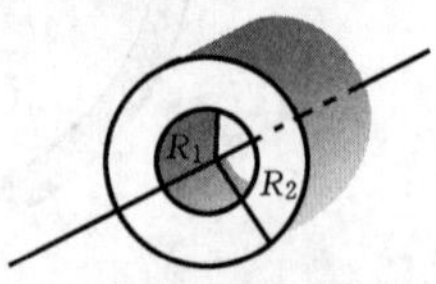 $R_1$ $R_2$ |
| 球体 | 沿直径 | $J=\frac{2}{5}mR^2$ | 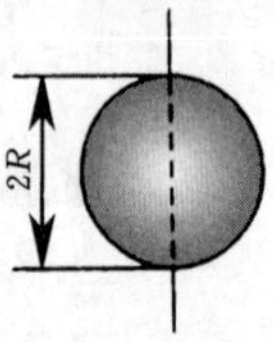 2R |
| 薄壁球壳 | 沿直径 | $J=\frac{2}{3}mR^2$ | 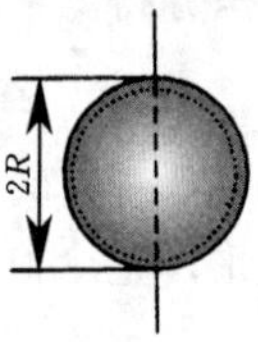 2R |

应该指出，对形状复杂的刚体，往往很难用计算的方法求出转动惯量，实际中多采用实验方法进行测定。

## 思考与讨论

1. 如图 4－12 所示，$A$、$B$ 是两个相同的绕着轻绳的定滑轮。$A$ 滑轮上挂一个质量为 $m$ 的物体，$B$ 滑轮受拉力 $F$，并且 $F=mg$。在不考虑滑轮轴的摩擦情况下，试问：两个定滑轮的角加速度哪一个大一些？

2. 一个圆盘绕过盘心且与盘面垂直的光滑固定轴 $O$ 以角速度 $\omega$ 按图 4－13 所示的方向转动。如果将两个大小相等方向相反但不在同一条直线的力 $\vec{F}$ 沿着盘面同时作用在圆盘上，试问：圆盘的角速度 $\omega$ 将如何变化？

3. 如图 4－14 所示，质量分布均匀的细棒 $OP$ 可以绕通过其一端 $O$ 而与棒垂直的水平固定光滑轴转动。在棒从竖直位置向上运动的过程中，试问：其角速度和角加速度如何变化？

4. 如图 4－15 所示，一条轻绳跨过一个质量为 $M$、具有水平光滑轴的定滑轮，绳的两端分别悬有质量为 $m_1$ 和 $m_2$ 的两个物体（$m_1<m_2$），绳与滑轮之间没有相对滑动。如果某时刻滑轮沿顺时针方向转动，试问：滑轮两侧绳中的张力哪个更大一些？

5. 两个质量相同、厚度相同的匀质圆盘 $a$ 和 $b$ 的密度分别为 $\rho_a$ 和 $\rho_b$，如果 $\rho_a>\rho_b$，试问：两圆盘对通过盘心且垂直于盘面的轴的转动惯量 $J_a$ 和 $J_b$ 哪个更大一些？

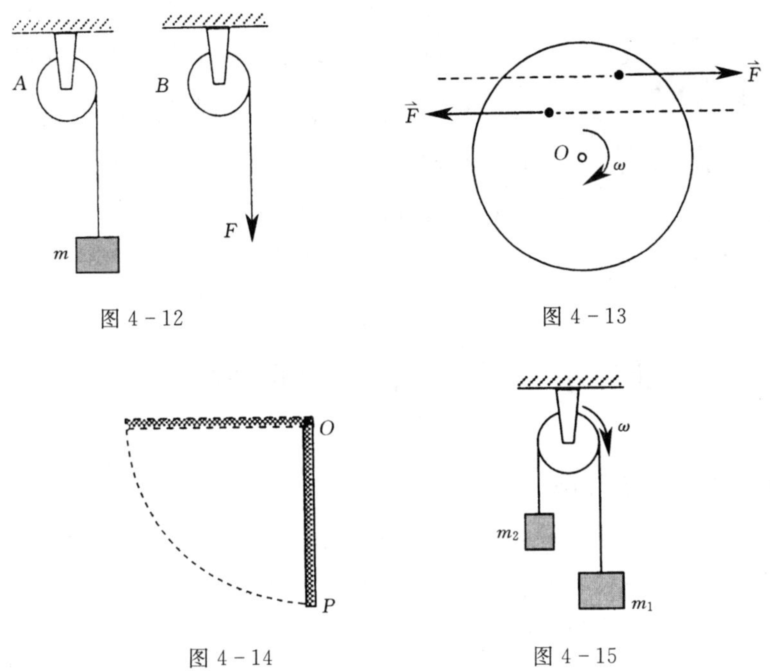


图 4－12　　图 4－13

图 4－14　　图 4－15

6. 如图 4－16 所示，一根长为 $l$ 的轻质直杆可绕通过其一端的水平光滑轴在竖直平面内作定轴转动，在杆的另一端固定着一个质量为 $m$ 的小球。杆由水平位置无初转速地释放，试问：其刚被释放时的角加速度为多少？杆与水平方向夹角为 30°时的角加速度为多少？

7. 如图 4－17 所示，一根长为 $l$ 的轻质直杆，两端分别固定有质量为 $3m$ 和 $m$ 的小球，直杆可绕通过其中心 $C$ 且与杆垂直的水平光滑固定轴在铅直平面内转动。开始时直杆与水平方向的夹角度为 $\alpha$，处于静止状态。将直杆释放后，杆将绕 $C$ 轴转动，当杆转到水平位置时，试问：该系统受到的合外力矩等于多少？此时该系统的角加速度等于多少？

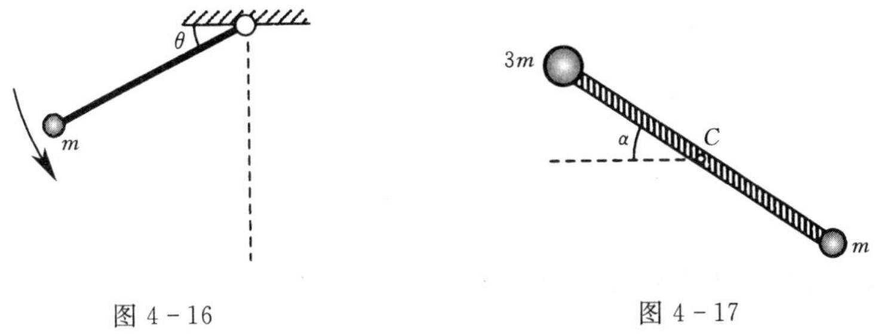

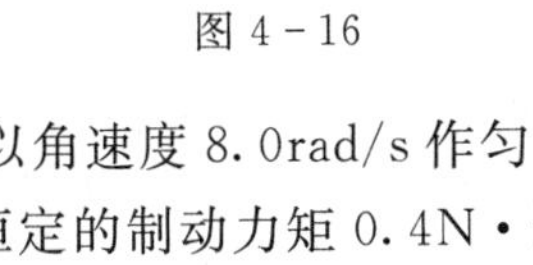

图 4－16 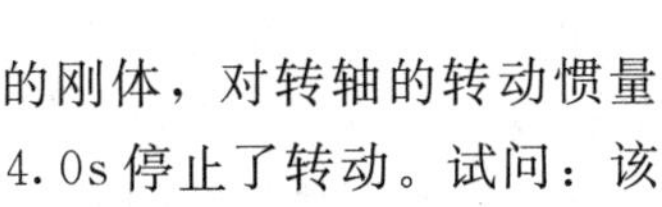　　图 4－17

8. 一个以角速度 8.0rad/s 作匀速定轴转动的刚体，对转轴的转动惯量为 $J$。当对该刚体加一个恒定的制动力矩 0.4N・m 时，经过 4.0s 停止了转动。试问：该刚体的转动惯量等于多少？

9. 一个质量为 $M$、半径为 $R$ 的定滑轮，可以当成均质圆盘，其光滑转轴过定滑轮的中心且与其平面垂直。在滑轮的边缘绕有一根不能伸长的轻质细绳，绳的下端悬挂一个物体，试问：当物体下落的加速度为 $a$ 时，绳中的张力等于多少？

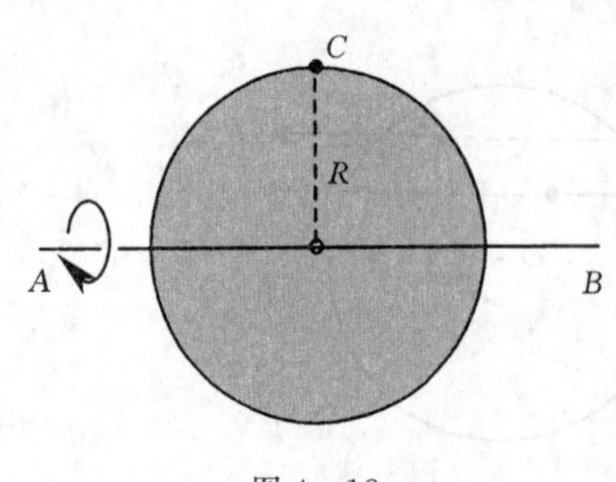


图 4－18

10. 如图 4－18 所示，一个质量为 $m$、半径为 $R$ 的薄圆盘，可绕通过其直径的光滑固定轴 $AB$ 转动，转动惯量 $J=\frac{1}{4}mR^2$。该圆盘从静止开始在恒定力矩 $M$ 作用下转动，在圆盘边缘上有一点 $C$，它与轴 $AB$ 的垂直距离为 $R$，试问：在 $t$ 秒时 $C$ 点的切向加速度和法向加速度分别等于多少？

# 第三节　刚体定轴转动的动能定理

## 一、刚体定轴转动的动能

刚体作定轴转动时具有一定的动能，如果将刚体看成是无数个质元构成的组合体，则刚体作定轴转动时的动能就等于各个质元动能的代数和。

如图 4－19 所示，刚体绕过 $O$ 点与纸面垂直的轴作定轴转动，在某一时刻其角速度为 $\omega$。设第 $i$ 个质元的质量为 $\Delta m_i$，与转轴的垂直距离为 $r_i$，线速度大小为 $r_i\omega$，该质元的动能为

$$E_{ki}=\frac{1}{2}\Delta m_i v_i^2=\frac{1}{2}\Delta m_i r_i^2\omega^2$$

所有质元的动能之和，即整个刚体绕定轴转动的动能为

$$E_k=\sum_i\left(\frac{1}{2}\Delta m_i v_i^2\right)=\sum_i\left(\frac{1}{2}\Delta m_i r_i^2\omega^2\right)=\frac{1}{2}\sum_i(\Delta m_i r_i^2)\omega^2$$

图 4－19

其中 $J=\sum_i(\Delta m_i r_i^2)$ 是刚体对给定轴的转动惯量，则**刚体定轴转动的动能为**

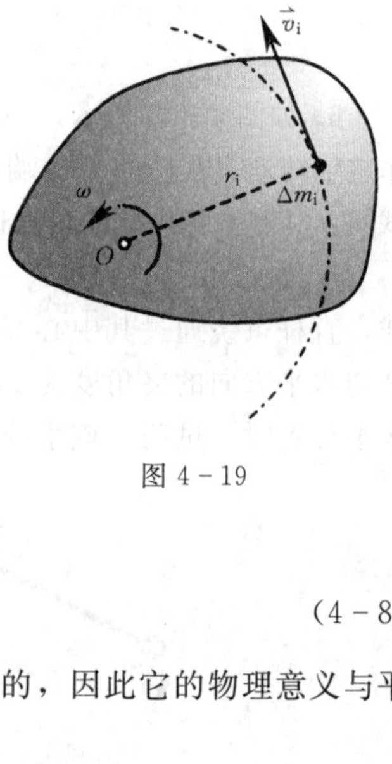

$$E_k=\frac{1}{2}J\omega^2 \tag{4-8}$$

由于刚体定轴转动的动能公式是在平动动能的基础上推导出来的，因此它的物理意义与平动动能完全相同。

## 二、刚体定轴转动的动能定理

质点在外力作用下发生了位移，我们就说力对质点做了功。当刚体作定轴转动时，刚体上的各个质元也发生了位移，不过刚体是在外力矩的作用下作定轴转动的，因此我们有必要先来探讨一下力矩对刚体做功的表达形式。

如图 4－20 所示，外力 $\vec{F}$ 作用在刚体上 $P$ 点，刚体绕过 $O$ 点并与转动平面垂直的轴转动。当刚体转过微小角位移 $d\theta$ 时，$P$ 点发生 $d\vec{r}$ 的位移，则力 $\vec{F}$ 所做的功为

$$dW=\vec{F}d\vec{r}=F\cos\alpha ds$$

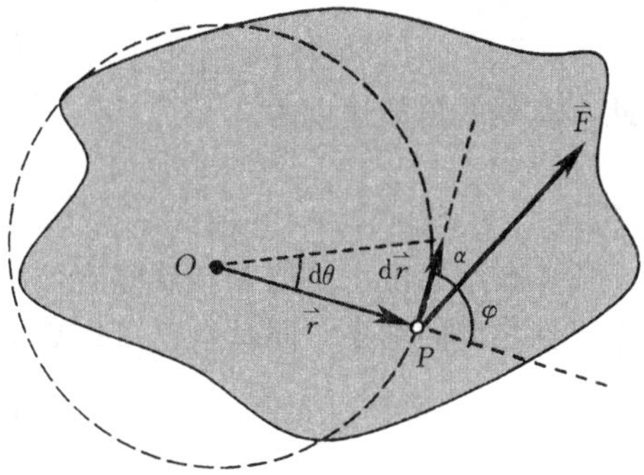

在上式中

$$\cos\alpha=\cos\left(\frac{\pi}{2}-\varphi\right)=\sin\varphi,\ \mathrm{d}s=r\mathrm{d}\theta$$

故上式可以改写为

$$\mathrm{d}W=Fr\sin\varphi\mathrm{d}\theta$$

其中 $M=Fr\sin\varphi$ 是力 $\vec{F}$ 对转轴的力矩，所以

$$\mathrm{d}W=M\mathrm{d}\theta \tag{4-9}$$

这就是力矩 $M$ 对刚体所做的元功表达式。

当刚体在力矩 $M$ 的作用下，角位置由 $\theta_1$ 变到 $\theta_2$ 的过程中，**力矩 $M$ 所做的总功**为

$$W=\int_{\theta_1}^{\theta_2}M\mathrm{d}\theta \tag{4-10}$$

图 4-20

一般情况下，$M$ 为作用在刚体上的对给定转轴的合外力矩。

如果力矩 $M$ 为恒量，力矩 $M$ 所做的功为

$$W=M\int_{\theta_1}^{\theta_2}\mathrm{d}\theta=M(\theta_2-\theta_1)=M\Delta\theta$$

下面我们讨论一下力矩对刚体做了功，刚体会发生怎样的变化。在刚体定轴转动的转动定律 $M=J\alpha$ 中，$\alpha=\frac{\mathrm{d}\omega}{\mathrm{d}t}$，因此

$$M=J\frac{\mathrm{d}\omega}{\mathrm{d}t}$$

此外，在 $\mathrm{d}t$ 时间内刚体转过的角位移为

$$\mathrm{d}\theta=\omega\mathrm{d}t$$

将以上两式代入力矩对刚体所做的元功表达式（4-9）中，得

$$\mathrm{d}W=M\mathrm{d}\theta=\left(J\frac{\mathrm{d}\omega}{\mathrm{d}t}\right)\omega\mathrm{d}t=J\omega\mathrm{d}\omega$$

设刚体转动时转动惯量 $J$ 保持不变，刚体的角速度从 $\omega_1$ 变到 $\omega_2$ 的过程中，合外力矩对刚体所做的功为

$$W=\int_{\omega_1}^{\omega_2}J\omega\mathrm{d}\omega=\frac{1}{2}J\omega_2^2-\frac{1}{2}J\omega_1^2 \tag{4-11}$$

式（4-11）指出，**合外力矩对定轴转动的刚体所做的功等于刚体转动动能的增量**。这个结论称为**刚体作定轴转动的动能定理**。

**【例 4-5】** 一根质量均匀的细棒长为 $l$，质量为 $m$，可绕通过其一端 $O$ 且与其垂直的固定轴在竖直面内自由转动，开始时静止在水平位置。

（1）当它刚刚开始转动的一瞬间，角加速度等于多少？

（2）当它转到竖直位置时，角速度等于多少？

**解：**（1）当细棒刚刚开始转动时，仍然处在水平位置，它受到的重力矩大小为 $mg\frac{l}{2}$，根据刚体作定轴转动的转动定律得

$$mg\frac{l}{2}=\frac{1}{3}ml^2\alpha$$

因此，此刻的角加速度为

$$\alpha=\frac{3g}{2l}$$

（2）在细棒由水平位置转到竖直位置的过程中，重力所做的功（用力矩做功的方法计算会得到相同的结果，同学自己可以思考一下其中的道理）为

$$W=mg\frac{l}{2}$$

由刚体作定轴转动的动能定理，同时注意到细棒的初角速度为零，得

$$mg\frac{l}{2}=\frac{1}{2}J\omega^2=\frac{1}{2}\frac{ml^2}{3}\omega^2$$

所以细棒转到竖直位置时的角速度为

$$\omega=\sqrt{\frac{3g}{l}}$$

## 思考与讨论

1. 一个半径为 $R$、质量为 $m$ 的匀质圆盘 $A$ 以角速度 $\omega$ 绕过圆盘中心且垂直于盘面的固定轴作匀速转动。另一个质量也为 $m$ 的物体 $B$ 从距地面 $h$ 高度处作自由落体运动，如果物体 $B$ 落到地面时的动能恰好等于圆盘 $A$ 的动能，试问：$h$ 应该等于多少？

2. 如图 4 - 21 所示，一根质量为 $m$、长为 $l$ 的匀质细杆可绕垂直于它而离其一端为 $l/3$ 的水平光滑固定轴在竖直平面内转动，已知它的转动惯量为 $J=\frac{1}{9}ml^2$。细杆最初自然下垂，如果这时给它一个初角速度 $\omega_0$，使其恰能持续转动而不作往复摆动，试问：$\omega_0$ 应该满足什么条件？

3. 如图 4 - 22 所示，长为 $l$、质量为 $m$ 的匀质细杆，可绕通过杆的端点 $C$ 并与杆垂直的水平光滑固定轴转动，杆的另一端连接一个质量也为 $m$ 的小球。杆从水平位置由静止开始自由下摆，当杆转到与竖直方向成 $\alpha$ 角时，试问：小球与杆构成的刚体系统的角速度等于多少？

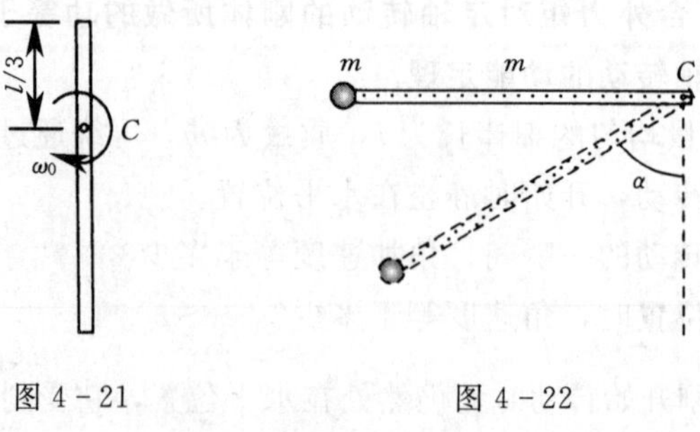


图 4 - 21　　　　图 4 - 22

4. 如图 4 - 23 所示，长为 $l$ 的均匀刚性细杆，放在倾角为 $\theta$ 的光滑斜面上，可以绕通

过其一端垂直于斜面的光滑固定轴 $C$ 在斜面上转动。在该杆绕轴 $C$ 转动一周的过程中，试问：杆对轴的角动量是否守恒？杆与地球构成的系统机械能是否守恒？

5. 由于地球的平均气温升高，造成两极冰山融化，海平面上升。试问：这种现象会引起地球的自转转动惯量发生怎样的变化？地球的自转动能发生怎样的变化？

6. 如图 4－24 所示，已知光滑定滑轮的半径为 $R$，绕过定滑轮中心且垂直于纸面轴的转动惯量为 $J$。弹簧的倔强系数为 $k$，开始时处于自然长度。质量为 $m$ 的物体开始时静止，固定光滑斜面的倾角为 $\varphi$。物体被释放后沿斜面下滑，试问：在此过程中物体、滑轮、绳子、弹簧和地球组成的系统的机械能是否守恒？物体下滑距离为 $x$ 时的速率是多少？

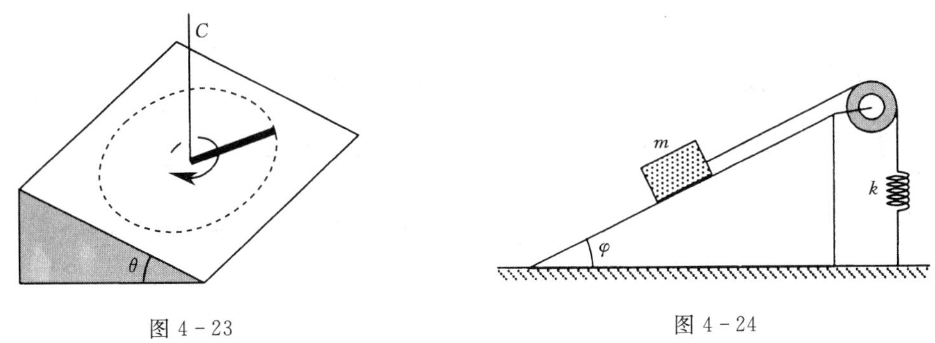


图 4－23　　　　图 4－24

7. 水平桌面上有一个质量为 $m$、半径为 $R$ 的匀质圆盘，装在通过其中心、固定在桌面上的竖直转轴上。在外力作用下，圆盘绕此转轴以角速度 $\omega_0$ 转动。从撤去外力开始，试问：到圆盘停止转动的过程中摩擦力对圆盘做的功为多少？

8. 如图 4－25 所示，一根长为 $l$、质量为 $M$ 的均匀细棒悬挂于通过其上端的光滑水平固定轴上。有一颗质量为 $m$ 的子弹以水平速度 $v_0$ 射向棒的中心，并以 $\frac{1}{3}v_0$ 的速度穿出细棒。测得此后棒的最大偏转角为 90°，试问：子弹的水平速度等于多少？

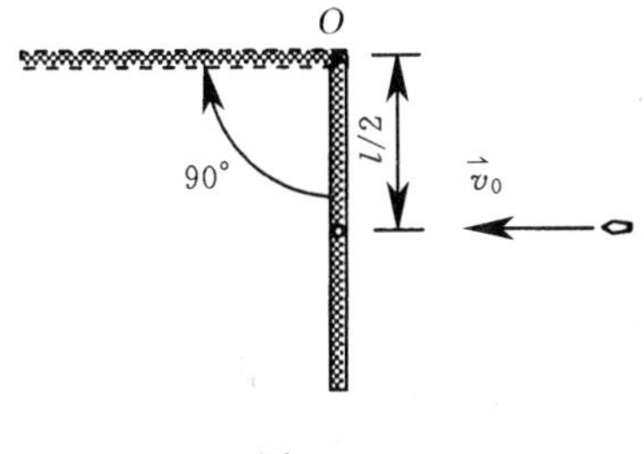


图 4－25

# 第四节　刚体定轴转动的角动量定理和角动量守恒定律

## 一、刚体定轴转动的角动量

在第二章中我们定义了质点角动量。既然可以将刚体看成是由许多质元构成的，每个质元存在角动量，整个刚体也应该有角动量。下面我们就从质点角动量的定义出发，得出刚体绕定轴转动的角动量表达式。

如图 4－26 所示，刚体绕过 $O$ 点并与转动平面垂直的转轴转动。在刚体上任意取一个质元，其质量为 $\Delta m_i$，到转轴的垂直距离为 $r_i$，当刚体以角速度 $\omega$ 绕轴转动时，该质元对这个轴的角动量为

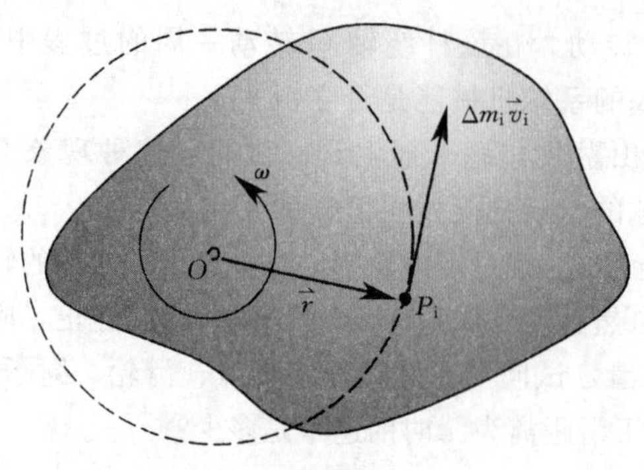


图 4-26

$$L_i = \Delta m_i v_i r_i = (\Delta m_i r_i \omega) r_i = (\Delta m_i r_i^2)\omega$$

由于刚体内所有质元的角动量都是对同一个定轴的，并且方向也都相同，因此整个刚体对转轴的角动量为

$$L = \sum_i [(\Delta m_i r_i^2)\omega] = (\sum_i \Delta m_i r_i^2)\omega$$

其中 $\sum_i \Delta m_i r_i^2 = J$ 是刚体绕给定轴的转动惯量，因此刚体绕定轴转动的角动量表达式为

$$L = J\omega \tag{4-12}$$

刚体的角动量也是矢量，其方向与角速度的方向一致。

## 二、刚体定轴转动的角动量定理和角动量守恒定律

将角加速度的定义式 $\alpha = \frac{d\omega}{dt}$ 代入刚体定轴转动的转动定律 $M = J\alpha$ 中，得

$$M = J\alpha = J\frac{d\omega}{dt} = \frac{d(J\omega)}{dt}$$

其中 $J\omega = L$ 就是刚体定轴转动的角动量，因此刚体定轴转动的转动定律的另外一种表达方式为

$$M = \frac{dL}{dt} \tag{4-13}$$

在上式两边同乘以 $dt$，得

$$Mdt = dL$$

设刚体在 $t_1$、$t_2$ 时刻的角动量分别为 $L_1$、$L_2$，相应的角速度分别为 $\omega_1$、$\omega_2$，在这段时间内对上式积分得

$$\int_{t_1}^{t_2} Mdt = \int_{L_1}^{L_2} dL = L_2 - L_1 = J\omega_2 - J\omega_1 \tag{4-14}$$

其中，$\int_{t_1}^{t_2} Mdt$ 是力矩 $M$ 在 $\Delta t = t_2 - t_1$ 时间内的**冲量矩**（moment of impulse），它描述了合外力矩的时间累积效应。式（4-14）指出，**作用在刚体上的冲量矩等于刚体角动量的增量**。这个结论称为**刚体定轴转动的角动量定理**。

在上式中，如果 $M=0$，则

$$L = J\omega = 恒量 \tag{4-15}$$

**即如果作定轴转动的刚体所受的合外力矩为零，则刚体对定轴的角动量保持不变。**这一结论称为**刚体绕定轴转动的角动量守恒定律**。

舞蹈演员或滑冰运动员在作旋转动作时，如果他们先将两臂和腿伸开，绕通过足尖的竖直轴以一定的角速度旋转，然后再将两臂和腿收拢，我们会看到他们旋转加快了。原因是他们旋转时不受外力矩的作用，因此角动量保持不变，即转动惯量与角速度的乘积是一

个不变量。在他们将两臂和腿收拢的过程中，由于转动惯量减小，因此角速度增大。

尽管角动量守恒定律是在经典的牛顿定律基础上推导出来的，但是它们的适用范围却远远超出牛顿力学定律的限制。它们不仅适用于宏观物体的机械运动，也适用于分子、原子等微观粒子的运动。能量守恒定律、动量守恒定律和角动量守恒定律是自然界的普遍规律。

**【例 4-6】** 如图 4-27 所示，一个质量为 $M$、半径为 $R$ 的均质圆盘，放在粗糙的水平面上，已知圆盘与水平面之间的摩擦系数为 $\mu$，圆盘可以绕通过其中心 $O$ 的竖直固定光滑固定轴转动。开始时圆盘静止，一颗质量为 $m$ 的子弹以水平速度 $v_0$ 垂直于圆盘半径打入圆盘边缘并嵌在盘边中，试求：

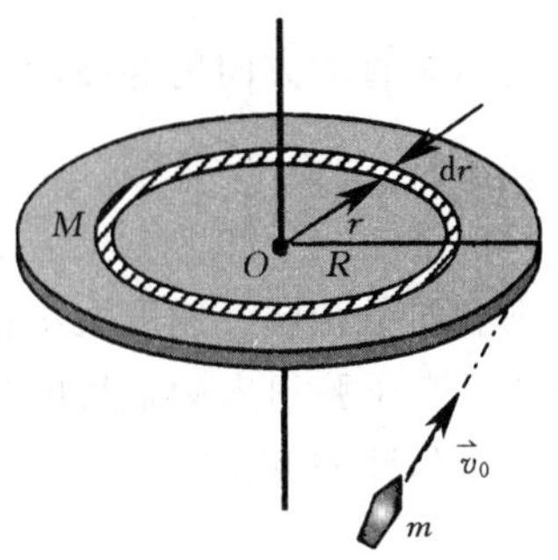

图 4-27

（1）子弹击中圆盘后，圆盘所获得的角速度。

（2）经过多少时间后，圆盘停止转动。

**解：**（1）将子弹和圆盘作为一个系统，在子弹击中圆盘的过程中，系统对转轴的角动量守恒，即

$$mv_0R=\left(\frac{1}{2}MR^2+mR^2\right)\omega$$

因此圆盘获得的角速度为

$$\omega=\frac{2mv_0}{(M+2m)R}$$

（2）考虑到圆盘上距离转轴相等的点摩擦力臂相等，我们在圆盘上取与圆盘同心的微分环带，它受到水平面的摩擦力矩为

$$dM_f=rdf=r\mu g dm=r\mu g\frac{M}{\pi R^2}2\pi r dr=\frac{2\mu Mg}{R^2}r^2dr$$

对上式积分，即得整个圆盘受到水平面的摩擦力矩为

$$M_f=\int_S dM_f=\frac{2\mu Mg}{R^2}\int_0^R r^2dr=\frac{2}{3}\mu MgR$$

上式表明，圆盘在转动过程中，受到恒定的摩擦力矩。设圆盘经过 $\Delta t$ 时间停止转动，根据角动量定理得到

$$-M_f\Delta t=0-J\omega \quad \text{或} \quad \Delta t=\frac{J\omega}{M_f}$$

其中，$J\omega$ 是子弹、圆盘系统的初角动量，由前面的讨论可知，$J\omega=mv_0R$，因此圆盘停止转动所需要的时间为

$$\Delta t=\frac{mv_0R}{\frac{2}{3}\mu MgR}=\frac{3mv_0}{2\mu Mg}$$

这个结果也可以利用动能定理求出，有兴趣的读者不妨动手试一试。

## 思考与讨论

1. 如图 4－28 所示，一根长为 $l$、质量为 $M$ 的静止均匀细棒，可绕通过棒的端点且垂直于棒长的光滑固定轴 $O$ 在水平面内转动。一颗质量为 $m$、速率为 $v$ 的子弹在水平面内沿与棒垂直的方向射穿棒的中心，测得子弹穿过棒后速率为 $\frac{1}{2}v$，试问：此时棒的角速度为多少？

2. 如图 4－29 所示，一个圆盘正绕过盘心且垂直于盘面的水平光滑固定轴 $C$ 转动，有两颗质量相同、速度大小相同、飞行方向相反并在一条直线上的子弹射入圆盘并且留在盘内，在子弹射入圆盘后的瞬间，试问：圆盘的角速度 $\omega$ 会发生变化吗？如果发生变化，会发生怎样的变化？

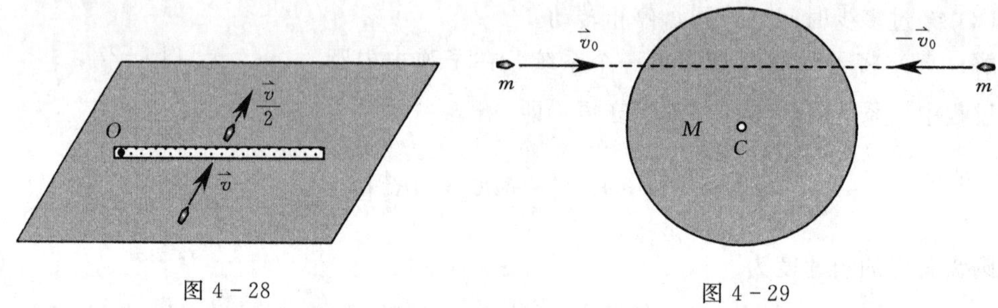


图 4－28　　图 4－29

3. 一个半径为 $R$ 的圆盘正在绕过盘心且垂直于盘面的光滑固定轴沿逆时针方向转动，圆盘对该转轴的转动惯量为 $J$，这时有一只质量为 $m$ 的甲壳虫在圆盘边缘沿顺时针方向爬行。已知圆盘相对于地面的角速度为 $\omega_0$，甲壳虫相对于地面的速率为 $v$。如果小虫停止爬行，试问：圆盘的角速度变为多少？

4. 如图 4－30 所示，有一根质量为 $m$、长度为 $l$ 的均匀细杆水平放置，在细杆上套着一个质量也为 $m$ 的小物体 $P$，一条拉直的长为 $\frac{1}{2}l$ 的细线将 $P$ 系在光滑固定轴 $CC'$ 上，细杆和小物体 $P$ 所组成的系统以角速度 $\omega_0$ 绕轴 $CC'$ 转动。在转动过程中如果细线被拉断，小物体 $P$ 将沿着细杆滑动。试求在小物体 $P$ 滑动的过程中，该系统转动的角速度 $\omega$ 与套管离轴的距离 $x$ 的函数关系。

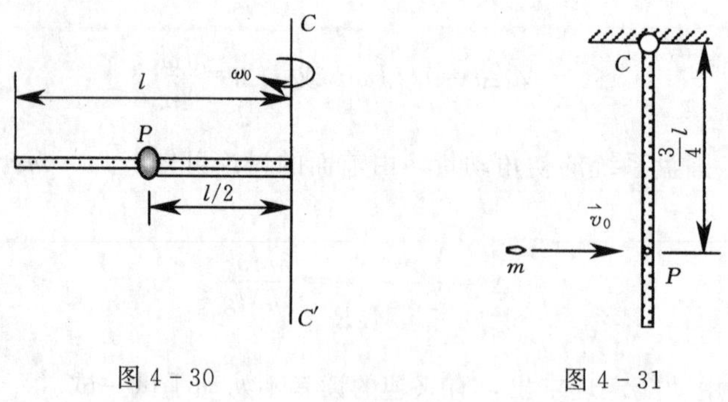


图 4－30　　图 4－31

5. 如图 4－31 所示，长为 $l$、质量为 $M$ 的匀质细杆可绕通过杆的一端 $C$ 的水平光滑固定轴转动，开始时杆竖直下垂。有一颗质量为 $m$ 的子弹以水平速度 $\vec{v}_0$ 射入杆上 $P$ 点，并嵌在杆中，已知 $P$ 点到 $C$ 点距离为 $3l/4$，则子弹射入杆后瞬间，试问：细杆和子弹组成的系统的角速度等于多少？

6. 地球的自转角速度可以认为是恒定的。地球对于自转轴的转动惯量为 $9.8\times10^{37}$ $kg\cdot m^2$。试问：地球对自转轴的角动量等于多少？

7. 一个人坐在转椅上，双手各握一只哑铃，两只哑铃与转椅转轴的距离均为 0.8m。先让人体以 4rad/s 的角速度随转椅旋转。然后人将两只哑铃同时拉回，使它们与转轴的距离均为 0.2m。人体和转椅对轴的转动惯量为 $6kg\cdot m^2$，并视为不变。将每一只哑铃视为质量为 5kg 质点。当哑铃被拉回后，试问：人和转椅及哑铃组成的系统的角速度等于多少？

8. 如图 4－32 所示，有一根长度为 $l$、质量为 $M$ 的均匀细棒，静止平放在光滑水平桌面上，它可绕通过其端点 $B$ 且与桌面垂直的光滑固定轴转动。另有一个质量为 $m$ 的水平运动小滑块，从棒的侧面沿垂直于棒的方向与棒的另一端 $A$ 相碰撞，碰撞反向弹回，碰撞时间极短。已知小滑块与细棒碰撞前后的速率分别为 $v$ 和 $u$，试问：碰撞后棒绕 $B$ 轴转动的角速度 $\omega$ 等于多少？

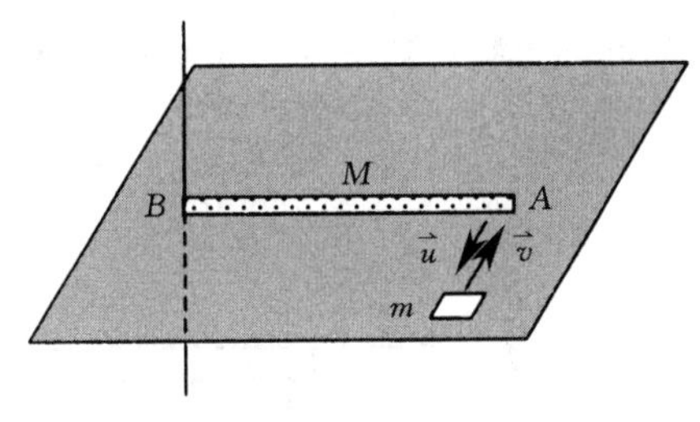


图 4－32

## 习　题

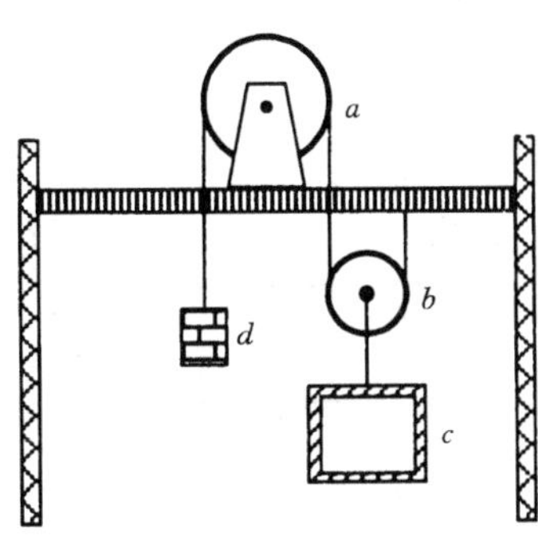


图 4－33

1. 如图 4－33 所示，$a$ 为电动机带动的绞盘，其半径为 0.20m，$b$ 为动滑轮。小室 $c$ 向上作匀减速运动，初速度大小为 4.00m/s，加速度的大小为 $0.50m/s^2$，绳与绞盘之间没有相对滑动。试求在任意时刻 $t$：

（1）配重 $d$ 的速度和加速度。

（2）$a$ 的角速度和角加速度。

2. 匀质的厚壁圆筒质量为 $m$，内外半径分别为 $R_1$ 和 $R_2$，试计算它对中心轴的转动惯量。

3. 如图 4－34 所示，质量为 $M$、半径为 $R$ 的匀质圆盘，可绕通过圆盘中心且垂直于盘面的固定光滑轴转动。绕过盘的边缘挂有质量为 $m$、长为 $l$ 的匀质柔软绳索。设绳与圆盘之间没有相对滑动，试求当圆盘两侧绳长之差为 $L$ 时绳的加速度的大小。

4. 有一个半径为 $R$、质量为 $m$ 的圆形平板平放在水平桌面上，平板与桌面的摩擦系数为 $\mu$，如果平板绕通过其中心且垂直板面的固定轴以角速度 $\omega_0$ 开始旋转，试问：它将旋转几圈停止？

5. 为求一个半径为 0.50m 的飞轮对于通过其中心且与盘面垂直的固定转动轴的转动惯

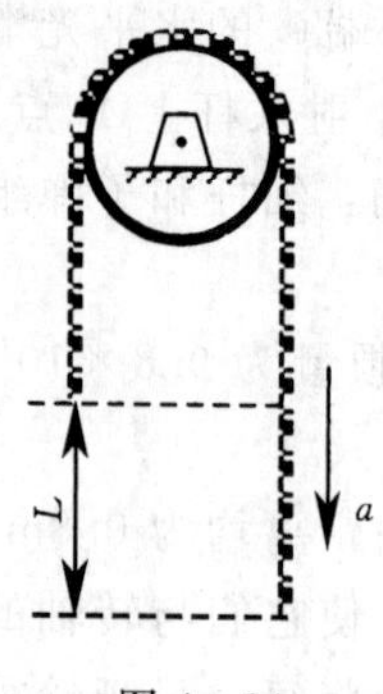


图 4－34

量，在飞轮上绕上细绳，细绳的末端悬一个质量为 8.0kg 的重锤。让重锤从 2.0m 高处由静止落下，测得其下落时间为 16s。再换用另一个质量为 4.0kg 的重锤做同样的测量，测得下落时间为 25s。已知摩擦力矩恒定，试求该飞轮对给定转轴的转动惯量。

6. 一根轻绳跨过两个质量分别为 $m$ 和 $2m$、半径均为 $r$ 的均匀圆盘状定滑轮，绳的两端分别挂着质量分别为 $m$ 和 $4m$ 的重物，如图 4－35 所示。绳与滑轮间没有相对滑动，滑轮轴光滑。将两个定滑轮和两个重物组成的系统从静止释放，试求各段绳子中的张力。

7. 质量分别为 $m$ 和 $2m$、半径分别为 $R$ 和 $2R$ 的两个均匀圆盘同轴地粘在一起，可以绕通过盘心且垂直盘面的水平光滑固定轴转动，对转轴的转动惯量为 $J=\frac{9}{2}mR^2$，大小圆盘边缘各绕有一根绳子，绳子下端都挂有一个质量为 $m$ 的重物，如图 4－36 所示。试求圆盘的角加速度的大小和两段绳子中的张力。

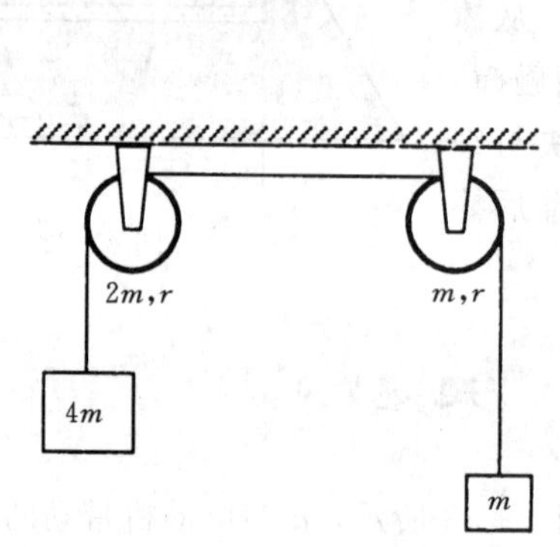


图 4－35

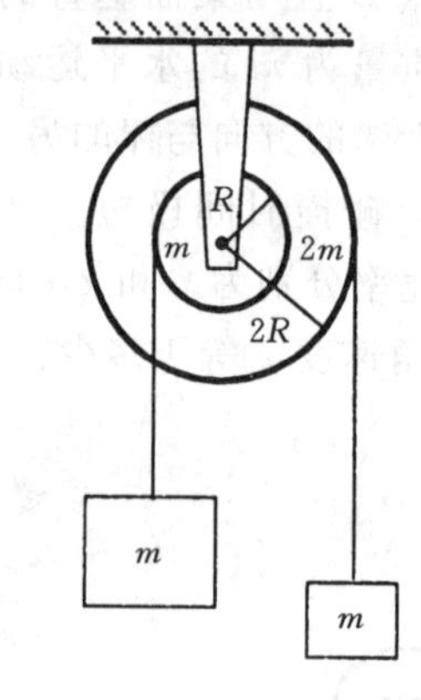


图 4－36

8. 如图 4－37 所示，光滑物体 $A$ 和 $B$ 叠放在光滑水平桌面上，通过跨过圆盘形定滑轮的轻质细绳连接，物体 $B$ 受到大小为 10N 的水平拉力 $\vec{F}$。已知滑轮与转轴之间没有摩擦，绳与滑轮之间不存在相对滑动，细绳不能伸长，物体 $A$、$B$ 和滑轮的质量都等于 8.0kg，滑轮的半径为 5cm。试求滑轮的角加速度以及物体 $A$、$B$ 受到绳的拉力。

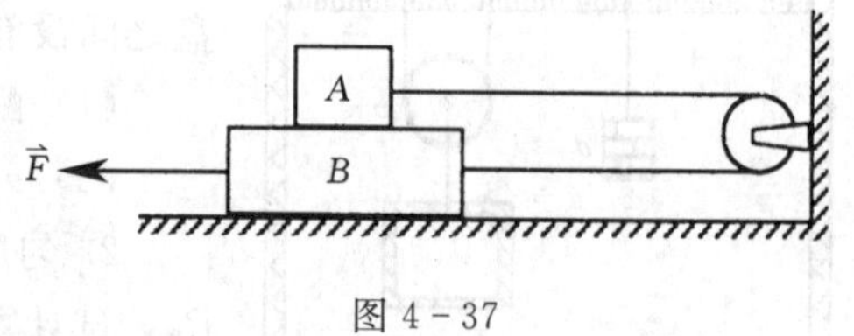


图 4－37

9. 如图 4－38 所示的阿特伍德机装置中，滑轮和绳子间没有滑动且绳子不可以伸长，轴与轮间存在阻力矩，试求滑轮两边绳子中的张力。已知 $m_1=20$kg，$m_2=10$kg，滑轮的质量 $m_3=5$kg，滑轮的半径 $R=0.2$m。滑轮可视为匀质圆盘，阻力矩的大小 $M_f=6.6$ N·m。

10. 如图 4－39 所示，一根匀质细棒长为 $l$，质量为 $m$，以与棒长垂直的速度 $v$ 在光滑水平面内平动时，与前方一个固定的光滑支点 $C$ 发生完全非弹性碰撞。碰撞点到棒一

端的距离为$\frac{1}{4}l$。试求该棒在碰撞以后的瞬间，绕$C$点转动的角速度$\omega$。

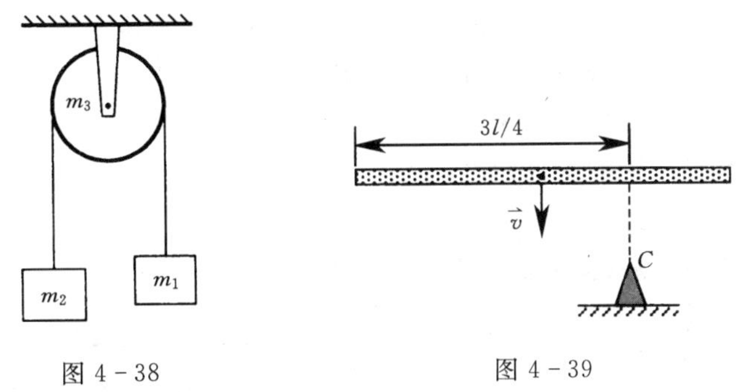


图 4－38　　　　图 4－39

11. 如图 4－40 所示，在半径为$R$的具有光滑竖直固定中心轴的水平圆盘上，有一个人静止站立在距转轴$\frac{1}{2}R$处，人的质量是圆盘质量的 0.1 倍。开始时盘载人相对于地面以角速度$\omega_0$匀速转动，然后此人沿与盘转动相反的方向以速率$v$相对于圆盘作圆周运动。试求：

(1) 圆盘相对于地面的角速度。

(2) 如果想使圆盘停下来，速率$v$的方向如何？大小应等于多少？

12. 如图 4－41 所示，质量为$M$、长度为$l$的均匀细棒静止平放在滑动摩擦系数为$\mu$的水平桌面上，它可以绕通过其端点$A$且与桌面垂直的固定光滑轴转动。另有一个质量为$m$的小滑块平行于桌面运动，运动方向与棒垂直。小滑块与棒的另一端$B$发生极短时间的碰撞。已知小滑块在与棒碰撞前后的速度分别为$\vec{v}_1$和$\vec{v}_2$，试求碰撞后从细棒开始转动到停止转动的过程中所需要的时间。

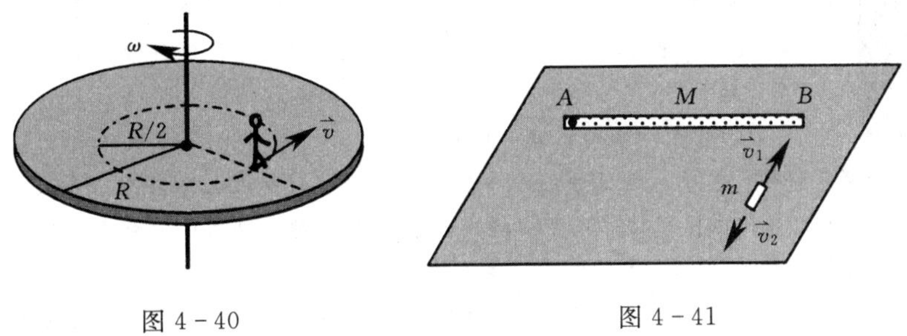


图 4－40　　　　图 4－41

13. 某人站在水平转台的中央，与转台一起以恒定的转速$n_1$转动，他的两手各握一个质量为$m$的砝码，它们到转轴的距离均为$R_1$。然后此人将砝码拉近，直到它们到转轴的距离为$R_2$为止，这时整个系统的转速变为$n_2$。试问：在此过程中此人做了多少功？

14. 如图 4－42 所示，一个质量为 0.1kg 的小球固定在刚性轻杆的一端，该杆的长度为 0.2m，可以绕通过$O$点的水平光滑固定轴转动。将杆拉起使小球与$O$点在同一高度处，放手使小球由静止开始运动。当小球落到最低点时，与一个倾角为 30°的光滑固定斜面发生完全弹性碰撞，碰撞过程历时 0.01s。在碰撞过程中，试问：小球受到斜面的平均冲力等于多少？

15. 如图 4-43 所示，长度为 $l$、质量为 $M$ 的匀质细杆可以绕过杆的一端 $O$ 点的水平光滑固定轴转动，开始时静止于竖直位置。邻近 $O$ 点悬挂一个单摆，轻质摆线的长度也是 $l$，摆球质量为 $m$。如果单摆从水平位置由静止开始自由摆到竖直位置时，摆球与细杆发生完全弹性碰撞，碰撞后摆球恰好静止。试求：

(1) 细杆的质量与摆球质量的关系。

(2) 细杆离开竖直位置的最大角度 $\alpha$。

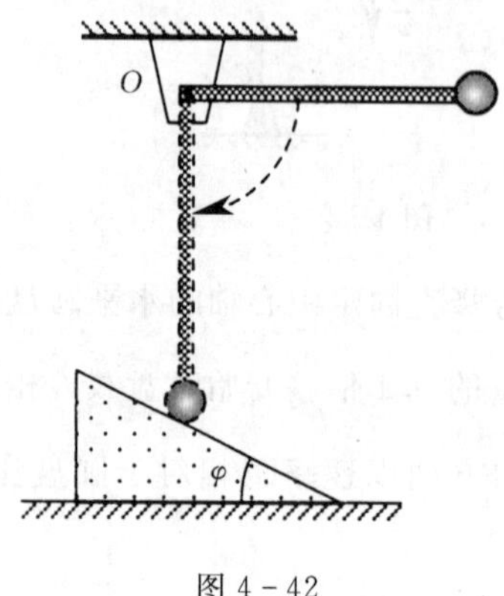


图 4-42

图 4-43

## 科学家史话 欧拉

莱昂哈德·欧拉（Leonhard Euler，1707—1783），瑞士科学家，欧拉是科学史上最多产的杰出科学家。据统计他那不倦的一生共写下了 886 本书籍和论文，其中分析学、代数、数论占 40%，几何学占 18%，物理学和力学占 28%，天文学占 11%，弹道学、航海学、建筑学等占 3%，彼得堡科学院为了整理他的著作，足足忙碌了 47 年，整理出他的研究成果多达 74 卷。

欧拉出生于牧师家庭，自幼受到父亲的教育。13 岁时入读巴塞尔大学，15 岁大学毕业，16 岁获得硕士学位。欧拉的父亲希望他学习神学，但他最感兴趣的是数学。在上大学时，他已受到约翰·伯努利的特别指导，专心研究数学。18 岁时，他彻底地放弃了当牧师的想法而专攻数学，并开始发表文章。1727 年，在丹尼尔·伯努利的推荐下，欧拉到俄国的彼得堡科学院从事研究工作。在俄国的 14 年中，他全身心地投入研究工作，在分析学、数论及力学方面均有出色的表现。此外，欧拉还应俄国政府的要求，解决了地图学、造船业等的实际问题。并在 1731 年接替丹尼尔·伯努利成为物理学教授。

在 1735 年，欧拉因工作过度以致右眼失明。1741 年，他受到普鲁士腓特烈大帝的邀请到德国科学院担任物理数学所所长，长达 25 年。他在柏林期间的研究内容更加广泛，涉及行星运动、刚体运动、热力学、弹道学、人口学等，这些工作与他的数学研究互相推动着。与此同时，他在微分方程、曲面微分几何及其他数学领域均有开创性的发现。

欧拉在 1736 年的《力学》导言中，概述了对这门科学各个分支的巨大研究计划。与其前辈采用综合法、几何法来研究力学不同，欧拉第一个意识到将分析方法引入力学的重要性。欧拉系统而成功

地将分析学用于力学的全面研究，他的《力学或运动科学的分析解说》的书名就清楚地表达了这一思想。欧拉在力学的各个领域都有突出贡献，他是刚体力学和流体力学的奠基者，弹性系统稳定性理论的创始人。

《力学或运动科学的分析解说》研究质点的运动学和动力学，是用分析的方法来发展牛顿质点动力学的第一本教科书。此书共分为两卷：第一卷研究质点在真空中和有阻力的介质中的运动；第二卷研究质点的强迫运动。欧拉的这本著作与以往的著作迥然不同，他试图通过定义和论证的结合，来证明力学是一门能逐步推演出许多命题的“合理的科学”。他所提供的基本概念和定律接近我们今天所知道的力学体系。他用解析形式给出了运动方程式，并确认它们构成了整个力学的基础，因此具有重要的历史意义。

1765 年，欧拉的著作《刚体运动理论》出版，此书与上述《力学》相互关联。欧拉得到了刚体运动学和刚体动力学最基本的结果，其中包括：刚体定点运动可用三个角度，即欧拉角的变化来描述；刚体定点转动时角速度变化和外力矩的关系；定点刚体在不受外力矩时的运动规律，以及自由刚体的运动微分方程等。欧拉先用椭圆积分解决了刚体在重力下绕固定点转动的问题的一种可积情形，即欧拉情形。此后一个多世纪，拉格朗日于 1788 年、柯瓦列夫斯卡娅于 1888 年才相继完成全部可积情况的工作，彻底解决了经典力学中的这一著名难题。

欧拉根据早期积累的经验而写成的两卷集《航海学》，1749 年在圣彼得堡出版。其中第一卷论述浮体平衡的一般理论，第二卷将流体力学用于船舶。该书对浮体的稳定和浮体在平衡位置附近的轻微摆动问题作了独创性的阐述。1752—1755 年，欧拉相继写了“流体运动原理”和另外 3 篇详细阐述流体力学解析理论的权威论文，即《流体平衡的一般原理》《流体运动的一般原理》和《流体运动理论续篇》。这 3 篇论文于 1757 年同时发表。欧拉创造性地用偏微分方程解决数学物理问题。他在这些论著中给出了流体运动的欧拉描述法，提出了理想流体模型，建立了流体运动的基本方程，即连续介质流体运动的欧拉方程，奠定了流体动力学的基础。此外，他还仔细地研究了管内液体和气体的运动、管内空气的振动和声音的传播等许多具体问题，以及水力技术问题。

除了在一般力学、流体力学方面的上述工作外，欧拉在《寻求具有某种极大或极小性质的曲线的方法》一书的附录 1 中，应丹尼尔·伯努利的请求，将变分演算应用于研究弹性理论的某些问题，欧拉从 1727 年就开始研究这些问题。这个附录是第一部用数学方法来研究弹性理论的著作。欧拉率先从理论上研究了细压杆的弹性稳定问题。他提出了柱的稳定概念，以及一端固定、另一端自由的柱的临界压力公式。在附录 2 中，欧拉还与莫佩蒂几乎同时独立地得出了力学中的最小作用原理。欧拉为力学和物理学的变分原理研究奠定了数学基础，这种变分原理至今仍在科研中采用。

1766 年，他应俄国沙皇喀德林二世的礼聘重回彼得堡。在 1771 年，一场重病使他的左眼亦完全失明，但他以惊人的记忆力和心算技巧继续从事科学研究。他通过与助手们的讨论以及直接口授等方式完成了大量的科学著作。1783 年 9 月 18 日下午，欧拉为了庆祝他计算气球上升定律的成功，请朋友们吃饭，那时天王星刚发现不久，欧拉写出了计算天王星轨道的要领，还和他的孙子逗笑，喝完茶后，突然疾病发作，烟斗从手中落下，口里喃喃地说：“我死了”，欧拉终于“停止了生命和计算”。

# 第五章　真空中的静电场

电磁现象是自然界普遍存在的一种现象。电磁学则是研究电磁现象规律性的一门科学。电场作用是自然界的4种基本相互作用之一，也是人们认识得比较深入的一种相互作用。在日常生活和生产活动中，在对物质结构的深入认识的过程中，都要涉及电场运动。因此理解和掌握电磁运动的基本规律，在理论和实践中都具有十分重要的意义。

运动电荷在激发电场的同时也会激发磁场，电场和磁场总是相互关联的。但是当我们考察的电荷相对于某参考系静止时，电荷在这个静止参考系中只激发电场，而不激发磁场。这个电场就是本章要讨论的静电场。本章主要介绍描写电场性质的两个重要物理量——电场强度和电势和反映静电场性质的两条基本定律——高斯定理和环路定理。

**本章学习要点**

(1) 充分理解电场强度的概念；熟练掌握电场强度叠加原理；能熟练运用该原理计算离散和连续电荷系统的电场强度。

(2) 理解电场线和电场强度通量的概念；理解高斯定理的物理意义；能熟练运用高斯定理求解某些电场的电场强度。

(3) 理解环路定理的物理意义；充分理解电势的概念和定义；熟练掌握电势叠加原理；能熟练运用电势定义式和电势叠加原理计算离散和连续电荷系统的电势分布。

(4) 理解等势面的概念；了解电场强度与电势的关系；会利用该关系式解决基本的实际问题。

## 第一节　电荷　库仑定律

### 一、电荷

使物体带电的方法很多，大家比较熟悉的是**摩擦起电** (electrification by friction)。用丝绸摩擦玻璃棒和用毛皮摩擦硬橡胶棒，玻璃棒和硬橡胶棒都能带电，但是人们发现玻璃棒和硬橡胶棒带电的性质并不相同。为了加以区别，人们规定用丝绸摩擦过的玻璃棒带**正电荷** (positive charge)，而用毛皮摩擦过的硬橡胶棒带**负电荷** (negative charge)。大量实验证实，自然界中只有正、负两种性质不同的电荷。并且同种电荷互相排斥，异种电荷互相吸引。

在摩擦起电过程中，一个物体失去多少电子，另一个物体就会得到多少电子。另外一种比较常见的使物体带电的方法是**静电感应** (electrostatic induction)。同样，感应起电的过程也是电子转移的过程。大量实验表明，**在一个孤立的系统内，不论发生什么物理过**

**程，正负电荷的代数和总是保持不变的，这一规律称为电荷守恒定律**（law of conservation of electric charge）。该定律对微观物理过程也成立。例如，不带电的高能光子与原子核碰撞时，会产生正、负电子（称为电子对的生成），正电子是不稳定的，在其运动过程中会与电子发生碰撞，同时产生高能光子（称为电子对的湮灭）。

**物体所带的电荷数量的多少称为电荷量**（electric quantity），**简称电量**。电量常用符号 $Q$ 或 $q$ 表示。在国际单位制中，电量的单位是库仑，符号为 C。各种实验证明，电子是自然界具有最小电量的粒子。**电子所带电量的绝对值称为元电荷**（elementary charge），用 $e$ 表示。元电荷的公认值为

$$e=1.60217646263\times10^{-19}\text{C}\approx1.60\times10^{-19}\text{C}$$

由于任何带电过程都是电子转移的过程，因此**物体所带的电量不可能连续地取任意值，而只能取元电荷的整数倍，这种现象称为电荷的量子化**。即

$$q=\pm Ne(N=1,2,3,\cdots)$$

通常宏观物体所带电荷的数目非常巨大，而元电荷又很小，因此在讨论宏观带电体问题时，可以认为电荷是连续分布的。

## 二、库仑定律

为了研究带电体之间的作用，最简单的办法就是先研究点电荷的相互作用情况。与质点的概念一样，**点电荷**（point charge）**是一种理想化的物理模型，它是指本身线度与其到考察点的距离相比小得多的带电体。**一个带电体能否被看作点电荷应该视具体情况而定。例如，一个半径为 5cm 的球形带电体的球心到另一个带电体的中心的距离为 150m 时，将这个球形带电体看成点电荷是非常恰当的；而当该距离为 15cm 时，再将这个球形带电体看成点电荷显然过于粗糙了。

1785 年，法国物理学家库仑（coulumb. C）采用扭秤实验定量研究了真空中两个点电荷之间的相互作用力，人们将他的研究结论称为真空中的**库仑定律**（coulumb law）。该定律指出，**真空中两个静止点电荷 $q_1$ 和 $q_2$ 之间的相互作用力的大小与 $q_1$ 与 $q_2$ 的乘积成正比，与它们之间的距离 $r$ 的平方成反比；作用力的方向沿着两个点电荷的连线。**其数学表达式为

$$\vec{F}=\frac{1}{4\pi\varepsilon_0}\frac{q_1q_2}{r^3}\vec{r}\quad 或 \quad \vec{F}=\frac{1}{4\pi\varepsilon_0}\frac{q_1q_2}{r^2}\vec{e}_\text{r} \tag{5-1}$$

式中：$\varepsilon_0$ 为**真空电容率**（vacuum permittivity），其数值为

$$\varepsilon_0=8.854187818\times10^{-12}\text{C}^2/(\text{N}\cdot\text{m}^2)\approx8.85\times10^{-12}\text{C}^2/(\text{N}\cdot\text{m}^2)$$

$\vec{r}$ 是由施力电荷 $q_1$ 向受力电荷 $q_2$ 所做的矢径，$\vec{e}_\text{r}$ 是 $\vec{r}$ 的单位矢量。当 $q_1$、$q_2$ 同号时，$q_1q_2>0$，$\vec{F}$ 与 $\vec{r}$ 的方向相同，表示 $\vec{F}$ 是斥力；当 $q_1$、$q_2$ 异号时，$q_1q_2<0$，$\vec{F}$ 与 $\vec{r}$ 的方向相反，表示 $\vec{F}$ 是引力，如图 5－1 所示。

我们也可以认为 $q_2$ 是施力电荷而 $q_1$ 是受力电荷，设由 $q_2$ 向 $q_1$ 所做的矢径为 $\vec{r}'$，显然 $\vec{r}'=-\vec{r}$，$q_1$ 受到 $q_2$ 的作用力为

$$\vec{F}'=\frac{1}{4\pi\varepsilon_0}\frac{q_2q_1}{r_3'}\vec{r}'=-\frac{1}{4\pi\varepsilon_0}\frac{q_1q_2}{r^3}\vec{r}=-\vec{F}$$

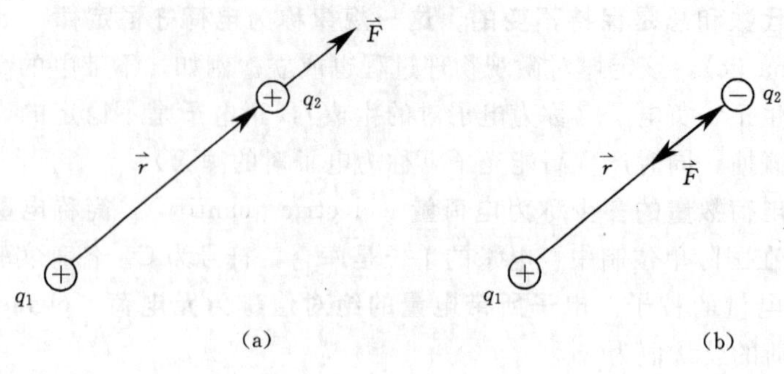


图 5-1

可见，静止点电荷之间的库仑力同样满足牛顿第三定律。

## 第二节 电场 电场强度

### 一、电场

由于地球周围空间存在重力场，处在地球外的物体尽管没有与地球表面接触，也会受到地球的引力作用。同样道理，电荷周围空间存在**电场**（electric field），处在电场中的其他电荷会受到电场的作用力。**电场对处于其中的电荷的作用力称为电场力**。电荷之间的相互作用正是通过电场实现的。**由相对于观测者静止的电荷产生的电场称为静电场**（electrostatic field）。

电场与实物粒子一样具有质量、能量和动量等物质的基本属性，但由于电场不是由微观粒子构成的，不具有占位性，因此电场是一种特殊形态的物质。

电场有两个重要的特性：

（1）处在电场中的电荷会受到电场力的作用，电场强度描述了电场力的特性。

（2）处在电场中的电荷在电场力的作用下可以发生移动，电场力做了功。电场力能够做功说明电场具有能量，电势描述了电场能的特性。

### 二、电场强度

为了定量描述电场对电荷力的作用，需要在电场中引入一个**试验电荷**（test charge）。为了保证试验电荷不影响其所在点的电场分布，试验电荷必须具备下列两个条件：

（1）电量充分小。

（2）几何线度充分小。

将一个正的试验电荷放入电场中的不同点，它所受的电场力大小和方向是不相同的；在电场中一个固定点放置不同电量的正试验电荷，尽管它们受电场力的大小各不相同，但比值 $\vec{F}/q_0$ 却是大小和方向都与试验电荷无关的矢量，它反映了电场本身的性质。我们将这个比值定义为**电场强度**（electric field intensity），简称场强，用$\vec{E}$表示，即

$$\vec{E}=\frac{\vec{F}}{q_0} \tag{5-2}$$

可见，**电场中某点的电场强度等于放置在该点的单位正试验电荷所受的电场力**。在SI单位制中，电场强度的单位为N/C或V/m。

若已知某点的电场强度$\vec{E}$，则放入该点的点电荷$q$所受的电场力为

$$\vec{F}=q\vec{E} \tag{5-3}$$

由式（5-3）可以看出，如果$q>0$，点电荷所受的电场力与该点的场强方向一致；如果$q<0$，其方向与该点的场强方向相反。

**空间各点的场强大小和方向都相同的电场称为匀强电场。**

真空中点电荷$q$在其周围空间产生电场，正试验电荷$q_0$在该电场中受到的电场力为

$$\vec{F}=\frac{1}{4\pi\varepsilon_0}\frac{qq_0}{r^3}\vec{r}=\frac{1}{4\pi\varepsilon_0}\frac{qq_0}{r^2}\vec{e}_r$$

由电场强度的定义式（5-2）得点电荷$q$产生的电场分布为

$$\vec{E}=\frac{1}{4\pi\varepsilon_0}\frac{q}{r^3}\vec{r}=\frac{1}{4\pi\varepsilon_0}\frac{q}{r^2}\vec{e}_r \tag{5-4}$$

如果$q>0$，场强$\vec{E}$的方向与$\vec{r}$的方向相同；如果$q<0$，$\vec{E}$的方向与$\vec{r}$的相同相反，如图5-2所示。

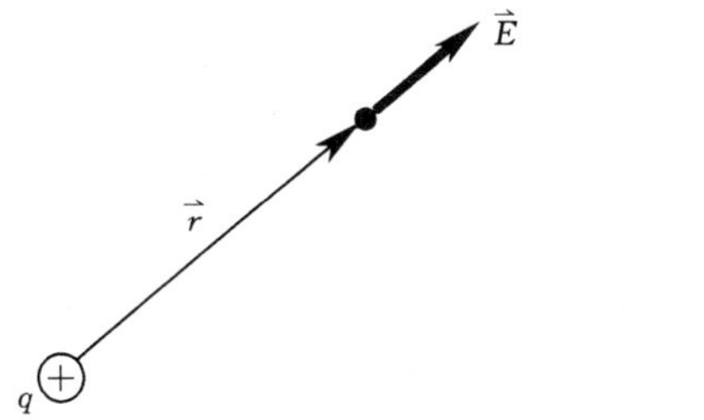


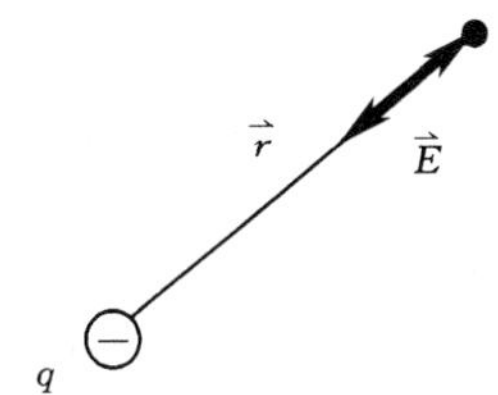


图5-2

## 三、电场强度叠加原理

1. 离散电荷系统的电场强度叠加原理

空间存在若干个点电荷$q_1$，$q_2$，…，$q_i$，…，$q_n$，它们构成一个电荷系统。将试验电荷$q_0$放入该空间中的某一点$P$，设每个点电荷对$q_0$的电场力分别为$\vec{F}_1$，$\vec{F}_2$，…，$\vec{F}_i$，…，$\vec{F}_n$，则$q_0$受到的合电场力为

$$\vec{F}=\vec{F}_1+\vec{F}_2+\cdots+\vec{F}_i+\cdots+\vec{F}_n=\sum_{i=1}^{n}\vec{F}_i$$

将上式两边分别除以$q_0$，得

$$\frac{\vec{F}}{q_0}=\frac{\vec{F}_1}{q_0}+\frac{\vec{F}_2}{q_0}+\cdots+\frac{\vec{F}_i}{q_0}+\cdots+\frac{\vec{F}_n}{q_0}=\sum_{i=1}^{n}\frac{\vec{F}_i}{q_0} \tag{5-5}$$

式（5-5）右边各项是各个点电荷单独存在时在$P$点产生的电场强度，左边的项是电荷系中的所有点电荷在$P$点产生的总电场强度，即

$$\vec{E}=\vec{E}_1+\vec{E}_2+\cdots+\vec{E}_i+\cdots+\vec{E}_n=\sum_{i=1}^{n}\vec{E}_i \tag{5-6}$$

上式表明，**在 $n$ 个点电荷产生的电场中某点的电场强度，等于各个点电荷单独存在时在该点产生的电场强度的矢量和。我们将这个规律称为电场强度叠加原理**（superposition principle of electric field intensity）。

由式（5-4）可以求出各个点电荷在 $P$ 点产生的电场强度，代入式（5-6）得到离散电荷系统的电场强度叠加原理为

$$\vec{E}=\frac{1}{4\pi\varepsilon_0}\sum_{i=1}^{n}\frac{q_i}{r_i^3}\vec{r}_i=\frac{1}{4\pi\varepsilon_0}\sum_{i=1}^{n}\frac{q_i}{r_i^2}\vec{e}_{r_i} \tag{5-7}$$

在研究电介质极化、电磁波发射和吸收以及中性分子间的相互作用问题时，会遇到由**两个相距很近的等值异号的点电荷 $+q$、$-q$ 构成的电荷系统，我们称其为电偶极子**（electric dipole）。**由 $-q$ 到 $+q$ 的矢径 $\vec{l}$ 称为电偶极子的轴，$q$ 和 $\vec{l}$ 的乘积称为电偶极子的电偶极矩**（dipole moment），**简称电矩，用 $\vec{p}_e$ 表示**，即

$$\vec{p}_e=q\,\vec{l} \tag{5-8}$$

**【例 5-1】** 求电偶极子中垂面上一点和轴线延长线上一点的电场强度。

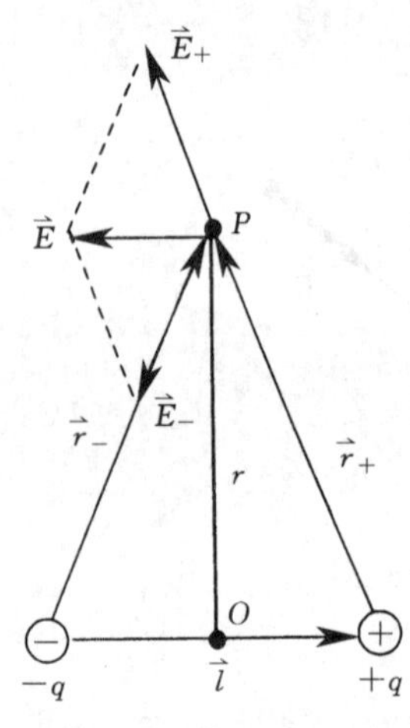

图 5-3

**解：**（1）如图 5-3 所示，设 $+q$ 和 $-q$ 到电偶极子中垂面上一点 $P$ 的矢径分别为 $\vec{r}_+$ 和 $\vec{r}_-$，电偶极子轴 $\vec{l}$ 的中点 $O$ 到 $P$ 的矢径为 $\vec{r}$，由式（5-4）得到 $+q$ 和 $-q$ 在 $P$ 点产生的场强 $\vec{E}_+$、$\vec{E}_-$ 分别为

$$\vec{E}_+=\frac{1}{4\pi\varepsilon_0}\frac{q}{r_+^3}\vec{r}_+,\quad \vec{E}_-=-\frac{1}{4\pi\varepsilon_0}\frac{q}{r_-^3}\vec{r}_-$$

对电偶极子而言，有 $r\gg l$，$r_+=r_-\approx r$，所以 $P$ 点的总场强为

$$\vec{E}=\vec{E}_++\vec{E}_-=\frac{1}{4\pi\varepsilon_0}\frac{q}{r^3}(\vec{r}_+-\vec{r}_-)$$

由于 $\vec{r}_+-\vec{r}_-=-\vec{l}$，因此上式改写为

$$\vec{E}=-\frac{1}{4\pi\varepsilon_0}\frac{q\,\vec{l}}{r^3}$$

由于 $\vec{p}_e=q\,\vec{l}$，因此

$$\vec{E}=-\frac{1}{4\pi\varepsilon_0}\frac{\vec{p}_e}{r^3} \tag{5-9}$$

上述结果表明，电偶极子中垂面上一点的电场强度与其电矩的大小成正比，与电偶极子轴的中点到该点的距离的三次方成反比，方向与电矩的方向相反。

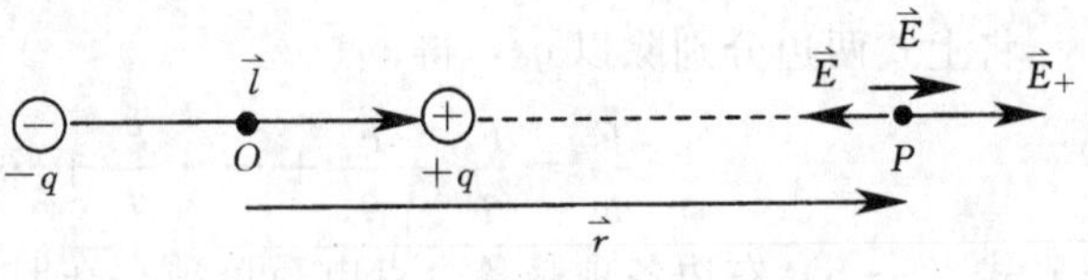

图 5-4

（2）如图 5-4 所示，设电偶极子轴 $\vec{l}$ 的中点 $O$ 到 $P$ 的矢径为 $\vec{r}$，$+q$ 和 $-q$ 在 $P$ 点产生的场强 $\vec{E}_+$、$\vec{E}_-$ 分别为

$$\vec{E}_+=\frac{1}{4\pi\varepsilon_0}\frac{q}{\left(r-\frac{l}{2}\right)^2}\vec{e}_r$$

$$\vec{E}_-=-\frac{1}{4\pi\varepsilon_0}\frac{q}{\left(r+\frac{l}{2}\right)^2}\vec{e}_r$$

$P$ 点的总场强为

$$\vec{E}=\vec{E}_++\vec{E}_-=\frac{1}{4\pi\varepsilon_0}\frac{q}{\left(r-\frac{l}{2}\right)^2}\vec{e}_r-\frac{1}{4\pi\varepsilon_0}\frac{q}{\left(r+\frac{l}{2}\right)^2}\vec{e}_r=\frac{ql}{2\pi\varepsilon_0 r^3\left(1-\frac{l^2}{4r^2}\right)^2}\vec{e}_r$$

其中$\frac{l^2}{4r^2}\ll 1$，$\vec{p}_e=ql\,\vec{e}_r=q\,\vec{l}$，因此

$$\vec{E}=\frac{\vec{p}_e}{2\pi\varepsilon_0 r^3} \tag{5-10}$$

上述结果表明，电偶极子轴延长线上一点的电场强度与其电矩的大小成正比，与电偶极子轴的中点到该点的距离的三次方成反比，方向与电矩的方向相同。

上面的结论对电偶极子轴反向延长线上一点也成立。

2. 连续电荷系统的电场强度叠加原理

很多情况下可以认为带电体上的电荷是连续分布的，如果将它看成由无数电荷元 d$q$ 构成的，那么每个电荷元 d$q$ 可视为点电荷，由式（5－4）得到 d$q$ 在场点处产生的电场强度为

$$\mathrm{d}\vec{E}=\frac{1}{4\pi\varepsilon_0}\frac{\mathrm{d}q}{r^3}\vec{r}=\frac{1}{4\pi\varepsilon_0}\frac{\mathrm{d}q}{r^2}\vec{e}_r \tag{5-11}$$

由于电荷是连续分布的，因此根据电场强度叠加原理可得整个带电体在场点处产生的电场强度为

$$\vec{E}=\int_\Omega \mathrm{d}\vec{E}=\int_\Omega \frac{1}{4\pi\varepsilon_0}\frac{\mathrm{d}q}{r^3}\vec{r}=\int_\Omega \frac{1}{4\pi\varepsilon_0}\frac{\mathrm{d}q}{r^2}\vec{e}_r \tag{5-12}$$

式中，$\Omega$ 泛指带电体所占据的空间。

如果电荷连续分布在一个体上，$\Omega$ 用 $V$ 代替，这种情况下需要引入**电荷体密度**的概念，即

$$\rho=\frac{\mathrm{d}q}{\mathrm{d}V} \tag{5-13}$$

相应的电荷元用 d$q=\rho$d$V$ 表示；如果电荷连续分布在一个面上，$\Omega$ 用 $S$ 代替，这种情况下引入**电荷面密度**的概念，即

$$\sigma=\frac{\mathrm{d}q}{\mathrm{d}S} \tag{5-14}$$

相应的电荷元用 d$q=\rho$d$S$ 表示；如果电荷连续分布在一条线上，$\Omega$ 用 $L$ 代替，这种情况下引入**电荷线密度**的概念，即

$$\lambda=\frac{\mathrm{d}q}{\mathrm{d}L} \tag{5-15}$$

相应的电荷元用 d$q=\lambda$d$L$ 表示。

**【例 5－2】** 如图 5－5 所示，均匀带电细棒 $AB$ 长为 $l$，所带电荷线密度为 $\lambda$，棒外一

点 $P$ 到棒的距离为 $a$，$P$ 点与棒的两个端点 $A$、$B$ 的连线分别与棒成夹角 $\beta_1$、$\beta_2$，求 $P$ 点的电场强度。

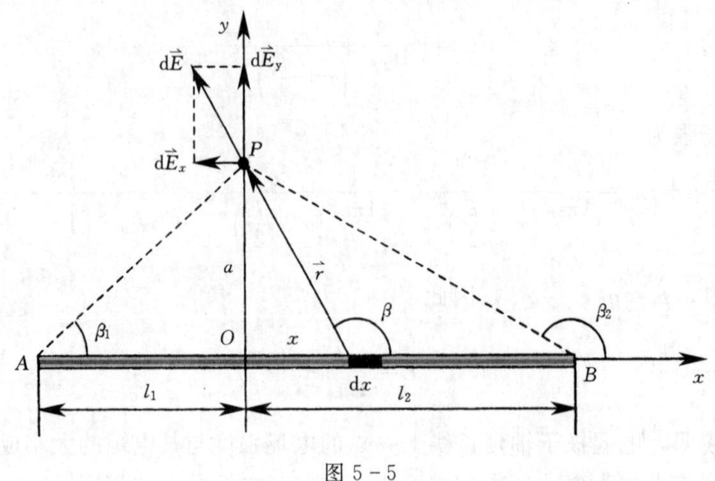


图 5-5

**解**：以 $P$ 点到带电细棒的垂足 $O$ 为坐标原点建立直角坐标系 $xOy$，在细棒上 $x$ 处取长为 $\mathrm{d}x$ 的微元，其电量为 $\mathrm{d}q=\lambda\mathrm{d}x$。该电荷元到 $P$ 点的矢径为 $\vec{r}$，电荷元在 $P$ 点产生的电场强度大小为

$$\mathrm{d}E=\frac{1}{4\pi\varepsilon_0}\frac{\mathrm{d}q}{r^2}=\frac{\lambda}{4\pi\varepsilon_0}\frac{\mathrm{d}x}{r^2}$$

带电细棒上不同位置的电荷元在 $P$ 点产生的电场强度方向不同，因此将 $\mathrm{d}\vec{E}$ 沿 $x$、$y$ 方向进行分解，其分量式为

$$\mathrm{d}E_x=-\mathrm{d}E\cos(\pi-\beta)=\frac{\lambda}{4\pi\varepsilon_0}\frac{\mathrm{d}x}{r^2}\cos\beta$$

$$\mathrm{d}E_y=\mathrm{d}E\sin(\pi-\beta)=\frac{\lambda}{4\pi\varepsilon_0}\frac{\mathrm{d}x}{r^2}\sin\beta$$

在以上两个微分式中，选择 $\beta$ 为积分变量，由几何关系得到

$$r=\frac{a}{\sin(\pi-\beta)}=\frac{a}{\sin\beta},\quad x=a\cot(\pi-\beta)=-a\cot\beta$$

并且

$$\mathrm{d}x=\frac{a}{\sin^2\beta}\mathrm{d}\beta$$

将以上三式分别代入 $\mathrm{d}\vec{E}$ 的 $x$、$y$ 分量式中，得

$$\mathrm{d}E_x=\frac{\lambda}{4\pi\varepsilon_0 a}\cos\beta\mathrm{d}\beta,\quad \mathrm{d}E_y=\frac{\lambda}{4\pi\varepsilon_0 a}\sin\beta\mathrm{d}\beta$$

将以上两式积分，得到 $\vec{E}$ 的 $x$、$y$ 分量式分别为

$$E_x=\int_L\mathrm{d}E_x=\frac{\lambda}{4\pi\varepsilon_0 a}\int_{\beta_1}^{\beta_2}\cos\beta\mathrm{d}\beta=\frac{\lambda}{4\pi\varepsilon_0 a}(\sin\beta_2-\sin\beta_1)$$

$$E_y=\int_L\mathrm{d}E_y=\frac{\lambda}{4\pi\varepsilon_0 a}\int_{\beta_1}^{\beta_2}\sin\beta\mathrm{d}\beta=\frac{\lambda}{4\pi\varepsilon_0 a}(\cos\beta_1-\cos\beta_2)$$

因此，$P$ 点的电场强度为

$$\vec{E}=\frac{\lambda}{4\pi\varepsilon_0 a}(\sin\beta_2-\sin\beta_1)\vec{i}+\frac{\lambda}{4\pi\varepsilon_0 a}(\cos\beta_1-\cos\beta_2)\vec{j}$$

如果 $l\gg a$，即带电细棒为无限长，$\beta_1=0$，$\beta_2=\pi$，这时的电场强度为

$$\vec{E}=\frac{\lambda}{2\pi\varepsilon_0 a}\vec{j}$$

**【例 5-3】** 电荷 $q$ 均匀分布在半径为 $R$ 的圆环上，计算在环的轴线上与环心相距 $x$ 的 $P$ 点的电场强度。

**解：** 在圆环轴线上、距圆环中心为 $x$ 处任取一点 $P$，如图 5-6 所示。在圆环上任取一个电荷元 $dq$，它在 $P$ 点产生的场强大小为

$$dE=\frac{1}{4\pi\varepsilon_0}\frac{dq}{r^2}$$

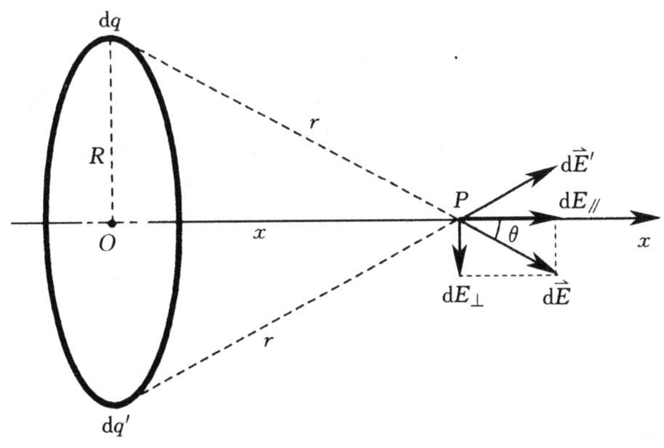


图 5-6

由于圆环上电荷分别具有对称性，每一对位于直径两端的电荷元在 $P$ 点产生的场强在垂直于 $x$ 轴方向上的分量大小相等、方向相反，互相抵消，因此总场强为平行于 $x$ 轴方向分量的总和。由图 5-6 可知

$$dE_x=dE\cos\theta=\frac{dq}{4\pi\varepsilon_0 r^2}\cos\theta$$

$$E=\oint_L dE_x=\oint_L\frac{\cos\theta}{4\pi\varepsilon_0 r^2}dq=\frac{\cos\theta}{4\pi\varepsilon_0 r^2}\oint_L dq=\frac{q}{4\pi\varepsilon_0 r^2}\cos\theta$$

其中

$$\cos\theta=\frac{x}{r},\quad r=\sqrt{R^2+x^2}$$

因此

$$E=\frac{qx}{4\pi\varepsilon_0(R^2+x^2)^{3/2}}$$

电场强度 $\vec{E}$ 沿着 $x$ 轴正方向。

**【例 5-4】** 一半径为 $R$ 的均匀带电圆盘，电荷面密度为 $\sigma$，求圆盘轴线上与其中心相距为 $x$ 的 $P$ 点的电场强度。

**解：** 将圆盘看成由无限多个同心微分圆环组成，每个微分圆环在轴线上产生的场强由［例 5-3］给出，将所有微分圆环在轴线上同一点产生的场强叠加即得到圆盘轴线上的场强。

在圆盘上取半径为 $r$、宽度为 $\mathrm{d}r$ 的微分圆环如图 5－7 所示，该微分圆环的带电量为

$$\mathrm{d}q=\sigma 2\pi r\mathrm{d}r$$

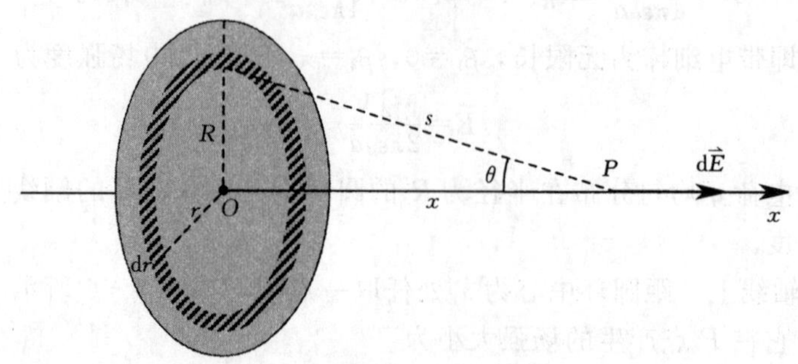


图 5－7

它在 $P$ 点产生的场强为

$$\mathrm{d}E=\frac{\mathrm{d}q}{4\pi\varepsilon_0 s^2}\cos\theta=\frac{\sigma 2\pi r\mathrm{d}r}{4\pi\varepsilon_0 s^2}\cos\theta=\frac{\sigma}{2\varepsilon_0}\frac{r\cos\theta\mathrm{d}r}{s^2}$$

上式有 $r$、$s$、$\theta$ 三个变量，我们选择 $\theta$ 作为积分变量。由几何关系可得

$$s=\frac{x}{\cos\theta},\ r=x\tan\theta$$

并且

$$\mathrm{d}r=\frac{x}{\cos^2\theta}\mathrm{d}\theta$$

因此

$$\mathrm{d}E=\frac{\sigma}{2\varepsilon_0}\cdot x\tan\theta\cdot\cos\theta\cdot\frac{\cos^2\theta}{x^2}\cdot\frac{x}{\cos^2\theta}\mathrm{d}\theta=\frac{\sigma}{2\varepsilon_0}\sin\theta\mathrm{d}\theta$$

整个带电圆盘在 $P$ 点产生的场强为

$$E=\int_0^{\theta_0}\frac{\sigma}{2\varepsilon_0}\sin\theta\mathrm{d}\theta=\frac{\sigma}{2\varepsilon_0}(1-\cos\theta_0)$$

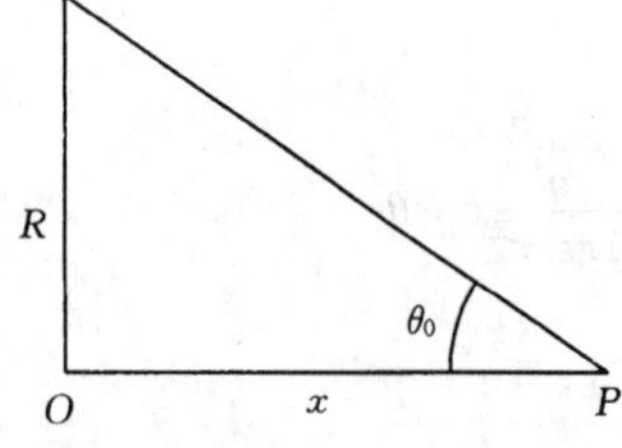


图 5－8

由图 5－8 可得

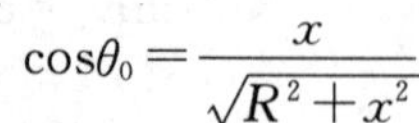

$$\cos\theta_0=\frac{x}{\sqrt{R^2+x^2}}$$

因此

$$E=\frac{\sigma}{2\varepsilon_0}\left(1-\frac{x}{\sqrt{R^2+x^2}}\right)$$

电场强度 $\vec{E}$ 沿着 $x$ 轴正方向。

对无限大带电平面，$R\to\infty$，其两侧的场强为

$$E=\frac{\sigma}{2\varepsilon_0}$$

## 思考与讨论

1. 如图 5－9 所示，在坐标 $(b,0)$、$(-b,0)$ 处分别放置点电荷 $+q$ 和 $-q$。$M(x,0)$ 点

和 $N(0, y)$ 点分别为 $x$ 轴和 $y$ 轴上的点。当 $x \gg b$、$y \gg b$ 时，这两点场强的大小分别等于多少？方向如何？

2. 设有一个无限大的均匀带正电荷的平面。$x$ 轴垂直于带电平面，坐标原点在带电平面上，规定电场强度$\vec{E}$的方向沿 $x$ 轴正向为正、反之为负，试画出该无限大均匀带电平面周围空间各点的场强随距离平面的位置坐标 $x$ 变化的关系曲线。

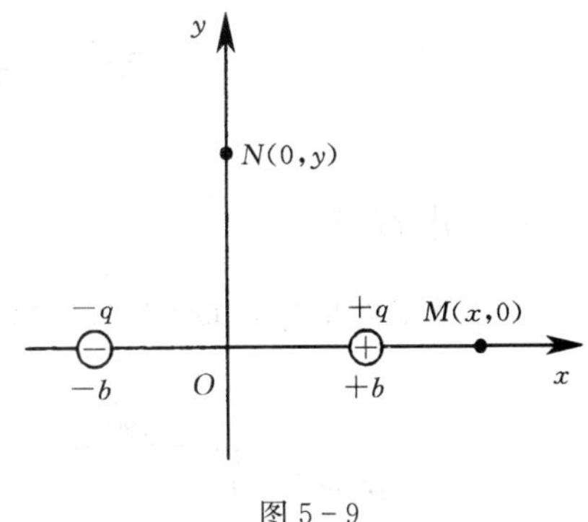

图 5－9

3. 图 5－10 所示为一条沿 $x$ 轴放置的无限长分段均匀的带电直线，电荷线密度分别为 $+\lambda(x<0)$ 和 $-\lambda(x>0)$。试问：$xOy$ 坐标平面上点 $P(0, r)$ 处的场强$\vec{E}$等于多少？

4. 如图 5－11 所示，$A$、$B$ 为真空中两个平行的无限大均匀带电平面，已知两平面之间的电场强度大小为 $E_0$，两平面外侧的电场强度大小均为 $\frac{1}{3}E_0$，方向如图 5－11 所示。试问：$A$、$B$ 两个无限大带电平面上的电荷面密度分别等于多少？

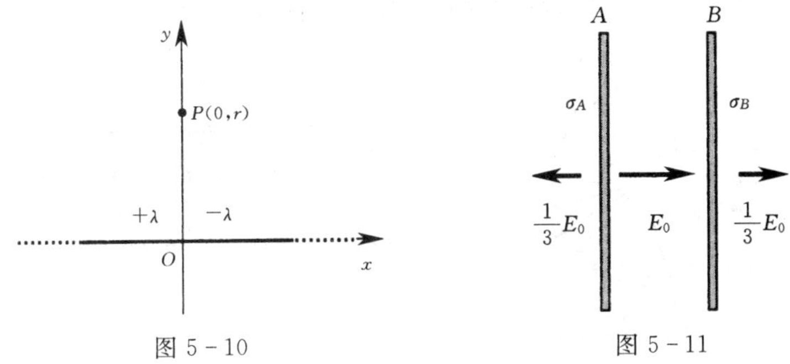

图 5－10　　图 5－11

5. 图 5－12 所示为一个半径为 $R$ 的带有缺口的细圆环，缺口的长度为 $\delta(\delta \ll R)$，环上均匀带有正电 $Q$，试问：圆心 $O$ 处的场强大小和方向如何？

6. 如图 5－13 所示，一根电荷线密度为 $\lambda$ 的无限长带电直线垂直通过图面上的 $A$ 点。一个带有电荷 $q$ 的均匀带电球体的球心处于 $B$ 点。$\triangle ABC$ 是边长为 $r$ 的等边三角形，为了使 $C$ 点处的场强方向垂直于 $BC$，试问：带电直线和带电球体带同号电荷还是异号电荷？$\lambda$ 和 $q$ 的数量关系怎样？

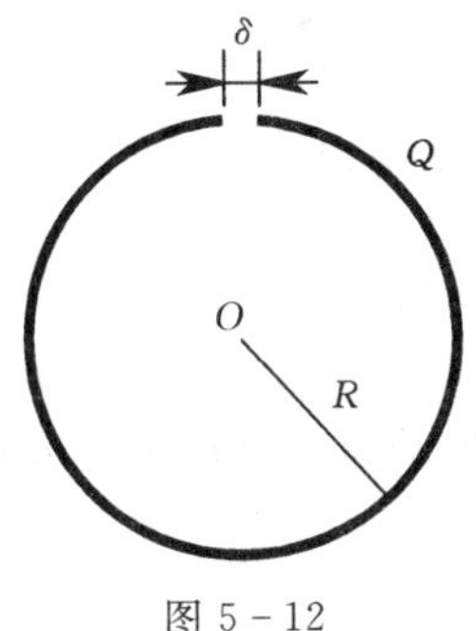

图 5－12

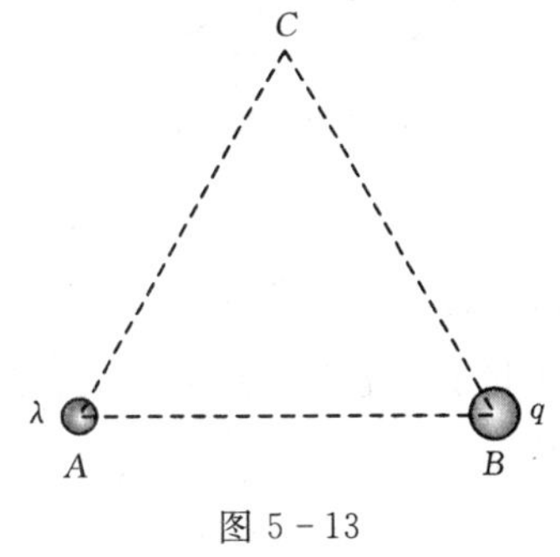

图 5－13

# 第三节 高 斯 定 理

## 一、电场线

为了形象地描述电场分布，可以在电场中作出一系列的曲线，使**曲线上每一点的切线方向都与该点的场强方向一致，这样的曲线称为电场线**（electric lines of force）。如图 5－14 所示。为了使电场线也能表示各点场强的大小，我们在绘制电场线时作如下规定：在电场中任一点，通过与场强方向垂直的单位面积的电场线条数（即电场线密度）等于该点电场强度的大小，即

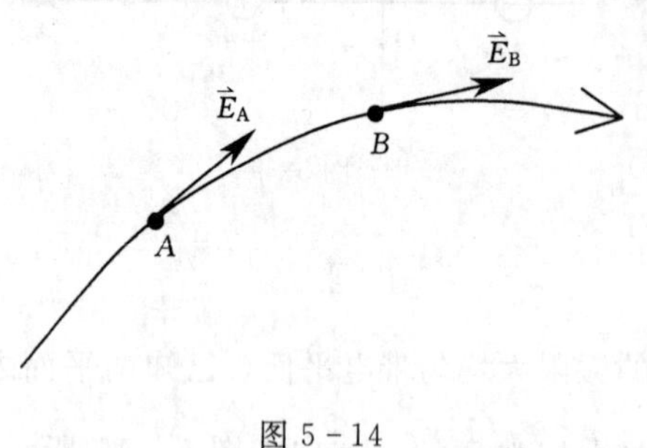

图 5－14

$$E=\frac{dN}{dS_{\perp}} \tag{5-16}$$

图 5－15 是根据上述规定绘制的几种电场的电场线示意图。

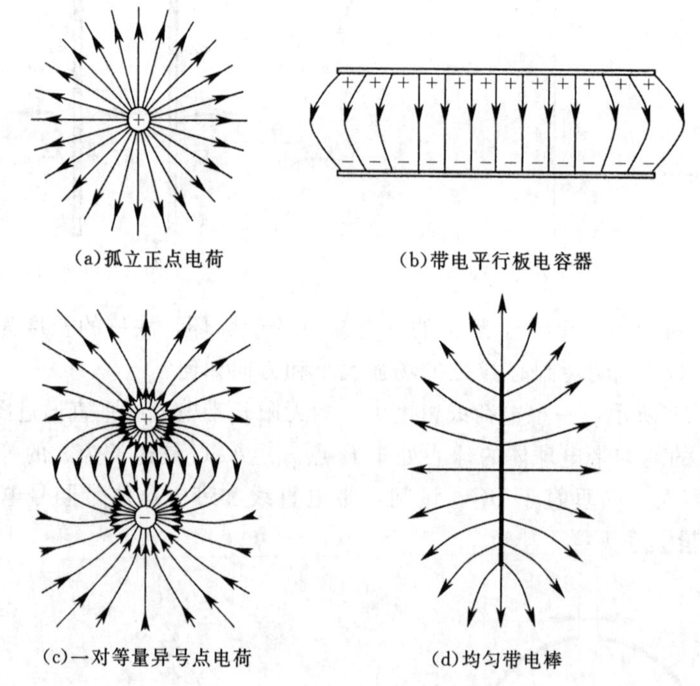

图 5－15

静电场的电场线有如下性质：

(1) 电场线起于正电荷（或来自无穷远），止于负电荷（或伸向无穷远），在没有电荷的地方不会中断。

（2）任意两条电场线在没有电荷处不相交。

（3）不形成闭合曲线。

## 二、电通量

由式（5-16）可知，如果在空间某处的电场强度为$\vec{E}$，在该处取与场强方向垂直的面元$dS_{\perp}$，则通过它的电场线条数$dN=EdS_{\perp}$。一般情况下，面元与场强方向并不垂直，如图5-16所示。其中$\vec{e}_n$是面元$dS$的单位矢量，$dS'$是$dS$在垂直场强方向的投影，显然

$$dS'=dS\cos\theta$$

由于通过$dS'$的电场线条数等于通过$dS$的电场线条数，因此通过面元$dS$的电场线条数为

$$dN=EdS'=E\cos\theta dS$$

**通过电场中某一曲面的电场线条数称为电通量**（electric flux），用$\Phi_e$表示。通过面元$dS$的电通量为

$$d\Phi_e=E\cos\theta dS=\vec{E}\cdot d\vec{S} \tag{5-17}$$

图5-17是电场中任意有限曲面，一般情况下曲面上的场强并不均匀，在计算通过任意曲面的电通量时，首先将曲面划分成许多小面元$dS$，根据上式求出通过任一面元的电通量，然后叠加计算通过整个曲面$S$的电通量，即

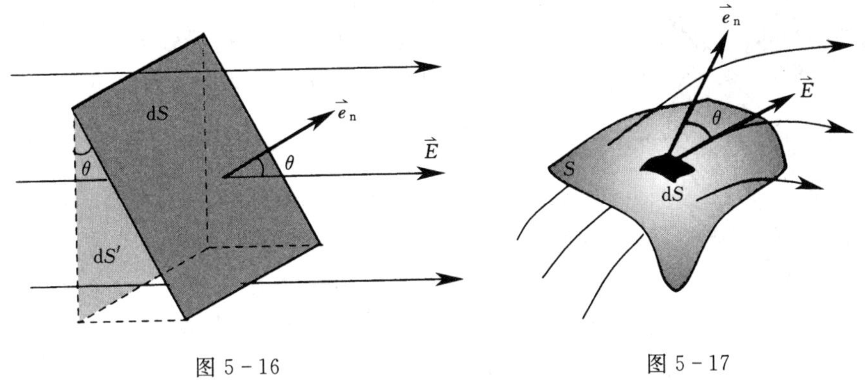


图5-16　　图5-17

$$\Phi_e=\int_S d\Phi_e=\int_S E\cos\theta dS=\int_S \vec{E}\cdot d\vec{S} \tag{5-18}$$

曲面的法线方向$\vec{e}_n$是任意选取的，在法线方向选定的情况下，电通量可正可负。当$\theta<\pi/2$时，$\Phi_e>0$；当$\Phi_e>\pi/2$时，$\Phi_e<0$。

通过任意闭合曲面的电通量为

$$\Phi_e=\oint_S E\cos\theta dS=\oint_S \vec{E}\cdot d\vec{S} \tag{5-19}$$

由于闭合曲面将空间分成内外两个部分，因此有必要规定一下闭合曲面的法线方向。

通常规定**闭合曲面法线的正方向由内向外**。在图 5-18 中，$dS_1$ 处 $0\leqslant\theta\leqslant\pi/2$，$d\Phi_e>0$，电场线穿出闭合曲面；$dS_2$ 处 $\pi/2\leqslant\theta\leqslant\pi$，$d\Phi_e<0$，电场线穿入闭合曲面。可以理解，式（5-19）中的 $\Phi_e$ 是指通过闭合曲面电通量的净值（即代数和），如果 $\Phi_e>0$，说明穿出闭合曲面的电场线条数多于穿入的（或只有穿出的）；如果 $\Phi_e<0$，说明穿入闭合曲面的电场线条数多于穿出的（或只有穿入的）。

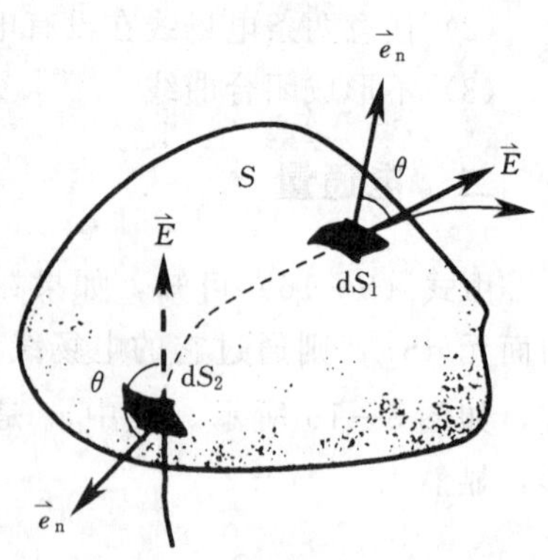

图 5-18

## 三、高斯定理

电场线起于正电荷，止于负电荷，而电通量是指通过电场中某曲面的电场线条数，因此我们可以意识到通过闭合曲面的电通量与电荷量应该存在某种关系。高斯（K. F. Gauss）定理给出了它们之间的数量关系。

**高斯定理**（Gauss theorem）**指出，在真空中通过任一闭合曲面 $S$ 的电通量，等于该曲面所包围的所有电荷的代数和除以 $\varepsilon_0$。**其数学形式为

$$\oint_S \vec{E}\cdot d\vec{S}=\frac{1}{\varepsilon_0}\sum_i q_i \tag{5-20}$$

其中的闭合曲面 $S$ 称为**高斯面**（Gauss surface）。

下面我们给出高斯定理的证明。

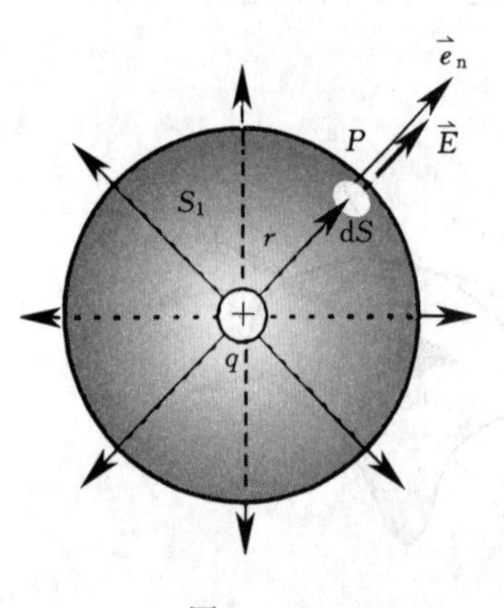

图 5-19

### 1. 高斯面包围一个电荷的情况

如图 5-19 所示，以点电荷 $q$ 为球心，以 $r$ 为半径作球形高斯面 $S_1$。因为球面上任一点场强大小相等，方向与面元的法线方向相同，所以通过球形高斯面 $S_1$ 的电通量为

$$\Phi_e=\oint_S \vec{E}\cdot d\vec{S}=\oint_S \frac{1}{4\pi\varepsilon_0}\frac{q}{r^2}dS=\frac{1}{4\pi\varepsilon_0}\frac{q}{r^2}\cdot 4\pi r^2=\frac{q}{\varepsilon_0}$$

可见，通过球面的电通量与球面半径无关，只由球面所包围的电荷量决定，即通过以点电荷 $q$ 为球心，任意半径球面的电通量都相等，都等于 $q/\varepsilon_0$。

如图 5-20 所示，在球形高斯面 $S_1$ 外再作一个任意形状的高斯面 $S_2$，显然，凡是通过球面 $S_1$ 的电场线都通过 $S_2$，即通过 $S_2$ 的电通量与通过 $S_1$ 的电通量相等，都等于 $q/\varepsilon_0$。因此，在高斯面包围一个电荷的情况下，通过任意形状高斯面的电通量为

$$\Phi_e=\oint_S \vec{E}\cdot d\vec{S}=\frac{q}{\varepsilon_0}$$

如图 5-21 所示，在点电荷 $q$ 外作高斯面 $S_3$，由于从 $S_3$ 一侧穿入多少条电场线，就从其另一侧穿出多少条电场线，即通过 $S_3$ 的电通量总是等于 0。因此，在高斯面不包围任何电荷的情况下，通过高斯面的电通量为

$$\Phi_e=\oint_S \vec{E}\cdot d\vec{S}=0$$

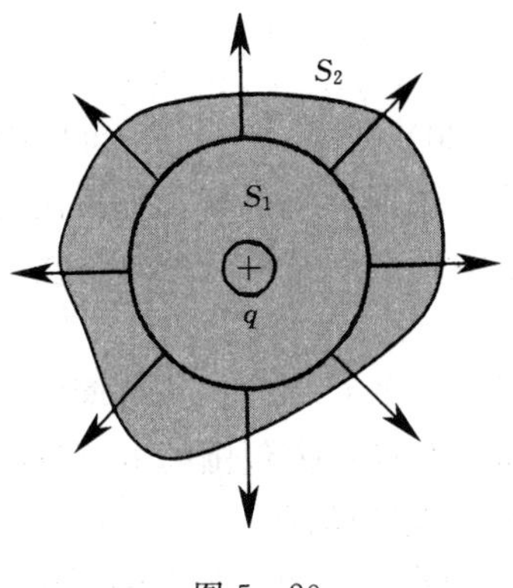


图 5-20

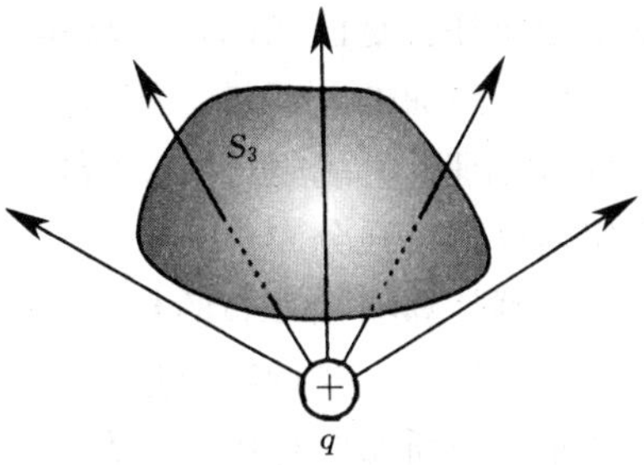

图 5-21

## 2. 高斯面包围多个电荷的情况

设有 $N$ 个场源电荷构成一个电荷系统。在电场中作高斯面 $S$，其中 $q_1$，$q_2$，…，$q_n$ 在 $S$ 内，$q_{n+1}$，$q_{n+2}$，…，$q_N$ 在 $S$ 外，如图 5-22 所示。所有场源电荷在高斯面 $S$ 上产生的场强为 $\vec{E}$，根据场强叠加原理得

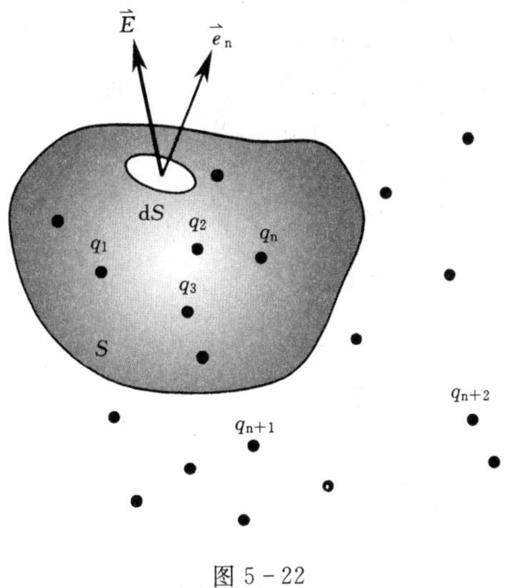


图 5-22

$$\vec{E}=\vec{E}_1+\vec{E}_2+\vec{E}_3+\cdots+\vec{E}_N$$

通过高斯面 $S$ 的总电通量为

$$\begin{aligned}\Phi_e&=\oint_S\vec{E}\cdot d\vec{S}\\&=\oint_S(\vec{E}_1+\vec{E}_2+\vec{E}_3+\cdots+\vec{E}_N)\cdot d\vec{S}\\&=\sum_{i=1}^{n}\oint_S\vec{E}_i\cdot d\vec{S}+\sum_{i=n+1}^{N}\oint_S\vec{E}_i\cdot d\vec{S}=\sum_{i=1}^{n}\frac{q_i}{\varepsilon_0}\end{aligned}$$

可见，通过高斯面 $S$ 的电通量只与高斯面内部的电荷有关，而与高斯面外部的电荷无关。到此高斯定理证明完毕。

在应用高斯定理时有两点需要特别注意：首先 $\vec{E}$ 是高斯面内、外所有场源电荷在高斯面上共同激发的总场强；其次 $\sum\limits_i q_i$ 是对高斯面内的电荷求和，即只有高斯面内的电荷才对总电通量有贡献。

如果场源电荷是连续分布的，高斯定理数学形式变为

$$\oint_S\vec{E}\cdot d\vec{S}=\frac{1}{\varepsilon_0}\int_V\rho dV \tag{5-21}$$

式中：$\int_V\rho dV$ 为高斯面包围的总电荷量。

## 四、高斯定理的应用

场源电荷分布往往是已知的，由高斯定理式（5-20）或式（5-21）可以很容易地计算出通过一个闭合曲面的电通量。但是由于通常情况下高斯面上的场强分布比较复杂，因此很难通过高斯定理计算场强分布。实际上，只有在电荷具有某种特殊对称性的情况下才能利用高斯定理计算场强分布。

应用高斯定理计算场强分布的步骤如下：①分析电场的对称性；②根据电场的对称性选择适当形状的高斯面；③计算通过高斯面的电通量和高斯面内包围的电荷量；④将通过高斯面的电通量和高斯面内包围的电荷量代入高斯定理求出场强。

**【例 5-5】** 计算均匀带电球面的电场分布。设球面半径为 $R$，带有电荷 $+Q$。

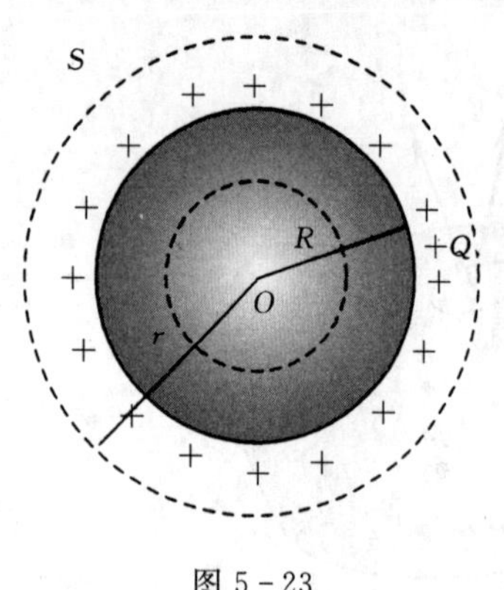


图 5-23

**解：** 由于电荷分布具有球对称性，因此电场分布也具有球对称性。作与带电球面同心的、半径为 $r$ 的球形高斯面 $S$，如图 5-23 所示。在球形高斯面 $S$ 上各点，$\vec{E}$ 的大小相等，方向与 $\mathrm{d}\vec{S}$ 的方向相同，因此通过高斯面的电通量为

$$\Phi_e = \oint_S \vec{E} \cdot \mathrm{d}\vec{S} = \oint_S E\mathrm{d}S = E\oint_S \mathrm{d}S = 4\pi r^2 E$$

由高斯定理得

$$4\pi r^2 E = \frac{1}{\varepsilon_0}\sum_i q_i$$

即

$$E = \frac{1}{4\pi\varepsilon_0 r^2}\sum_i q_i$$

如果高斯面在带电球面内（$r<R$），高斯面内包围的电量为 $\sum_i q_i = 0$，由上式立即得到

$$E=0$$

如果高斯面在带电球面外（$r>R$），高斯面内包围的电量为 $\sum_i q_i = Q$，因此

$$E=\frac{Q}{4\pi\varepsilon_0 r^2}$$

均匀带电球面的电场分布如图 5-24 所示。

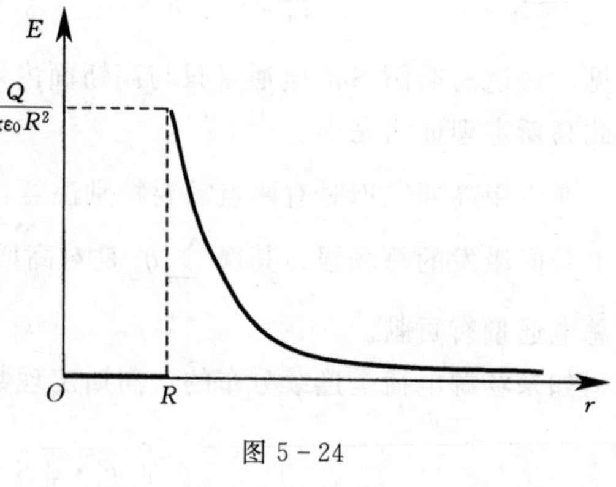


图 5-24

**【例 5-6】** 求均匀带电的无限长细棒的场强分布。设棒上电荷线密度为 $+\lambda$。

**解：** 由于电荷分布具有轴对称性，因此电场分布也具有轴对称性。作以无限长细棒为轴、半径为 $r$、长为 $l$ 的圆柱形高斯面 $S$，如图 5-25 所示。设高斯面由两个底面 $S_1$、$S_2$

和一个侧面 $S_3$ 组成，则通过高斯面的电通量为

$$\oint_S \vec{E}\cdot d\vec{S}=\int_{S_1}\vec{E}\cdot d\vec{S}+\int_{S_2}\vec{E}\cdot d\vec{S}+\int_{S_3}\vec{E}\cdot d\vec{S}$$

在两个底面上$\vec{E}$的方向与 d$\vec{S}$的方向垂直，因此

$$\int_{S_1}\vec{E}\cdot d\vec{S}=\int_{S_2}\vec{E}\cdot d\vec{S}=0$$

而在侧面上各点$\vec{E}$的大小相等，方向与 d$\vec{S}$的方向相同，因此有

$$\int_{S_3}\vec{E}\cdot d\vec{S}=\int_{S_3}E dS=E\int_{S_3}dS=2\pi rlE$$

通过闭合高斯面的电通量为

$$\oint_S \vec{E}\cdot d\vec{S}=2\pi rlE$$

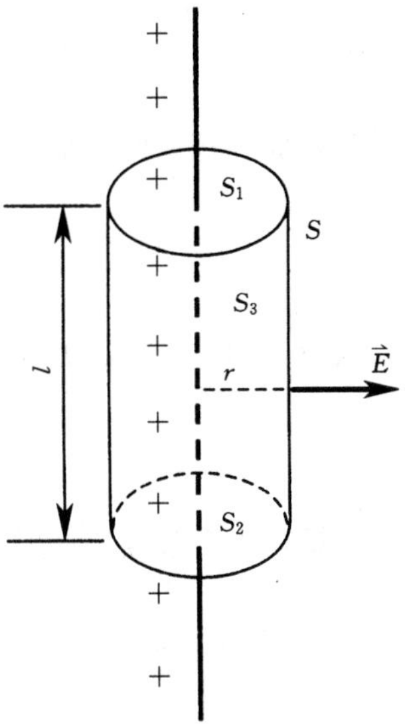

图 5-25

高斯面内包围的电量 $\sum_i q_i=\lambda l$，由高斯定理得

$$2\pi rlE=\frac{\lambda l}{\varepsilon_0}$$

因此，与均匀带电细棒相距为 $r$ 的一点场强为

$$E=\frac{\lambda}{2\pi\varepsilon_0 r}$$

**【例 5-7】** 求均匀带电的无限大平面薄板的场强。设电荷面密度为$+\sigma$。

**解：** 由于电荷分布具有面对称性，因此薄板两侧各点的场强与平面垂直，在与薄板等距离的各点场强大小应该相等。如图 5-26 所示，作底面积为 $A$ 的圆柱形高斯面 $S$，其轴线与薄板垂直，两个底面与薄板等距离。设高斯面由两个底面 $S_1$、$S_2$ 和一个侧面 $S_3$ 组成，则

$$\oint_S \vec{E}\cdot d\vec{S}=\int_{S_1}\vec{E}\cdot d\vec{S}+\int_{S_2}\vec{E}\cdot d\vec{S}+\int_{S_3}\vec{E}\cdot d\vec{S}$$

在侧面上各点$\vec{E}$的方向与 d$\vec{S}$的方向垂直，因此

$$\int_{S_3}\vec{E}\cdot d\vec{S}=0$$

而在两个底面上$\vec{E}$的大小相等，方向与 d$\vec{S}$的方向相同，因此

$$\int_{S_1}\vec{E}\cdot d\vec{S}=\int_{S_2}\vec{E}\cdot d\vec{S}=EA$$

通过闭合高斯面的电通量为

$$\oint_S \vec{E} \cdot d\vec{S} = 2EA$$

高斯面内包围的电量 $\sum_i q_i = \sigma A$，由高斯定理得

$$2EA = \frac{\sigma A}{\varepsilon_0}$$

因此，均匀带电的无限大平面薄板的场强为

$$E = \frac{\sigma}{2\varepsilon_0}$$

可见，均匀带电的无限大平板的场强是匀强电场。

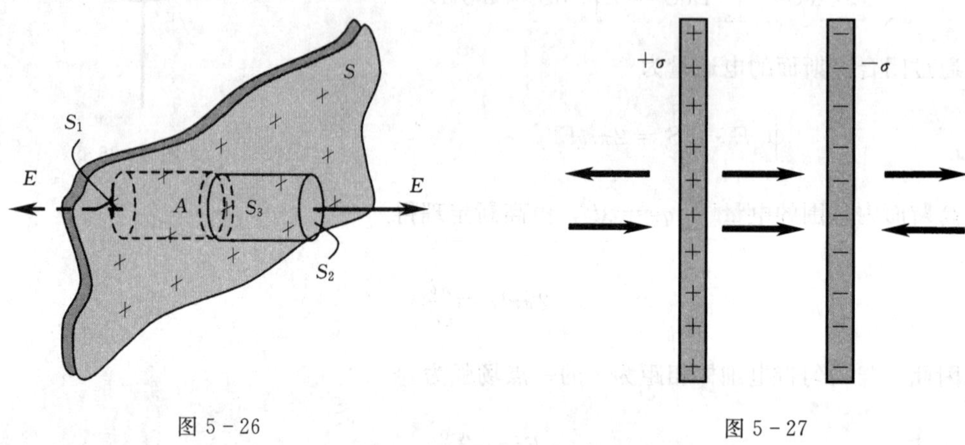


图 5-26　　图 5-27

图 5-27 所示是两个均匀带等量异号电荷的平行无限大平面薄板，由电场强度叠加原理可知，两平行板之间的场强为

$$E = \frac{\sigma}{2\varepsilon_0} + \frac{\sigma}{2\varepsilon_0} = \frac{\sigma}{\varepsilon_0}$$

两平行板外侧的场强为

$$E = \frac{\sigma}{2\varepsilon_0} - \frac{\sigma}{2\varepsilon_0} = 0$$

上述结果表明，均匀带等量异号电荷的平行平面薄板，在板面的线度远远大于两板之间距离时，除了边缘附近外，电场全部集中在两板之间，并且是均匀电场。

从以上 3 个例子可以看出，当电场分布具有球对称性、轴对称性和平面对称性等均匀对称情况下，利用高斯定理求场强比其他求解场强的方法要简单得多。

## 思考与讨论

1. 如图 5-28 所示，半径为 $R$ 的半球面置于场强为 $\vec{E}$ 的均匀电场中，如果场强方向沿 $x$ 轴正方向，试问：通过半球面的电通量等于多少？如果场强方向沿 $y$ 轴正方向，通过半球面的电通量又等于多少？

2. 如图 5-29 所示，一条均匀带电直线长度为 $r$，电荷线密度为 $+\lambda$，以导线中点 $O$ 为球心，$R$ 为半径（$R>r$）作一个球面。试问：通过该球面的电通量等于多少？带电直线的延长线与球面交点 $P$ 处的电场强度等于多少？方向如何？

3. 图 5-30 所示是一个边长为 $a$ 的正方体，如果将电荷为 $q$ 的正点电荷放在正方体中心 $N$ 点，试问：通过正方体的一个侧面 $\Sigma$ 的电通量等于多少？如果将 $q$ 放在正方体一个顶点 $M$ 处，通过该侧面的电通量又等于多少？

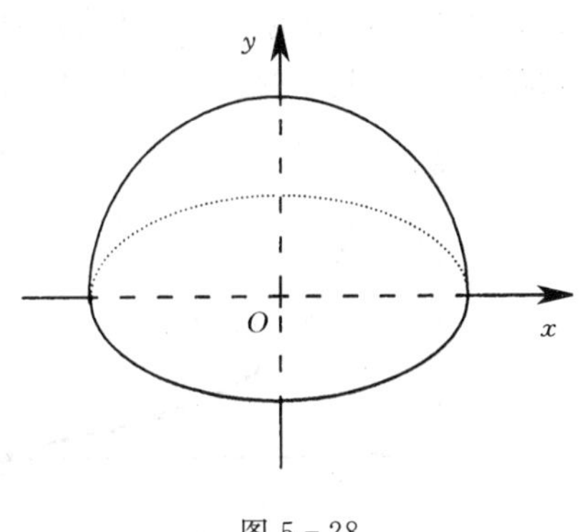


图 5-28

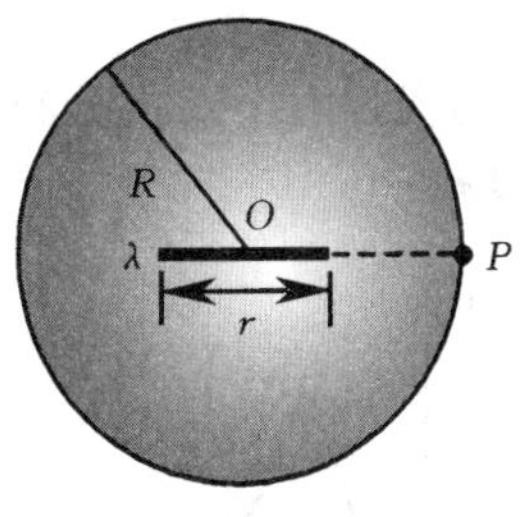


图 5-29

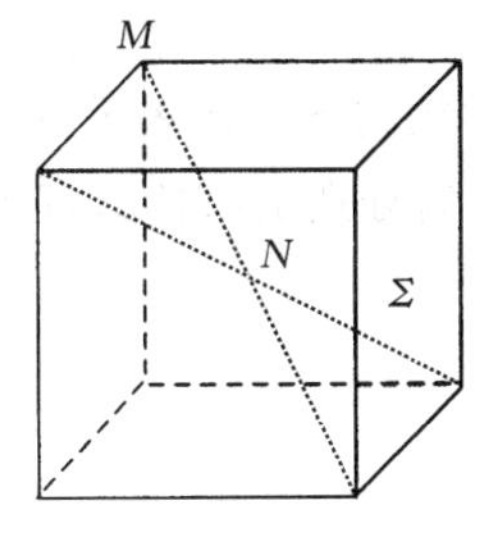


图 5-30

4. 如图 5-31 所示，两个无限长的、半径分别为 $R_1$ 和 $R_2$ 的共轴圆柱面均匀带电，沿轴线方向单位长度上所带电荷分别为 $\lambda_1$ 和 $\lambda_2$。试问：在内圆柱面内部、两圆柱面之间和外圆柱面外部的电场强度分别等于多少？

5. 在场强为 $\vec{E}$ 的均匀电场中，有一半径为 $R$、长为 $l$ 的半圆柱面，其轴线与 $\vec{E}$ 的方向垂直。在通过轴线并垂直 $\vec{E}$ 的方向将此柱面切去一半，如图 5-32 所示，试问：穿过剩下的半圆柱面的电通量等于多少？

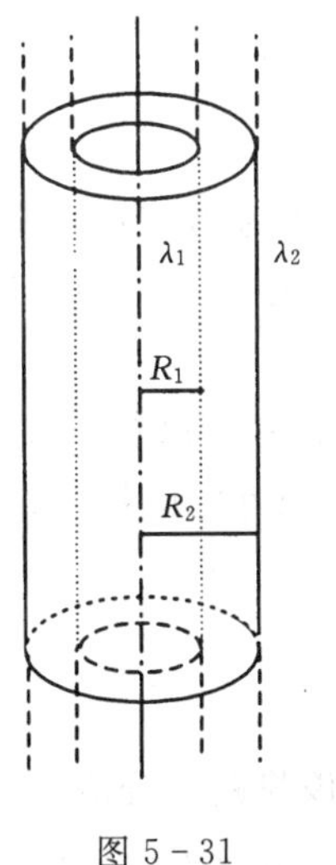


图 5-31

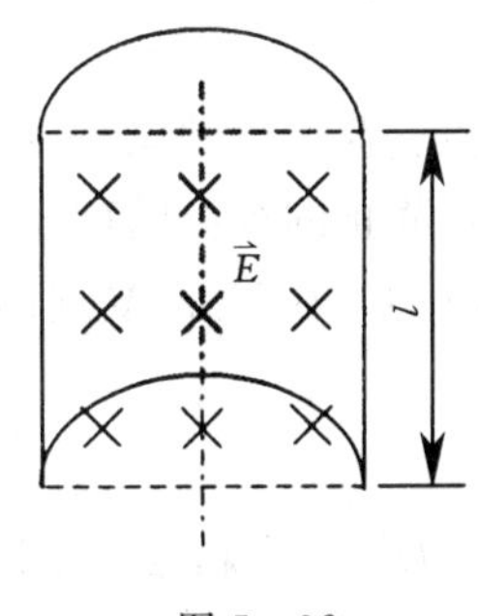


图 5-32

6. 图 5-33 中的两条曲线表示球对称性静电场的场强大小 $E$ 的分布，$r$ 表示离对称中心的距离。试问：它们分别是由什么带电体产生的电场？

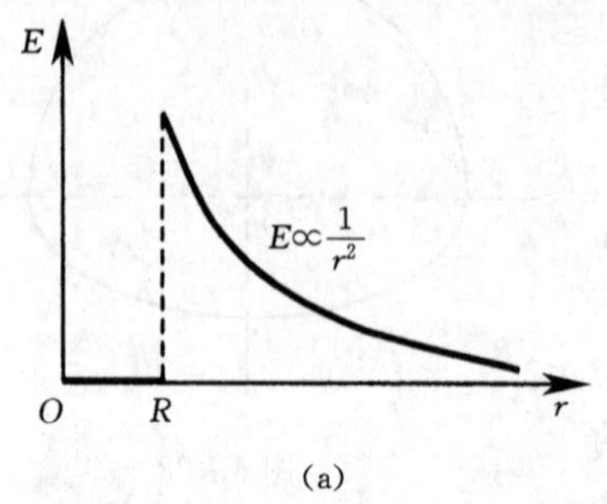


(a)

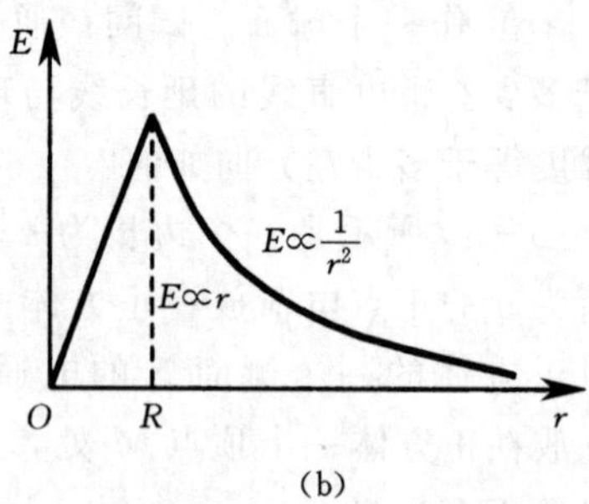


(b)

图 5-33

7. 图 5-34 中的两条曲线表示轴对称性静电场的场强大小 $E$ 的分布，$r$ 表示离对称轴的距离，试问：它们分别是由什么带电体产生的电场？

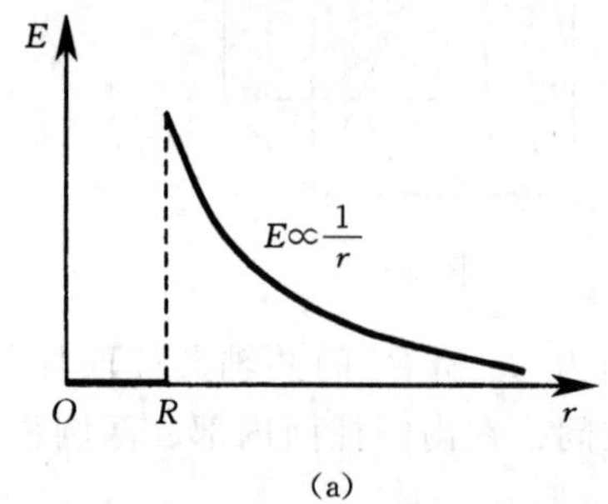


(a)

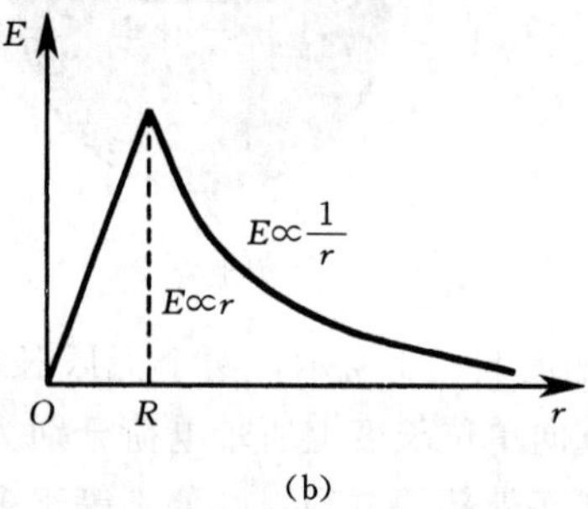


(b)

图 5-34

# 第四节 静电场的环路定理

## 一、静电场力做功的特点

我们在力学中曾讲过保守力的概念，保守力做功与物体运动的路径无关，仅与物体的初、末位置有关。重力、弹力和万有引力是保守力，下面将证明静电场力也是保守力。

首先证明在单个点电荷产生的电场中，静电场力做功与路径无关。

如图 5-35 所示，静止的场源电荷 $q$ 位于 $O$ 点。在 $q$ 的电场中试验电荷 $q_0$ 从 $a$ 点沿着任意路径 $L$ 移动到 $b$ 点。由于 $q_0$ 受到的电场力为

$$\vec{F}=q_0\vec{E}$$

而在路径上不同点场强$\vec{E}$的大小和方向不同，因此应该将路径分成许多位移元，在每一个位移元上的场强可以看作恒量。当 $q_0$ 移动位移 $\mathrm{d}\vec{l}$时，电场力所做的元功为

$$dW=\vec{F}\cdot d\vec{l}=q_0\vec{E}\cdot d\vec{l}=q_0E\cos\theta dl$$

由图 5－35 所示可以看出 $\cos\theta dl=dr$，因此

$$dW=q_0Edr=\frac{qq_0}{4\pi\varepsilon_0r^2}dr$$

试验电荷从 $a$ 点沿着任意路径 $L$ 移到 $b$ 点的过程中，电场力所做的功为

$$W=\int_L dW=\frac{qq_0}{4\pi\varepsilon_0}\int_{r_a}^{r_b}\frac{dr}{r^2}=\frac{qq_0}{4\pi\varepsilon_0}\left(\frac{1}{r_a}-\frac{1}{r_b}\right) \tag{5-22}$$

式中：$r_a$、$r_b$ 分别为起点 $a$ 和终点 $b$ 到点电荷 $q$ 的距离。

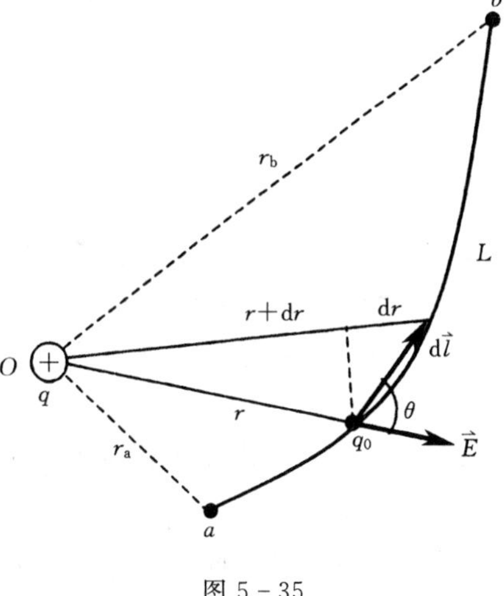


图 5－35

式（5－22）表明，当试验电荷在静止点电荷电场中移动时，静电场力所做的功仅与试验电荷的电量及其始、末位置有关，而与试验电荷移动的路径无关。

下面将看到，上述结论对于任何带电系统产生的静电场也适用。

设某一电荷系由 $q_1$，$q_2$，…，$q_n$ 等 $n$ 个点电荷组成。根据场强叠加原理，点电荷系在某点的电场强度等于各个点电荷单独存在时在该点产生的电场强度的矢量和，即

$$\vec{E}=\vec{E}_1+\vec{E}_2+\vec{E}_3+\cdots+\vec{E}_n$$

在试验电荷 $q_0$ 从 $a$ 点沿着任意路径 $L$ 移动到 $b$ 点的过程中，电场力所做的功为

$$\begin{aligned}W&=\int_L dW=q_0\int_L\vec{E}\cdot d\vec{l}=q_0\int_L(\vec{E}_1+\vec{E}_2+\vec{E}_3+\cdots+\vec{E}_n)\cdot d\vec{l}\\&=q_0\int_L\vec{E}_1\cdot d\vec{l}+q_0\int_L\vec{E}_2\cdot d\vec{l}+q_0\int_L\vec{E}_3\cdot d\vec{l}+\cdots+q_0\int_L\vec{E}_n\cdot d\vec{l}\end{aligned}$$

由于每个点电荷的电场力的功都与路径无关，因此它们的代数和也与路径无关。

故得到如下结论：**试验电荷在任意静电场中移动时，电场力所做的功仅与试验电荷的电量及其初末位置有关，而与试验电荷移动的路径无关。**

## 二、静电场的环路定理

由于静电场力所做的功与路径无关，如图 5－36 所示，当试验电荷 $q_0$ 从电场中 $a$ 点移动到 $b$ 点的过程中，无论沿 $acb$ 路径还是沿 $adb$ 路径，电场力所做的功总是相等的，即

$$\int_{acb}q_0\vec{E}\cdot d\vec{l}=\int_{adb}q_0\vec{E}\cdot d\vec{l}$$

因为 $\int_{adb}q_0\vec{E}\cdot d\vec{l}=-\int_{bda}q_0\vec{E}\cdot d\vec{l}$，所以

$$\int_{acb}q_0\vec{E}\cdot d\vec{l}+\int_{bda}q_0\vec{E}\cdot d\vec{l}=0$$

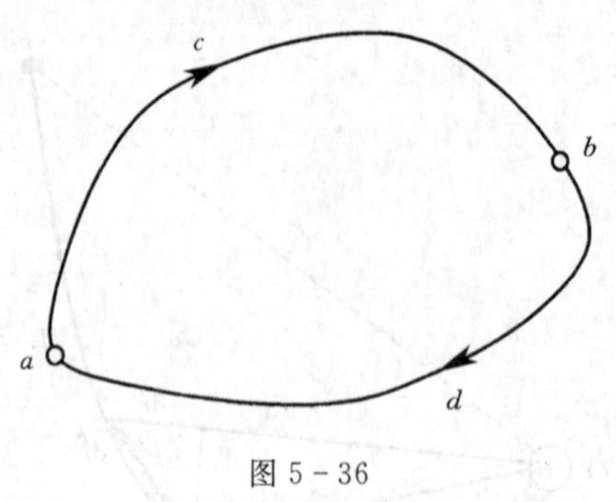

图 5-36

或者　$q_0\oint_L \vec{E}\cdot \mathrm{d}\vec{l}=0$

但是 $q_0\neq 0$，所以

$$\oint_L \vec{E}\cdot \mathrm{d}\vec{l}=0 \tag{5-23}$$

某矢量$\vec{A}$沿一闭合路径的线积分$\oint_L \vec{A}\cdot \mathrm{d}\vec{l}=0$称为该矢量的环流。式（5-23）表明，**在静电场中电场强度$\vec{E}$的环流为零，这一结论称为静电场的环路定理**（circulation theorem of electrostatic field）。该定理与静电场力做功与路径无关的表述是等价的。由静电场的环路定理可知，静电场的电场线不会形成闭合曲线。

静电场的高斯定理和环路定理是静电场的两条基本定理，反映了静电场的两个基本性质，静电场的高斯定理说明静电场是有源场，静电场的环路定理说明静电场是有势场。

## 第五节　电　　势

### 一、电势能

我们知道，在保守力场中可以引入势能的概念，并且保守力所做的功等于相应势能的减少量。既然静电场力是保守力，当然也可以引入势能概念，**与静电场相联系的势能称为电势能**。设 $W_{PP_0}$ 为试验电荷 $q_0$ 从电场中 $P$ 点沿任意路径移到 $P_0$ 点时电场力所做的功，$\varepsilon_P$ 及 $\varepsilon_{P_0}$ 分别为 $q_0$ 在 $P$ 点和 $P_0$ 点的电势能，则

$$W_{PP_0}=q_0\int_P^{P_0}\vec{E}\cdot \mathrm{d}\vec{l}=\varepsilon_P-\varepsilon_{P_0}=-(\varepsilon_{P_0}-\varepsilon_P)=-\Delta\varepsilon \tag{5-24}$$

**即电场力所做的功等于电势能的减少量。**

试验电荷在电场中两点的电势能之差具有绝对意义，但在某一点的电势能只有相对意义。为了确定试验电荷在某一点的电势能，必须选定一个零电势能参考点。设某一点 $P_0$ 的电势能为零，即 $\varepsilon_{P_0}=0$，则由式（5-24）可以得到试验电荷 $q_0$ 在电场中任一点 $P$ 的电势能为

$$\varepsilon_P=W_{PP_0}=q_0\int_P^{P_0}\vec{E}\cdot \mathrm{d}\vec{l} \tag{5-25}$$

当场源电荷分布在有限区域内时，往往取无穷远处为零电势能参考点，即 $\varepsilon_\infty=0$，这时电势能的定义式为

$$\varepsilon_P=W_{P\infty}=q_0\int_P^{\infty}\vec{E}\cdot \mathrm{d}\vec{l} \tag{5-26}$$

式（5-25）和式（5-26）表明，**试验电荷 $q_0$ 在电场中某点的电势能，等于将试验电荷 $q_0$ 由该点沿任意路径移到零电势能参考点（或无穷远处）时静电场力所做的功。**

## 二、电势

由于电势能是静电场和电荷 $q_0$ 相互作用的能量，它是场源电荷所产生的电场与电荷 $q_0$ 所组成的系统的共有能量，并且电势能的数值不仅与静电场的性质有关，还与试验电荷的电量有关，因此电势能这一物理量不能描述电场本身的性质。

由式（5－25）式可以看出，电荷 $q_0$ 在电场中给定点的电势能 $\varepsilon_P$ 与 $q_0$ 的比值 $\varepsilon_P/q_0$ 与 $q_0$ 无关，仅与电场中给定点的位置有关，这个比值能够描述电场本身的性质。我们将这个比值定义为电场中 $P$ 点的**电势**（potential），用 $U_P$ 表示，即

$$U_P=\frac{\varepsilon_P}{q_0}=\frac{W_{PP_0}}{q_0}=\int_P^{P_0}\vec{E}\cdot\mathrm{d}\vec{l} \tag{5-27}$$

式中：$P_0$ 为零电势参考点，即 $U_{P_0}=0$。

在场源电荷分布在有限区域的情况下，取无穷远处为零电势参考点，即 $U_\infty=0$，这时电势的定义式为

$$U_P=\frac{\varepsilon_P}{q_0}=\frac{W_{P\infty}}{q_0}=\int_P^{\infty}\vec{E}\cdot\mathrm{d}\vec{l} \tag{5-28}$$

从式（5－27）、式（5－28）可以看出，当 $q_0$ 为单位正电荷时，$U_P$、$W_{PP_0}$（或 $W_{P\infty}$）及 $\varepsilon_P$ 三者数值相等。因此，**电场中某点 $P$ 的电势 $U_P$ 等于将单位正电荷从 $P$ 点沿任意路径移动到零电势参考点（或无穷远处）时静电场力所做的功，亦等于置于 $P$ 点的单位正电荷所具有的电势能。**

电势是一个可正可负的标量。在 SI 单位制中，电势的单位为伏特，用符号 V 表示。如果电量为 1C 的电荷在电场中给定点的电势能为 1J，该点的电势就是 1V。

现在我们利用电势定义式（5－28）来计算距离场源电荷 $q$ 为 $r$ 处的 $P$ 点的电势（图 5－37）。由于电场力做功与路径无关，可以选取沿径向到无限远的直线作为积分路径。因此

$$U=\int_P^{\infty}\vec{E}\cdot\mathrm{d}\vec{l}=\int_r^{\infty}E\mathrm{d}r=\int_r^{\infty}\frac{q}{4\pi\varepsilon_0 r^2}\mathrm{d}r$$

即距离场源电荷 $q$ 为 $r$ 处的电势为

$$U=\frac{q}{4\pi\varepsilon_0 r} \tag{5-29}$$

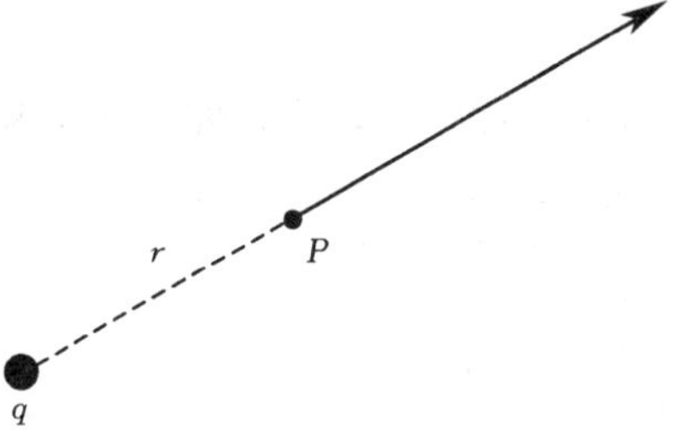

图 5－37

式（5－29）表明，如果场源电荷是正电荷，空间各点的电势也为正值，距离 $q$ 越远的地方电势越低；如果场源电荷是负电荷，空间各点的电势也为负值，距离 $q$ 越远的地方电势越高。

电场中任意两点 $a$、$b$ 的电势之差称为**电势差**（potential difference）**或电压**（voltage），用符号 $U_{ab}$ 表示，由式（5－27）得

$$U_{ab}=U_a-U_b=\int_a^{P_0}\vec{E}\cdot\mathrm{d}\vec{l}-\int_b^{P_0}\vec{E}\cdot\mathrm{d}\vec{l}=\int_a^{P_0}\vec{E}\cdot\mathrm{d}\vec{l}+\int_{P_0}^{b}\vec{E}\cdot\mathrm{d}\vec{l}$$

即

$$U_{ab}=U_a-U_b=\int_a^b \vec{E}\cdot d\vec{l} \tag{5-30}$$

从式（5－30）可以看出，**电场中任意两点 $a$、$b$ 之间的电势差等于将单位正电荷从 $a$ 点沿任意路径移动到 $b$ 点时电场力所做的功。**从这个意义讲，将点电荷 $q$ 从电场中 $a$ 点沿任意路径到 $b$ 点时电场力所做的功也可以表示为

$$W_{ab}=q\int_a^b \vec{E}\cdot d\vec{l}=q_0(U_a-U_b) \tag{5-31}$$

电场中任意两点的电势差是确定的，与零电势参考点的选取无关，但是电场中某点的电势则取决于零电势参考点的选取。当场源电荷分布在有限区域时，理论上取无穷远处为零电势参考点，而在工程应用中往往取大地为零电势参考点。

在已知场强分布的情况下，利用电势定义式可以计算电势分布。

**【例 5－8】** 求均匀带电球壳产生的电场的电势分布，设球壳带电总量为 $Q$，半径为 $R$。

**解：** 已知均匀带电球壳的场强分布为

$$E=0 \qquad (r<R)$$

$$E=\frac{Q}{4\pi\varepsilon_0 r^2} \qquad (r>R)$$

场强方向沿半径向外。取积分路径沿径向到无穷远，则球面内与球心相距为 $r(r\leqslant R)$ 的一点的电势为

$$U_P=\int_P^\infty \vec{E}\cdot d\vec{l}=\int_r^R 0dr+\int_R^\infty \frac{Q}{4\pi\varepsilon_0 r^2}dr=\frac{Q}{4\pi\varepsilon_0 R}$$

则球面外与球心相距为 $r(r>R)$ 的一点的电势为

$$U_P=\int_P^\infty \vec{E}\cdot d\vec{l}=\int_r^\infty \frac{Q}{4\pi\varepsilon_0 r^2}dr=\frac{Q}{4\pi\varepsilon_0 r}$$

上述结果表明，均匀带电球壳内部（包括球壳表面）各点的电势都相等，与考察点的位置无关；球壳外部的电势与考察点到球心的距离成反比。

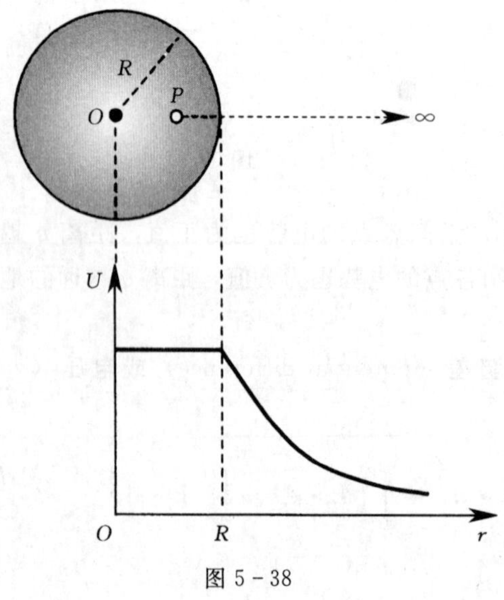

图 5－38

均匀带电球壳产生的电场的电势分布如图 5－38 所示。

其实不论球壳带电是否均匀，其内部各点的电势都相等，都等于 $\frac{Q}{4\pi\varepsilon_0 R}$，这可以通过后面就要讲到的电势叠加原理等知识解释。

**【例 5－9】** 无限长均匀带电直线的电荷线密度为 $\lambda$，求其周围空间任一点的电势 $U$。

**解：** 无限长均匀带电直线周围的场强为

$$E=\frac{\lambda}{2\pi\varepsilon_0 r}$$

其方向垂直带电直线向外。

由于本题场源电荷分布在无限区域，因此不能取无限远处的电势为零。我们设距离带电直线为 $r_0$ 处的 $P_0$ 点（图 5-39）为零电势参考点，则距带电直线为 $r$ 处的 $P$ 点电势为

$$U_P=\int_P^{P_0}\vec{E}\cdot d\vec{l}=\int_r^{r_0}\frac{\lambda}{2\pi\varepsilon_0 r}dr$$
$$=-\frac{\lambda}{2\pi\varepsilon_0}\ln r+\frac{\lambda}{2\pi\varepsilon_0}\ln r_0$$

显然，在上式中如果取 $r_0=1\text{m}$，其结果最简单，这样 $P$ 点的电势为

$$U=-\frac{\lambda}{2\pi\varepsilon_0}\ln r$$

在求解无限带电体的电势分布时，如果没有指明何处为零电势参考点，通常设某一点的电势为零，在得出的结果中，令含有表示该点位置的线量的那一项为零，从而解出电势为零的点的具体位置，这样可以使最终结果简单、明了。

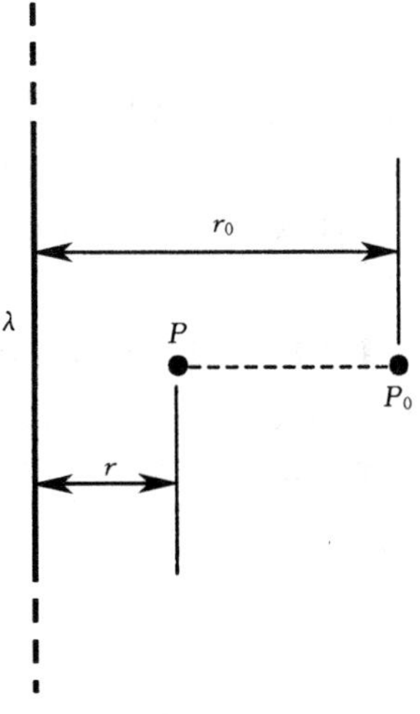


图 5-39

## 三、电势叠加原理

设有 $n$ 个有限带电体构成一个带电系统，各个带电体在空间某点 $P$ 处产生的场强分别为$\vec{E}_1$，$\vec{E}_2$，…，$\vec{E}_i$，…，$\vec{E}_n$，则 $P$ 点的合场强为

$$\vec{E}=\vec{E}_1+\vec{E}_2+\cdots+\vec{E}_i+\cdots+\vec{E}_n=\sum_{i=1}^{n}\vec{E}_i$$

由电势定义式（5-27）得 $P$ 点的电势为

$$U=\int_P^{\infty}\vec{E}\cdot d\vec{l}=\int_P^{\infty}(\vec{E}_1+\vec{E}_2+\cdots+\vec{E}_i+\cdots+\vec{E}_n)\cdot d\vec{l}$$
$$=\int_P^{\infty}\vec{E}_1\cdot d\vec{l}+\int_P^{\infty}\vec{E}_2\cdot d\vec{l}+\cdots+\int_P^{\infty}\vec{E}_i\cdot d\vec{l}+\cdots+\int_P^{\infty}\vec{E}_n\cdot d\vec{l}$$

式中：$\int_P^{\infty}\vec{E}_i\cdot d\vec{l}$ 为第 $i$ 个带电体单独存在时在 $P$ 点产生的场强，用 $U_i$ 表示。因此

$$U=\sum_{i=1}^{n}U_i \tag{5-32}$$

式（5-32）表明，**带电系统在空间某点产生的电势等于各个带电体单独存在时在该点产生的电势的代数和，这一结论称为静电场的电势叠加原理**（superposition principle of electric fpotential）。

如果所有带电体都是点电荷，设它们所带的电量为 $q_1$，$q_2$，…，$q_i$，…，$q_n$，它们到 $P$ 点的距离为 $r_1$，$r_2$，…，$r_i$，…，$r_n$，这种情况下的电势叠加原理为

$$U=\sum_{i=1}^{n}\frac{q_i}{4\pi\varepsilon_0 r_i} \tag{5-33}$$

如果电荷分布是连续的，可以将其看成是由许许多多电荷元 $dq$ 组成，设 $r$ 为电荷元 $dq$ 到 $P$ 点的距离，由于每个电荷元都可以认为是点电荷，因此这时的电势叠加原理为

$$U=\int_{\Omega}\frac{\mathrm{d}q}{4\pi\varepsilon_0 r} \tag{5-34}$$

式中：$\Omega$ 为带电体所占据的空间。

在实际应用中，电荷有体分布、面分布和线分布三种情况。

利用电势叠加原理也可以计算电势分布，一般来说，电势叠加比场强叠加要简单得多。

**【例 5-10】** 求远离电偶极子中心 $O$ 的一点 $P$ 处的电势。设 $P$ 点到 $O$ 点的距离为 $r$，$r$ 和电偶极子轴 $l$ 的夹角为 $\theta$。

**解：** 设 $+q$ 和 $-q$ 到 $P$ 点的距离分别为 $r_+$ 和 $r_-$。这两个电荷在 $P$ 点产生的电势分别为

$$U_+=\frac{q}{4\pi\varepsilon_0 r_+},\ U_-=\frac{(-q)}{4\pi\varepsilon_0 r_-}$$

根据电势叠加原理，$P$ 点电势为 $+q$ 和 $-q$ 单独存在时在该点产生电势的代数和，即

$$U=U_+ +U_-=\frac{q}{4\pi\varepsilon_0}\left(\frac{1}{r_+}-\frac{1}{r_-}\right)=\frac{q}{4\pi\varepsilon_0}\frac{r_- - r_+}{r_- r_+}$$

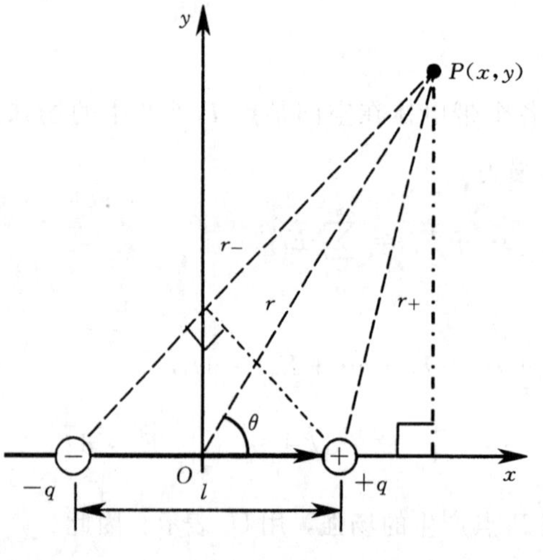

图 5-40

由于 $r\gg l$，由图 5-40 可得如下近似关系

$$r_- - r_+\approx l\cos\theta,\ r_- r_+\approx r^2$$

因此
$$U=\frac{ql\cos\theta}{4\pi\varepsilon_0 r^2}=\frac{p_e\cos\theta}{4\pi\varepsilon_0 r^2}$$

因为 $\cos\theta=\frac{x}{r}$、$r^2=x^2+y^2$，所以

$$U=\frac{p_e x}{4\pi\varepsilon_0\ (x^2+y^2)^{3/2}}$$

或
$$U=\frac{\vec{p}_e\cdot\vec{r}}{4\pi\varepsilon_0\ (x^2+y^2)^{3/2}}$$

**【例 5-11】** 求均匀带电圆环轴线上任意点 $P$ 处的电势。设圆环半径为 $R$，带电量为 $q$，$P$ 点离环心 $O$ 的距离为 $x$。

**解：** 如图 5-41 (a) 所示，设 $P$ 点到圆环中心 $O$ 点的距离为 $x$，圆环上任一电荷元到 $P$ 点的距离均为 $r=\sqrt{x^2+y^2}$，根据电势叠加原理，圆环在 $P$ 点产生的电势为

$$U=\oint_L \mathrm{d}U=\oint_L\frac{\mathrm{d}q}{4\pi\varepsilon_0 r}=\frac{1}{4\pi\varepsilon_0 r}\oint_L\mathrm{d}q=\frac{q}{4\pi\varepsilon_0 r}=\frac{q}{4\pi\varepsilon_0\sqrt{R^2+x^2}}$$

在圆环中心点 $x=0$，其电势为

$$U_O=\frac{q}{4\pi\varepsilon_0 R}$$

均匀带电圆环在轴线上的电势分布如图 5-41 (b) 所示。

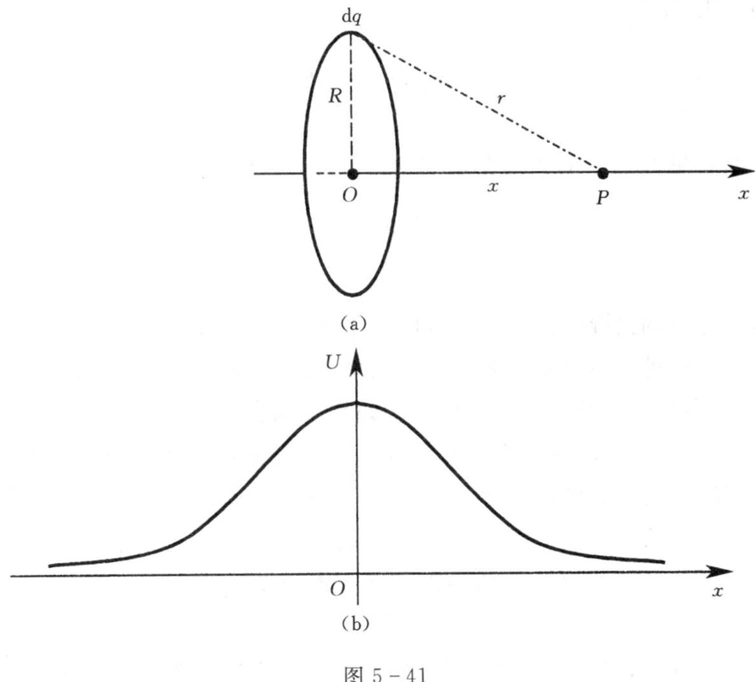


图 5-41

在已知场强分布的情况下，本题也可以用采用电势定义式进行求解。

可以理解，如果电荷不是均匀分布在圆环上，其轴线上的电势也等于$\frac{q}{4\pi\varepsilon_0 r}$，其中 $q$ 为圆环上的总电量。

**【例 5-12】** 求均匀带电圆盘轴线上任意点 $P$ 处的电势。设圆盘半径为 $R$，电荷面密度为 $\sigma$，$P$ 点离盘心 $O$ 的距离为 $x$。

**解：** 如图 5-42 所示，设 $P$ 点到圆盘中心 $O$ 点的距离为 $x$。认为圆盘是由无限多个与圆盘同心的微分圆环组成，每个微分圆环在轴线上产生的电势由［例 5-11］给出，将所有微分圆环在轴线上同一点产生的电势叠加即得到圆盘轴线上的电势。

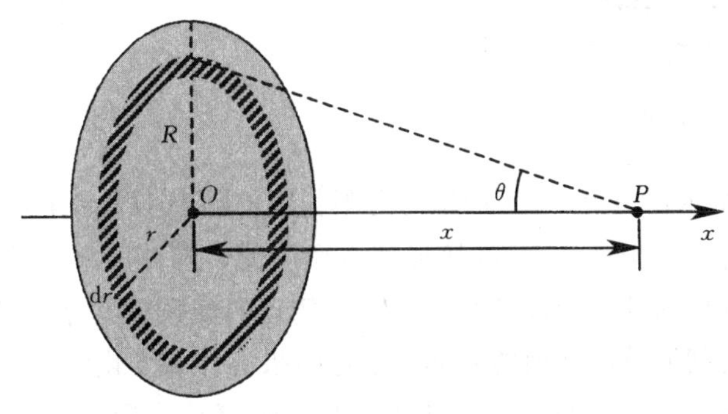


图 5-42

在圆盘上取半径为 $r$、宽度为 $\mathrm{d}r$ 的微分圆环，该微分圆环的带电量为

$$\mathrm{d}q=\sigma 2\pi r\mathrm{d}r$$

它在 $P$ 点产生的电势为

$$dU=\frac{\sigma 2\pi r\mathrm{d}r}{4\pi\varepsilon_0\sqrt{r^2+x^2}}=\frac{\sigma}{2\varepsilon_0}\frac{r\mathrm{d}r}{\sqrt{r^2+x^2}}$$

因此，整个圆盘在轴线上 $P$ 点产生的电势为

$$U=\frac{\sigma}{2\varepsilon_0}\int_0^R\frac{r\mathrm{d}r}{\sqrt{r^2+x^2}}=\frac{\sigma}{4\varepsilon_0}\int_0^R\frac{\mathrm{d}(r^2+x^2)}{\sqrt{r^2+x^2}}=\frac{\sigma}{2\varepsilon_0}(\sqrt{R^2+x^2}-x)$$

在已知场强分布的情况下，本题也可以采用电势定义式求解。

上面我们讲了两种计算电势的方法，一般来说：①如果已知场强分布，可以利用电势定义式（5-27)、式（5-28）求解电势；②如果已知电荷分布，可以利用电势叠加原理式（5-33)、式（5-34）计算电势；如果有几个带电体，并且各个带电体的电势分布又是已知的，则可以利用电势叠加原理式（5-32）直接计算电势。

## 思考与讨论

1. 图 5-43 所示是点电荷 $+q$ 形成的电场，取图中 $P$ 点处为电势零点，试问：$M$ 点的电势等于多少？

2. 如图 5-44 所示，有 $N$ 个电量均为 $q$ 的点电荷以两种方式分布在圆周 $L$ 上：一种方式是无规则分布，另一种方式是均匀分布。在这两种情况下，试问：在过圆心 $O$ 并垂直于圆平面的轴上任一点 $P$ 处的场强是否相等？电势是否相等？

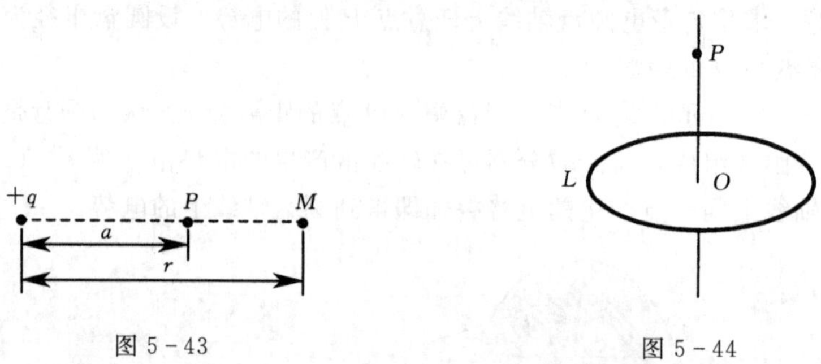


图 5-43　　图 5-44

3. 如图 5-45 所示，一个半径为 $R_1$ 的无限长圆柱面上均匀带电，其电荷线密度为 $\lambda$。在它外面同轴地套有一个半径为 $R_2$ 的接地薄金属圆筒，圆筒原来不带电。设地的电势为零，试问：在内圆柱面内部、距离轴线为 $r$ 处的 $P$ 点的场强和电势分别等于多少？如果 $P$ 点在两个金属圆筒之间或外圆柱面的外部，上述结果有什么变化？

4. 如图 5-46 所示，两个同心均匀带电球面，内球面半径为 $a$、带电荷 $Q_1$，外球面半径为 $b$、带电荷 $Q_2$。设无穷远处为电势零点，试问：在两个球面之间、距离球心为 $r$ 处的 $P$ 点处的电势 $U$ 等于多少？如果 $P$ 点在内球面的内部或在外球面的外部，$P$ 点处的电势 $U$ 分别等于多少？

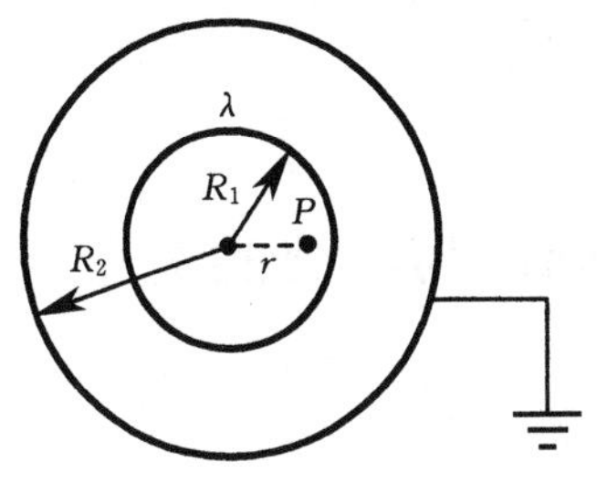


图 5-45 图 5-46

5. 真空中有一个半径为 $R$ 的均匀带电球面，总电荷为 $Q$。如果选取无穷远处电势为零，则球心处电势等于多少？如果在球面上挖去一块很小的面积 $\delta$（连同其上电荷），若其他电荷分布不发生改变，试问：挖去小块后球心处电势又等于多少？

6. 一个半径为 $R$ 的绝缘实心非均匀带电球体，电荷体密度为 $\rho=\rho_0 r$（其中 $r$ 为离球心的距离，$\rho_0$ 为常量）。如果选取无穷远处电势为零，讨论球内（$r<R$）和球外（$r>R$）的电势分布。

7. 如图 5-47 所示，点电荷 $+Q$ 位于圆心 $O$ 点处，$P$、$A$、$B$、$C$ 为同一圆周上的 4 个点。如果将试验电荷 $q_0$ 从 $P$ 点分别移动到 $A$、$B$、$C$ 各点，试问：电场力所做的功分别等于多少？

8. 如图 5-48 所示，在电荷为 $q$ 的点电荷静电场中，将另一个电荷为 $q_0$ 的点电荷从 $A$ 点移到 $B$ 点。$A$、$B$ 两点距离点电荷 $q$ 的距离分别为 $r_1$ 和 $r_2$。试问：移动 $q_0$ 的过程中电场力做的功等于多少？

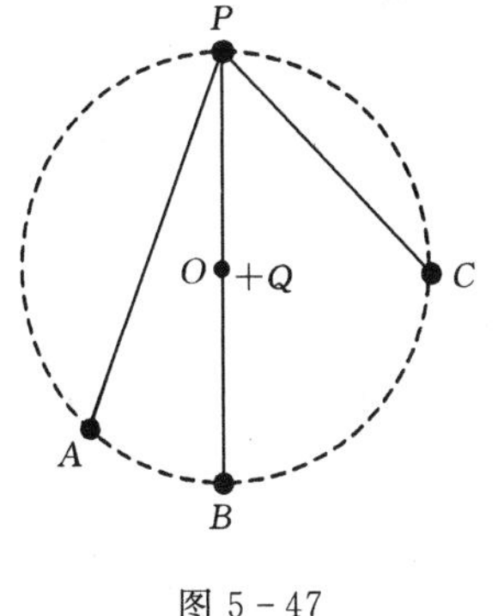


图 5-47

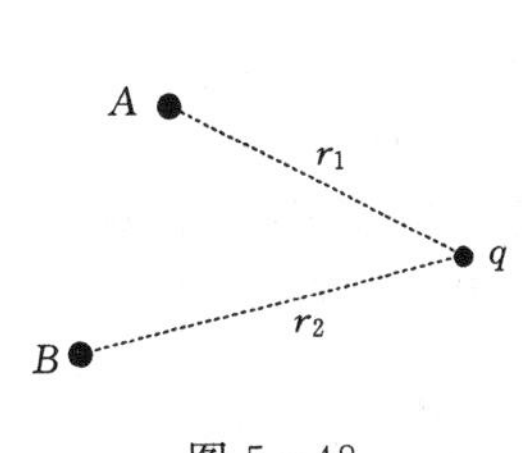


图 5-48

9. 已知均匀静电场的电场强度 $\vec{E}=(300\vec{i}+800\vec{j})$ V/m，试问：点 $A(5，1)$ 和点 $B(4，2)$ 之间的电势差 $U_{AB}$ 等于多少（坐标 $x$、$y$ 的单位为 m）？

10. 如图 5-49 所示，$A$ 点与 $B$ 点间距离为 $2R$，$OCD$ 是以 $B$ 点为中心、$R$ 为半径的半圆形路径。$A$、$B$ 两处各放有一个点电荷，电荷分别为 $+q$ 和 $-q$。将另一个电荷为 $Q$ 的点电荷从 $O$ 点沿路径 $OCD$ 移到 $D$ 点，电场力做了多少功？如果将电荷

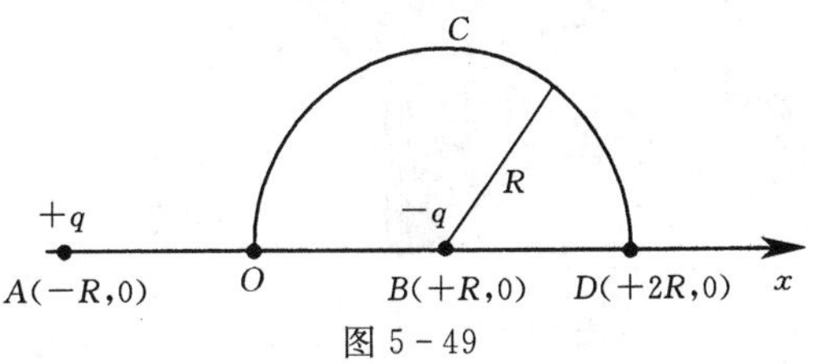


图 5-49

$Q$ 从 $O$ 点沿路径 $OCD$ 移到 $D$ 点后，再沿着 $x$ 轴正方向移动到无穷远处，试问：电场力做的功又等于多少？

## 第六节 等势面 电场强度与电势的关系

### 一、等势面

在静电场中，一般情况下电势是逐点变化的，但总有一些点电势值相等。我们把**电势相等的点构成的曲面称为等势面**（equipotential surface）。在绘制等势面时，一般要求相邻等势面间的电势差相等。由点电荷的电势公式 $U=\frac{q}{4\pi\varepsilon_0 r}$ 容易看出，与点电荷 $q$ 距离相等那些点的电势相等，它们连接起来构成以 $q$ 为中心的球面，因此点电荷电场中的等势面是以 $q$ 为中心的一系列同心球面，如图 5-50（a）中的虚线所示，图中实线表示电场线。

(a)点电荷电场中的等势面

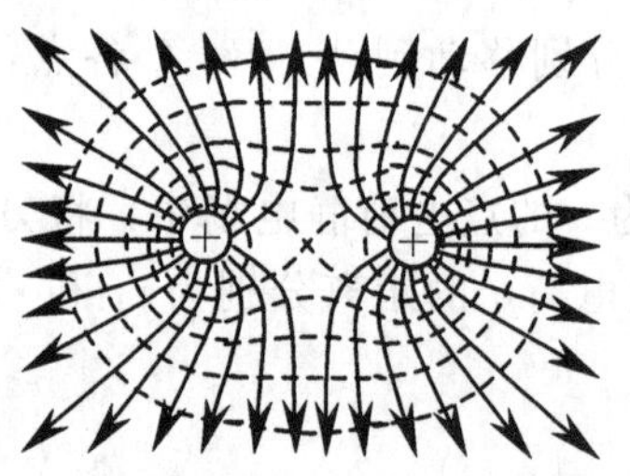

(b)两个等值同号的点电荷

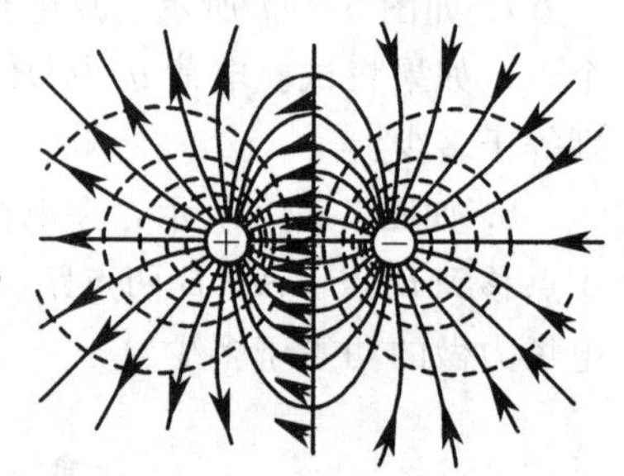

(c)两个等值异号的点电荷

图 5-50

静电场中等势面的性质如下：

(1) 沿着等势面移动电荷时电场力不做功。当点电荷 $q_0$ 沿着等势面从 $a$ 点移到 $b$ 点时，电场力的功为 $W=q_0(U_a-U_b)$，由于 $U_a=U_b$，因此 $W=0$。

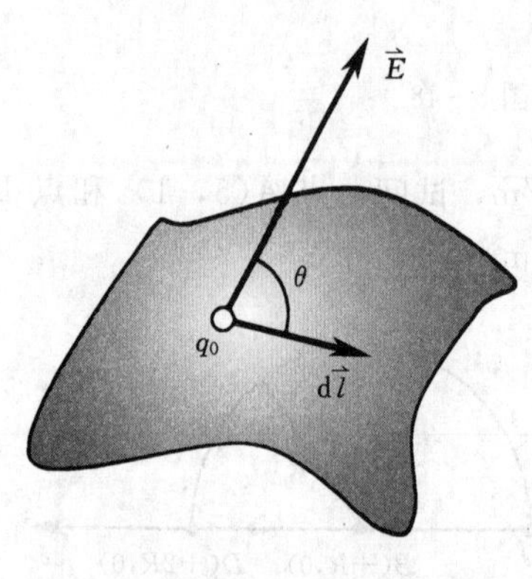


图 5-51

(2) 电场线与等势面正交。如图 5-51 所示，当点电荷 $q_0$ 在等势面上发生位移 $d\vec{l}$ 时，电场力所做的功为 $dW=q_0 E dl\cos\theta$，其中 $\theta$ 为电场强度 $\vec{E}$ 的方向（即电场线方向）与 $d\vec{l}$ 之间的夹角。由于 $dW=0$，因此 $q_0 E dl\cos\theta=0$，但是 $q_0$、$E$、$dl$ 均不为零，所以 $\cos\theta=\cos 90°=0$，即 $\vec{E}$ 与 $d\vec{l}$ 垂直。由于 $d\vec{l}$ 总在等势面上，因此 $\vec{E}$ 的方向（即电场线方向）与等势面必然垂直。

(3) 等势面密集处场强大，稀疏处场强小。

(4) 任意两个等势面不相交。

## 二、电场强度与电势的关系

电场强度和电势都是描写电场性质的物理量，因此它们必定存在某种关系。在前面我们已经得出了它们之间的积分关系，下面讨论它们之间的微分关系。

如图 5-52 所示，$A$、$B$ 是电场中无限邻近的两点，$U$、$U+\mathrm{d}U$ 分别为 $A$、$B$ 两点的电势，$\mathrm{d}\vec{l}$为由 $A$ 点到 $B$ 点的径矢，$\vec{E}$为 $A$ 点的电场强度。$A$、$B$ 两点之间的电势差等于将单位正电荷从 $A$ 点移动到 $B$ 点时电场力所做的功，即

$$U-(U+\mathrm{d}U)=\vec{E}\cdot\mathrm{d}\vec{l}$$

即
$$-\mathrm{d}U=\vec{E}\cdot\mathrm{d}\vec{l}=E\cos\theta\mathrm{d}l$$

式中：$\theta$ 为$\vec{E}$与 $\mathrm{d}\vec{l}$之间的夹角。

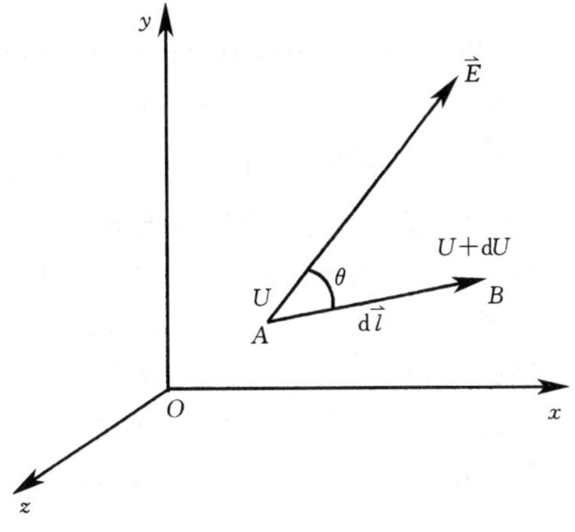


图 5-52

由上式得到

$$E\cos\theta=-\frac{\mathrm{d}U}{\mathrm{d}l} \qquad (5-35)$$

式中：$E\cos\theta$ 为 $A$ 点的电场强度$\vec{E}$沿 $\mathrm{d}\vec{l}$方向的分量；$\frac{\mathrm{d}U}{\mathrm{d}l}$为 $A$ 点电势沿 $\mathrm{d}\vec{l}$方向的空间变化率。

式（5-35）说明，空间某点的电场强度$\vec{E}$沿 $\mathrm{d}\vec{l}$方向的分量等于电势沿该方向空间变化率的负值。

此外，如果$\vec{E}$与 $\mathrm{d}\vec{l}$的方向相同（这时的$\vec{l}$往往用$\vec{n}$表示），即 $\theta=0$，式（5-35）变为

$$E=-\frac{\mathrm{d}U}{\mathrm{d}n} \qquad (5-36)$$

式（5-36）说明电势 $U$ 沿$\vec{E}$方向的空间变化率最大，即**电场强度$\vec{E}$的方向是电势变化最快的方向**。这个公式还告诉我们，如果相邻的等势面靠得越近，电场强度就越大，即**等势面越密集的地方电场越强，等势面越稀疏的地方电场越弱**。

在空间直角坐标系中，电势是空间坐标（$x$，$y$，$z$）的函数，即 $U=U(x,y,z)$。在式（5-35）中，如果 $\mathrm{d}\vec{l}$与 $x$ 轴平行同向，即 $\mathrm{d}\vec{l}=\mathrm{d}x\,\vec{i}$，$E\cos\theta$ 就是电场强度沿 $x$ 轴的分量，即 $E\cos\theta=E_x$，式（5-35）变为

$$E_x=-\frac{\partial U}{\partial x}$$

同理

$$E_y=-\frac{\partial U}{\partial y},\quad E_z=-\frac{\partial U}{\partial z}$$

因此，电场强度在空间直角坐标系中的表达式为

$$\vec{E}=E_x\vec{i}+E_y\vec{j}+\vec{E}_z\vec{k}=-\left(\frac{\partial U}{\partial x}\vec{i}+\frac{\partial U}{\partial y}\vec{j}+\frac{\partial U}{\partial z}\vec{k}\right) \qquad (5-37)$$

式（5－37）就是电场强度与电势的微分关系。

矢量$\left(\frac{\partial U}{\partial x}\vec{i}+\frac{\partial U}{\partial y}\vec{j}+\frac{\partial U}{\partial z}\vec{k}\right)$称为**电势梯度**，用 grad$U$ 或$\nabla U$ 表示，因此我们得到电场强度与电势的微分关系的一般形式为

$$\vec{E}=-\mathrm{grad}U=-\nabla U \tag{5-38}$$

式（5－38）说明，**在电场中任一点的电场强度矢量，等于该点的电势梯度矢量的负值。**

由式（5－38）可知，电场强度的另外一个单位是 V/m。

电势梯度矢量$\nabla U$ 的正方向是电势升高的方向，式（5－38）告诉我们，$\vec{E}$的方向与$\nabla U$的方向相反，**因此空间某点电场强度$\vec{E}$的方向总是指向电势降低的方向。**

电场强度与电势的微分关系在实际应用中的重要性在于它提供了一种新的计算场强的方法，即可以先计算出电势分布函数，然后代入式（5－37）或式（5－38）求出场强。

**【例 5－13】** 应用场强与电势的微分关系式求均匀带电圆盘轴线上任意点 $P$ 处的电场强度。设圆盘半径为 $R$，电荷面密度为 $\sigma$，$P$ 点离盘心的距离为 $x$。

**解**：在［例 5－12］中，求得均匀带电圆盘轴线上的电势为

$$U=\frac{\sigma}{2\varepsilon_0}\left(\sqrt{R^2+x^2}-x\right)$$

根据式（5－37）得电场强度沿轴线的分布为

$$E=E_x=-\frac{\mathrm{d}U}{\mathrm{d}x}=\frac{\sigma}{2\varepsilon_0}\left(1-\frac{x}{\sqrt{R^2+x^2}}\right)$$

这一结果与［例 5－4］计算的结果完全相同，但计算过程要简单得多。

**【例 5－14】** 求电偶极子电场中任一点的电场强度。

**解**：在［例 5－10］中，求得电偶极子电场中任一点的电势为

$$U=\frac{p_e x}{4\pi\varepsilon_0\ (x^2+y^2)^{3/2}}$$

根据式（5－37）得电偶极子电场中任一点电场强度的两个分量分别为

$$E_x=-\frac{\partial U}{\partial x}=\frac{p_e(2x^2-y^2)}{4\pi\varepsilon_0(x^2+y^2)^{5/2}}$$

$$E_y=-\frac{\partial U}{\partial y}=\frac{3p_e xy}{4\pi\varepsilon_0(x^2+y^2)^{5/2}}$$

由上述结果可得，在电偶极子的延长线（$y=0$）上的电场强度为

$$E_x=\frac{p_e}{2\pi\varepsilon_0 x^3},\ E_y=0$$

在电偶极子的中垂线上（$x=0$）的电场强度为

$$E_x=-\frac{p_e}{4\pi\varepsilon_0 y^3},\ E_y=0$$

## 思考与讨论

1. 在图 5－53 中，实线表示电场线，虚线表示该电场的等势面，$a$、$b$、$c$ 三点是三个

等势面上的点，试将由三点的电场强度大小 $E_a$、$E_b$ 和 $E_c$ 按从小到大的顺序排列起来；试将电势 $U_a$、$U_b$ 和 $U_c$ 按从低到高的顺序排列起来。

2. 已知某区域的电势为 $U=k\ln(y^2+x^3+2)$，式中 $k$ 为常量。试问：该区域的场强的各个分量分别等于多少？

3. 已知某静电场的电势为 $U=x^3-6xy-4y^2$，式中的各个物理量均采用国际单位。试问：点（1，2，3）处的电场强度等于多少？

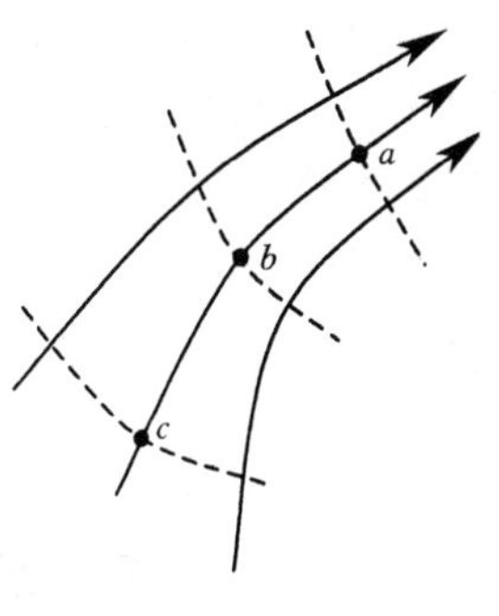

图 5－53

## 习 题

1. 如图 5－54 所示，一根细橡胶棒被弯成半径为 $R$ 的半圆形，沿其左半部分均匀分布有电荷 $+Q$，沿其右半部分均匀分布有电荷 $-Q$。试求圆心 $O$ 处的电场强度。

2. 如图 5－55 所示，半径为 $R$ 的带电细圆环的电荷线密度 $\lambda=\lambda_0\cos\theta$，其中 $\lambda_0$ 为常数，$\theta$ 是半径 $R$ 与 $x$ 轴之间的夹角。试求圆环中心 $O$ 处点的电场强度。

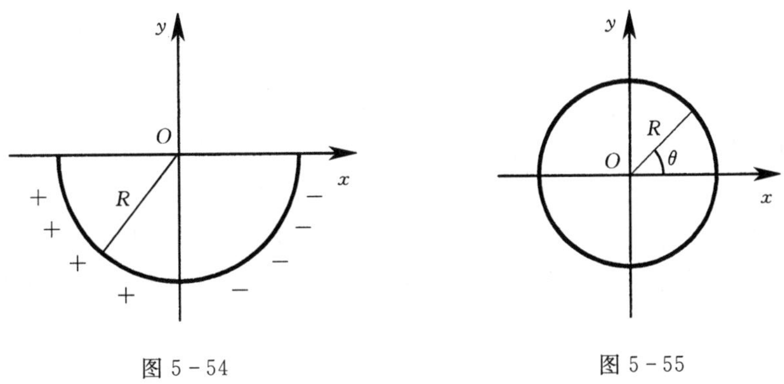

图 5－54　　图 5－55

3. 如图 5－56 所示，一个无限长的带电圆柱面上的电荷面密度 $\sigma=\sigma_0\cos\alpha$，式中 $\alpha$ 为半径 $R$ 与 $x$ 轴之间的夹角。试求圆柱轴线上一点的场强。

4. 如图 5－57 所示，一个无限长均匀带电的半圆柱面，半径为 $R$，设半圆柱面沿轴线 $AB$ 单位长度上的电荷为 $\lambda$。试求轴线上任一点的电场强度。

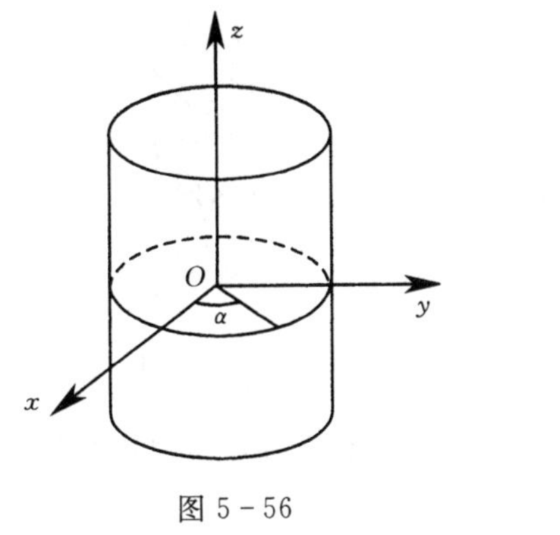

图 5－56

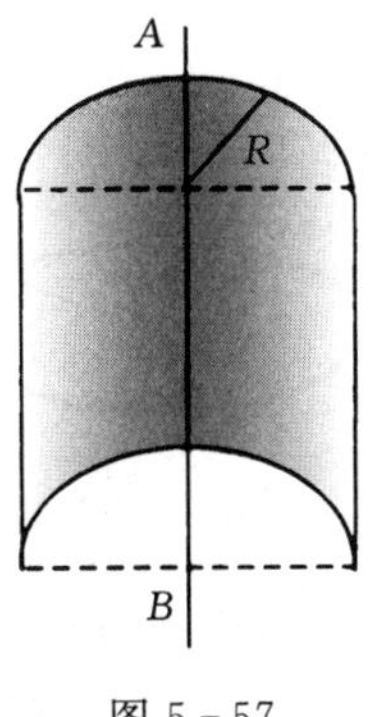

图 5－57

5. 如图 5-58 所示，一个电荷面密度为 $\sigma$ 的无限大平面，在距离平面 $r$ 处的 $P$ 点的场强大小的 1/4 是由平面上的一个半径为 $R$ 的圆面积范围内的电荷所产生的。试求该圆半径的大小。

6. 图 5-59 中的虚线表示一个边长 $r=5\text{cm}$ 的立方形的高斯面。已知空间的场强分布为$\vec{E}=ky\vec{j}$，其中常量 $k=500\text{N}/(\text{C}\cdot\text{m})$。试求该立方形高斯面中包含的净电荷。

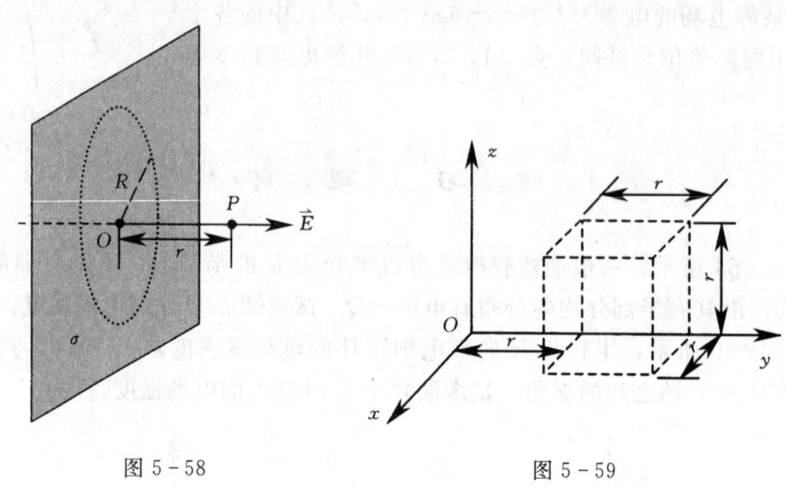


图 5-58　　图 5-59

7. 如图 5-60 所示，真空中有一个半径为 $R$ 的圆平面，在通过圆心 $O$ 点与圆平面垂直的轴线上有一点 $P$，它到 $O$ 点的距离为 $l$。在 $P$ 处放置一个点电荷 $Q$，试求通过该圆平面的电通量。

8. 图 5-61 所示的是一个厚度为 $a$ 的无限大均匀带电平板，其电荷体密度为 $\rho$。设坐标原点 $O$ 在带电平板的中央平面上，坐标轴垂直于平板。试求板内、板外的场强分布，并画出场强随 $r$ 的变化图线。

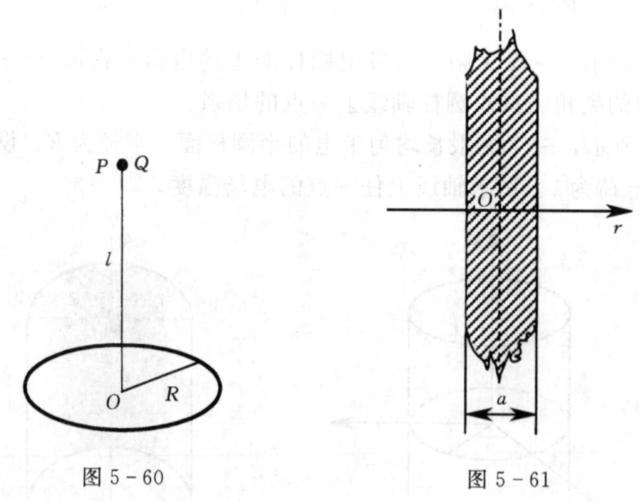


图 5-60　　图 5-61

9. 一个半径为 $R$ 的带电球体，其电荷体密度分布为 $\rho=kr^2(r\leqslant R)$，$\rho=0(r>R)$，其中 $k$ 为常量。试求球内、球外的场强分布。

10. 如图 5－62 所示，一块厚度为 $h$ 的无限大带电平板，其电荷体密度为 $\rho=ax(0\leqslant x\leqslant h)$，式中 $a$ 是大于零的常量。试求：

(1) 平板外两侧任一点处的电场强度。

(2) 平板内任一点处的电场强度。

(3) 何处的电场强度为零？

11. 如图 5－63 所示，一个无限大平面的中部有一半径为 $R$ 的圆孔，设平面上均匀带电，电荷面密度为 $\sigma$。试求通过圆孔中心 $O$ 并与平面垂直的直线上各点的电场强度和电势（选圆孔中心 $O$ 点的电势为零）。

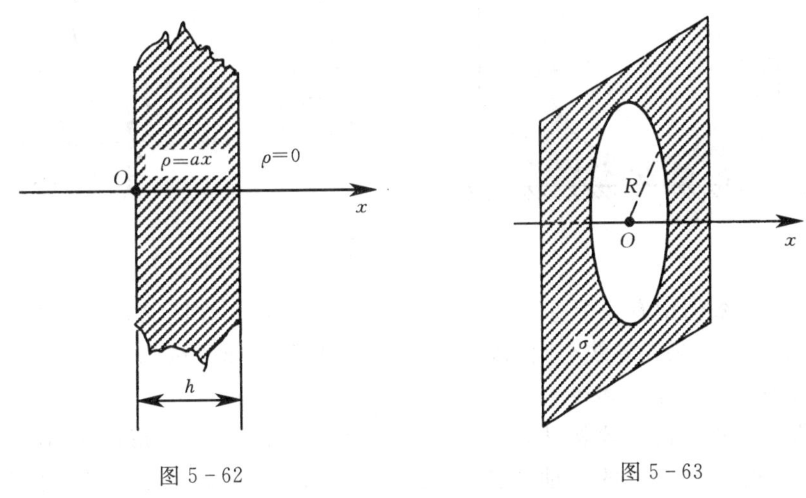


图 5－62　　　　图 5－63

12. 一个半径为 $R$ 的无限长圆柱形带电体，其电荷体密度为 $\rho=br(r\leqslant R)$，式中 $b$ 为常量。试求：

(1) 圆柱体内、外各点场强大小分布。

(2) 选取与圆柱体轴线距离为 $h(h>R)$ 处的电势为零，计算圆柱体内、外各点的电势分布。

13. 有 8 个完全相同的球状小水滴，它们表面都均匀地分布着等量、同号的电荷。如果将它们聚集成一个球状的大水滴，设在水滴聚集的过程中总电荷没有损失，电荷也是均匀分布在大水滴的表面。试问：大水滴的电势是小水滴电势的多少倍？

14. 电荷以相同的面密度 $\sigma$ 分布在半径为 0.2m 和 0.4m 的两个同心球面上。设无限远处电势为零，球心处的电势为 $U_0=600\text{V}$。试求：

(1) 电荷面密度 $\sigma$。

(2) 如果要使球心处的电势为零，外球面上应放掉多少电荷？

15. 一个内半径为 $R_1$、外半径为 $R_2$ 的均匀带电球层，其电荷体密度为 $\rho$。无穷远处为电势零点，试求该球层的电势分布。

16. 如图 5－64 所示，一个半径为 $R$、质量为 $M$ 的半球形光滑绝缘槽放在光滑水平面上，匀强电场 $\vec{E}$ 的方向竖直向上。一个质量为 $m$、带电量为 $+q$ 的小球从槽的顶点 $a$ 处由静止释放。已知质点受到的重力大于其所受电场力，如果忽略空气阻力，试求：

(1) 小球由顶点 $a$ 滑到槽最低点 $b$ 时相对地面的速度。

(2) 小球通过 $b$ 点时，槽相对地面的速度。

(3) 小球通过 $b$ 点后，能不能再上升到右端最高点 $c$ 处？

17. 如图 5-65 所示，一个空气平板电容器的下极板固定，上极板是静电天平右端的秤盘。已知极板面积为 $S$，两极板相距 $d$。电容器不带电时，天平恰好平衡；当电容器两极板间加上电势差 $U$ 时，天平左端要加质量为 $m$ 的砝码才能平衡。试求所加电势差 $U$。

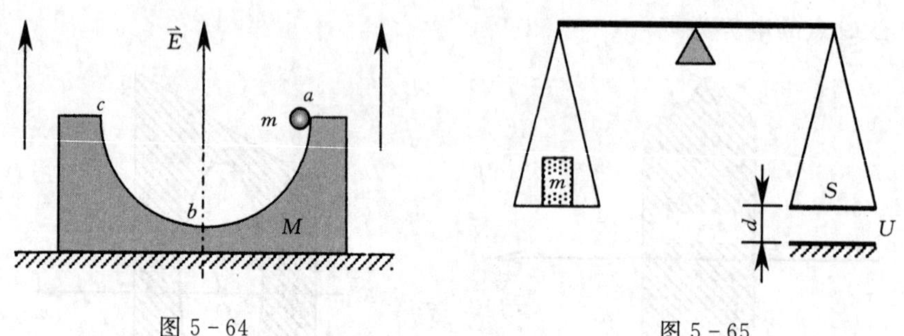


图 5-64　　图 5-65

18. 在盖革计数器中有一个直径为 2.00cm 的金属圆筒，在圆筒轴线上有一条直径为 0.150mm 的导线。如果在导线与圆筒之间加上 1000V 的电压，试问：导线表面和金属圆筒内表面的电场强度分别为多少？

19. 某真空二极管的主要构件是一个半径 $R_1=0.5\text{mm}$ 的圆柱形阴极 $M$ 和一个套在阴极外的半径 $R_2=4.5\text{mm}$ 的同轴圆筒形阳极 $N$，如图 5-66 所示。测得阳极电势比阴极高 300V，在忽略边缘效应的情况下。试求电子刚从阴极 $M$ 射出时所受到的电场力。

20. 如图 5-67 所示，一个半径为 $R$ 的均匀带电细圆环的总电荷为 $Q$。设无限远处为电势零点，试求圆环轴线上距离圆心 $O$ 为 $x$ 处 $P$ 点的电势，并利用电势梯度求该点场强。

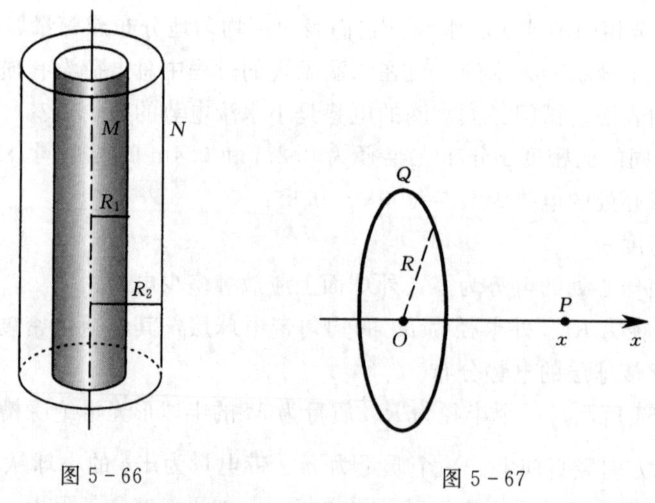


图 5-66　　图 5-67

21. 如图 5 - 68 所示，一根均匀带电的细直杆沿 $x$ 轴放置，其电荷线密度为 $\lambda$。试求 $y$ 轴上距 $O$ 点为 $y$ 处 $P$ 点的电势，并利用电势梯度求该点场强。

22. 如图 5 - 69 所示，一个半径为 $R$ 的球冠对球心的张角为 $2\alpha$，该球冠面上均匀带电，其电荷面密度为 $\sigma$。设无限远处为电势零点，试求其轴线上与球心 $O$ 相距为 $h(h>R)$ 处 $P$ 点的电势，并利用电势梯度求该点的场强。

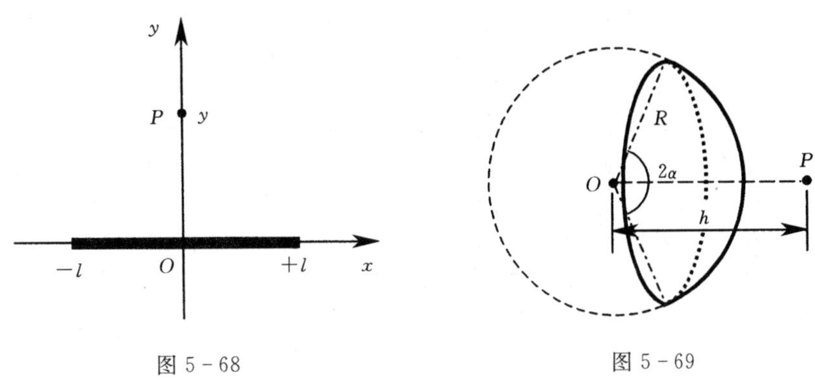


图 5 - 68　　　　图 5 - 69

23. 设某电场中电势沿 $x$ 轴的变化曲线如图 5 - 70 所示。试求各区间（忽略各区间端点的情况）电场强度的 $x$ 分量，并作出 $E_x$ 与 $x$ 的关系曲线。

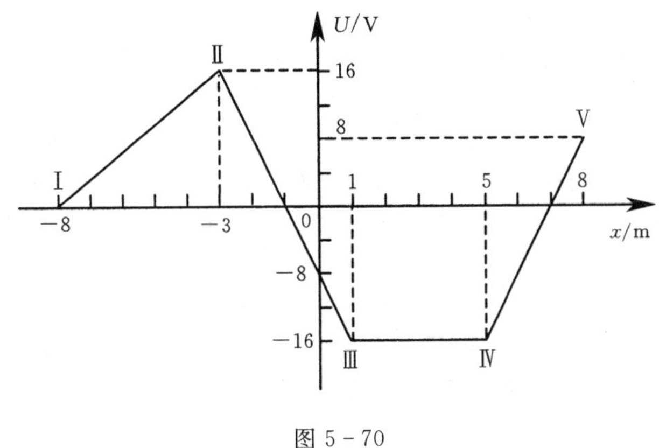


图 5 - 70

## 科学家史话　库仑

查利·奥古斯丁·库仑（Charlse - Augustin de Coulomb，1736—1806），法国工程师、物理学家。电学是物理学的一个重要分支，在它的发展过程中，很多物理学界的巨匠都曾作出过杰出的贡献。库仑就是其中影响力非常巨大的科学家。

库仑家里很有钱，在青少年时期受到了良好的教育。早年就读于美西也尔工程学校，后来到巴黎军事工程学院学习，离开学校后，他进入西印度马提尼克皇家工程公司工作，8年以后又在埃克斯岛瑟堡等地服役。

库仑在军队里从事了多年的军事建筑工作，为他1773年发表的有关材料强度的论文积累了材料。这时的库仑就已经开始从事科学研究工作，他把主要精力放在研究工程力学和静力学问题上。在这篇论文里，库仑提出了计算物体上应力和应变的分布的方法，这种方法成了结构工程的理论基础，一直沿用到现在。在巴黎期间，库仑为许多建筑的设计和施工提供了帮助，而工程中遇到的问题促使了他对土的研究。1773年，库仑向法兰西科学院提交了论文《最大最小原理在某些与建筑有关的静力学问题中的应用》，文中研究了土的抗剪强度，并提出了土的抗剪强度准则，还对挡土结构上的土压力的确定进行了系统研究，首次提出了主动土压力和被动土压力的概念及计算方法。该论文在1776年由科学院刊出，被认为是古典土力学的基础，他因此也成为“土力学之始祖”。

1777年，库仑开始研究静电和磁力问题。当时法国科学院悬赏征求改良航海指南针中的磁针问题。库仑认为磁针支架在轴上，必然会带来摩擦，提出用细头发丝或丝线悬挂磁针。同时，他对磁力进行深入细致的研究，特别注意了温度对磁体性质的影响。库仑在研究中发现线扭转时的扭力和指针转过的角度成比例关系，从而可以利用这种装置测出静电力和磁力的大小，这导致了弹性扭转定律的发现和扭秤的发明。扭秤能以极高的精度测出非常小的力。1779年，他对摩擦力进行了分析，提出有关润滑剂的科学理论，于1781年发现了摩擦力与压力的关系，表述出摩擦定律、滚动定律和滑动定律。他还设计出水下作业法，类似于现代的沉箱。由于成功地设计了新的指南针结构以及在研究普通机械理论方面作出的杰出贡献，1782年，库仑当选为法国科学院院士。为了保持较好的科学实验条件，他仍在军队中服务，但他的名字在科学界已经人所共知。在1785—1789年用扭秤测量静电力和磁力的过程中，他导出了著名的库仑定律。他在给法国科学院的《电力定律》的论文中详细地介绍了他的实验装置、测试经过和实验结果。库仑定律使电磁学的研究从定性进入定量阶段，是电磁学史上一块重要的里程碑。

磁学中的库仑定律也是利用类似的方法得到的。1789年，法国大革命爆发，库伦隐居在自己的领地里，每天全身心地投入到科学研究工作中去。同年，他的一部重要著作问世。在这部书里，他将对正负电的认识应用到磁学理论方面，并归纳出类似于两个点电荷相互作用的两个磁极相互作用定律。库仑以自己一系列的著作丰富了电学与磁学研究的计量方法，将牛顿的力学原理扩展到电学与磁学中。库仑的研究为电磁学的发展、电磁场理论的建立开拓了道路，这也使他的扭秤在精密测量仪器及物理学的其他方面得到了广泛的应用。

库仑还给我们留下了不少宝贵的著作，其中最主要的是《电气与磁性》一书，共7卷，于1785—1789年先后公开出版发行。

1806年8月23日，库仑因病在巴黎逝世。库仑是18世纪最伟大的物理学家之一，他的杰出贡献是永远也不会磨灭的。

# 第六章 静电场中的导体和电介质

在第五章中讨论了真空中的静电场，但在实际情况下，带电体周围总是存在其他物质的，这些物质可以分为导体和电介质，因此带电体所激发的静电场总是存在于导体和电介质中的。此外，存在于导体和电介质中的静电场对这些导体和电介质也会产生影响。人们的生活中离不开物质，因此本章所讨论的问题更具有实际意义。

本章讨论的主要内容有：导体处于静电平衡的意义及其条件，静电场中导体的电学性质，在静电平衡状态下导体上的电荷分布情况；电容器及其电容的意义，电容器的连接，对几种典型电容器电容的计算；电介质的极化及其微观机制，相对电容率的物理意义，有电介质时的高斯定理；电场的能量和电场的物质性。

**本章学习要点**

(1) 掌握导体静电平衡的场强条件和电势条件，了解导体处于静电平衡状态时的电荷分布情况，掌握导体达到静电平衡时表面的场强与电荷面密度的关系，了解尖端放电现象和静电屏蔽。

(2) 熟练掌握电容器及其电容的定义，掌握计算电容器电容的方法，熟练掌握电容器串联和并联的特点。

(3) 了解电介质的极化及其微观机理，理解相对电容率 $\varepsilon_r$ 的物理意义，掌握有电介质时的高斯定理，理解电位移矢量的作用，掌握电位移矢量与电场强度的关系及其区别，熟练掌握有电介质时电场的计算方法。

(4) 掌握电容器储存能量的计算，学会计算一般电场的能量。

## 第一节 静电场中的导体

固态的金属、液态的酸碱盐及其溶液、气态的电离空气等都是导体，它们能够导电的原因是它们内部存在自由电荷。液态和气态导体中的自由电荷是正负离子，金属导体中的自由电荷是自由电子。本课程讨论的导体只限于各向同性的均匀金属导体。

### 一、导体的静电平衡

金属导体由带负电的自由电子和带正电的晶体点阵构成。在导体不带电或不受外电场作用的情况下，导体中任何一部分都是电中性的，此时自由电子在晶体点阵间作无规则的热运动，没有宏观的定向移动。

如图 6-1 所示，将不带电的金属导体放入外电场 $\vec{E}_0$ 中，在外电场力的作用下，导体

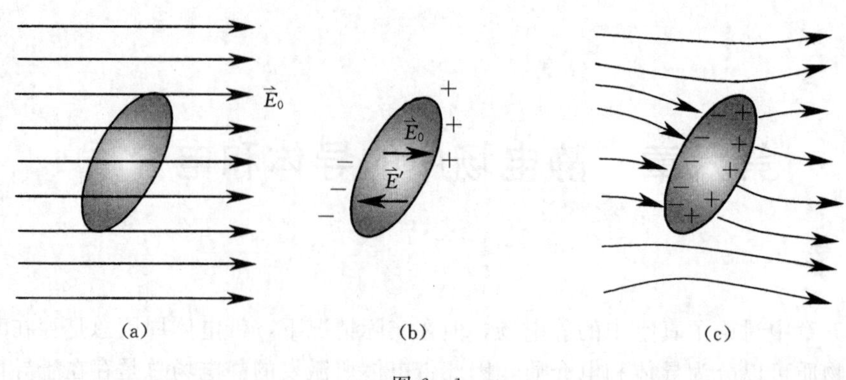


图 6-1

中的自由电子逆着外电场方向作宏观的定向移动，移动的结果使导体两端带上等量异号的电荷，这种现象称为**静电感应**（electrostatic induction），这时在导体表面出现的电荷称为**感应电荷**。感应电荷激发的电场通常称为**附加电场**，用$\vec{E}'$表示，导体内部任一点的合场强为

$$\vec{E}=\vec{E}_0+\vec{E}'$$

其中附加电场$\vec{E}'$的方向总是与外电场$\vec{E}_0$的方向相反。随着感应电荷的不断积累，$\vec{E}'$会不断增大，当$\vec{E}'$和$\vec{E}_0$的大小相等时，$\vec{E}=\vec{E}_0+\vec{E}'=0$，这时导体中不再有电荷的宏观定向移动，导体达到**静电平衡**（electrostatic equilibrium）状态，如图 6-1（b）所示。

导体处于静电平衡状态时具有如下性质：

（1）**导体内部的场强处处等于零**。如果导体中某点场强不等于零，该点的自由电子必然受到电场力的作用而继续运动，这样导体并未达到静电平衡状态。因此，只要导体达到静电平衡状态，导体内部的场强只能处处为零，这就是**导体静电平衡的条件**。

（2）**在导体表面上任何一点，场强垂直于导体表面**。如果在导体表面上场强不垂直于导体表面，场强必然在导体表面上有分量，在该场强分量的作用下自由电子会发生移动，这样导体并没有达到静电平衡状态。因此，只要导体达到静电平衡状态，在导体表面外侧紧靠导体表面处，场强必然处处与导体表面垂直。

（3）**导体表面是等势面，整个导体是等势体，并且导体表面与导体内部的电势相等**。我们可以在导体表面或导体内部任取两点 $a$、$b$，在静电平衡状态下，在电势定义式$\int_a^b \vec{E}\cdot \mathrm{d}\vec{l}=U_a-U_b$中恒有$\vec{E}\equiv 0$，即$U_a=U_b$。由于 $a$、$b$ 两点是任意选取的，因此在静电平衡状态下，导体表面必然是等势面，导体是等势体，导体表面与导体内部的电势相等。这是**导体静电平衡条件**的另外一种表达方式。

由图 6-1（c）可以看出，在静电平衡状态时感应电荷产生的电场与外电场叠加的结果不仅使导体内部的场强变为零，而且使导体外部的电场发生了改变。

## 二、静电平衡时导体上的电荷分布

1. 电荷只分布在导体的外表面上

如图 6-2 所示，在导体内部作任意高斯面 $S$，在高斯定理$\oint_S \vec{E}\cdot \mathrm{d}\vec{S}=\frac{1}{\varepsilon_0}\sum_i q_i$中，

$\sum_i q_i$ 为高斯面 $S$ 内所包围的净电荷。由于在静电平衡状态下，导体内部$\vec{E}\equiv0$，$\oint_S \vec{E}\cdot d\vec{S}=0$，因此 $\sum_i q_i=0$。即在高斯面 $S$ 内没有净电荷。因为高斯面 $S$ 是导体内的任意闭合曲面，它所包围的体积可以非常小，所以**在静电平衡状态下，导体内部不会存在净电荷，如果导体上带有电荷，这些电荷只能分布在导体的表面上**。

在图 6-3 中，导体内存在空腔，并且空腔内没有电荷。在导体内取一个包围空腔的高斯面 $S$，在静电平衡状态下导体内部$\vec{E}\equiv0$，$\oint_S \vec{E}\cdot d\vec{S}=0$，由高斯定理可得 $\sum_i q_i=0$，即空腔表面电荷的代数和为零。假设空腔表面某处有正电荷，另一处有等量的负电荷，这样必然会存在从正电荷出发而终止于负电荷的电场线，即空腔内应该存在电场。将场强从正电荷到负电荷所在处沿该电场线作线积分 $\int_+^- \vec{E}\cdot d\vec{S}$，必然有 $\int_+^- \vec{E}\cdot d\vec{S}\neq0$，根据电势差的定义式 $U_+-U_-=\int_+^- \vec{E}\cdot d\vec{S}$ 可知 $U_+\neq U_-$，即正电荷所在处与负电荷所在处的电势不相等，空腔表面不是等势面。该结论与导体达到静电平衡时导体表面是等势面的性质相矛盾，因此**导体达到静电平衡时，导体空腔表面一定不存在净电荷，并且空腔内部场强处处为零、电势处处相等**。

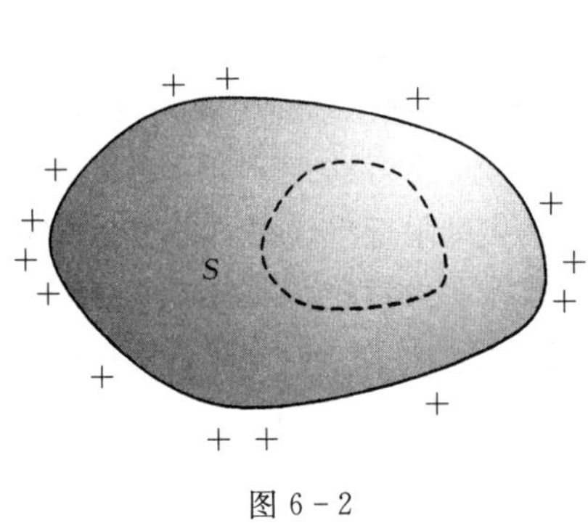

图 6-2

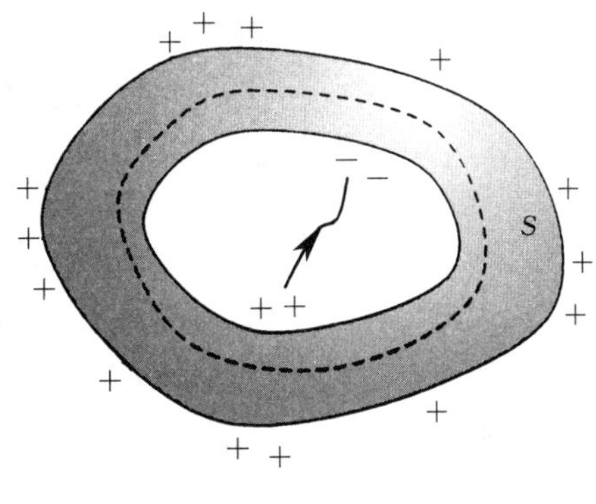

图 6-3

2. 导体表面上的场强与电荷面密度成正比

如图 6-4 所示，在导体表面取一个面积足够小的面积元 $\Delta S$，其上的电荷分布和电场分布可以认为是均匀的，设电荷面密度为 $\sigma$，场强为$\vec{E}$，并且$\vec{E}$与 $\Delta S$ 垂直。通过 $\Delta S$ 作一贯穿导体表面的无限扁的圆柱形高斯面，其轴线垂直 $\Delta S$。通过整个圆柱面的电通量为通过上、下底面和侧面三部分电通量之和，由于下底面在导体内，导体内$\vec{E}=0$，因此通过它的电通量等于零；在侧面上要么$\vec{E}=0$（在导体内部），要么$\vec{E}$与侧面平行（在导体外部），因此通过它的电通量也等于零；在上底各点$\vec{E}$都与上底面垂直，因此通过上底面的电通量为 $E\Delta S$，该值

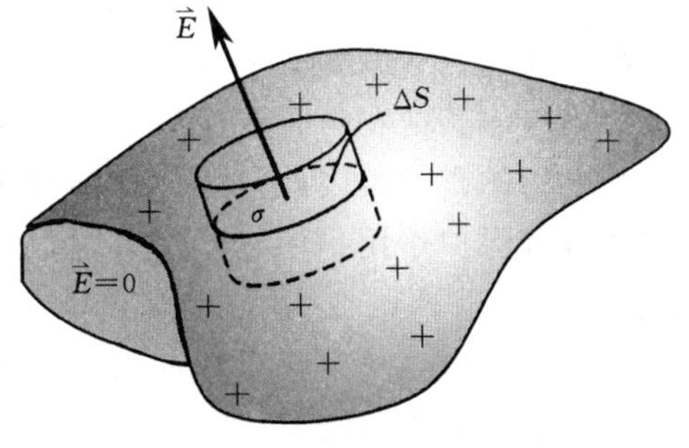

图 6-4

也就是通过整个高斯面的电通量。又因为高斯面包围的电荷为 $\sigma\Delta S$，由高斯定理得

$$E\Delta S=\frac{\sigma\Delta S}{\varepsilon_0}$$

所以导体表面上的电场强度为

$$E=\frac{\sigma}{\varepsilon_0} \tag{6-1}$$

式（6-1）表明，**导体表面的场强与该处导体表面的电荷面密度成正比。**

3. 导体表面电荷面密度与曲率的关系

实验表明，孤立的带电导体（不受外电场影响的带电导体）达到静电平衡时，表面曲率大处场强也大，由于场强与电荷面密度成正比，因此导体表面曲率大处电荷面密度也大，曲率小处电荷面密度也小，表面凹处曲率为负值，电荷面密度更小，但电荷面密度并不与曲率成正比关系。

如果带电导体有一尖端，由于尖端曲率大，电荷面密度也大，而导体表面附近的场强与电荷面密度成正比，因此尖端附近电场特别强。空气中总是存在少量离子的，在尖端强电场的作用下，尖端附近的离子发生剧烈运动。在运动过程中它们会与中性空气分子碰撞而导致空气分子发生电离，于是在尖端附近产生大量新离子，与尖端上电荷异号的离子受到吸引而移向尖端，并与尖端上的电荷中和，使导体上的电荷逐渐消失，这种现象称为**尖端放电**（point discharge）。

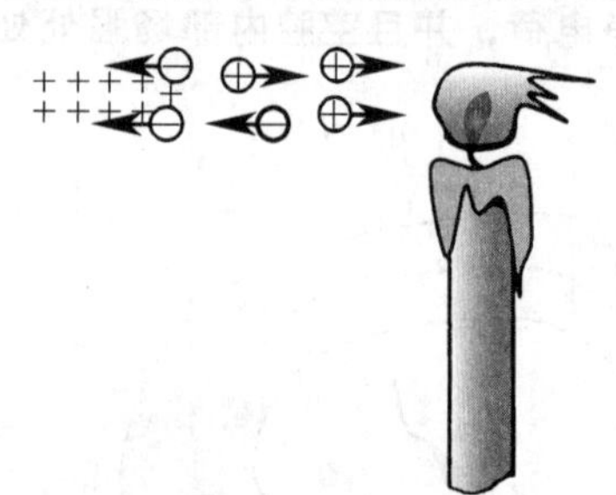

图 6-5

尖端放电现象可以用实验演示，如图 6-5 所示。将尖端接到起电机的一个电极上，并在尖端附近放一烛焰，则烛焰可以被吹灭。这是因为尖端附近空气中与尖端电荷同号的离子会受到尖端电荷的排斥，大量的离子向同一方向运动形成所谓电风，正是电风将烛焰吹灭的。位于烛焰与尖端之间的异号离子向尖端运动，它们对烛焰不发生影响。

## 三、静电屏蔽

前面谈到，将不带电的空腔导体放入外电场中，当导体处于静电平衡状态时，空腔内部的场强处处为零，如图 6-6 所示。如果在空腔内放入其他物体，这个物体就不会受到外电场的影响，因此空腔导体对腔内的物体具有保护作用，使它不受外电场的影响。

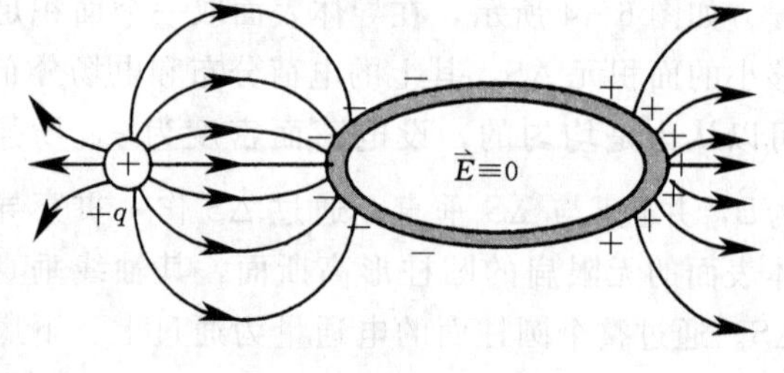


图 6-6

有些带电体会产生强电场而影响其他物体。为了避免这种情况，可以将带电体放在空腔导体内部。在图 6-7（a）中，一带正电荷的物体放在空腔导体内，由于静电感应，在空腔表面上产生负电荷，导体的外表面上产生正电荷。导体外表面上的这些正电荷在外空间仍然会产生电场，其他物体会受到该电场的影响。在图 6-7（b）中，将空腔导体接地，导体外表面上的感应正电荷与地

面上的负电荷中和。在空腔内，从正电荷出发的电场线终止于空腔表面，从而使腔内的带电体不会对外界产生影响。

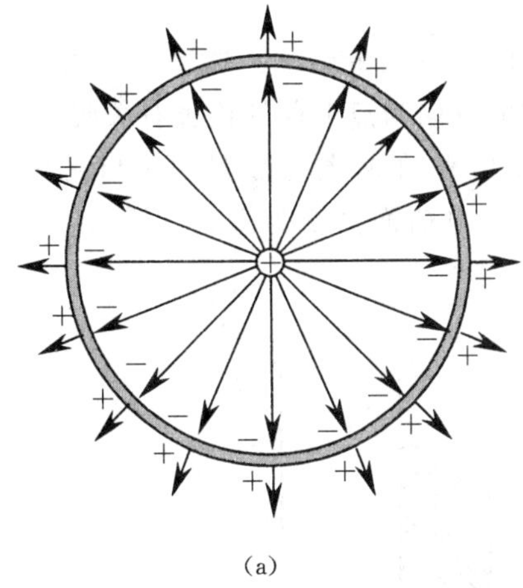
(a)

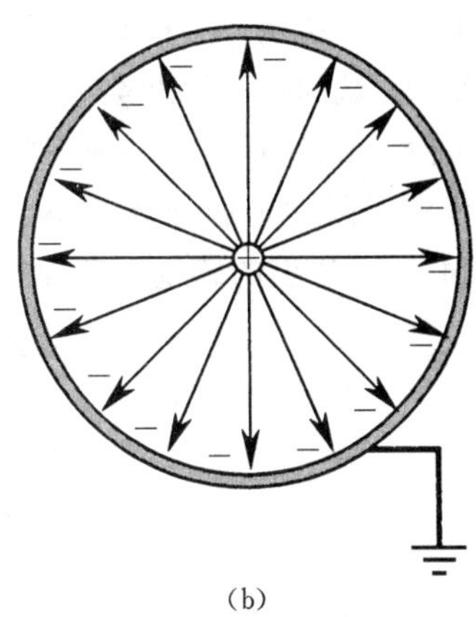
(b)

图 6-7

由以上讨论可以得出如下结论：**接地的空腔导体不仅能使其内部不受外电场的影响，也能避免空腔内的电场对外界产生影响，它起到了防止和隔绝内外电场相互影响的作用，这就是静电屏蔽**（electrostatic shielding）。实际中常用编织得相当紧密的金属网来代替空腔导体作为静电屏蔽屏。

**【例 6-1】** 如图 6-8 所示，一个内半径为 $a$、外半径为 $b$ 的带有电荷 $Q$ 的金属球壳，在球壳空腔内距离球心 $r$ 处放置一个点电荷 $q$。设无限远处为电势零点，试求球心 $O$ 点的电势。

**解：** 球心 $O$ 点的电势等于点电荷 $q$、金属球壳内表面上的感生电荷 $-q$ 和外表面上的电荷 $q+Q$ 产生的电势的代数和。

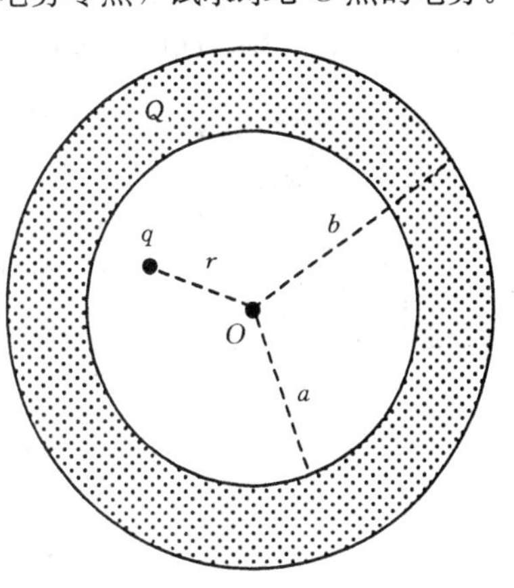

图 6-8

球壳内表面上的感应电荷不是均匀分布的，但由于任意电荷元到 $O$ 点的距离都是 $a$，因此由这些电荷在 $O$ 点产生的电势为

$$U_{-q}=\frac{\int_S \mathrm{d}q}{4\pi\varepsilon_0 a}=\frac{-q}{4\pi\varepsilon_0 a}$$

点电荷 $q$ 和金属球壳外表面上的电荷 $q+Q$（均匀分布）在 $O$ 点产生的电势分别为

$$U_q=\frac{q}{4\pi\varepsilon_0 r},\quad U_{q+Q}=\frac{q+Q}{4\pi\varepsilon_0 b}$$

球心 $O$ 点的总电势为

$$\begin{aligned}U_O&=U_q+U_{-q}+U_{Q+q}=\frac{q}{4\pi\varepsilon_0 r}+\frac{-q}{4\pi\varepsilon_0 a}+\frac{Q+q}{4\pi\varepsilon_0 b}\\&=\frac{q}{4\pi\varepsilon_0}\left(\frac{1}{r}-\frac{1}{a}+\frac{1}{b}\right)+\frac{Q}{4\pi\varepsilon_0 b}\end{aligned}$$

## 思 考 与 讨 论

1. 如图 6-9 所示，一根弹簧吊着一个接地的不带电金属球。如果在金属球的下方放置一点电荷 $q$，试问：金属球会怎样移动？移动的方向与点电荷的正负有关吗？

2. 如图 6-10 所示，在一块无限大的均匀带电平面 $M$ 附近放置一块与它平行的、具有一定厚度的无限大平面导体板 $N$。已知 $M$ 上的电荷面密度为 $+\sigma$，试问：在导体板 $N$ 的两个表面 $A$ 和 $B$ 上的感生电荷面密度分别为多少？

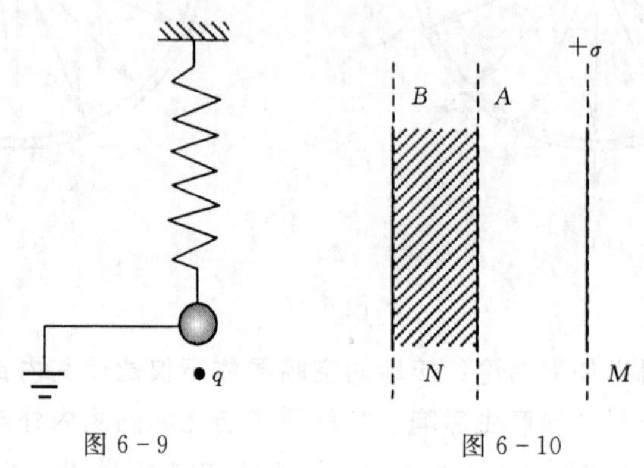


图 6-9　　　　图 6-10

3. 半径分别为 $a$ 和 $b$ 的两个带电金属球相距很远，如果用一根细长导线将两球连接起来，在忽略导线影响的情况下，试问：两个金属球表面的电荷面密度之比等于多少？

4. 一个不带电的导体球壳内有一个点电荷 $+q$，它与球壳内壁不接触。如果将该球壳与地面接触一下后，再将点电荷 $+q$ 取走，试问：球壳带的电荷为多少？电场分布在什么范围？

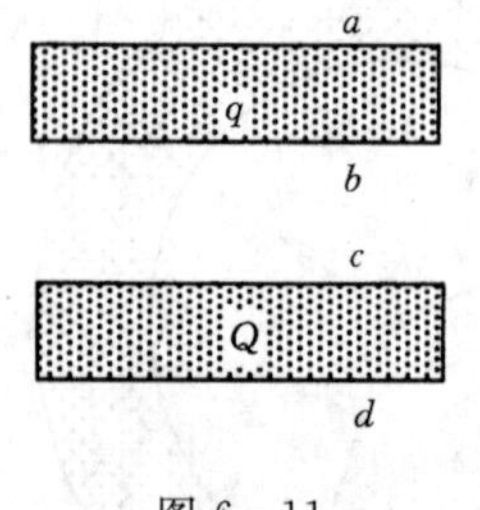


图 6-11

5. 如图 6-11 所示，两块很大的具有一定厚度的导体平板平行放置，面积都是 $S$，带电荷分别为 $q$ 和 $Q$。在不考虑边缘效应的情况下，试问：$a$、$b$、$c$、$d$ 四个表面上的电荷面密度分别为多少？

6. 地球表面附近的电场强度约为 98N/C。如果将地球看作半径为 $6.4\times10^{5}$m 的导体球，试问：地球表面的电荷等于多少？

7. 已知空气的击穿场强为 $4.0\times10^{6}$V/m，试问：处于空气中的一个半径为 0.5m 的球形导体所能达到的最高电势为多少？

# 第二节　电　容　器

## 一、电容器

**由两个导体组成的、用来储藏电荷或电能的装置称为电容器**（condenser，capacitor），两个导体是电容器极板。电容器带电时，两个极板往往带有等值异号的电荷，每一极板上电荷的绝对值称为电容器所带电荷。电容器的分类方法很多，按极板形状划分，有平板电容器、球形电容器和柱形电容器等。

一个确定的电容器所带的电量与两极板间的电势差成正比，这说明电容器电量 $Q$ 与

电容器两极板间的电势差 $\Delta U=U_A-U_B$ 的比值完全决定于电容器本身的性质，我们把这个比值称为电容器的**电容**（capacity），用 $C$ 表示，即电容器电容的定义为

$$C=\frac{Q}{\Delta U} \tag{6-2}$$

当电容器两极板间的电势差 $\Delta U$ 一定时，电容 $C$ 越大，电容器储藏的电荷 $Q$ 越多，因此电容器的**电容是表示电容器储藏电荷能力的物理量**。

在国际单位制中，电容的单位为法拉，用符号 F 表示。由于法拉这个单位太大，通常采用微法（$\mu$F）或（pF），其关系为

$$1\text{F}=10^6\mu\text{F}=10^{12}\text{pF}$$

## 二、电容器电容的计算

下面根据电容的定义式计算几种典型电容器的电容。计算方法是，首先假设电容器两极板上分别带有等量异号的电荷 $+Q$ 和 $-Q$，再求出两极板的电势差，最后将电势差表达式代入电容定义式，消去电量 $Q$ 得到电容器的电容公式。

1. 平板电容器的电容

如图 6-12 所示，设两极板面积均为 $S$，两极板间的距离为 $d$，电容器所带电量为 $Q$。通常极板间距离 $d$ 比极板的线度小得多，因此，除边缘部分外，电荷均匀分布在极板表面上，设电荷面密度为 $\sigma$，显然 $\sigma=Q/S$。两极板间的电场是均匀电场，在忽略边缘效应的情况下，由［例 5-7］的计算可知两极板间的电场强度为

$$E=\frac{\sigma}{\varepsilon_0}=\frac{Q}{\varepsilon_0 S}$$

两极板间的电势差为

$$\Delta U=Ed=\frac{Qd}{\varepsilon_0 S}$$

将上式代入电容器电容定义式（6-2）立即得到平行板电容器的电容为

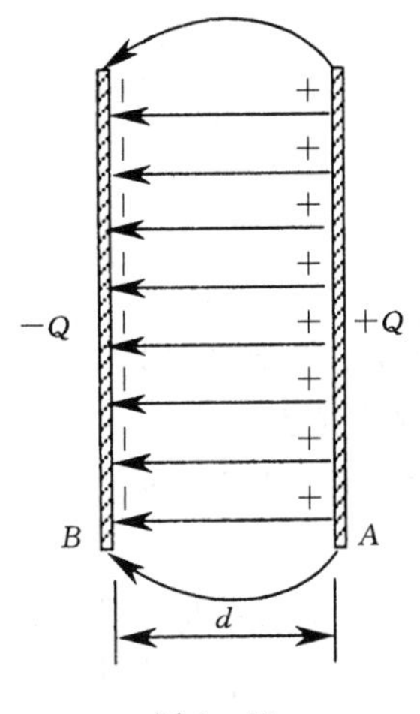


图 6-12

$$C=\frac{\varepsilon_0 S}{d} \tag{6-3}$$

2. 球形电容器的电容

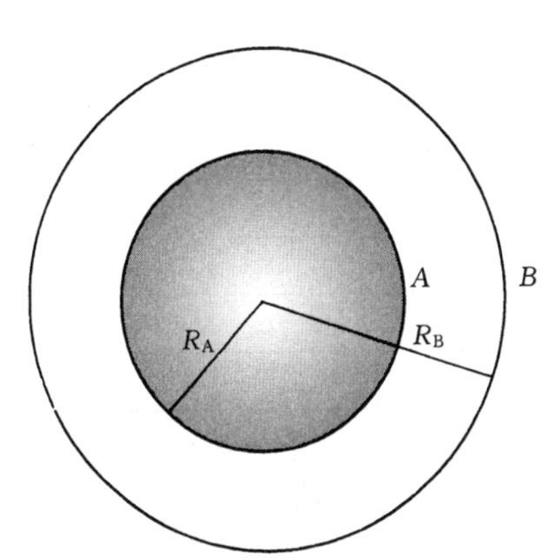


图 6-13

图 6-13 所示为由两个同心导体球壳组成的球形电容器，内外球壳半径分别为 $R_A$ 和 $R_B$，设电容器带电量为 $Q$，则两球壳间场强大小为 $E=\dfrac{Q}{4\pi\varepsilon_0 r^2}$，它们之间的电势差为

$$\Delta U=U_A-U_B=\int_A^B \vec{E}\cdot d\vec{l}$$

$$=\int_{R_A}^{R_B}\frac{Q}{4\pi\varepsilon_0 r^2}dr=\frac{Q}{4\pi\varepsilon_0}\frac{R_B-R_A}{R_AR_B}$$

由电容定义式得球形电容器的电容为

$$C=\frac{4\pi\varepsilon_0 R_A R_B}{R_B-R_A} \tag{6-4}$$

半径为 $R$ 的孤立的导体球可以认为它与无穷远处的同心导体球壳组成一个电容器，它是球形电容器的一个特例。在上式中令 $R_A=R$、$R_B\to\infty$ 即得到孤立导体球的电容为

$$C=4\pi\varepsilon_0 R \tag{6-5}$$

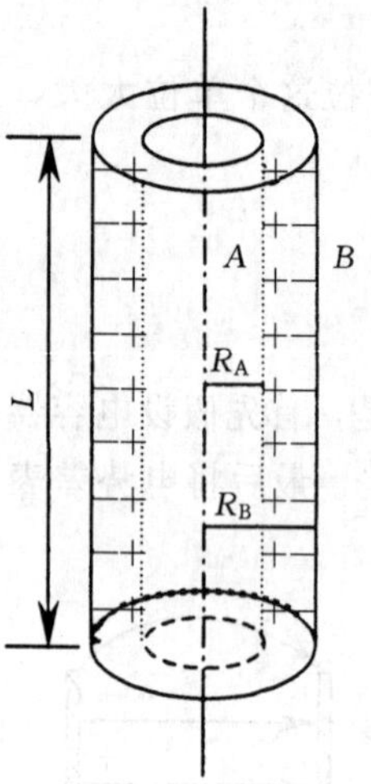

3. 圆柱形电容器的电容

在图 6-14 中，设圆柱形电容器的内圆柱面的半径为 $R_A$，外圆柱面的半径为 $R_B$，两圆柱面的长度均为 $L$，并且（$R_B-R_A$）$\ll L$。当电容器带电量 $Q$ 时，除边缘外，电荷均匀分布在两个圆柱面上，设圆柱面每单位长度所带电荷为 $\lambda$，两圆柱面间的电场大小为

$$E=\frac{\lambda}{2\pi\varepsilon_0 r}=\frac{Q}{2\pi\varepsilon_0 Lr}$$

忽略边缘部分的影响，两圆柱面间的电势差为

$$\Delta U=U_A-U_B=\int_A^B \vec{E}\cdot \mathrm{d}\vec{l}=\int_{R_A}^{R_B}\frac{Q}{2\pi\varepsilon_0 Lr}\mathrm{d}r=\frac{Q}{2\pi\varepsilon_0 L}\ln\frac{R_B}{R_A}$$

由电容定义式得圆柱形电容器的电容为

$$C=\frac{2\pi\varepsilon_0 L}{\ln\dfrac{R_B}{R_A}} \tag{6-6}$$

图 6-14

式（6-3）～式（6-6）4 个公式只适用于电容器两极板间为真空的情况。在实际应用中，常常要在电容器的两极板间充满某种**电介质**（dielectric），电介质是指电阻率很大（常温下大于 $10^7\Omega\cdot\mathrm{m}$），导电能力很差的物质。如果两极板间充满某种电介质时的电容设为 $C$，实验表明 $C>C_0$，$C_0$ 为电容器两极板间为真空时的电容。并且

$$C=\varepsilon_r C_0 \tag{6-7}$$

式中：$\varepsilon_r$ 为与电介质有关的常数，称为**电介质的相对电容率**。

式（6-7）表明，电容器两极板间充满电介质时的电容等于两极板间为真空时电容的 $\varepsilon_r$ 倍。此外，$\varepsilon_r$ 为两个电容的比值，因此它是没有量纲的常数。在真空中 $\varepsilon_r=1$，各种电介质 $\varepsilon_r>1$，表 6-1 列出了一些电介质的相对电容率。

**表 6-1　　几种电介质的相对电容率**

| 电介质 | $\varepsilon_r$ | 电介质 | $\varepsilon_r$ |
|---|---|---|---|
| 真空 | 1 | 变压器油 | 4.5 |
| 空气（标准状态） | 1.00059 | 云母 | 5.4 |
| 石蜡 | 2.0～2.3 | 陶瓷 | 6.5 |
| 聚氯乙烯 | 3.1～3.5 | 甘油 | 56 |
| 有机玻璃 | 3.4 | 纯水（20℃） | 80.4 |

当电容器两极板间充满电介质时，式（6-3）～式（6-6）可以改写为

平板电容器的电容　$$C=\frac{\varepsilon_r\varepsilon_0 S}{d}=\frac{\varepsilon S}{d} \tag{6-8}$$

球形电容器的电容
$$C=\frac{4\pi\varepsilon_r\varepsilon_0 R_A R_B}{R_B-R_A}=\frac{4\pi\varepsilon R_A R_B}{R_B-R_A} \tag{6-9}$$

孤立导体球的电容
$$C=4\pi\varepsilon_r\varepsilon_0 R=4\pi\varepsilon R \tag{6-10}$$

圆柱形电容器的电容
$$C=\frac{2\pi\varepsilon_r\varepsilon_0 L}{\ln\frac{R_B}{R_A}}=\frac{2\pi\varepsilon L}{\ln\frac{R_B}{R_A}} \tag{6-11}$$

其中
$$\varepsilon=\varepsilon_r\varepsilon_0 \tag{6-12}$$

称为**电介质的电容率**。

从上面的讨论可以看出，**电容器的电容与极板的尺寸、形状和相对位置有关，还与两极板间的介质性质有关，而与电容器所带电量和两极板间的电势差无关**。

## 三、电容器的连接

1. 电容器的串联

如图6-15所示，将若干个电容器逐个连接起来就是电容器的**串联**（connection in series）。在电容器串联的电路两端加电压 $\Delta U$，则**每个电容器两端的电压之和等于总电压**，即

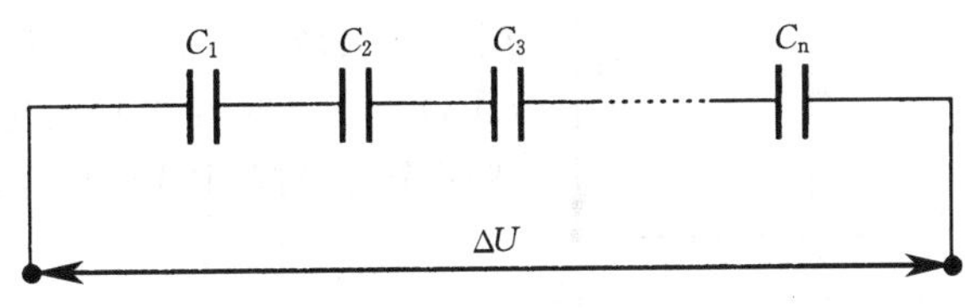


图6-15

$$\Delta U=\Delta U_1+\Delta U_2+\Delta U_3+\cdots+\Delta U_n \tag{6-13}$$

电容器串联时各个电容器由于感应而带电，因此**每个电容器带的电量都相等**，即
$$q=q_1=q_2=q_3=\cdots=q_n \tag{6-14}$$

电容器串联之后的作用相当于一个电容器，它的电容称为电容器串联的**等效电容（或总电容）**，即
$$C=\frac{q}{\Delta U}=\frac{q}{\Delta U_1+\Delta U_2+\Delta U_3+\cdots+\Delta U_n}$$

将上式取倒数，得
$$\frac{1}{C}=\frac{\Delta U}{q}=\frac{\Delta U_1+\Delta U_2+\Delta U_3+\cdots+\Delta U_n}{q}$$
$$=\frac{\Delta U_1}{q}+\frac{\Delta U_2}{q}+\frac{\Delta U_3}{q}+\cdots+\frac{\Delta U_n}{q}$$

其中，$\frac{\Delta U_1}{q}=\frac{\Delta U_1}{q_1}=\frac{1}{C_1}$，$\frac{\Delta U_2}{q}=\frac{\Delta U_2}{q_2}=\frac{1}{C_2}$，…，因此
$$\frac{1}{C}=\frac{1}{C_1}+\frac{1}{C_2}+\frac{1}{C_3}+\cdots+\frac{1}{C_n} \tag{6-15}$$

**即电容器串联的总电容的倒数等于各个电容器电容的倒数之和。**

由式（6-13）可以看出，电容器串联时加在串联电路两端的总电压分配给了每一个电容器，考虑到式（6-14），得到

$$\Delta U_1=\frac{q}{C_1},\Delta U_2=\frac{q}{C_2},\Delta U_3=\frac{q}{C_3},\cdots,\Delta U_n=\frac{q}{C_n}$$

因此

$$\Delta U_1:\Delta U_2:\Delta U_3:\cdots:\Delta U_n=\frac{1}{C_1}:\frac{1}{C_2}:\frac{1}{C_3}:\cdots:\frac{1}{C_n} \tag{6-16}$$

式（6-16）称为**电容器串联的电压分配关系，即电容器串联时，电压的分配与电容器的电容成反比**。

为了增大电容器的电容值，往往在电容器的两极板之间填入绝缘介质，绝缘介质在通常情况下不导电，但是当电容器两极板间的电势差足够大时，绝缘体将会失去其绝缘性能变成导体，这种现象称为**电容器的击穿**，电容器不被击穿而能承受的最高电压值称为**电容器的耐压值**。在电容器串联时，可能每个电容器的耐压值并不高，但是由于等效电容器两端的电压等于各个电容器两端的电压之和，因此电容器串联的等效电容的耐压值会很高。可见，电容器串联可以提高耐压能力。

2. 电容器的并联

如图 6-16 所示，将若干个电容器并列连接起来就是电容器的**并联**（connection in parallel）。在电容器并联的电路两端加电压 $\Delta U$，则**每个电容器两端的电压等于总电压**，即

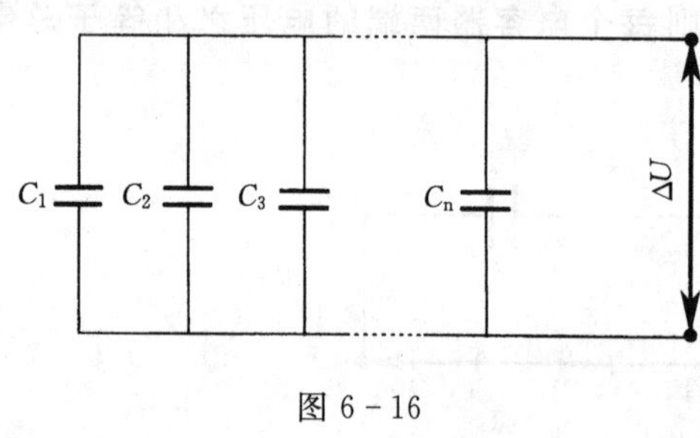


图 6-16

$$\Delta U=\Delta U_1=\Delta U_2=\Delta U_3=\cdots=\Delta U_n \tag{6-17}$$

电容器并联时电源输出的电量分配给了每一个电容器，因此**每个电容器带的电量之和等于总电量**，即

$$q=q_1+q_2+q_3+\cdots+q_n \tag{6-18}$$

电容器并联之后的作用相当于一个电容器，它的电容称为电容器并联的**等效电容（或总电容）**，即

$$C=\frac{q}{\Delta U}=\frac{q_1+q_2+q_3+\cdots+q_n}{\Delta U}$$

$$=\frac{q_1}{\Delta U_1}+\frac{q_2}{\Delta U_2}+\frac{q_3}{\Delta U_3}+\cdots+\frac{q_n}{\Delta U_n}$$

其中，$\frac{q_1}{\Delta U_1}=C_1$，$\frac{q_2}{\Delta U_2}=C_2$，…，因此

$$C=C_1+C_2+C_3+\cdots+C_n \tag{6-19}$$

**即电容器并联的总电容等于各电容器的电容之和。**

由式（6-18）可以看出，电容器并联时电源输出的电量分配给了每一个电容器，考虑到式（6-17），得到

$$q_1 = C_1 \Delta U, q_2 = C_2 \Delta U, q_3 = C_3 \Delta U, \cdots, q_n = C_n \Delta U$$

因此

$$q_1 : q_2 : q_3 : \cdots : q_n = C_1 : C_2 : C_3 : \cdots : C_n \qquad (6-20)$$

式（6-20）称为**电容器并联的电量分配关系，即电容器并联时，电量的分配与电容器的电容成正比**。

由式（6-19）容易看出，在实际工作中如果需要比较大的电容，可以将几个电容器并联起来使用。如果既需要大电容，又需要高耐压值的电容器，则应该考虑混联电路。

**【例 6-2】** 有 3 个电容器作如图 6-17 所示的连接，其中 $C_1 = 10 \times 10^{-6}$ F、$C_2 = 4 \times 10^{-6}$ F、$C_3 = 6 \times 10^{-6}$ F，当 $A$、$B$ 间电压 $\Delta U = 100$V 时，试求：

（1）$A$、$B$ 之间的电容。

（2）当 $C_3$ 被击穿时，在电容 $C_1$ 上的电荷和电压各变为多少？

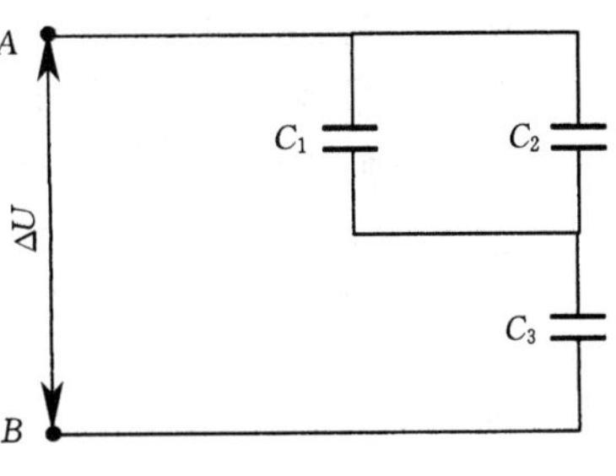

图 6-17

**解：**（1）按照题意可得

$$C = \frac{(C_1 + C_2)C_3}{C_1 + C_2 + C_3} = 4.2 \times 10^{-6} \text{F}$$

（2）$C_3$ 被击穿后，$A$、$B$ 间的电压加在 $C_1$ 和 $C_2$ 的并联电路上，因此电容 $C_1$ 上的电压变为 100V，$C_1$ 上的电荷为

$$q_1 = C_1 U = 1.0 \times 10^{-3} \text{C}$$

## 思考与讨论

1. 两个半径相同的金属球，一个空心，一个实心，试比较两者各自孤立时的电容值大小。为什么会有这样的结果？

2. 如图 6-18 所示，一个大平行板电容器水平放置，两极板间的一半空间充有各向同性的均匀电介质，另一半为空气。当两极板带上恒定的等量异号电荷时，有一个质量为 $m$、带电荷为 $-q$ 的质点，在极板间的空气区域中处于平衡状态。如果这时将电介质抽出去，试问：该质点会发生怎样的运动？为什么会这样？

3. 有两只电容分别为 $C_1 = 8\mu$F、$C_2 = 2\mu$F 的电容器，首先将它们分别充电到 1000V，然后将它们按如图 6-19 所示那样反接，试问：此时两极板间的电势差等于多少？

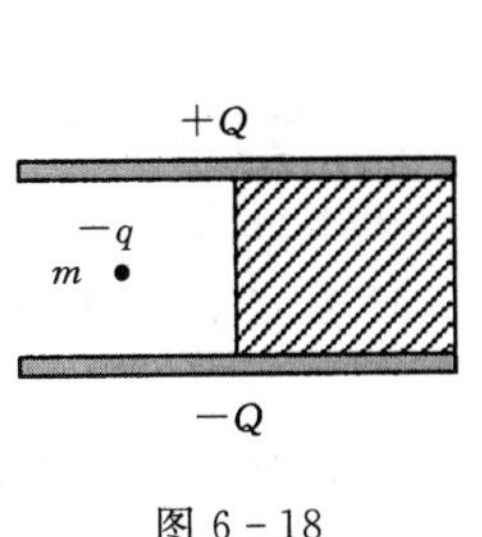

图 6-18

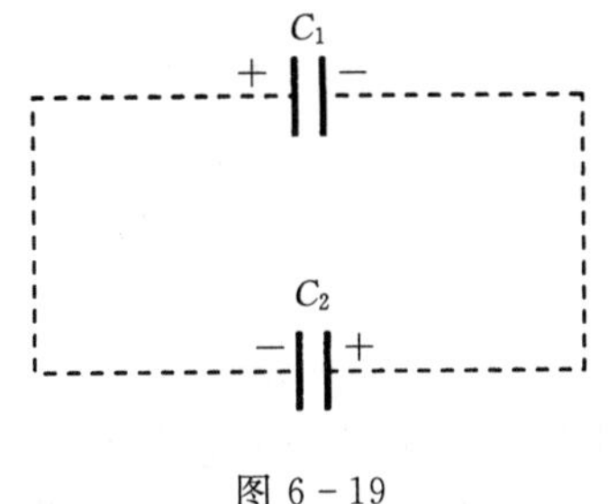

图 6-19

4. 一个平行板电容器，充电后与电源断开，如果将电容器两极板间距离拉大，试问：两极板间的电势差、电场强度的大小和电场能量将发生怎样的变化？

5. 如图 6－20 所示，$C_1$ 和 $C_2$ 两个空气电容器串联，在接通电源并保持电源连接的情况下，在 $C_1$ 中插入一块电介质板，试问：$C_1$ 和 $C_2$ 两个电容器的电容如何变化？它们极板上的电荷、电势差如何变化？如果接通电源给两个电容器充电以后将电源断开，再在 $C_1$ 中插入一块电介质板，试问：它们极板上的电荷、电势差又会如何变化？

6. 如图 6－21 所示，$C_1$ 和 $C_2$ 两个空气电容器并联，在接通电源并保持电源连接的情况下，在 $C_1$ 中插入一块电介质板，试问 $C_1$ 和 $C_2$ 两个电容器极板上的电荷和电势差分别怎样变化？如果接通电源给两个电容器充电以后将电源断开，再在 $C_1$ 中插入一块电介质板，试问：它们极板上的电荷和电势差又会发生怎样的变化？

7. 在如图 6－22 所示的桥式电路中，电容 $C_1$、$C_2$、$C_3$ 是已知的，电容 $C$ 可以调节，当调节到 $M$、$N$ 两点电势相等时，试问：电容 $C$ 的值等于多少？

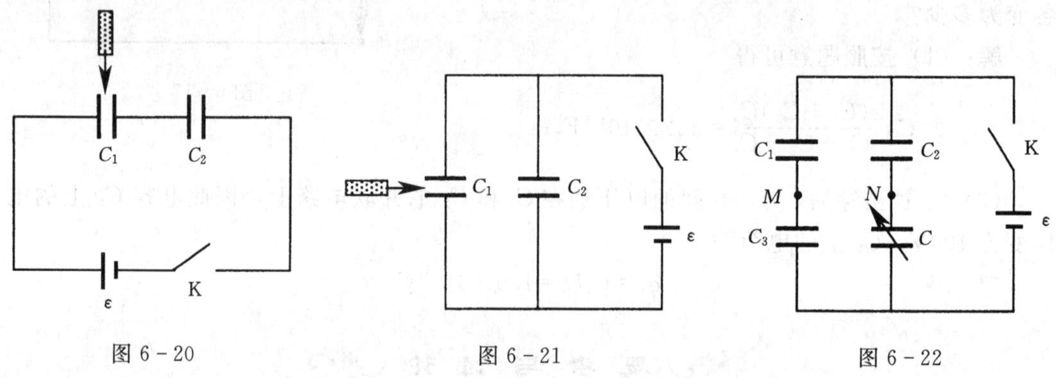


图 6－20　　图 6－21　　图 6－22

## 第三节　电介质中静电场的基本规律

### 一、电介质的极化

构成电介质的分子中的正、负电荷结合得非常紧密，其中的电子不能在电介质内部自由移动，也就不能形成自由电子。电介质分子中有很多正、负电荷，为了分析问题方便，我们认为所有正电荷都集中于一点，这个点称为**等效正电荷中心**；同样道理，电介质分子中也存在**等效负电荷中心**。如果电介质分子的等效正电荷中心与等效负电荷中心重合，就将这类分子称为**无极分子**（non－polar molecule），如图 6－23（a）所示。$H_2$、He、$N_2$、$CH_4$ 等分子就是无极分子；如果电介质分子的等效正、负电荷中心不重合，称为**有极分子**（polar molecule），如图6－23（b）所示。HCl、$NH_3$、$H_2O$、CO、$CH_3OH$ 等分子是有极分子。

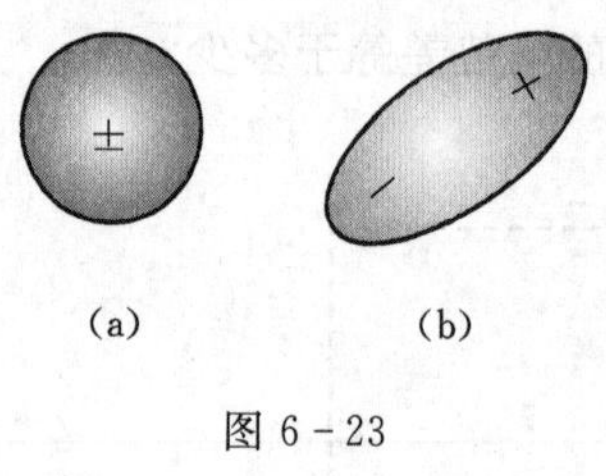


图 6－23

在没有外电场时，无极分子电介质中的每一个分子都是电中性的，因此整个无极分子电介质是电中性的；尽管有极分子电介质中的每一个分子存在电性，但是由于分子热运

动，整个有极分子电介质对外并不显电性，也是电中性的。将各向同性的均匀电介质放入外电场中，如图 6－24 所示，在外电场力的作用下，无极分子电介质中分子的正、负电荷中心发生相对位移，使电介质在沿着电场方向的两个端面上出现了正、负电荷；有极分子电介质中分子的正电荷中心沿着场强方向移动，负电荷中心逆着场强方向移动，导致电介质在沿着电场方向的两个端面上也出现了正、负电荷。可见，无论是无极分子电介质还是有极分子电介质，在外电场力的作用下，在沿着电场方向的两个端面上都出现了正、负电荷，这种现象称为电介质的**极化**（polarization），其表面出现的电荷称为**极化电荷**（polarization charger）。从上面的分析可以看出，在外电场力中，两类电介质的宏观表现相同（图 6－25），因此，在以后讨论有关静电场问题时，这两类电介质不再分开讨论。

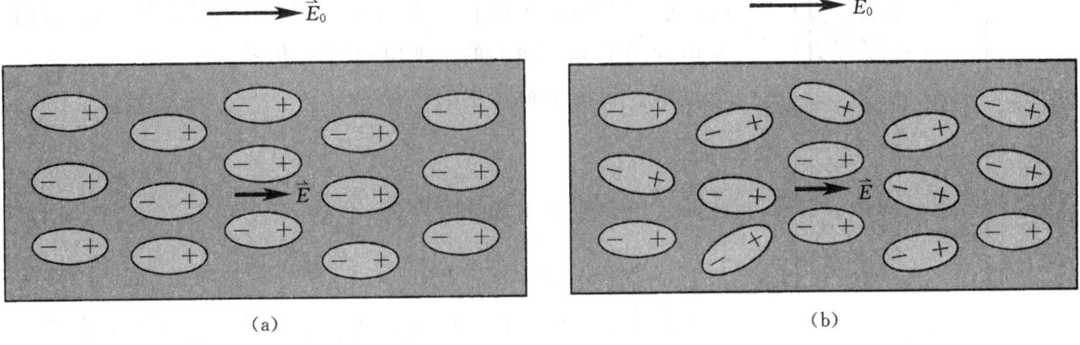


图 6－24

如图 6－26 所示，当电介质受到外电场作用发生极化时，电介质在沿着电场方向的两个端面上产生极化电荷。与导体的感应电荷能够产生附加电场一样，极化电荷也会产生附加电场$\vec{E}'$，不过由于极化电荷的活动不能超出原子的范围，因此在同样的外部条件下，介质的极化电荷比导体的感应电荷要少很多，极化电荷产生的附加电场$\vec{E}'$不能将外电场$\vec{E}_0$ 全部抵消，这时电介质中总电场强度$\vec{E}$等于外电场的电场强度$\vec{E}_0$ 与极化电荷产生的附加电场的电场强度$\vec{E}'$的矢量和，即

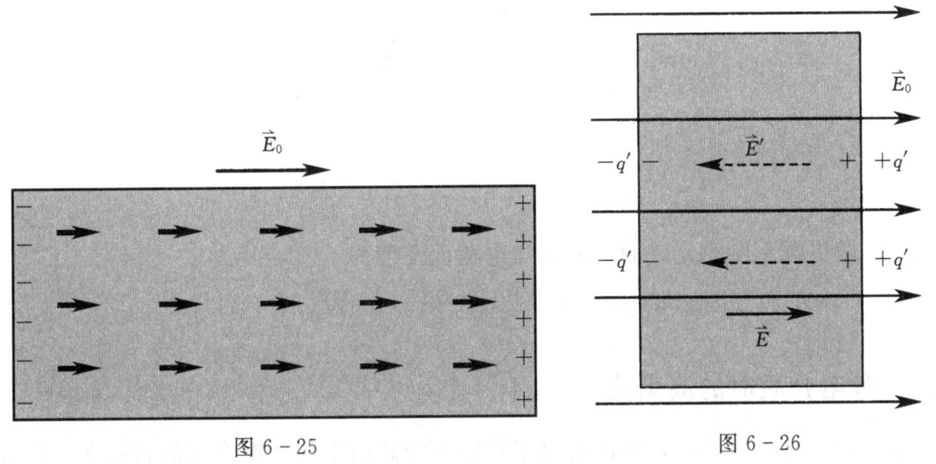


图 6－25　　图 6－26

$$\vec{E}=\vec{E}_0+\vec{E}' \tag{6-21}$$

式（6-21）的标量式为

$$E=E_0-E'$$

对于确定的各向同性的均匀电介质，总场强$\vec{E}$总是与外电场场强$\vec{E}_0$成正比，即

$$\vec{E}=\frac{\vec{E}_0}{\varepsilon_r} \tag{6-22}$$

式中：$\varepsilon_r$为电介质的相对电容率。

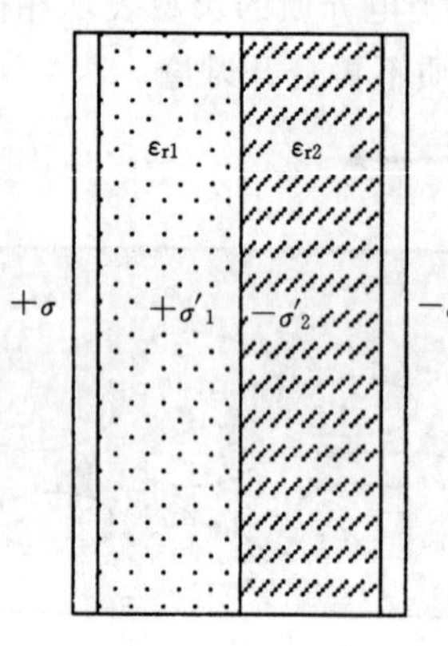


图 6-27

【例 6-3】　图 6-27 所示为一个平行板电容器，两极板间有两层各向同性的均匀电介质板，相对电容率分别为$\varepsilon_{r1}$和$\varepsilon_{r2}$。已知两极板上的自由电荷面密度分别为$+\sigma$和$-\sigma$。求两层电介质的分界面上的束缚电荷面密度$\sigma'$。

**解**：自由电荷产生的电场为

$$E_0=\frac{\sigma}{\varepsilon_0}$$

在两层电介质中的场强分别为

$$E_1=\frac{E_0}{\varepsilon_{r1}}=\frac{\sigma}{\varepsilon_0\varepsilon_{r1}},\ E_2=\frac{E_0}{\varepsilon_{r2}}=\frac{\sigma}{\varepsilon_0\varepsilon_{r2}}$$

由于$E=E_0-E'$，因此，两层电介质的极化电荷在各自电介质中产生的附加场强为

$$E'_1=E_0-E_1=\frac{\sigma}{\varepsilon_0}-\frac{\sigma}{\varepsilon_0\varepsilon_{r1}}=\frac{\sigma}{\varepsilon_0}\left(1-\frac{1}{\varepsilon_{r1}}\right)$$

$$E'_2=\frac{\sigma}{\varepsilon_0}\left(1-\frac{1}{\varepsilon_{r2}}\right)$$

设两层电介质的极化电荷面密度分别$\sigma'_1$和$\sigma'_2$，则它们在各自电介质中产生的附加场强为

$$E'_1=\frac{\sigma'_1}{\varepsilon_0},\ E'_2=\frac{\sigma'_2}{\varepsilon_0}$$

因此

$$\frac{\sigma'_1}{\varepsilon_0}=\frac{\sigma}{\varepsilon_0}\left(1-\frac{1}{\varepsilon_{r1}}\right),\ \frac{\sigma'_2}{\varepsilon_0}=\frac{\sigma}{\varepsilon_0}\left(1-\frac{1}{\varepsilon_{r2}}\right)$$

即

$$\sigma'_1=\sigma\left(1-\frac{1}{\varepsilon_{r1}}\right),\ \sigma'_2=\sigma\left(1-\frac{1}{\varepsilon_{r2}}\right)$$

因此，两层电介质的分界面上的束缚电荷面密度为

$$\sigma'=\sigma'_1-\sigma'_2=\sigma\left(1-\frac{1}{\varepsilon_{r1}}\right)-\sigma\left(1-\frac{1}{\varepsilon_{r2}}\right)=\sigma\left(\frac{1}{\varepsilon_{r2}}-\frac{1}{\varepsilon_{r1}}\right)$$

## 二、有电介质时的高斯定理

在第五章从真空中的库仑定律推出了真空中的高斯定理，现在我们将这条定理推广到

有电介质存在时的情况。

在电场中作任意的高斯面 $S$，根据真空中的高斯定理，通过此高斯面的电通量为

$$\oint_S \vec{E} \cdot \mathrm{d}\vec{S} = \frac{1}{\varepsilon_0}(q_0 + q') \tag{6-23}$$

即在有电介质存在的情况下，通过高斯面的电通量由高斯面内的一切自由电荷和极化电荷决定。在实际中，极化电荷 $q'$ 往往难以测量，我们希望能够把它从公式中消除，使上式中只包含自由电荷。下面我们以两极板间充满相对电容率为 $\varepsilon_r$ 的电介质的平板电容器为例说明这个问题。

如图 6－28 所示，设平板电容器两极板所带的自由电荷面密度分别为 $+\sigma_0$ 和 $-\sigma_0$，由于极化，在靠近电容器两极板的电介质表面上产生的极化电荷的面密度分别为 $-\sigma'$ 和 $+\sigma'$。在图 6－28 中作扁柱形高斯面 $S$，其左、右底面与极板平行，右底面在正极板内，左底面在电介质内。设左、右两底面的面积都为 $A$，则在高斯面 $S$ 内的自由电荷 $q_0 = +\sigma_0 A$，极化电荷 $q' = -\sigma' A$，将它们代入高斯定理式（6－23）中，得

$$\oint_S \vec{E} \cdot \mathrm{d}\vec{S} = \frac{1}{\varepsilon_0}(\sigma_0 A - \sigma' A) \tag{6-24}$$

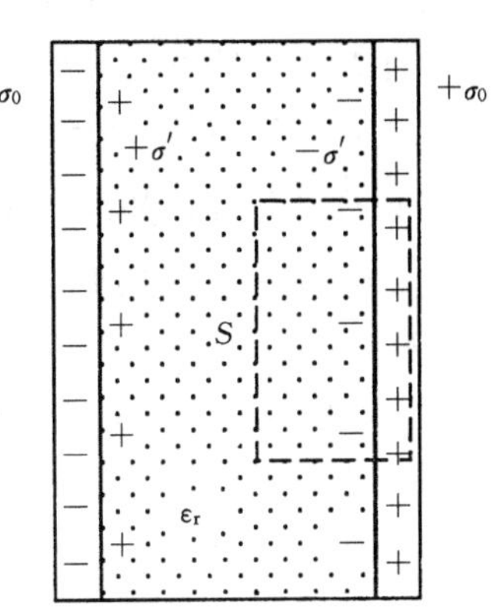


图 6－28

在［例 6－3］中曾得到

$$\sigma' = \sigma_0\left(1 - \frac{1}{\varepsilon_r}\right)$$

因此高斯面 $S$ 包围的总电荷为

$$\sigma_0 A - \sigma' A = \sigma_0 A - \sigma_0\left(1 - \frac{1}{\varepsilon_r}\right)A = \frac{\sigma_0 A}{\varepsilon_r} = \frac{q_0}{\varepsilon_r}$$

这样，式（6－24）可以写为

$$\oint_S \vec{E} \cdot \mathrm{d}\vec{S} = \frac{q_0}{\varepsilon_0 \varepsilon_r} = \frac{q_0}{\varepsilon} \tag{6-25}$$

式（6－25）表明，通过任意闭合曲面 $S$ 的电通量等于该曲面所包围的自由电荷的代数和除以电介质的电容率 $\varepsilon$。

在式（6－25）中，两边同乘以 $\varepsilon$，得

$$\oint_S \varepsilon \vec{E} \cdot \mathrm{d}\vec{S} = q_0$$

对于各向同性电介质（$\varepsilon$＝常量），我们将电介质的电容率 $\varepsilon$ 与电场强度 $\vec{E}$ 的乘积 $\varepsilon\vec{E}$ 定义为**电位移**（electric displacement），即

$$\vec{D} = \varepsilon \vec{E} \tag{6-26}$$

在国际单位制中，电位移的单位是 $\mathrm{C/m^2}$，其量纲为 $\mathrm{IL^{-2}T}$。

为了描绘电位移$\vec{D}$的空间分布，我们引入了**电位移线**（electric displacement line），简称$\vec{D}$线。积分$\int_S \vec{D}\cdot d\vec{S}$为通过任意面积$S$的电位移线数，称为通过该面的**电位移通量**。电位移线与电场线的区别是：$\vec{D}$线起始于正自由电荷而终止于负自由电荷；$\vec{E}$线则起始于一切正电荷而终止于一切负电荷，这里的电荷既包括自由电荷也包括极化电荷。

因此，式（6－25）可以改写为

$$\oint_S \vec{D}\cdot d\vec{S} = q_0 \tag{6-27}$$

**即在任何电场中，通过任意闭合曲面的电位移通量等于该曲面所包围的自由电荷的代数和**。这个结论称为**有电介质时的高斯定理**。这个定理是静电场的基本规律之一。

由于高斯定理式（6－27）右边不出现极化电荷，因此利用该式求解电介质中的电场强度可以简化计算。如果电场具有某种对称性，可以先用式（6－27）求出电位移$\vec{D}$，然后再由$\vec{D}=\varepsilon\vec{E}$求出电场强度$\vec{E}$。

**【例6－4】** 一个半径为$R$的各向同性的均匀电介质球体均匀带电，其自由电荷体密度为$\rho$，球体的电容率为$\varepsilon_1$，球体外充满了电容率为$\varepsilon_2$的各向同性的均匀电介质。试求球内外任一点的场强大小和电势（设无穷远处为电势零点）。

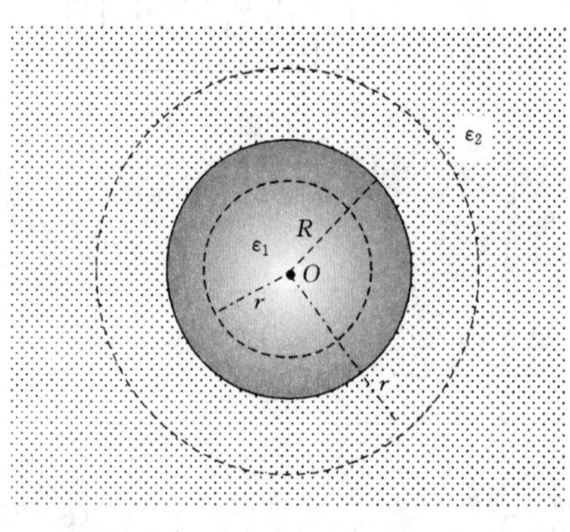


图 6－29

**解**：如图6－29所示，在电介质球体内作半径为$r(r<R)$、与球同心的球形高斯面，通过该高斯面的电位移通量为

$$\oint_S \vec{D}_1\cdot d\vec{S} = \oint_S D_1 dS = 4\pi r^2 D_1$$

该高斯面内包围的自由电荷为

$$q_0 = \frac{4}{3}\pi r^3\rho$$

由高斯定理式（6－27）得

$$4\pi r^2 D_1 = \frac{4}{3}\pi r^3\rho$$

因此，电介质球体内的电位移大小为

$$D_1 = \frac{1}{3}\rho r \quad (r<R)$$

由式（6－26）得电介质球体内的场强大小为

$$E_1 = \frac{D_1}{\varepsilon_1} = \frac{\rho r}{3\varepsilon_1} \quad (r<R)$$

同理，在球外作半径为$r(r>R)$的球形高斯面，通过该高斯面的电位移通量和高斯面内包围的自由电荷分别为

$$\oint_S \vec{D}_2\cdot d\vec{S} = 4\pi r^2 D_2,\ q_0 = \frac{4}{3}\pi R^3\rho$$

由高斯定理式（6－27）得

$$4\pi r^2 D_2 = \frac{4}{3}\pi R^3\rho$$

电介质球体外的电位移大小为

$$D_2=\frac{\rho R^3}{3r^2} \quad (r>R)$$

电介质球体外的场强大小为

$$E_2=\frac{D_2}{\varepsilon_2}=\frac{\rho R^3}{3\varepsilon_2 r^2} \quad (r>R)$$

电介质球体内、距离球心为 $r$ 的一点处的电势为

$$\begin{aligned}U_1 &= \int_r^\infty \vec{E}\cdot d\vec{r} = \int_r^R E_1 dr+\int_R^\infty E_2 dr \\ &= \frac{\rho}{3\varepsilon_1}\int_r^R r dr+\frac{\rho R^3}{3\varepsilon_2}\int_R^\infty \frac{dr}{r^2} = \frac{\rho}{6\varepsilon_1}(R^2-r^2)+\frac{\rho R^2}{3\varepsilon_2} \\ &= \frac{\rho}{6}\left[\left(\frac{1}{\varepsilon_1}+\frac{2}{\varepsilon_2}\right)R^2-\frac{r^2}{\varepsilon_1}\right] \quad (r<R)\end{aligned}$$

电介质球体外、距离球心为 $r$ 的一点处的电势为

$$U_2 = \int_r^\infty \vec{E}\cdot d\vec{r} = \int_r^\infty E_2 dr = \frac{\rho R^3}{3\varepsilon_2}\int_r^\infty \frac{dr}{r^2} = \frac{\rho R^3}{3\varepsilon_2 r} \quad (r>R)$$

**【例 6-5】** 一个圆柱形电容器，内圆柱半径 $R_1=1.0\text{cm}$，外圆筒半径为 $R_2$，其间充有两层同轴圆筒形各向同性均匀电介质，两层介质的分界面半径为 $R$，内、外层介质的相对电容率分别为 $\varepsilon_{r1}=4.0$、$\varepsilon_{r2}=2.0$。欲使两层介质中最大场强相等，并且两层上的电势差相等，试问这两层介质的厚度各是多少？

**解：** 设电容器带电的电荷线密度为 $\lambda$，如图 6-30所示，在内层介质中作与电容器同轴的圆柱形高斯面，设高斯面的半径为 $r$，长为 $h$，由高斯定理得

$$2\pi rhD_1=\lambda h$$

因此得内层介质中的电位移大小为

$$D_1=\frac{\lambda}{2\pi r}$$

内层介质中的场强大小为

$$E_1=\frac{D_1}{\varepsilon_0\varepsilon_{r1}}=\frac{\lambda}{2\pi\varepsilon_0\varepsilon_{r1} r}$$

在 $r=R_1$ 处，内层介质中的场强最大，最大值为

$$E_{1m}=\frac{\lambda}{2\pi\varepsilon_0\varepsilon_{r1}R_1}$$

同理，外层介质中的场强大小为

$$E_2=\frac{\lambda}{2\pi\varepsilon_0\varepsilon_{r2} r}$$

在 $r=R$ 处，外层介质中的场强最大，最大值为

$$E_{2m}=\frac{\lambda}{2\pi\varepsilon_0\varepsilon_{r2}R}$$

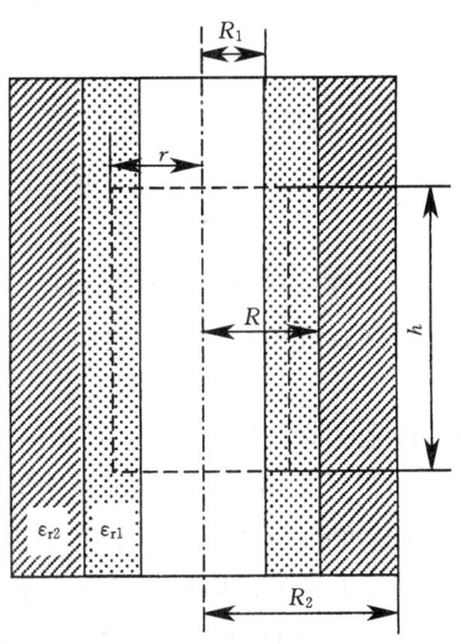


图 6-30

根据题意有 $E_{1m}=E_{2m}$，即

$$\frac{\lambda}{2\pi\varepsilon_0\varepsilon_{r1}R_1}=\frac{\lambda}{2\pi\varepsilon_0\varepsilon_{r2}R}$$

因此

$$R=\frac{\varepsilon_{r1}}{\varepsilon_{r2}}R_1=2.0\text{cm}$$

内层介质内、外表面之间的电势差为

$$\Delta U_{R_1R}=\int_{R_1}^{R}\vec{E}_1\cdot d\vec{r}=\int_{R_1}^{R}\frac{\lambda dr}{2\pi\varepsilon_0\varepsilon_{r1}r}=\frac{\lambda}{2\pi\varepsilon_0\varepsilon_{r1}}\ln\frac{R}{R_1}$$

同理，外层介质内、外表面之间的电势差为

$$\Delta U_{RR_2}=\frac{\lambda}{2\pi\varepsilon_0\varepsilon_{r2}}\ln\frac{R_2}{R}$$

根据题意有 $\Delta U_{R_1R}=\Delta U_{RR_2}$，即

$$\frac{\lambda}{2\pi\varepsilon_0\varepsilon_{r1}}\ln\frac{R}{R_1}=\frac{\lambda}{2\pi\varepsilon_0\varepsilon_{r2}}\ln\frac{R_2}{R}$$

因此

$$R_2=R\left(\frac{R}{R_1}\right)^{\varepsilon_{r2}/\varepsilon_{r1}}=2.8\text{cm}$$

内层介质和外层介质的厚度分别为

$$\Delta h_1=R-R_1=1.0\text{cm}$$
$$\Delta h_2=R_2-R=0.8\text{cm}$$

## 思考与讨论

1. 一个导体球外充满相对电容率为 $\varepsilon_r$ 的均匀电介质，如果测得导体表面附近场强为 $E_0$，试问：导体球面上的自由电荷面密度 $\sigma$ 为多少？

2. 一个平行板电容器中充满相对电容率为 $\varepsilon_r$ 的各向同性的均匀电介质。已知介质表面的极化电荷面密度为 $\pm\sigma'$，试问：极化电荷在电容器中产生的电场强度为多少？

3. 半径分别为 $a$ 和 $b$ 的两个同轴金属圆筒，其间充满相对电容率为 $\varepsilon_r$ 的均匀电介质。设两筒上单位长度带有的电荷分别为 $+\lambda$ 和 $-\lambda$，试问：介质中离轴线距离为 $r$ 处的电位移矢量等于多少？电场强度等于多少？

4. 一个平行板电容器充电后与电源保持连接，然后使两极板间充满相对电容率为 $\varepsilon_r$ 的各向同性均匀电介质，试问：这时两极板上的电荷是原来的多少倍？电场强度是原来的多少倍？电场能量是原来的多少倍？

5. 一个半径为 $R$ 的薄金属球壳，带有电荷 $q$，壳内真空，壳外是无限大的相对电容率为 $\varepsilon_r$ 的各向同性均匀电介质。设无穷远处为电势零点，试问：球壳的电势等于多少？如果该金属球壳内充满相对电容率为 $\varepsilon_r$ 的各向同性均匀电介质，壳外是真空，仍设无穷远处的电势为零，则球壳的电势又等于多少？

# 第四节 静电场的能量

## 一、带电电容器的能量

充了电的电容器具有能量。例如，照相机上的闪光灯的发光过程就是将储存在电容器中的能量释放的过程。

电源在给电容器充电时，电源做了功，结果使电容器储存了能量。现在就以平行板电容器的充电过程为例，得出电容器储存的能量表达式。

如图 6-31 所示，设电容器的电容为 $C$，它的两个极板 $a$、$b$ 最初不带电，接通电源后，电源不断地将正电荷从负极板 $b$ 移到正极板 $a$ 上，从而使电容器的电荷在两个极板上积累起来。在电源给电容器充电的某一时刻，两极板上的电荷分别为 $+q$ 和 $-q$，两极板之间的电势差为 $u$。这时如果再将电荷 $\mathrm{d}q$ 从负极板 $b$ 移到正极板 $a$，则外力必须反抗电场力做功，这个功为

$$\mathrm{d}W=u\mathrm{d}q$$

其中 $u=\frac{q}{C}$，因此

$$\mathrm{d}W=\frac{1}{C}q\mathrm{d}q$$

设充电结束时，两极板之间的电势差为 $U$，极板带电量为 $Q$，则在电源给电容器充电的全过程中，外力所做的功为

$$W=\int_0^Q \frac{1}{C}q\mathrm{d}q=\frac{Q^2}{2C}$$

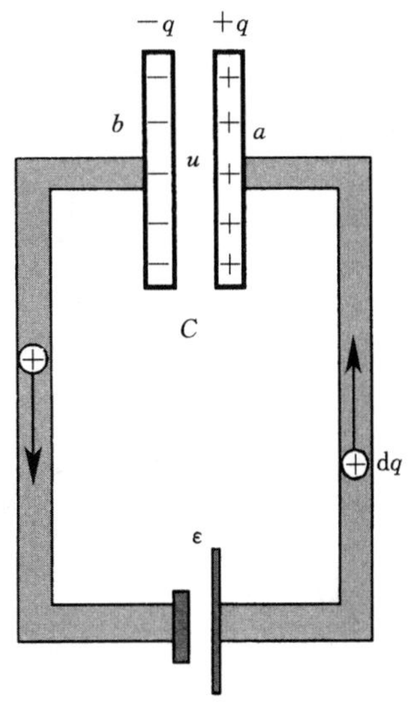

图 6-31

这个功就等于电容器的能量。由于 $U=\frac{q}{C}$，因此电容器储存的能量表达式为

$$W_e=\frac{Q^2}{2C}=\frac{1}{2}CU^2=\frac{1}{2}QU \tag{6-28}$$

式（6-28）适用于任何电容器。

## 二、静电场的能量

带电电容器具有能量，那么电容器能量是储存在极板上，还是储存在两极板之间的电场中？关于这个问题在历史上人们争论了很久，后来的理论和实验都证明，电容器的能量是储存在电场中的。我们仍然以平行板电容器为例，来推导出静电场能量的计算公式。

假设平行板电容器极板面积为 $S$，两极板间的距离为 $d$，两极板间形成的电场场强为 $\vec{E}$，则有

$$C=\frac{\varepsilon S}{d},\ U_{ab}=Ed$$

将以上两式代入电容器储能式（6-28）中，得

$$W_e=\frac{1}{2}CU_{ab}^2=\frac{1}{2}\frac{\varepsilon S}{d}\ (Ed)^2=\frac{1}{2}\varepsilon E^2Sd=\frac{1}{2}\varepsilon E^2V$$

其中 $V=Sd$ 为电场的体积，单位体积的能量为

$$w_e=\frac{1}{2}\varepsilon E^2=\frac{1}{2}DE \tag{6-29}$$

单位体积内的电场能量称为**电场能量密度**（energy density）。可以证明，式（6-29）适用于任意电场。即无论电场是均匀的还是非均匀的，也无论是静电场还是随时间变化的电场，式（6-29）总是成立的。

如果电场是非均匀电场，则在电场中任意体积元 $dV$ 内的电场能量为 $dW_e=w_e dV$，因此整个电场中的能量为

$$W_e=\int_V w_e dV=\int_V\frac{1}{2}\varepsilon E^2 dV=\int_V\frac{1}{2}DE\,dV \tag{6-30}$$

上述积分遍及电场所在的空间。

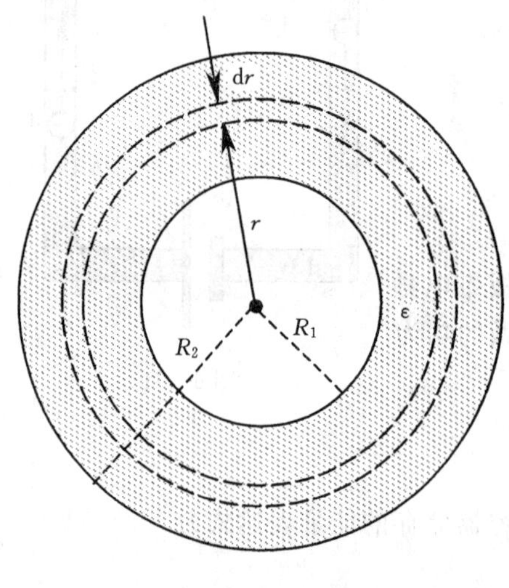

图 6-32

**【例 6-6】** 如图 6-32 所示，内、外半径分别为 $R_1$、$R_2$ 的球形电容器，两球面间充满电容率为 ε 的均匀电介质，求内、外球面各带有电荷 $+q$ 和 $-q$ 时电容器的总能量。

**解：** 在两球面间，距离球心为 $r$ 处的场强大小为

$$E=\frac{q}{4\pi\varepsilon r^2}$$

两球面间的电场能量密度为

$$w_e=\frac{1}{2}\varepsilon E^2=\frac{q^2}{32\pi^2\varepsilon r^4}$$

在电介质中取半径为 $r$、厚度为 $dr$ 的微分球壳，其体积为

$$dV=4\pi r^2 dr$$

由于微分球壳内的各点到球心的距离相等，因此球壳上各点的场强大小相等，电场能量密度也相等。微分球壳内的电场能量为

$$dW_e=w_e dV=\frac{q^2}{32\pi^2\varepsilon r^4}\cdot 4\pi r^2 dr=\frac{q^2}{8\pi\varepsilon r^2}dr$$

对上式积分得电容器的总能量为

$$W_e=\int_V dW_e=\frac{q^2}{8\pi\varepsilon}\int_{R_1}^{R_2}\frac{dr}{r^2}=\frac{q^2}{8\pi\varepsilon}\left(\frac{1}{R_1}-\frac{1}{R_2}\right)$$

讨论：

（1）电容器储能公式为

$$W_e=\frac{q^2}{2C}$$

由于这两种计算方法应该得到相同的结论，因此

$$\frac{q^2}{2C}=\frac{q^2}{8\pi\varepsilon}\left(\frac{1}{R_1}-\frac{1}{R_2}\right)$$

通过上式我们立即得到球形电容器的电容为

$$C=\frac{4\pi\varepsilon R_1R_2}{R_2-R_1}$$

这个结果与式（6－4）完全相同。因此此处提供了计算电容器电容的另外一种方法，同时也说明，在电容器电容已知的情况下，我们也可以通过电容器储能公式来计算电场能量。

（2）如果令 $R_1=R$，$R_2\to\infty$，即得孤立带电导体球的电场能量为

$$W_e=\frac{q^2}{8\pi\varepsilon R}$$

**【例 6－7】** 如图 6－33 所示，一个内圆柱半径为 $R_1$、外圆柱半径为 $R_2$、长为 $l$（$l\gg R_2-R_1$）的圆柱形电容器，原来两筒间有两层各向同性的均匀电介质，其电容率分别为 $\varepsilon_1$ 和 $\varepsilon_2$，界面半径为 $R$。设圆筒单位长度带电量为 $\lambda$，试求在维持电荷不变的情况下，将电容率为 $\varepsilon_2$ 的电介质取出时外力需要做的功。

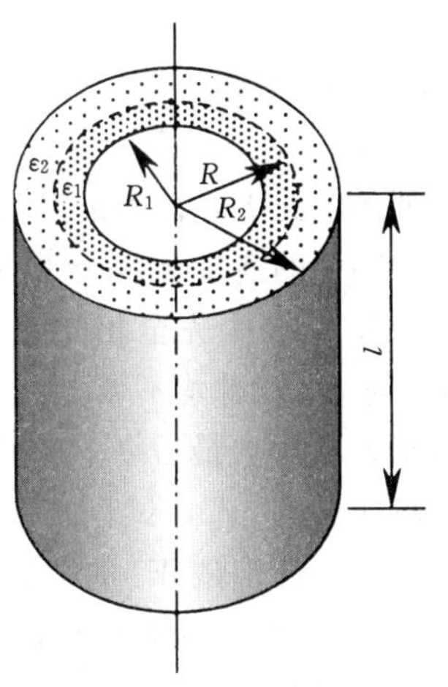

图 6－33

**解：** 将内外两部分看成两个电容器串联，它们的电容分别为

$$C_1=\frac{2\pi\varepsilon_1 l}{\ln(R/R_1)},\quad C_2=\frac{2\pi\varepsilon_2 l}{\ln(R_2/R)}$$

串联以后的等效电容为

$$C=\frac{2\pi\varepsilon_1\varepsilon_2 l}{\varepsilon_2\ln(R/R_1)+\varepsilon_1\ln(R_2/R)}$$

由于电容器带电荷 $\pm\lambda l$ 时，其电场能量为

$$W_e=\frac{\lambda^2 l^2}{2C}=\frac{\lambda^2 l[\varepsilon_2\ln(R/R_1)+\varepsilon_1\ln(R_2/R)]}{4\pi\varepsilon_1\varepsilon_2}$$

将电容率为 $\varepsilon_2$ 的介质取出以后，其电场能量为

$$W_e'=\frac{\lambda^2 l[\varepsilon_0\ln(R/R_1)+\varepsilon_1\ln(R_2/R)]}{4\pi\varepsilon_1\varepsilon_0}$$

外力做的功等于电场能量增加，即

$$\Delta W=W_e'-W_e=\frac{\lambda^2 L}{4\pi}\left(\frac{1}{\varepsilon_0}-\frac{1}{\varepsilon_2}\right)\ln\frac{R_2}{R}$$

## 思考与讨论

1. 如图 6－34 所示，将一个空气平行板电容器接到电源上充电，在保持与电源连接的情况下，将一块与极板面积相同的各向同性均匀电介质板平行地插入两极板之间，试问：电容器储存的电能发生怎样的变化？电能的这种变化与介质板相对极板的位置有关系吗？如果空气平行板电容器充电到一定电压后断开电源，再将这块电介质板平行地插入两极板之间，则电容器储存的电能又会发生怎样的变化？

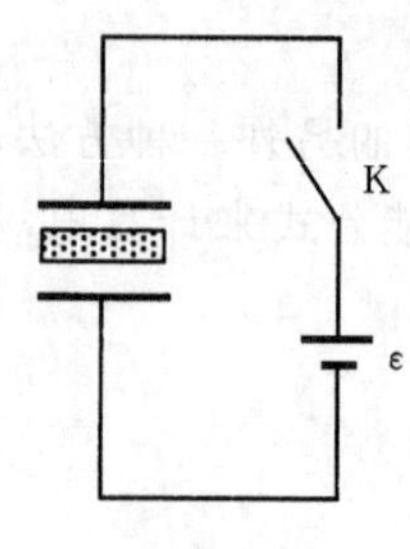


图 6－34

2. 一块面积为 $10^7\text{m}^2$ 的雷雨云位于地面上空 600m 高处，它与地面间的电场强度为 $1.5\times10^4\text{V/m}$，如果认为它与地面构成一个平行板电容器，并且一次雷电即把雷雨云的电能全部释放出来，试问：此能量相当于质量等于多少的物体从 600m 高空落到地面所释放的能量？

3. 一个空气电容器充电后切断电源，电容器储能为 $W_0$，若此时在极板间灌入相对电容率为 $\varepsilon_r$ 的煤油，试问：电容器储能变为 $W_0$ 的多少倍？如果灌煤油时电容器一直与电源相连接，则电容器储能将是 $W_0$ 的多少倍？

4. 一个空气平行板电容器，接通电源充电后电容器中储存的能量为 $W_0$。在保持电源接通的情况下，在两极板间充满相对电容率为 $\varepsilon_r$ 的各向同性均匀电介质，试问：该电容器中储存的能量 $W$ 等于多少？

5. 有 3 个完全相同的金属球 $A$、$B$、$C$，其中 $A$ 球带有电荷 $Q$，而 $B$、$C$ 球均不带电。先使 $A$ 球与 $B$ 球接触，分开后 $A$ 球再与 $C$ 球接触，最后 3 个球分别孤立地放置。设 $A$ 球原先所储存的电场能量为 $W_0$，试问：$A$、$B$、$C$ 最后所储存的电场能量 $W_A$、$W_B$、$W_C$ 分别是 $W_0$ 的多少倍？

6. $A$、$B$ 为两个电容值都等于 $C$ 的电容器，已知 $A$ 带电荷为 $Q$，$B$ 带电荷为 $2Q$。现将 $A$、$B$ 并联后，试问：系统电场能量的增量 $\Delta W$ 等于多少？

7. 如图 6－35 所示，$C_1$、$C_2$ 和 $C_3$ 是 3 个完全相同的平行板电容器。当接通电源后，试问：3 个电容器中储存的电能之比 $W_1:W_2:W_3$ 等于多少？

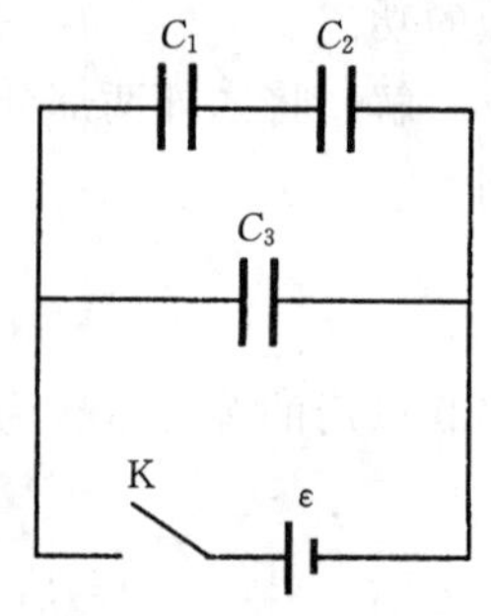


图 6－35

## 习　题

1. 两个半径分别为 1.0m、0.5m 的导体球 $A$ 和 $B$，中间用导线相连接，两个球的外面分别包以半径为 1.5m 的同心接地导体球壳，该球壳与导线之间是绝缘的。导体球与导体球壳之间的介质均是空气，如图 6－36 所示。已知空气的击穿场强为 $3\times10^6\text{V/m}$，现在使 $A$、$B$ 两球导体所带的电荷逐渐增加，试问：

（1）此系统在何处首先被击穿？这里场强的大小等于多少？

（2）击穿时两球所带的总电荷 $Q$ 等于多少？

2. 如图 6－37 所示，两块都与地连接的无限大平行导体板相距 $2d$，在板间均匀充满着与导体板绝缘的正离子气体，离子的数密度为 $n$，每个离子的电荷为 $q$。如果忽略气体的极化现象，可以认为电场分布相对中心平面 $AB$ 对称。试求两板之间的场强分布和电势分布。

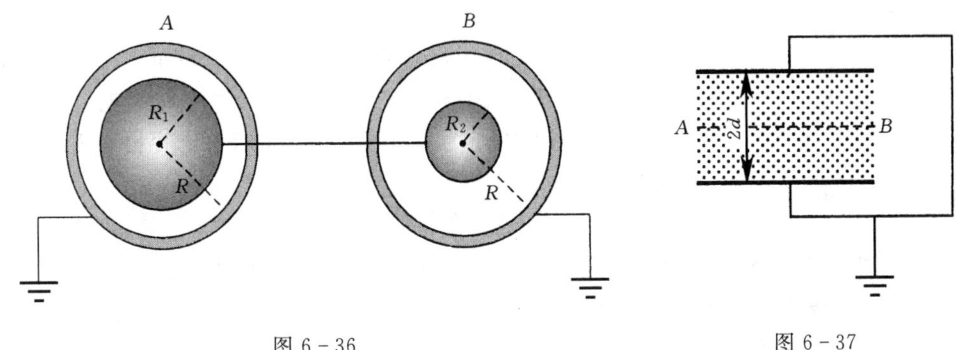


图 6－36　　　　图 6－37

3. 两根平行的无限长均匀带电直导线相距为 $d$，导线半径都是 $R(R \ll d)$。导线上电荷线密度分别为 $+\lambda$ 和 $-\lambda$。试求该导体组单位长度的电容。

4. 如图 6－38 所示，半径分别为 $a$ 和 $b(b>a)$ 的两个同心导体薄球壳分别带有电荷 $Q_1$ 和 $Q_2$，现在将内球壳用细导线与远处半径为 $r$ 的原来不带电的导体球相连，试求相连后导体球所带电荷。

5. 一个空气平行板电容器的两极板面积均为 $S$，板间距离为 $D$($D$ 远小于极板线度)，在两极板之间平行地插入一块面积也是 $S$、厚度为 $d(<D)$ 的金属片，如图 6－39 所示。试问：

（1）电容 $C$ 等于多少？

（2）金属片放在两极板间的位置对电容值有无影响？

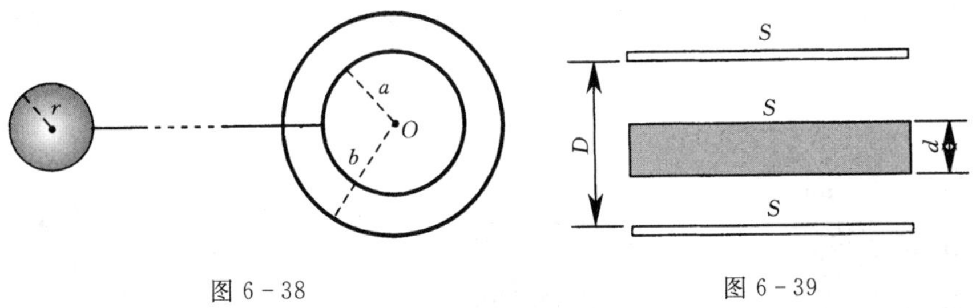


图 6－38　　　　图 6－39

6. 来顿瓶是早期的一种储存电荷的电容器，它是一个内外贴有金属薄膜的圆柱形玻璃瓶。设玻璃瓶内直径为 10cm，玻璃厚度为 2mm，金属膜高度为 50cm。已知玻璃的相对电容率为 5.0，其击穿场强是 $2.5\times10^7$ V/m。如果不考虑边缘效应，试计算：

（1）来顿瓶的电容值。

（2）它最多能储存的电荷。

7. 一个平行板电容器的极板面积为 $S$，两极板之间的距离为 $d$，其间充满着变化电容

率的电介质。在 $A$ 极板处的电容率为 $\varepsilon_1$，在 $B$ 极板处的为 $\varepsilon_2$，其他处的电容率与离开 $A$ 极板的距离成线性关系。略去边缘效应，试求该电容器的电容。

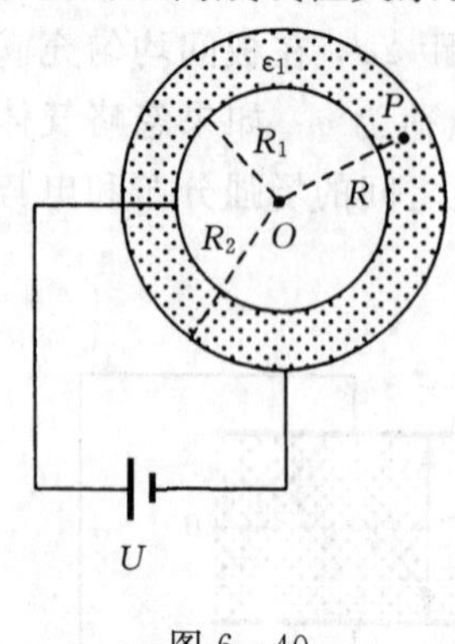


图 6-40

8. 如图 6-40 所示，一个电容器由两个很长的同轴薄圆筒组成，内、外圆筒半径分别为 2cm 和 6cm，其间充满相对电容率为 $\varepsilon_r$ 的各向同性均匀电介质，电容器接在电压 $U=32\text{V}$ 的电源上。试求距离轴线 4cm 处的 $P$ 点的电场强度和该点与外筒间的电势差。

9. 一个圆柱形电容器的外圆柱直径为 5cm，内柱直径可以适当选择，如果两圆柱之间充满各向同性的均匀电介质，该介质的击穿场强的大小为 200kV/cm。试求该电容器可能承受的最高电压。

10. 两个金属球的半径之比为 1∶3，带有等量的同号电荷。当两者的距离远大于两球的半径时具有一定的电势能。如果将两球接触一下再移回到原处，试问：电势能变为原来的多少倍？

11. 一个半径为 $R$ 的各向同性均匀电介质球，其相对电容率为 $\varepsilon_r$。球体内均匀分布有正电荷 $Q$，试求该介质球内的电场能量。

12. 一个平行板电容器的极板面积为 $0.5\text{m}^2$，两极板夹着一块 5.0mm 厚的同样面积的玻璃板。已知玻璃的相对电容率等于 5。电容器充电到电压达到 15V 以后切断电源，试求将玻璃板从电容器中抽出的过程中，外力所做的功。

13. 如图 6-41 所示，一个平板电容器的极板面积为 $S$，两极板之间的距离为 $d$，图 6-41（a）填有两层厚度相同的电介质；图 6-41（b）填有两块面积各为 $S/2$ 的电介质。两种介质都是各向同性均匀的，电容率分别为 $\varepsilon_1$ 和 $\varepsilon_2$。当电容器带电荷 $\pm Q$ 时，在维持电荷不变的情况下，将电容率为 $\varepsilon_1$ 的介质板抽出，试分别求图 6-41 中两种情况下外力所做的功。

14. 如图 6-42 所示，将两极板间距离为 $d$ 的平行板电容器垂直地插入到密度为 $\rho$、相对电容率为 $\varepsilon_r$ 的液体电介质中，如果维持两极板之间的电势差 $U$ 不变。试求液体上升的高度 $h$。

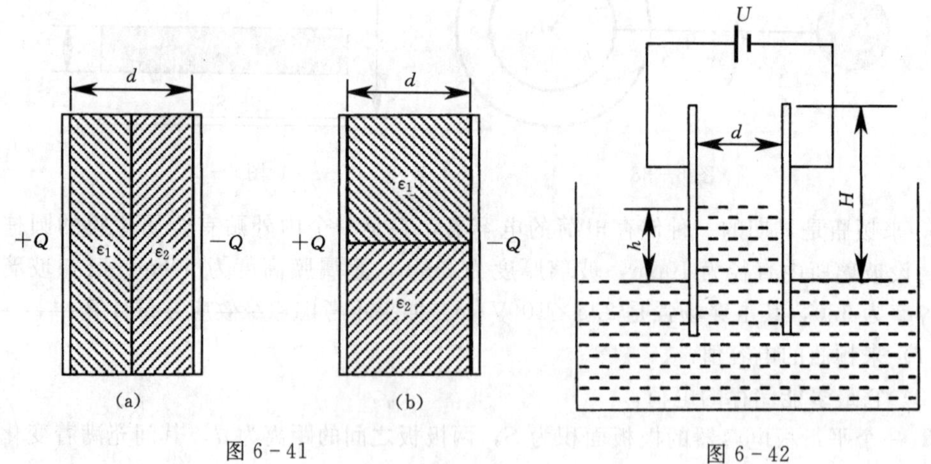


图 6-41　　图 6-42

15. 一个半径为 $R$ 的各向同性均匀电介质球，其相对电容率为 $\varepsilon_r$，介质球内各点的电荷体密度 $\rho=kr$，式中 $k$ 为常量，$r$ 是球内各点到球心的距离。试求球内外的场强分布和电场的总能量。

## 科学家史话　高斯

高斯（Johann Carl Friedrich Gauss，1777—1855），德国著名数学家、物理学家、天文学家、大地测量学家。他有数学王子的美誉，并被誉为历史上伟大的数学家之一，与阿基米得、牛顿、欧拉同享盛名。

高斯的成就遍及数学的各个领域，在数论、非欧几何、微分几何、超几何级数、复变函数论以及椭圆函数论等方面均有开创性贡献。他十分注重数学的应用，并且在对天文学、大地测量学和磁学的研究中也偏重于采用数学方法。

高斯于1777年4月30日生于不伦瑞克的一个工匠家庭，他的母亲是一个贫穷石匠的女儿，虽然十分聪明，但却没有接受过教育，近似于文盲。他的父亲曾做过园丁、工头、商人的助手和一个小保险公司的评估师。

当高斯3岁时便能够纠正他父亲借债账目的一些错误，成为一段轶事流传至今。他曾说自己能够在头脑中进行复杂的计算，是上帝赐予他一生的天赋。高斯12岁时已经开始怀疑元素几何学中的基础证明。高斯的老师很早就发现了高斯在数学上异乎寻常的天赋，于是从高斯14岁起便资助其学习与生活。这也使高斯能够在1792—1795年进入Carolinum学院学习。当他16岁时，预测在欧氏几何之外必然会产生一门完全不同的几何学。18岁时，高斯转入哥廷根大学学习，在这一年，他发现了质数分布定理和最小二乘法，随后他开始专注于曲面与曲线的计算，并成功得到高斯钟形曲线（即正态分布曲线）。其函数被命名为标准正态分布（或高斯分布），并在概率计算中大量使用。在他19岁时，仅用没有刻度的尺子与圆规便构造出了正17边形。1807年，高斯成为哥廷根大学的教授和当地天文台的台长。

高斯在计算谷神星轨迹时总结了复数的应用，并且严格证明了每一个 $n$ 阶的代数方程必有 $n$ 个复数解。高斯在他的建立在最小二乘法基础上的测量平差理论的帮助下，计算出天体的运行轨迹，并用这种方法，发现了谷神星的运行轨迹。奥地利天文学家 Heinrich Olbers 在高斯计算出的轨道上成功发现了这颗小行星。从此，高斯名扬天下。

在1818—1826年之间，高斯主导了汉诺威公国的大地测量工作。通过他发明的以最小二乘法为基础的测量平差的方法和求解线性方程组的方法，显著地提高了测量的精度。出于对实际应用的兴趣，他发明了日光反射仪，可以将光束反射至大约450km外的地方。高斯后来不止一次地为原先的设计作出改进，试制成功被广泛应用于大地测量的镜式六分仪。汉诺威公国的大地测量工作是测量史上的巨大工程，如果没有高斯在理论上的仔细推敲，在观测上力图合理精确，在数据处理上尽量周密细致的出色表现，就不能完成。

为了用椭圆在球面上的正形投影理论以解决大地测量中出现的问题，在这段时间内，高斯亦从事了曲面和投影的理论，并成为微分几何的重要理论基础。他独立地提出了不能证明欧氏几何的平行公设具有“物理的”必然性，至少不能用人类的理智给出这种证明。相对论证明了宇宙空间实际上是非欧几何的空间。高斯的思想被近100年后的物理学接受了。

19世纪30年代，高斯发明了磁强计，辞去了天文台的工作，而转向物理研究。他与韦伯

(1804—1891) 在电磁学领域共同工作。在 1833 年，通过受电磁影响的罗盘指针，他向韦伯发送了电报。这不仅仅是从韦伯的实验室与天文台之间的第一个电话电报系统，也是世界首创。尽管线路才 8km 长。

1855 年 2 月 23 日清晨，高斯于睡梦中卒于哥廷根。高斯的肖像已经被印在 1989—2001 年流通的德国马克的纸币上。

# 第七章 真空中的恒定磁场

在历史上相当长的一段时间内，电学和磁学的研究是彼此独立进行的，直到1820年，奥斯特在实验中发现了电流的磁效应以后，又经过安培、毕奥、萨伐尔等人的实验和理论研究，人们才认识到磁现象的起源是运动的电荷。运动的电荷除了产生电场外，还产生磁场。如果定向运动电荷在空间的分布不随时间变化，就形成恒定电流。恒定电流在空间产生不随时间变化的磁场，这就是恒定磁场。尽管恒定磁场与静电场的性质、规律不尽相同，但是它们在研究方法上却有类似之处。

本章主要讨论恒定电流产生的恒定磁场。介绍描述磁场性质的一个重要物理量——磁感应强度和两个重要定律——磁场中的高斯定理和安培环路定理；毕奥-萨伐尔定律阐述了电流产生磁场的规律；洛伦兹公式给出磁场对运动电荷的作用力，在洛伦兹公式基础上，推导出描写磁场对电流的作用规律——安培定律。

**本章学习要点**

(1) 掌握磁感应强度的概念；理解磁感应线的物理意义；熟练掌握磁通量的概念及磁通量的计算；掌握磁场中的高斯定理及其物理意义。

(2) 掌握毕奥-沙伐尔定律求解磁场的思路；熟练掌握由毕奥-沙伐尔定律推导出的几种典型载流导线产生的磁场；了解运动电荷产生的磁场。

(3) 熟练掌握安培环路定理；能熟练应用该定理计算磁感应强度。

(4) 掌握洛仑兹力公式，会用该公式解决带电粒子在磁场中运动问题；了解霍尔效应及其产生的原理。

(5) 掌握安培力公式；理解磁矩的概念；能计算简单几何形状载流导体和载流平面线圈在磁场中所受的力和力矩。

## 第一节 磁感应强度 磁场的高斯定理

### 一、基本磁现象

人们早在2000多年以前就发现了磁现象，这远比发现电现象要早得多。中国在战国时期已经发现了磁铁矿石吸引铁的现象。东汉时期王充在《论衡》中描述的“司南勺”就是指南器，在这部书中王充叙述了指南针的制造方法，以后沈括对指南针做过深入的研究，到了北宋时期我国已经将指南针用于航海事业，指南针的发明对人类文明史的进程起到了相当大的作用。

**永久磁铁**（permanent magnet）包括天然磁铁和人造磁铁。天然磁铁的化学成分是$Fe_3O_4$，人造磁铁是用铁、镍、钴等合金制成的金属铁磁体，此外还有一种称为铁氧体的磁性材料。**磁铁能吸引铁、钴、镍等物质的性质称为磁性**（magnetism），**而能被磁铁所吸引的这些物质称为铁磁质**（Ferromagnetic substance）。磁铁总是存在两个**磁性最强的区域，称为磁极**（magnetic pole）。如果将条形磁铁悬挂起来，使它能够在水平面内自由转动，当它静止时，两个磁极总是大致沿着地理的南北方向，**指向北方的磁极称为磁北极**（N pole），**用 N 表示，指向南方的磁极称为磁南极**（S pole），**用 S 表示。两块磁铁的磁极之间存在相互作用力，称为磁力**（magnetic force）。**同名磁极互相排斥，异名磁极互相吸引。自由条形磁铁静止时，两个磁极的指向与地理的南北极方向之间存在一个夹角，称为磁偏角**（magnetic declination），大约在 11°左右，在地球上的不同地点、在不同时间其值有所不同，特别是在地球发生某种变化时，这个值会有比较明显的变化。

在一个相当长的时期内，人们认为磁现象和电现象没有什么联系，直到 1820 年，丹麦物理学家奥斯特发现电流的磁效应，即电流对磁针有作用力，紧接着法国物理学家安培又发现磁铁对电流有作用力、电流与电流之间也存在作用力，这时人们才逐步认识到磁现象与电荷的运动之间存在着密切的联系。

为了解释磁铁等物质的磁性本质问题，在 1921 年安培提出了分子电流假说，他认为：**磁性的根源在于电流，磁性物质的分子中存在着回路电流，称为分子电流**（molecular current），**每个分子电流都相当于一个基元磁铁，当物质中的所有分子电流有规则排列时，就对外呈现出磁性。**

现代科学理论表明，分子电流是原子中的电子绕原子核的轨道运动以及电子本身的自旋运动所形成的等效电流。由于电荷的定向运动形成了电流，因此可以说，所有的磁现象都是运动电荷产生的。

安培的分子电流假说可以解释磁单极不存在的原因，它也是关于铁磁性的磁畴理论的基础。

## 二、磁场和磁感应强度

磁铁与磁铁之间、电流与电流之间以及磁铁与电流之间都存在相互作用力，这种相互作用力是通过一种特殊形态的物质——**磁场**（magnetic field）来实现的。也就是说，磁铁和电流在其周围激发磁场，处在磁场中的其他磁铁和电流会受到**磁场力**（magnetic field force）的作用。就本质而言，是运动电荷在空间激发了磁场，处在磁场中的其他运动电荷会受到磁场力的作用。

与电场一样，磁场也是矢量场。将可以自由转动的小磁针放入磁场中某处，当磁针静止时总是指向确定的方向，我们就将小磁针静止时 N 极所指的方向定义为磁针所在处的磁场的方向。在静电学中，为了描述静电场各场点的力学性质，我们定义了电场强度$\vec{E}$，同理，为了描述磁场各场点的力学性质，我们定义一个新物理量，就是**磁感应强度**（magnetic induction），用 $\vec{B}$ 表示。空间某点的磁场方向就是这一点的磁感应强度方向。

磁场的一个基本性质就是磁场对运动电荷有力的作用。现在利用磁场的这个性质来定

义磁感应强度矢量。在磁场空间引入一个电量为 $q$、速度为$\vec{v}$的点电荷作为试验运动电荷，观察试验运动电荷在磁场中的受力情况，得到如下实验结果：试验运动电荷受到的磁场力不仅与其电量 $q$ 有关，还与它的速度大小 $v$ 以及$\vec{v}$与磁场方向的夹角 $\theta$ 有关。当$\vec{v}$的方向与磁场方向平行时，试验运动电荷受到的磁场力为零；当$\vec{v}$的方向与磁场方向垂直时，磁场力有最大值 $F_{max}$。这个最大磁场力 $F_{max}$既与试验运动电荷的电量 $q$ 成正比，也与其速度大小 $v$ 成正比，也就是说 $F_{max}$与 $qv$ 的比值与运动电荷无关，仅与场点的性质有关，我们将这个比值定义为磁场中某点的磁感应强度 $\vec{B}$ 的大小，即

$$B=\frac{F_{max}}{qv} \tag{7-1}$$

在国际单位制中，磁感应强度 $\vec{B}$ 的单位为特斯拉，用符号 T 表示，1T=1N/(A·m)。其量纲为 $I^{-1}MT^{-2}$。

## 三、磁感应线

在静电场中，我们用电场线形象地描绘了电场的分布，与此类似，我们用**磁感应线**(magnetic induction line) 来形象地描绘磁场的空间分布。磁感应线是人为地在磁场空间描绘出来的曲线，**使曲线上每一点的切线方向与该点的磁场方向一致，且使通过与磁场方向相垂直的单位面积的磁感应线条数（即磁感应线密度）与这一点的磁感应强度大小成正比，即磁感强度大的地方磁感应线密集，磁感应强度小的地方磁感应线稀疏**。

磁场的磁感应线可以用实验方法显示。在磁场中放置一块玻璃板，在玻璃板上均匀地撒一些铁屑，铁屑在磁场中被磁化后相当于小磁针，轻敲玻璃板使铁屑自由转动，铁屑就按照磁场方向排列起来，显示出磁感应线的形状。

图 7-1 (a) 是在垂直于通电直导线的平面上铁屑显示的磁感应线图，图 7-1 (b) 是通电直导线的磁感应线分布图。这些磁感应线是以导线为圆心的一系列同心圆，电流的方向与磁感线方向之间的关系符合右手螺旋法则，即用右手握住通电直导线，使拇指伸直并与电流方向一致，则其余四指的环绕方向就是磁感应线的方向。

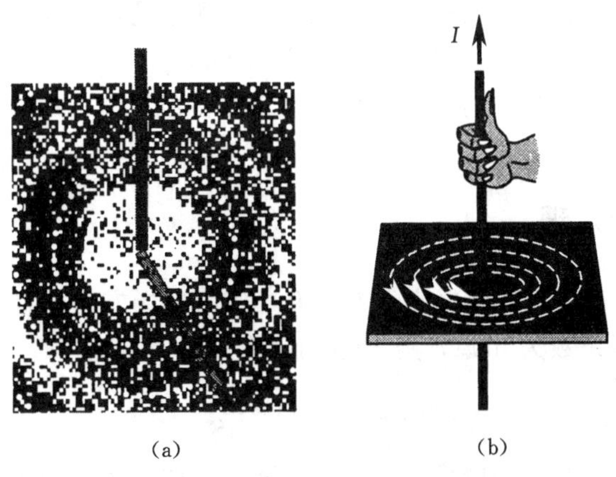


图 7-1

图 7－2（a）是圆电流在通过圆心且与圆电流垂直的平面上铁屑显示的磁感应线图，图 7－2（b）是对应的磁感应线分布图。这些磁感线是围绕圆电流的闭合曲线。

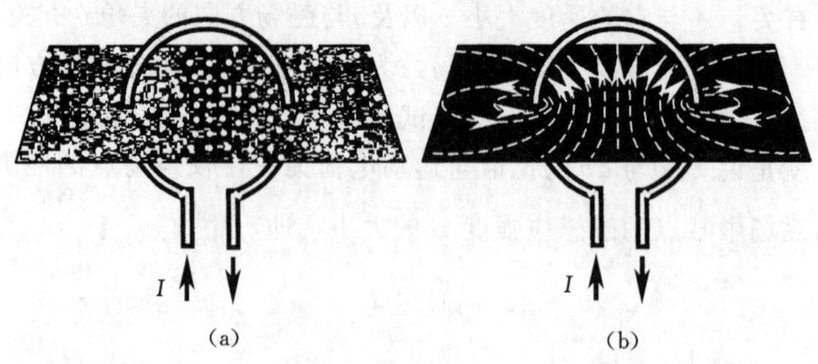

(a)　(b)

图 7－2

图 7－3（a）是通电螺线管在通过螺线管轴线的平面上铁屑显示的磁感应线图，图 7－3（b）是对应的磁感应线分布图。圆电流和通电螺线管的磁感应线方向也可以用右手螺旋法则确定，只不过这时要用右手握住螺线管（或圆电流），使四指的环绕方向与电流方向一致，则伸直的拇指所指的方向就是螺线管内磁感应线方向（或圆电流中心的磁感线方向）。

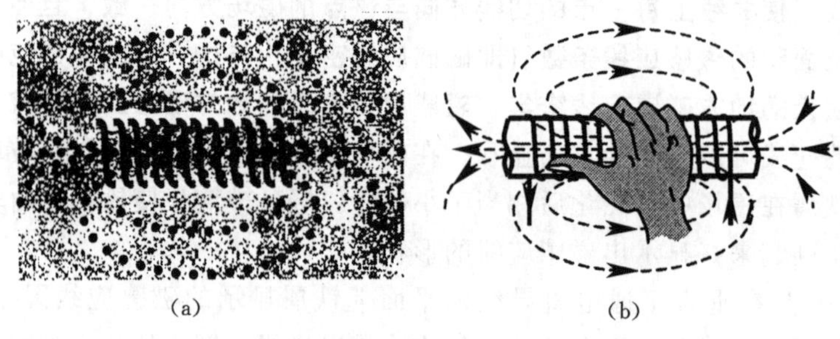
(a)　(b)

图 7－3

总结上面几种电流的磁感应线分布情况，可以得出磁感应线的下列特征：

（1）**磁感应线不会相交**。磁场中每一点的磁感应强度方向是唯一的，如果两条磁感应线相交于某一点，这点的磁感应强度就有两个方向了。

（2）**磁感应线是闭合曲线**。每一条磁感应线都是围绕电流的闭合曲线，没有起点，也没有终点。

## 四、磁场的高斯定理

如图 7－4 所示，在 $P$ 点的磁感应强度为 $\vec{B}$，作与磁场方向垂直的面积元 $dS_{\perp}$，设通过该面积元的磁感应线条数为 $dN_m$，则 $P$ 点的磁感应线密度为

$$磁感应线密度=\frac{dN_m}{dS_{\perp}}$$

既然磁场中某点的磁感应线密度与这一点的磁感应强度大小成正比，我们不妨规定磁场中某点的磁感线密度就等于这点的磁感应强度大小，即

$$B=\frac{dN_m}{dS_\perp}$$

我们将**通过磁场中任意曲面的磁感应线条数称为通过该曲面的磁感应强度通量**(magnetic flux)，**简称磁通量**，用符号 $\Phi_m$ 表示。

图 7-5 是磁场中的任意曲面，将曲面划分成许多小面元，通过面元 $d\vec{S}$的磁通量为

$$d\Phi_m=B\cos\theta dS=\vec{B}\cdot d\vec{S} \tag{7-2}$$

对上式求积分即得通过整个曲面 $S$ 的磁通量，即

$$\Phi_m=\int_S d\Phi_m=\int_S B\cos\theta dS=\int_S \vec{B}\cdot d\vec{S} \tag{7-3}$$

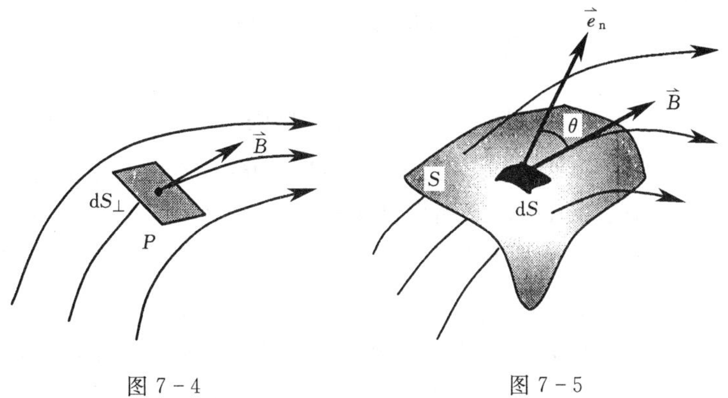


图 7-4　　图 7-5

在国际单位制中，磁通量的单位为韦伯，用符号 Wb 表示，$1Wb=1T\cdot m^2$。因此我们得到磁感应强度的另一个单位 $Wb/m^2$，即

$$1T=1Wb/m^2$$

对于闭合曲面而言，取由内向外为法线的正方向，如图 7-6 所示，如果磁感应线穿出闭合曲面，$d\Phi_m=BdS\cos\theta>0$；如果磁感应线穿入闭合曲面，$d\Phi_m=BdS\cos\theta<0$。因为磁感应线是闭合曲线，所以有多少条磁感应线穿入闭合曲面，就有多少条磁感线穿出闭合曲面，因此通过任意闭合曲面的磁通量总是等于零，即

$$\oint_S \vec{B}\cdot d\vec{S}=0 \tag{7-4}$$

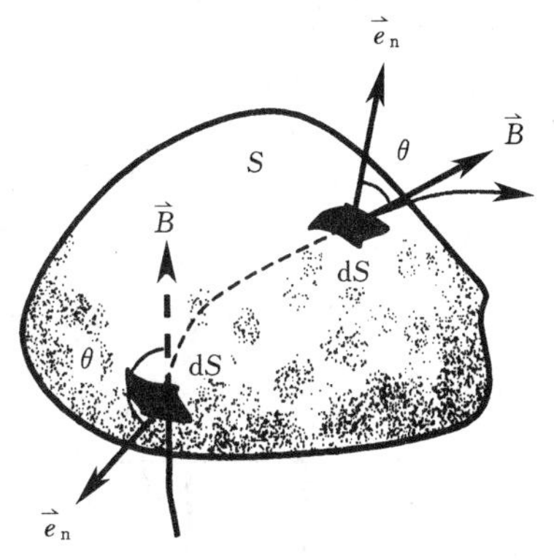


图 7-6

式 (7-4) 表明，**穿过空间任意闭合曲面 $S$ 的磁通量的代数和为零**。这个结论称为**磁场的高斯定理**。可以说，这个定理是磁单极不存在的必然结果，如果将 N 极和 S 极理解成正、负磁荷的话，由于自然界中磁极总是成对出现的，它们对通过任意闭合曲面通量的贡献总是一一抵消的，即它们对通过任意闭合曲面的磁通量没有贡献。

一个矢量$\vec{A}$的空间分布称为矢量场，如果该矢量$\vec{A}$通过任意闭合曲面 $S$ 的通量$\oint_S \vec{A}\cdot d\vec{S}=0$，则表明该矢量场的场线是闭合曲线，或者说场线呈涡旋状，我们称这种场为无源场或有旋场；如果$\oint_S \vec{A}\cdot d\vec{S}\neq 0$，表明该矢量场的场线不是闭合的，或者说场线呈汇集状，我们称这种场为有源场或无旋场。将静电场的高斯定理$\oint_S \vec{E}\cdot d\vec{S}=\frac{1}{\varepsilon_0}\sum_i q_i$与磁场的高斯定理$\oint_S \vec{B}\cdot d\vec{S}=0$进行比较，我们立即发现，**静止电荷激发的静电场是有源场（或无旋场），而恒定电流激发的恒定磁场是无源场（或有旋场）。**

## 思考与讨论

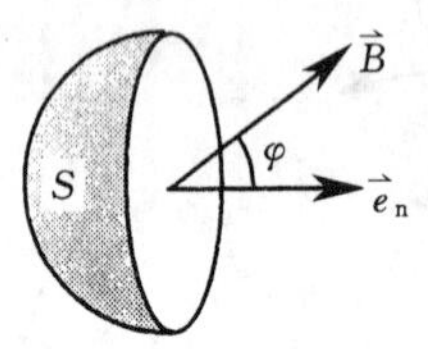

图 7-7

1. 如图 7-7 所示，在磁感强度为$\vec{B}$的均匀磁场中作一个半径为 $r$ 的半球面 $S$，$S$ 边线所在平面的法线方向的单位矢量$\vec{e}_n$与$\vec{B}$的夹角为 $\varphi$，如果取弯面向外为半球面 $S$ 的正方向，试问：通过半球面 $S$ 的磁通量为多少？

2. 某磁场的磁感应强度 $\vec{B}=a\vec{i}+b\vec{j}+c\vec{k}$（T），试问：通过一半径为 $R$、开口向 $y$ 轴正方向的半球壳表面的磁通量的大小等于多少？

3. 如图 7-8 所示，在一根通有电流 $I$ 的长直导线旁，与之共面地放着一个长、宽各为 $a$ 和 $b$ 的矩形线框，线框的长边与载流长直导线平行，且二者相距为 $c$。已知长直导线产生的磁感应强度分布为 $B=\frac{\mu_0 I}{2\pi r}$，试计算通过线框的磁通量 $\Phi_m$。

4. 如图 7-9 所示，一个半径为 $R$ 的无限长直载流导线，沿轴向均匀地流有电流 $I$，其磁感应强度分布为

$$B=\frac{\mu_0 Ir}{2\pi R^2}(r\leqslant R),\ B=\frac{\mu_0 I}{2\pi r}(r>R)$$

如果作一个半径为 $4R$、长为 $L$ 的圆柱形曲面，其轴线与载流导线的轴平行且相距为 $2R$，试问：通过圆柱侧面的磁通量等于多少？

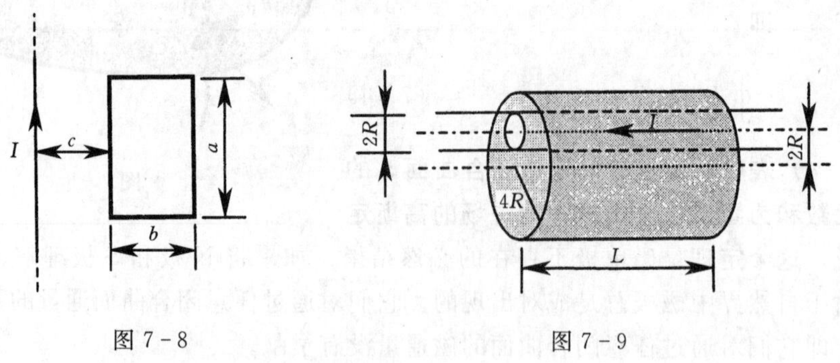

图 7-8　　图 7-9

# 第二节　毕奥-萨伐尔定律

1820 年，法国两位物理学家毕奥和萨伐尔用实验的方法对电流所激发的磁场进行了逐点测量，并得出一个结论：长直电流周围某点的磁感应强度大小与该点到导线的距离成反比。后来经过法国数学家和物理学家拉普拉斯等人在数学上加以证明、理论上进行抽象，得出了电流元产生的磁感应强度定律。

如图 7－10 所示，在任意形状的载流导线中通有电流强度为 $I$ 的电流，在导线上任意点取线元矢量 $\mathrm{d}\vec{l}$，其方向与该点的电流一致，我们将矢量 $I\mathrm{d}\vec{l}$ 称为**电流元**（current element）。电流元 $I\mathrm{d}\vec{l}$ 在载流导线周围空间任意一点 $P$ 处产生的磁感应强度 $\mathrm{d}\vec{B}$ 由**毕奥-萨伐尔定律**（Biot－Savart law）给出，该定律指出：**在真空中，载流导线上某一电流元 $I\mathrm{d}\vec{l}$ 在任意定点 $P$ 处产生的磁感应强度 $\mathrm{d}\vec{B}$ 的大小与电流元的大小 $I\mathrm{d}l$ 成正比，与 $\mathrm{d}\vec{l}$ 和从电流元到 $P$ 点的径矢 $\vec{r}$ 之间的夹角 $\theta$ 的正弦 $\sin\theta$ 成正比，与径矢 $\vec{r}$ 的平方成反比。**即

$$\mathrm{d}B=\frac{\mu_0}{4\pi}\frac{I\mathrm{d}l\sin\theta}{r^2} \tag{7－5}$$

式中：$\mu_0$ 为**真空磁导率**（permeability vacuum），在国际单位制中，$\mu_0=4\pi\times10^{-7}$ $\mathrm{N\cdot A^{-2}}$。

如图 7－11 所示，$\mathrm{d}\vec{B}$ 的方向总是垂直于 $I\mathrm{d}\vec{l}$ 和 $\vec{r}$ 所决定的平面，并沿着 $I\mathrm{d}\vec{l}\times\vec{r}$ 的方向。因此式（7－5）的毕奥-萨伐尔定律的矢量形式为

$$\mathrm{d}\vec{B}=\frac{\mu_0}{4\pi}\frac{I\mathrm{d}\vec{l}\times\vec{r}}{r^3} \tag{7－6}$$

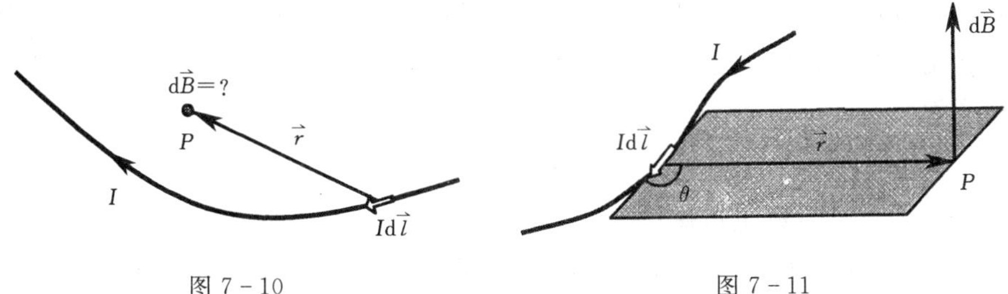


图 7－10　　　　图 7－11

可以将载流导线看成是由许多电流元组成，式（7－6）给出了载流导线上任意一个电流元在场点 $P$ 处产生的磁感应强度，整段载流导线在 $P$ 点产生的磁感应强度为

$$\vec{B}=\int_L\mathrm{d}\vec{B}=\int_L\frac{\mu_0}{4\pi}\frac{I\mathrm{d}\vec{l}\times\vec{r}}{r^3} \tag{7－7}$$

应该指出，毕奥-萨伐尔定律是一个微分定律，因此它不能由实验方法直接验证，但是由此定律出发计算出的载流导线所产生的磁场与实验吻合得非常好，这样就间接地证明了该定律的正确性。

下面利用毕奥-萨伐尔定律推导几种典型载流导线所产生的磁场。

1. 载流直导线的磁场

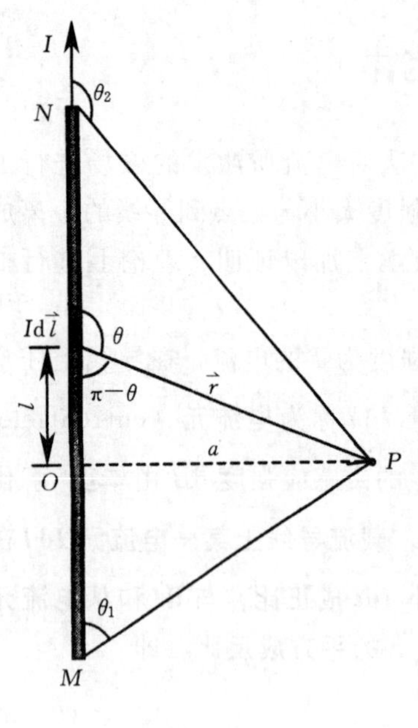

图 7-12

如图 7-12 所示，$MN$ 为一段载流直导线，通过的电流强度为 $I$，$P$ 为导线附近一点，现在来求这段电流在 $P$ 点产生的磁感应强度。电流元 $Id\vec{l}$ 在 $P$ 点产生的磁感应强度大小为

$$dB=\frac{\mu_0}{4\pi}\frac{Idl\sin\theta}{r^2}$$

$d\vec{B}$ 的方向垂直于纸面向里。直导线上所有电流元在 $P$ 点产生的磁感应强度方向相同，均垂直于纸面向里。所以 $P$ 点的磁感应强度等于各电流元产生的磁感应强度的代数和，即

$$B=\int_L dB=\int_L\frac{\mu_0}{4\pi}\frac{Idl\sin\theta}{r^2}$$

上式中 $r$、$\theta$ 和 $l$ 都是积分变量，因此在积分以前我们首先要统一积分变量。从 $P$ 点作直导线的垂线 $PO$，设 $\overline{PO}=a$，从电流元 $Id\vec{l}$ 到 $O$ 点的距离为 $l$，由几何关系得

$$l=a\cot(\pi-\theta)=-a\cot\theta,\ a=r\sin(\pi-\theta)=r\sin\theta$$

因此

$$dl=\frac{a}{\sin^2\theta}d\theta,\ r=\frac{a}{\sin\theta}$$

将以上两式代入磁感应强度的计算式中，得

$$B=\int_{\theta_1}^{\theta_2}\frac{\mu_0 I}{4\pi a}\sin\theta d\theta=\frac{\mu_0 I}{4\pi a}(\cos\theta_1-\cos\theta_2)\tag{7-8}$$

式中：$\theta_1$ 和 $\theta_2$ 分别为载流直导线的起点和末点处的电流元与该处 $\vec{r}$ 矢量之间的夹角。

如果载流直导线的长度远大于 $a$，导线可视为无限长。这时 $\theta_1=0$，$\theta_2=\pi$，则 $P$ 点的磁感应强度为

$$B=\frac{\mu_0 I}{2\pi a}\tag{7-9}$$

2. 载流圆形导线轴线上的磁场

如图 7-13 所示，设载流圆导线通有电流强度为 $I$ 的电流，其半径为 $R$，$P$ 点为其轴线上的任意点，$P$ 点到圆心 $O$ 的距离为 $x$。

为了求解 $P$ 点的磁感应强度，我们在圆导线上任意位置取电流元 $Id\vec{l}$，电流元到 $P$ 点的矢径 $\vec{r}$ 与电流元 $Id\vec{l}$ 矢量之间的夹角为 90°，因此电流元 $Id\vec{l}$ 在 $P$ 点产生的磁感应强度 $d\vec{B}$ 的大小为

$$dB=\frac{\mu_0}{4\pi}\frac{Idl}{r^2}$$

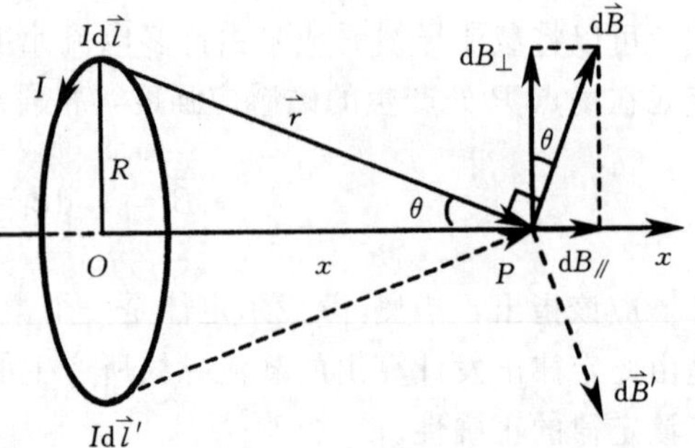

图 7-13

载流圆导线上不同位置的电流元在 $P$ 点

产生的磁感应强度方向不同，因此我们将 $d\vec{B}$ 分解两个分量，其中，分量 $dB_{//}$ 与 $x$ 轴平行，分量 $dB_{\perp}$ 与 $x$ 轴垂直。考虑到对称性，所有电流元产生的分量 $dB_{\perp}$ 互相抵消，而分量 $dB_{//}$ 相互加强，因此 $P$ 点的磁感应强度 $\vec{B}$ 的方向与 $x$ 轴方向相同，其大小为

$$B=\oint_L dB_{//}$$

其中

$$dB_{//}=dB\sin\theta=\frac{\mu_0}{4\pi}\frac{Idl}{r^2}\sin\theta$$

式中：$\theta$ 为矢径 $\vec{r}$ 与 $x$ 轴之间的夹角。

因此

$$B=\oint_L dB_{//}=\oint_L\frac{\mu_0}{4\pi}\frac{Idl}{r^2}\sin\theta=\frac{\mu_0 I}{4\pi}\oint_L\frac{\sin\theta}{r^2}dl$$

对于轴线上确定的点 $P$ 而言，$r$、$\theta$ 是积分不变量，因此

$$B=\frac{\mu_0}{4\pi}\frac{I\sin\theta}{r^2}\oint_L dl=\frac{\mu_0}{4\pi}\frac{I\sin\theta}{r^2}\times 2\pi R$$

即

$$B=\frac{\mu_0 IR}{2r^2}\sin\theta \tag{7-10}$$

由图 7-13 中的几何关系得

$$\sin\theta=\frac{R}{r},\quad r=\sqrt{R^2+r^2}$$

所以载流圆导线在其轴线上产生的磁感应强度大小为

$$B=\frac{\mu_0}{2}\frac{IR^2}{(R^2+x^2)^{3/2}} \tag{7-11}$$

在载流圆导线的圆心处，$x=0$，由上式即得载流圆导线圆心的磁感应强度大小为

$$B=\frac{\mu_0 I}{2R} \tag{7-12}$$

半径均为 $R$ 的 $N$ 匝窄圆电流在其轴线和圆心处产生的磁感应强度分别为

$$B=\frac{\mu_0}{2}\frac{NIR^2}{(R^2+x^2)^{3/2}} \tag{7-13}$$

$$B=\frac{\mu_0 NI}{2R} \tag{7-14}$$

图 7-14 中是一个半径为 $R$ 的通电圆弧，通过的电流强度为 $I$，$O$ 点为该圆弧所在圆的圆心，圆弧对圆心所张的圆心角为 $\theta$。将这个通电圆弧看成是由许多大小相同的电流元组成，由于各个电流元在 $O$ 点产生的磁感应强度大小相等，方向都垂直纸面向里，因此由式（7-12）得 $O$ 点的磁感应强度大小为

$$B=\frac{\mu_0 I/2R}{2\pi}\theta=\frac{\mu_0 I}{4\pi R}\theta \tag{7-15}$$

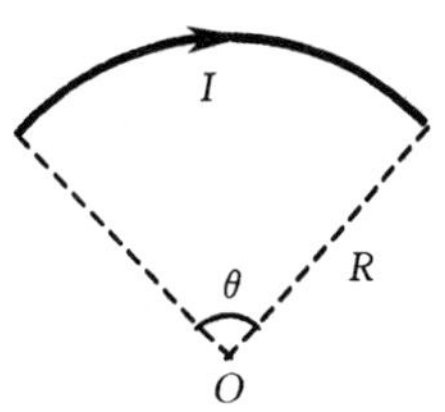

图 7-14

磁感应强度方向垂直纸面向里。

【例 7-1】　一条通有电流 $I$ 的导线被弯成如图 7-15 所示的形状。其中 $ab$、$cd$ 是直线段，其余部分为圆弧。两段圆弧的长度和半径分别为 $l_1$、$R_1$ 和 $l_2$、$R_2$，并且两段圆弧共面、共心。试求圆心 $O$ 点处的磁感应强度 $\vec{B}$。

**解**：两段圆弧对 $O$ 点所张的圆心角分别为

$$\alpha_1=\frac{l_1}{R_1},\ \alpha_2=\frac{l_2}{R_2}$$

由式（7-15）得两段圆弧在 $O$ 点产生的磁感应强度分别为

$$B_1=\frac{\mu_0 I}{4\pi R_1}\alpha_1=\frac{\mu_0 I}{4\pi R_1}\frac{l_1}{R_1}=\frac{\mu_0 I l_1}{4\pi R_1^2}$$

$$B_2=\frac{\mu_0 I l_2}{4\pi R_2^2}$$

$\vec{B}_1$ 的方向垂直纸面向外，$\vec{B}_2$ 的方向垂直纸面向里。

应用式（7-8）求解两段直导线在 $O$ 点产生的磁感应强度。由图 7-16 可得

$$a=R_1\cos\frac{\alpha_1}{2}=R_1\cos\frac{l_1}{2R_1}$$

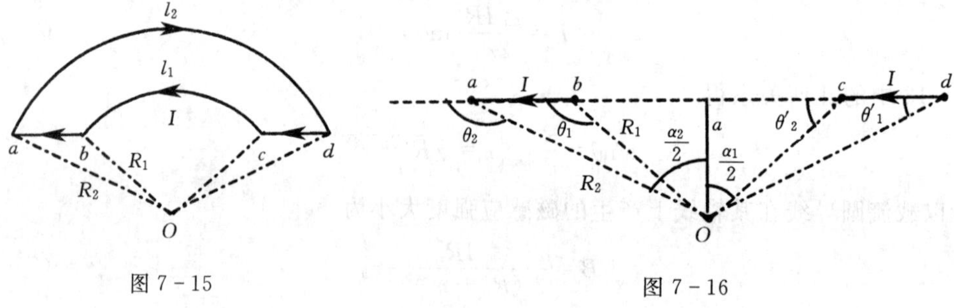


图 7-15　　　　图 7-16

对 $ba$ 直线段而言

$$\theta_1=\frac{\pi}{2}+\frac{\alpha_1}{2},\ \theta_2=\frac{\pi}{2}+\frac{\alpha_2}{2}$$

对 $dc$ 直线段而言

$$\theta_1'=\frac{\pi}{2}-\frac{\alpha_2}{2},\ \theta_2'=\frac{\pi}{2}-\frac{\alpha_1}{2}$$

因此，两段直导线在 $O$ 点产生的磁感强度分别为

$$B_3=\frac{\mu_0 I}{4\pi R_1\cos\dfrac{l_1}{2R_1}}\left[\cos\left(\frac{\pi}{2}+\frac{\alpha_1}{2}\right)-\cos\left(\frac{\pi}{2}+\frac{\alpha_2}{2}\right)\right]$$

$$=\frac{\mu_0 I}{4\pi R_1\cos\dfrac{l_1}{2R_1}}\left(\sin\frac{l_2}{2R_2}-\sin\frac{l_1}{2R_1}\right)$$

$$B_4=\frac{\mu_0 I}{4\pi R_1\cos\dfrac{l_1}{2R_1}}\left[\cos\left(\frac{\pi}{2}-\frac{\alpha_2}{2}\right)-\cos\left(\frac{\pi}{2}-\frac{\alpha_1}{2}\right)\right]$$

$$=\frac{\mu_0 I}{4\pi R_1\cos\frac{l_1}{2R_1}}\left(\sin\frac{l_2}{2R_2}-\sin\frac{l_1}{2R_1}\right)$$

$\vec{B}_3$ 和 $\vec{B}_4$ 的方向都垂直纸面向外。

因此，圆心 $O$ 点处的磁感应强度大小为

$$\begin{aligned}B&=B_1+B_3+B_4-B_2\\&=\frac{\mu_0 I}{2\pi R_1\cos\frac{l_1}{2R_1}}\left(\sin\frac{l_2}{2R_2}-\sin\frac{l_1}{2R_1}\right)+\frac{\mu_0 I}{4\pi}\left(\frac{l_1}{R_1^2}-\frac{l_2}{R_2^2}\right)\end{aligned}$$

如果 $B>0$，$O$ 点的磁感应强度方向垂直纸面向外；反之垂直纸面向里。

**【例 7－2】** 如图 7－17 所示，半径为 $R$ 的薄圆盘均匀带电，电荷面密度为 $\sigma$。此圆盘绕通过盘心且与盘面垂直的轴作匀速转动，角速度为 $\omega$，试求轴线上距盘心为 $x$ 的一点的磁感应强度大小。

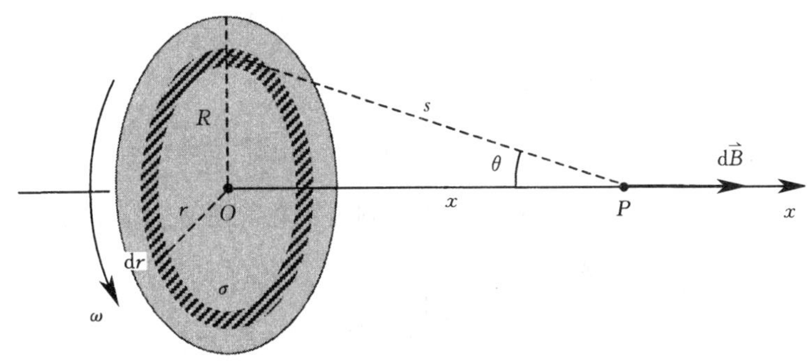


图 7－17

**解：** 将圆盘看成由无限多个与圆盘同心的微分圆形电流组成，每个微分圆电流在轴线上产生的磁感应强度由式（7－10）给出，将所有微分圆电流在轴线上同一点产生的磁感应强度叠加，即得到圆盘轴线上的磁感应强度。

在圆盘上取半径为 $r$、宽度为 $\mathrm{d}r$ 的微分环带，此环带的电量为

$$\mathrm{d}q=\sigma 2\pi r\mathrm{d}r$$

此环带转动相当于一个圆电流，由于圆盘单位时间转动的圈数为 $\omega/2\pi$，因此微分环带中的电流强度为

$$\mathrm{d}I=\frac{\omega}{2\pi}\mathrm{d}q=\frac{\omega}{2\pi}\sigma 2\pi r\mathrm{d}r=\sigma\omega r\mathrm{d}r$$

它在 $P$ 点产生的磁感应强度为

$$\mathrm{d}B=\frac{\mu_0 r\mathrm{d}I}{2s^2}\sin\theta=\frac{\mu_0 r\cdot\sigma\omega r\mathrm{d}r}{2s^2}\sin\theta=\frac{\mu_0\sigma\omega}{2}\frac{r^2\sin\theta}{s^2}\mathrm{d}r$$

上式中有 $r$、$s$、$\theta$ 三个变量，我们选择 $\theta$ 作为积分变量，由几何关系可得

$$s=\frac{x}{\cos\theta},\quad r=x\tan\theta$$

并且

$$\mathrm{d}r=\frac{x}{\cos^2\theta}\mathrm{d}\theta$$

因此

$$\mathrm{d}B=\frac{\mu_0\sigma\omega}{2}\cdot\sin\theta\cdot x^2\tan^2\theta\frac{\cos^2\theta}{x^2}\frac{x}{\cos^2\theta}\mathrm{d}\theta$$

$$=\frac{1}{2}\mu_0\sigma\omega x\frac{\sin^3\theta}{\cos^2\theta}\mathrm{d}\theta=\frac{1}{2}\mu_0\sigma\omega x\left(1-\frac{1}{\cos^2\theta}\right)\mathrm{d}(\cos\theta)$$

因此，整个旋转带电圆盘在 $P$ 点产生的磁感应强度大小为

$$B=\int_0^{\theta_0}\frac{1}{2}\mu_0\sigma\omega x\left(1-\frac{1}{\cos^2\theta}\right)\mathrm{d}(\cos\theta)$$

$$=\frac{1}{2}\mu_0\sigma\omega x\left(\cos\theta+\frac{1}{\cos\theta}\right)\bigg|_0^{\theta_0}=\frac{1}{2}\mu_0\sigma\omega x\left(\cos\theta_0+\frac{1}{\cos\theta_0}-2\right)$$

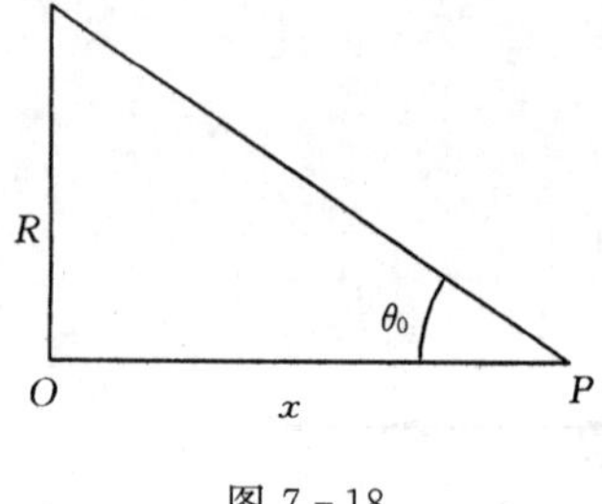

图 7-18

由图 7-18 可得

$$\cos\theta_0=\frac{x}{\sqrt{R^2+x^2}}$$

因此

$$B=\frac{1}{2}\mu_0\sigma\omega\left(\frac{R^2+2x^2}{\sqrt{R^2+x^2}}-2x\right)$$

如果 $P$ 点在圆盘中心，则 $x=0$，因此圆盘中心点的磁感应强度大小为

$$B=\frac{1}{2}\mu_0\sigma\omega R$$

## 第三节 运动电荷的磁场

电流是大量电荷作定向运动形成的，从本质上讲，电流产生的磁场是运动电荷激发的，因此我们可以从电流元产生磁场的毕奥-萨伐尔定律出发，推出运动电荷产生磁场的公式。

如图 7-19 所示，设导体中单位体积内的运动电荷数为 $n$（称为**载流子的数密度**），导体的横截面积为 $S$，导体中的电流是大量电量为 $q$ 的正电荷作定向运动形成的。在导体中截取一个电流元 $I\mathrm{d}\vec{l}$，它的横截面积为 $S$，正电荷在其中定向运动的速度为 $\vec{v}$，它们形成的电流 $I$ 就是单位时间内通过横截面 $S$ 的电量，即

$$I=nqvS \tag{7-16}$$

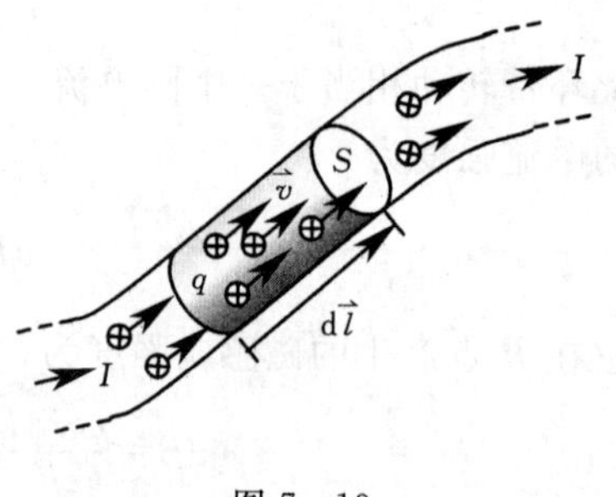

图 7-19

将式（7-16）代入毕奥-萨伐尔定律式（7-6）中，得

$$\mathrm{d}\vec{B}=\frac{\mu_0}{4\pi}\frac{(nqvS)\ \mathrm{d}\vec{l}\times\vec{r}}{r^3}$$

由于电荷定向运动的速度$\vec{v}$与 $\mathrm{d}\vec{l}$的方向相同，因此 $v\mathrm{d}\vec{l}=\vec{v}\mathrm{d}l$，上式可以改写为

$$\mathrm{d}\vec{B}=\frac{\mu_0}{4\pi}\frac{nqS\mathrm{d}l\,\vec{v}\times\vec{r}}{r^3}$$

其中，$S\mathrm{d}l$ 为电流元的体积；$nS\mathrm{d}l$ 为电流元中运动电荷的数目，用 $\mathrm{d}N$ 表示，上式可改写为

$$\mathrm{d}\vec{B}=\frac{\mu_0}{4\pi}\frac{q\mathrm{d}N\,\vec{v}\times\vec{r}}{r^3}=\mathrm{d}N\,\frac{\mu_0}{4\pi}\frac{q\,\vec{v}\times\vec{r}}{r^3}$$

因此，以速度$\vec{v}$运动的电荷在空间某点产生的磁感应强度为

$$\vec{B}=\frac{\mathrm{d}\vec{B}}{\mathrm{d}N}=\frac{\mu_0}{4\pi}\frac{q\,\vec{v}\times\vec{r}}{r^3} \tag{7-17}$$

$\vec{B}$ 的方向与$\vec{v}$、$\vec{r}$ 的方向之间符合右旋法则。

**【例 7-3】** 氢原子可以看成是电子绕核作匀速圆周运动的带电系统。设电子的电量为 $e$，质量为 $m_e$，作圆周运动的速率为 $v$，求圆心处磁感应强度 $\vec{B}$ 的大小。

**解：** 库仑力是电子作圆周运动的法向力，由牛顿第二定律得

$$\frac{e^2}{4\pi\varepsilon_0 r^2}=m_e\,\frac{v^2}{r}$$

即

$$r=\frac{e^2}{4\pi\varepsilon_0 m_e v^2}$$

由于$\vec{v}$与 $\vec{r}$ 的方向垂直，因此由式（7-17）得

$$B=\frac{\mu_0}{4\pi}\frac{ev}{r^2}=\frac{\mu_0 ev}{4\pi}\left(\frac{4\pi\varepsilon_0 m_e v^2}{e^2}\right)^2=\frac{4\pi\mu_0\varepsilon_0^2 m_e^2 v^5}{e^3}$$

## 思考与讨论

1. 有一个圆形回路 1 和一个正方形回路 2，已知圆直径与正方形的边长相等，两个回路中通有大小相等的电流，试问：它们在各自中心产生的磁感应强度大小之比 $B_1/B_2$ 为多少？

2. 在某平面内有两条垂直交叉但相互绝缘的导线，每条导线中流过的电流的大小相等，其方向如图 7-20 所示。试问：哪些区域中某些点的磁感应强度 $\vec{B}$ 可能等于零？

3. 如图 7-21 所示，电流 $I$ 由长直导线 1 沿切向经 $M$ 点流入一个电阻均匀的圆环，再由 $N$ 点沿切向从圆环流出，经长直导线 2 返回电源。已知圆环的半径为 $R$，$M$、$N$ 点和

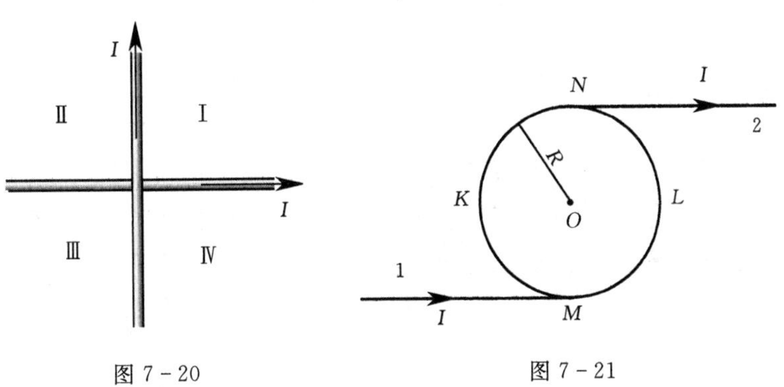


图 7-20　　图 7-21

圆心 $O$ 点在同一条直线上。试问：长直载流导线 1、2 和圆环中的电流分别在 $O$ 点产生的磁感应强度 $\vec{B}_1$、$\vec{B}_2$ 和 $\vec{B}_3$ 分别等于多少？$O$ 点的总磁感应强度 $\vec{B}$ 等于多少？

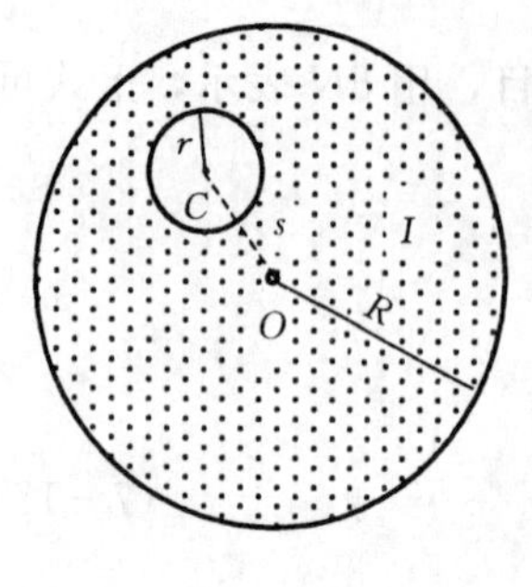


图 7 - 22

4. 如图 7 - 22 所示，在半径为 $R$ 的长直金属圆柱体内部挖去一个半径为 $r$ 的长直圆柱体，两柱体的轴线互相平行，其间距为 $s$。如果在这样的导体中通以电流 $I$，电流在截面上均匀分布，试问：空心部分轴线上 $C$ 点的磁感应强度大小等于多少？

5. 一个质点带有 $8.0\times10^{-10}$ C 的电荷，以 $2.0\times10^{5}$ m/s 的速度在半径为 $4.0\times10^{-3}$ m 的圆周上作匀速圆周运动。试问：该带电质点在轨道中心处产生的磁感应强度等于多少？

6. 某电子以 $10^{7}$ m/s 的速度作匀速直线运动。在电子产生的磁场中，试问：与电子相距为 $0.5\times10^{-8}$ m 处的磁感应强度的最大值是多少？

7. 如图 7 - 23 所示，在直角坐标系 $xOy$ 和 $yOz$ 平面上，两个半径均为 $R$ 的圆形回路的圆心都在坐标原点 $O$，它们通有相同的电流 $I$，其流向分别与 $z$ 轴和 $x$ 轴的正方向成右手螺旋关系。试问：由它们在 $O$ 点形成的磁场的方向如何？磁感应强度大小等于多少？

8. 如图 7 - 24 所示，无限长直导线在 $P$ 处弯成半径为 $R$ 的圆，当通过电流 $I$ 时，试问：在圆心 $O$ 点的磁感应强度等于多少？

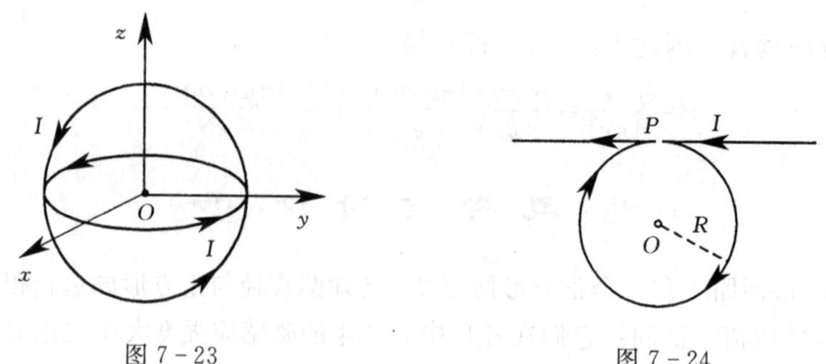


图 7 - 23　　图 7 - 24

9. 如图 7 - 25 所示，有一个无限长通电扁平铜片，宽度为 $d$，厚度不计，电流 $I$ 在铜片上均匀分布，试问：在铜片外与铜片共面、离铜片上边缘为 $r$ 的一点 $P$ 的磁感应强度为多少？

10. 如图 7 - 26 所示，将同样的几根导线焊成立方体，并在其对顶角 $M$、$N$ 上接电源，试问：立方体框架中的电流在其中心处所产生的磁感应强度大小等于多少？

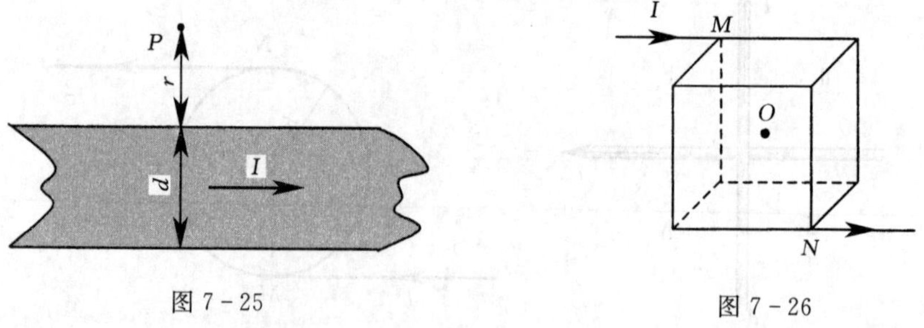


图 7 - 25　　图 7 - 26

# 第四节　安 培 环 路 定 理

静电场的环路定理指出：在静电场中电场强度$\vec{E}$的环流为零，即$\oint_L \vec{E} \cdot \mathrm{d}\vec{l} = 0$。之所以会有这样的结果，是因为静电场是无旋场。而磁场是有旋场，磁感应线是闭合曲线，如果我们沿着磁感应线作积分$\oint_L \vec{B} \cdot \mathrm{d}\vec{l}$，其结果必然不等于零。

**安培环路定理**（Ampère circuital theorem）**告诉我们：在恒定磁场中，磁感应强度 $\vec{B}$ 沿任意闭合曲线的线积分，等于闭合曲线所包围的电流代数和的 $\mu_0$ 倍**，即

$$\oint_L \vec{B} \cdot \mathrm{d}\vec{l} = \mu_0 \sum_i I_i \tag{7-18}$$

其中的电流可正可负，如果电流 $I$ 的方向与$\mathrm{d}\vec{l}$的绕行方向呈右手螺旋关系，则 $I$ 为正，反之 $I$ 为负。

在图 7 - 27 中，根据右手螺旋法则，向上为电流正方向，因此图 7 - 27 中的闭合路径所包围的电流代数和为

$$\sum_i I_i = -2I_2 + I_3$$

为了说明问题方便，我们以载流无限长直导线为例对安培环路定理加以证明。下面分几种情形进行讨论。

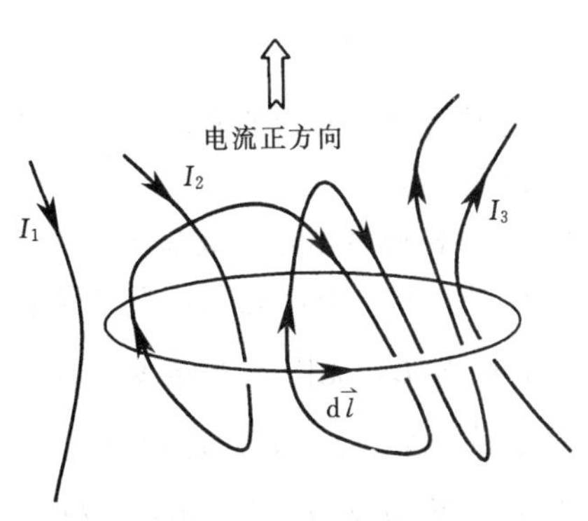


图 7 - 27

1. 闭合曲线包围载流无限长直导线

在图 7 - 28（a）中，无限长直导线中的电流方向垂直于纸面向外，在垂直于电流的平面内，任取一个围绕该电流的闭合曲线 $L$，其环绕方向为逆时针，与电流方向呈右手螺旋关系。$O$ 点是无限长直导线与闭合曲线 $L$ 所在平面的交点。沿着 $L$ 的环绕方向取线元$\mathrm{d}\vec{l}$，设其始端为 $P$。无限长直导线在 $P$ 点产生的磁感应强度方向与从 $O$ 点到 $P$ 点的矢径$\vec{r}$ 垂直，与线元 $\mathrm{d}\vec{l}$之间的夹角为 $\theta$，则

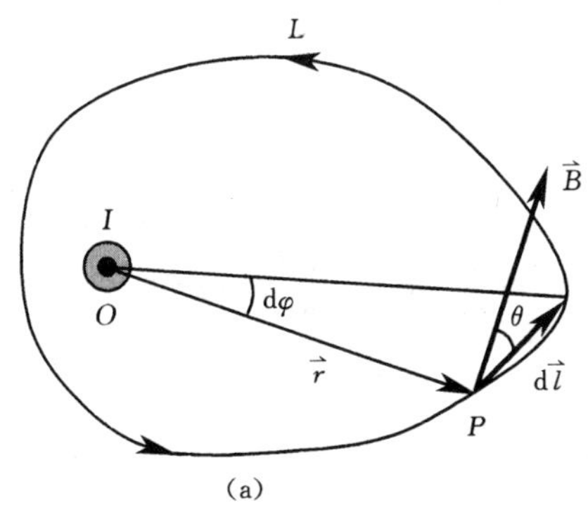


(a)

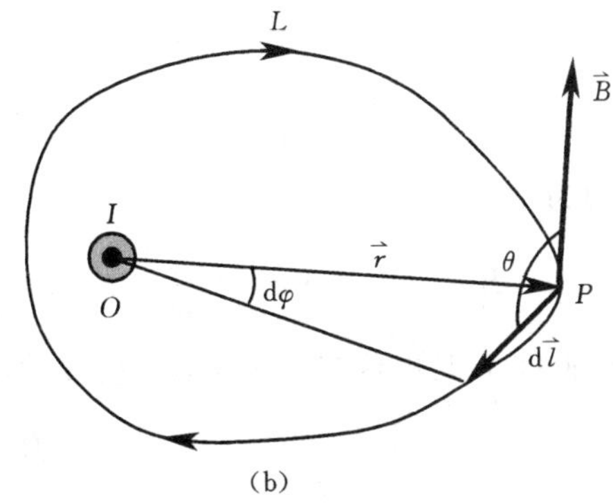


(b)

图 7 - 28

$$\vec{B}\cdot \mathrm{d}\vec{l}=B\mathrm{d}l\cos\theta$$

其中 $B=\frac{\mu_0 I}{2\pi r}$是载流无限长直导线在 $P$ 点产生的磁感应强度大小。设线元 $\mathrm{d}\vec{l}$对 $O$ 点的张角为 $\mathrm{d}\varphi$，从图 7-28（a）中可以看出，$\mathrm{d}l\cos\theta=r\mathrm{d}\varphi$，将这两个关系式代入上式得

$$\vec{B}\cdot \mathrm{d}\vec{l}=\frac{\mu_0 I}{2\pi r}r\mathrm{d}\varphi=\frac{\mu_0 I}{2\pi}\mathrm{d}\varphi$$

因此，磁感应强度 $\vec{B}$ 沿闭合曲线 $L$ 的线积分为

$$\oint_L \vec{B}\cdot \mathrm{d}\vec{l}=\frac{\mu_0 I}{2\pi}\oint_L \mathrm{d}\varphi=\frac{\mu_0 I}{2\pi}\cdot 2\pi=\mu_0 I \tag{7-19}$$

在图 7-28（b）中，我们将积分路径反向，这时 $\vec{B}$ 与线元 $\mathrm{d}\vec{l}$之间的夹角 $\theta$ 为钝角，$\mathrm{d}l\cos\theta=-r\mathrm{d}\varphi$，$\vec{B}$ 沿闭合曲线 $L$ 的线积分为

$$\oint_L \vec{B}\cdot \mathrm{d}\vec{l}=-\mu_0 I=\mu_0(-I) \tag{7-20}$$

上述积分结果为负值，也可以认为电流取负值。此时电流方向与 $\mathrm{d}\vec{l}$的绕行方向不呈右手螺旋关系。

2. 闭合曲线不包围载流无限长直导线

在图 7-29 中，无限长直导线的电流方向垂直纸面向外，在垂直于电流的平面内作任意闭合曲线 $L$，无限长直导线在闭合曲线的外面。沿着 $L$ 的环绕方向取线元 $\mathrm{d}\vec{l}$，与之对应的是另一个线元 $\mathrm{d}\vec{l}'$，这两个线元对 $O$ 点的张角相等，都是 $\mathrm{d}\varphi$，由于 $\mathrm{d}\vec{l}$与 $\vec{B}$ 的夹角 $\theta$ 是锐角，而 $\mathrm{d}\vec{l}'$与 $\vec{B}'$的夹角 $\theta'$是钝角，因此

$$\mathrm{d}l\cos\theta=r\mathrm{d}\varphi,\quad \mathrm{d}l'\cos\theta'=-r'\mathrm{d}\varphi$$

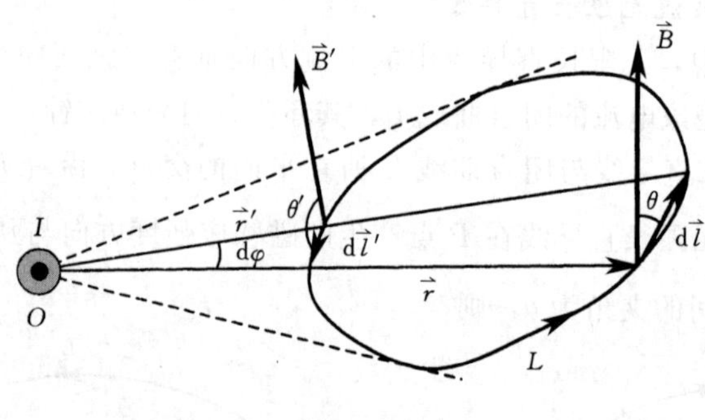


图 7-29

因为

$$\vec{B}\cdot \mathrm{d}\vec{l}+\vec{B}'\cdot \mathrm{d}\vec{l}'=\frac{\mu_0 I}{2\pi r}\mathrm{d}l\cos\theta+\frac{\mu_0 I}{2\pi r'}\mathrm{d}l'\cos\theta'=\frac{\mu_0 I}{2\pi r}r\mathrm{d}\varphi-\frac{\mu_0 I}{2\pi r'}r'\mathrm{d}\varphi=0$$

而闭合曲线 $L$ 是由这样一些线元对构成的，所以

$$\oint_L \vec{B}\cdot \mathrm{d}\vec{l}=0 \tag{7-21}$$

这个结果表明，如果闭合曲线不包围电流，则磁感应强度 $\vec{B}$ 沿闭合曲线的线积分等

于零。

3. 闭合曲线包围多根载流无限长直导线

如果空间有 $N$ 根相互平行的载流无限长直导线长，其中电流 $I_1$，$I_2$，…，$I_n$ 被包围在闭合曲线 $L$ 内，电流 $I_{n+1}$，$I_{n+2}$，…，$I_N$ 在闭合曲线 $L$ 外，各直导线在闭合曲线某线元 $d\vec{l}$ 处产生的磁感强度分别为 $\vec{B}_1$，$\vec{B}_2$，…，$\vec{B}_N$，则总磁感强度 $\vec{B}$ 沿该闭合曲线 $L$ 的线积分为

$$\oint_L \vec{B} \cdot d\vec{l} = \oint_L (\vec{B}_1 + \vec{B}_2 + \cdots + \vec{B}_N) \cdot d\vec{l} = \sum_{i=1}^{n} \oint_L \vec{B}_i \cdot d\vec{l} + \sum_{i=n+1}^{N} \oint_L \vec{B}_i \cdot d\vec{l} = \mu_0 \sum_{i=1}^{n} I_i$$

式中：$\sum\limits_{i=1}^{n} I_i$ 为穿过闭合曲线 $L$ 的所有电流的代数和。

上式表明，只有穿过闭合曲线 $L$ 的电流才对 $\vec{B}$ 沿闭合曲线的线积分有贡献，未穿过闭合曲线的电流对 $\vec{B}$ 沿闭合曲线的线积分没有贡献，但它们对闭合曲线上各点的 $\vec{B}$ 却有贡献。

4. 闭合曲线所在平面与载流无限长直导线不垂直

在图 7－30 中，闭合曲线 $L$ 环绕一条载流无限长直导线，但它并不与直导线垂直，不但如此，它也不是平面曲线。作与直导线垂直的平面 $\Sigma$，在闭合曲线 $L$ 上取线元 $d\vec{l}$，将该线元分解为垂直于平面 $\Sigma$ 的分量 $d\vec{l}_{\perp}$ 和平行于平面 $\Sigma$ 的分量 $d\vec{l}_{//}$，因为 $\vec{B} \perp d\vec{l}_{\perp}$，所以 $\vec{B} \cdot d\vec{l}_{\perp} = 0$，这时 $\vec{B}$ 沿该闭合曲线 $L$ 的线积分为

$$\oint_L \vec{B} \cdot d\vec{l} = \oint_L \vec{B} \cdot (d\vec{l}_{//} + d\vec{l}_{\perp})$$

$$= \oint_L \vec{B} \cdot d\vec{l}_{//} = \mu_0 I$$

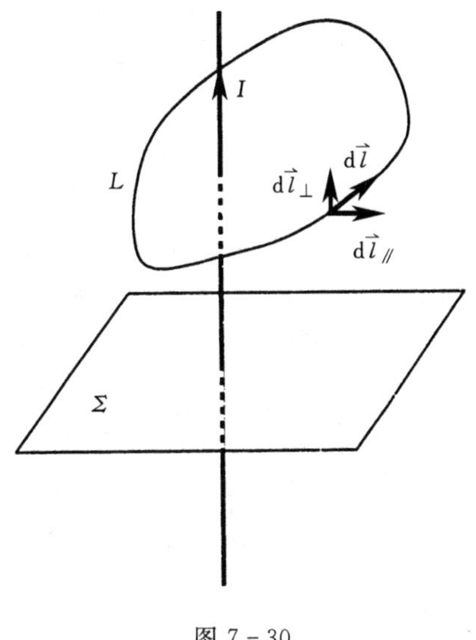


图 7－30

以上虽然是以载流无限长直导线为例进行的讨论，但其结论对任意形状的载流导线产生的磁场都是成立的。由安培环路定理可以看出，恒定磁场不是保守力场，因此不能像静电场那样引入电势的概念。

现在我们运用安培环路定理来计算几种载流导线产生的磁场。

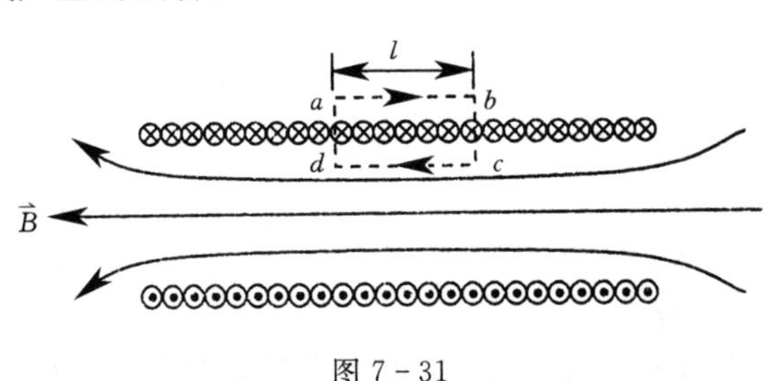


图 7－31

**【例 7－4】 载流长直螺线管内的磁场。**设载流长直密绕螺线管的电流为 $I$，单位长度上的匝数为 $n$（称为匝密度），图 7－31 是载流长直螺线管的截面示意图。求螺线管内部的磁感应强度的大小。

**解：**如果螺线管长度远大于它的直径，并且导线绕得很密，则螺线管中部的磁场是均匀的，磁场的方向与螺线管的轴平行。在螺线管外中部附近、贴近管壁处磁场很弱，可以认为此处的 $\vec{B}=0$。

在螺线管中部附近作一个长方形的闭合路径 $abcd$，则磁感强度 $\vec{B}$ 沿此闭合路径的线积分为

$$\oint_L \vec{B}\cdot d\vec{l} = \int_{\overline{ab}} \vec{B}\cdot d\vec{l} + \int_{\overline{bc}} \vec{B}\cdot d\vec{l} + \int_{\overline{cd}} \vec{B}\cdot d\vec{l} + \int_{\overline{da}} \vec{B}\cdot d\vec{l}$$

根据以上分析可知，从 $a$ 到 $b$ 路径 $\vec{B}=0$，因此 $\int_{\overline{ab}} \vec{B}\cdot d\vec{l}=0$；在 $bc$ 和 $da$ 两段路径中，虽然管内 $\vec{B}\neq 0$，但 $\vec{B}$ 与积分路径垂直，因此 $\int_{\overline{bc}} \vec{B}\cdot d\vec{l} = \int_{\overline{da}} \vec{B}\cdot d\vec{l}=0$；从 $c$ 到 $d$ 之间各点的 $\vec{B}$ 均相等，而且与积分路径方向也相同，因此

$$\oint_L \vec{B}\cdot d\vec{l} = \int_{\overline{cd}} \vec{B}\cdot d\vec{l} = \int_{\overline{cd}} B\,dl = B\int_{\overline{cd}} dl = Bl$$

由于穿过回路 $abcd$ 面积的电流 $I$ 与回路呈右手螺旋关系，因此

$$\sum_{i=1}^{n} I_i = nlI$$

将以上两式代入安培环路定理式（7－18）有

$$Bl=\mu_0 nlI$$

因此，螺线管内部的磁感应强度大小为

$$B=\mu_0 nI \tag{7-22}$$

由此可见，载流无限长螺线管内部的磁感应强度大小处处相等，方向（由右手螺旋定则判定）处处相同，因此载流无限长螺线管内部磁场是均匀磁场。

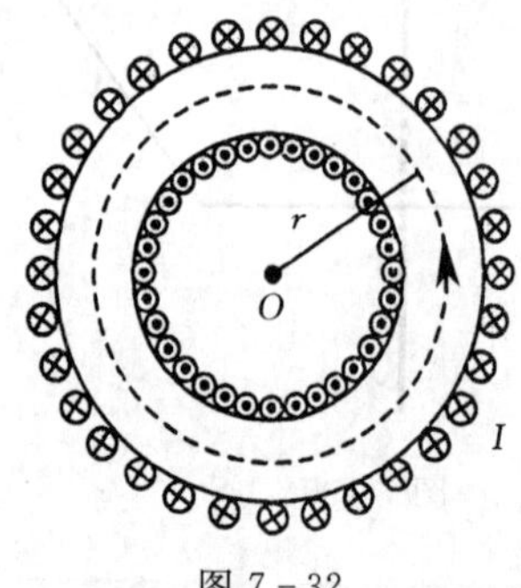


图 7－32

**【例 7－5】 载流螺绕环内的磁场。**环形螺线管称为螺绕环，如图 7－32 所示。设环的平均半径为 $R$，环上均匀密绕 $N$ 匝线圈，每匝线圈中的电流强度为 $I$，求环内的磁感应强度大小。

**解：**由于螺绕环上导线绕得很密，则全部磁场都集中在环内，磁感应线是一系列与螺绕环同心的圆，因此在同一磁感应线上的各个点的磁感应强度 $\vec{B}$ 的大小相等，方向沿磁感应线的切线方向。

鉴于以上分析，我们以螺绕环的中心 $O$ 点为圆心，以 $r$ 为半径作一个圆形积分回路，根据安培环路定理有

$$\oint_L \vec{B}\cdot d\vec{l} = 2\pi rB = \mu_0 NI$$

因此，载流螺绕环内的磁感应强度大小为

$$B=\mu_0 \frac{N}{2\pi r}I$$

可见，载流螺绕环内的磁感应强度大小与半径 $r$ 成反比，但如果载流螺绕环中心线的

直径比螺线管截面的直径大得多，我们可以将上式中的 $r$ 用环的平均半径 $R$ 代替，即

$$B=\mu_0 \frac{N}{2\pi R}I$$

这种情况下，环内各点的磁感强度大小相等。上式也可以改写为

$$B=\mu_0 nI$$

其中 $n=\frac{N}{2\pi R}$，是载流螺绕环的匝密度。

**【例 7-6】** 如图 7-33 所示是一个电荷面密度为 $\sigma$、半径为 $R$ 的均匀带电无限长直圆筒，该圆筒以角速度 $\omega$ 绕其轴线 $OO'$ 匀速旋转。试求圆筒内部的磁感应强度。

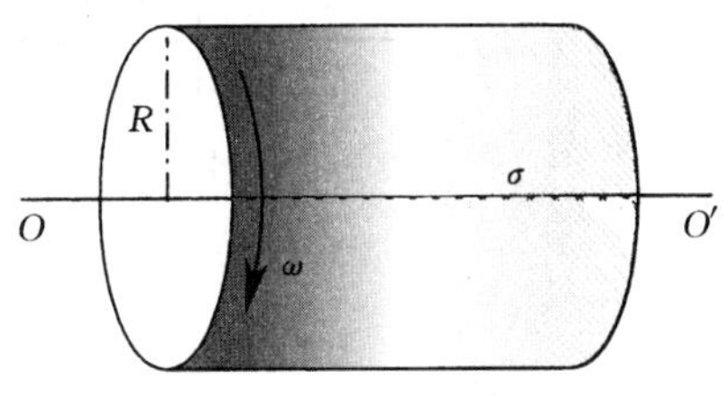


图 7-33

**解：** 圆筒旋转时，筒表面的电荷也随之旋转，在圆筒表面上形成电流。均匀带电的无限长直圆筒绕轴线 $OO'$ 匀速旋转相当于载流无限长直螺线管，因此可以采用式（7-22）$B=\mu_0 nI$ 得出本题目的答案。

在式（7-22）中，$nI$ 表示沿载流无限长直螺线管轴线方向单位长度的电流，称为面电流密度，用 $\alpha$ 表示。圆筒以角速度 $\omega$ 绕轴线 $OO'$ 匀速旋转时，$\omega/2\pi$ 表示圆筒单位时间内旋转的圈数，沿圆筒轴线方向取宽为一个单位的圆环，其面积为 $2\pi R$，因此旋转圆筒的面电流密度为

$$\alpha=2\pi R\cdot\sigma\frac{\omega}{2\pi}=R\sigma\omega$$

因此，以角速度 $\omega$ 绕轴线 $OO'$ 匀速旋转的圆筒内部的磁感应强度为

$$B=\mu_0\alpha=\mu_0 R\sigma\omega$$

可见，圆筒内部为均匀磁场，磁感应强度的方向平行于轴线向右。

## 思 考 与 讨 论

1. 无限长载流空心圆柱导体的内外半径分别为 $a$ 和 $b$，电流在导体截面上均匀分布，试定性地画出空间各处的磁感应强度大小与场点到圆柱中心轴线的距离 $r$ 之间的关系曲线。

2. 如图 7-34 所示，6 根无限长导线相互绝缘，每根导线通过的电流均为 $I$，区域①、②、③、④均为相等的正方形，试问：其中哪一个区域指向纸面内的磁通量最大？

3. 如图 7-35 所示，在真空中有一个圆形回路 $L$，试问：其中包围电流 $I_1$、$I_2$，环路积分 $\oint_L \vec{B}\cdot d\vec{l}$ 等于多少？如果在 $L$ 回路外再放置一个电流 $I_3$，上述环路积分的结果是否改变？两种情况下 $P$ 点的磁感应强度是否相同？

4. 图 7-36 所示为一个无限长直圆筒，沿圆周方向上的面电流密度为 $\alpha$，试问：圆筒内部的磁感强度等于多少？方向如何？

5. 如图 7-37 所示，在无限长直载流导线的右侧有面积为 $A_1$ 和 $A_2$ 的两个矩形回路。

两个回路与长直载流导线在同一平面内，且矩形回路的一边与长直载流导线平行。试问：通过面积为 $A_1$ 的矩形回路的磁通量与通过面积为 $A_2$ 的矩形回路的磁通量之比等于多少？

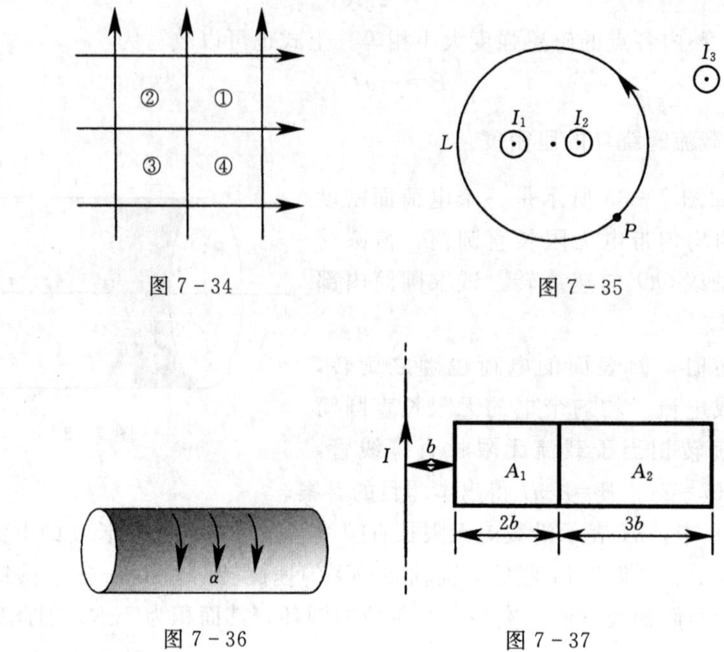


图 7-34　图 7-35

图 7-36　图 7-37

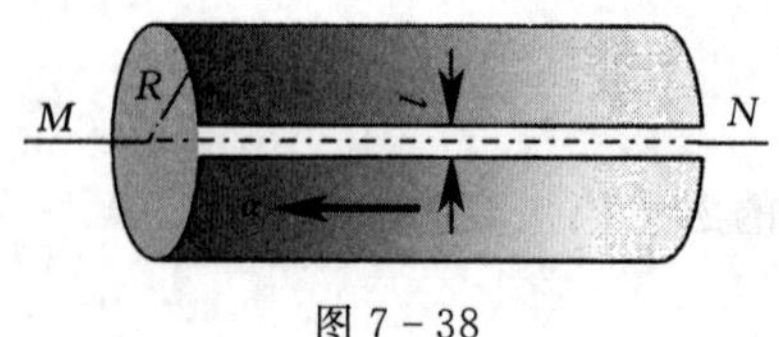


图 7-38

6. 如图 7-38 所示，将半径为 $R$ 的无限长导体薄壁管沿轴向割去一条宽度为 $l(l \ll R)$ 的无限长狭缝后，再沿着轴向在管壁上加上均匀分布的电流，其面电流密度为 $\alpha$，试问：管轴线上的磁感强度大小是多少？

# 第五节　带电粒子在恒定磁场中的运动

## 一、洛伦兹力

在本章定义磁感应强度时曾经讲过，一个正电荷 $q$ 在磁场中运动时，当其速度 $\vec{v}$ 与磁感应强度 $\vec{B}$ 垂直时，它受到的磁场力的大小为

$$F = qv_{\perp} B$$

在一般情况下，运动电荷的速度 $\vec{v}$ 与磁感应强度 $\vec{B}$ 并不垂直，设它们之间的夹角为 $\theta$，如图 7-39 所示。将 $\vec{v}$ 分解为平行于 $\vec{B}$ 的分量 $v_{/\!/} = v\cos\theta$ 和垂直于 $\vec{B}$ 的分量 $v_{\perp} = v\sin\theta$，因为电荷平行于磁场方向运动时受到磁场力为零，所以电荷 $q$ 受到的磁场力的大小为

$$F = qvB\sin\theta$$

由于正的运动电荷受到的磁场力 $\vec{F}$ 的方向与 $\vec{v} \times \vec{B}$ 的方向一致，因此上式可以写为

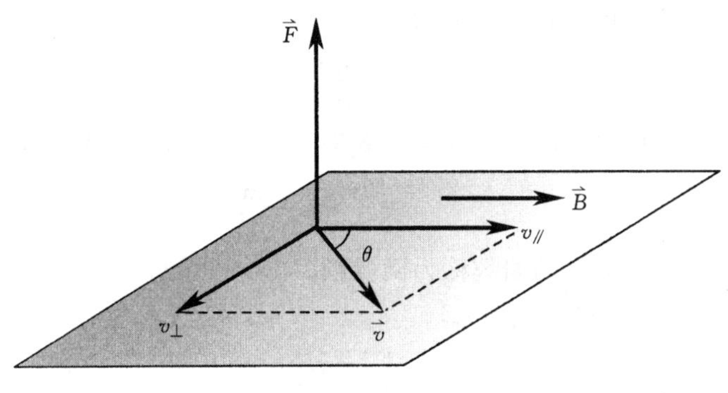


图 7-39

$$\vec{F}=q\vec{v}\times\vec{B} \tag{7-23}$$

**运动电荷在磁场中受到的力称为洛伦兹力**（Lorentz force）。式（7-23）为洛伦兹力的表示式。正的运动电荷受到的洛伦兹力 $\vec{F}$ 的方向与 $\vec{v}\times\vec{B}$ 的方向相同，负的运动电荷受到的洛伦兹力 $\vec{F}$ 的方向与 $\vec{v}\times\vec{B}$ 的方向相反。

由于洛伦兹力 $\vec{F}$ 总是与运动电荷的速度 $\vec{v}$ 垂直，因此恒定磁场对运动电荷不做功，洛伦兹力是使运动电荷产生法向加速度的法向力，它只改变运动电荷速度的方向，而不改变速度的大小。

如果空间同时存在静电场和恒定磁场，则运动电荷受到的力为电场力和磁场力之和，即

$$\vec{F}=q(\vec{E}+\vec{v}\times\vec{B}) \tag{7-24}$$

式（7-24）称为**洛伦兹方程**。

## 二、带电粒子在恒定磁场中的运动

现在来讨论一下运动的带电粒子在恒定磁场中的运动情况。设恒定磁场的磁感强度为 $\vec{B}$，粒子的质量为 $m$、带电量为 $q$，运动速度为 $\vec{v}$。恒定磁场只改变 $\vec{v}$ 的方向，不改变 $\vec{v}$ 的大小。下面我们根据 $\vec{v}$ 与 $\vec{B}$ 的夹角大小，分两种情形进行讨论。

1. $\vec{v}$ 与 $\vec{B}$ 垂直

带电粒子以速度 $\vec{v}$ 进入恒定磁场时与磁感强度 $\vec{B}$ 垂直，由洛伦兹力公式（7-23）可知，磁场力 $\vec{F}$ 与 $\vec{v}$ 和 $\vec{B}$ 所确定的平面垂直，如图 7-40 所示，即带电粒子在磁场方向不受力，所以粒子将在与 $\vec{B}$ 垂直的平面内运动。这时始终与 $\vec{v}$ 垂直的磁场力 $\vec{F}$ 是带电粒子受到的法向力，因此带电粒子必然作平面匀速圆周运动。

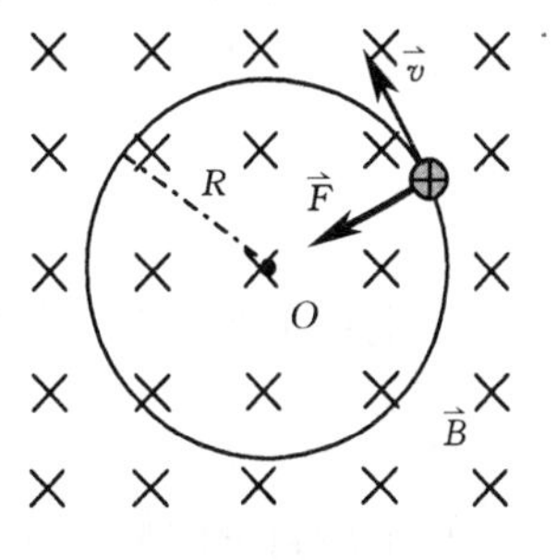


图 7-40

带电粒子受到的法线力大小为 $qvB$，由牛顿第二定律得

$$qvB=m\frac{v^2}{R}$$

因此，带电粒子作平面匀速圆周运动的轨道半径为

$$R=\frac{mv}{qB} \tag{7-25}$$

带电粒子运动一周所需的时间称为**回旋周期**，用 $T$ 表示，其表达式为

$$T=\frac{2\pi R}{v}=\frac{2\pi}{v}\frac{mv}{qB}=\frac{2\pi m}{qB} \tag{7-26}$$

单位时间内带电粒子运动的圈数称为**回旋频率**（cyclotron frequency），用 $\nu$ 表示，回旋频率 $\nu$ 与回旋周期 $T$ 互倒数关系，即

$$\nu=\frac{1}{T}=\frac{qB}{2\pi m} \tag{7-27}$$

式（7－26）和式（7－27）表明，带电粒子的回旋周期和回旋频率与粒子的运动速率无关。回旋加速器正是利用这个原理加速带电粒子的。

2. $\vec{v}$与 $\vec{B}$ 不垂直

如图 7－41 所示，设带电粒子的速度$\vec{v}$与磁感应强度 $\vec{B}$ 之间的夹角为 $\theta$，将$\vec{v}$分解为平行于 $\vec{B}$ 和垂直于 $\vec{B}$ 的分量，其大小分别为

$$v_{//}=v\cos\theta,\quad v_{\perp}=v\sin\theta$$

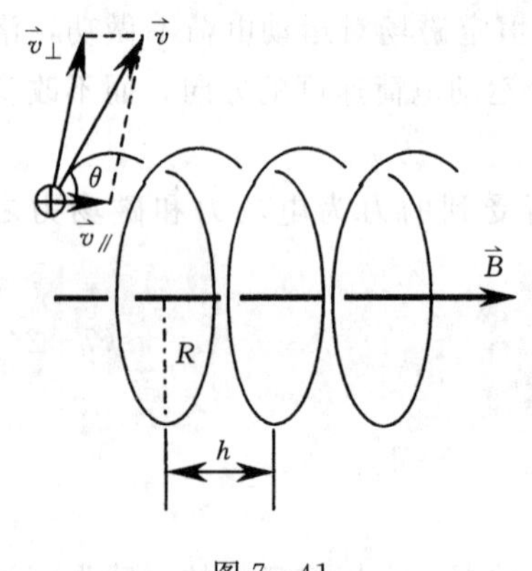


图 7－41

由于带电粒子在平行于 $\vec{B}$ 的方向运动时不受磁场力，因此在这个方向上粒子以 $v_{//}$ 作匀速直线运动；在垂直于 $\vec{B}$ 的方向上受到法向力，粒子以 $v_{\perp}$ 作匀速圆周运动。即在这种情况下，带电粒子的运动是在磁场方向的匀速直线运动与在垂直于磁场的平面上的匀速圆周运动的合成运动，其运动轨迹为螺旋线，因此带电粒子的这种合成运动也称为**匀速螺旋运动**。

由牛顿第二定律得

$$qv_{\perp}B=m\frac{v_{\perp}^2}{R}$$

因此，带电粒子的螺旋运动半径为

$$R=\frac{mv_{\perp}}{qB}=\frac{mv\sin\theta}{qB} \tag{7-28}$$

螺旋运动的回转周期为

$$T=\frac{2\pi R}{v_{\perp}}=\frac{2\pi m}{qB} \tag{7-29}$$

带电粒子在一个周期内沿磁场方向运动的距离称为螺旋线的**螺距**（screw pitch），即

$$h=v_{//}T=\frac{2\pi mv\cos\theta}{qB} \tag{7-30}$$

以上所讨论的带电粒子在恒定磁场中的运动特点具有很强的实际意义，可用来分析各种现代化电子设备和科研仪器的工作原理。

# 第六节 霍 尔 效 应

如图 7-42 所示，在导电片中通过恒定电流，在与电流垂直的方向上加恒定磁场，这时在与电流和磁场都垂直的方向上会形成稳定电势差。这种现象是霍尔在 1879 年发现的，因此称为**霍尔效应**（Hall effect），这个稳定的电势差称为**霍尔电势差**，用 $U_H$ 表示。

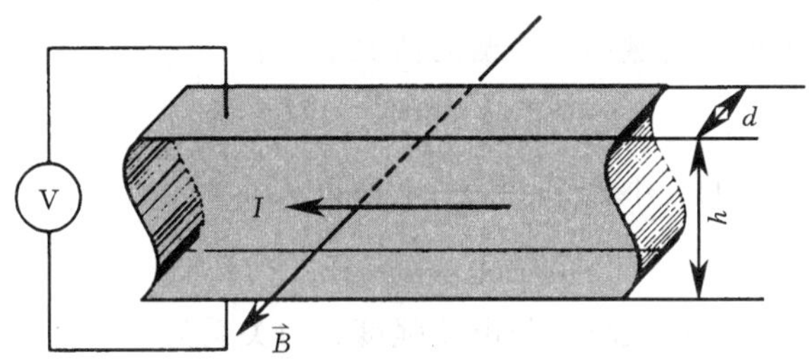


图 7-42

实验表明，霍尔电势差与电流强度 $I$ 成正比，与磁感应强度的大小 $B$ 成正比，与导电片的厚度 $d$ 成反比，即

$$U_H = K_H \frac{IB}{d} \tag{7-31}$$

其中比例系数 $K$ 称为**霍尔系数**（Hall coefficient）。

霍尔效应是载流子（即作定向运动形成电流的带电粒子）在恒定磁场中受洛伦兹力作用发生侧向积累而导致的一种现象。如图 7-43（a）所示，设导电片中的载流子是电量为 $q$ 的正电荷，其定向移动的速度为 $\vec{v}$，由洛伦兹力公式 $\vec{F} = q\,\vec{v} \times \vec{B}$ 可知，载流子受到方向向上的磁场力，其大小为

$$F_m = qvB$$

这个磁场力将使载流子向上偏转，导致导电片的上端面积累正电荷，下端面积累负电荷，于是上下端面之间便形成了方向向下的、逐渐增强的电场（称为**霍尔电场**），正在向上偏转的载流子受到的这个霍尔电场力与磁场力方向相反，即霍尔电场力阻碍正电荷向上偏转。当霍尔电场力与磁场力平衡时，正负电荷的聚集过程也就停止。

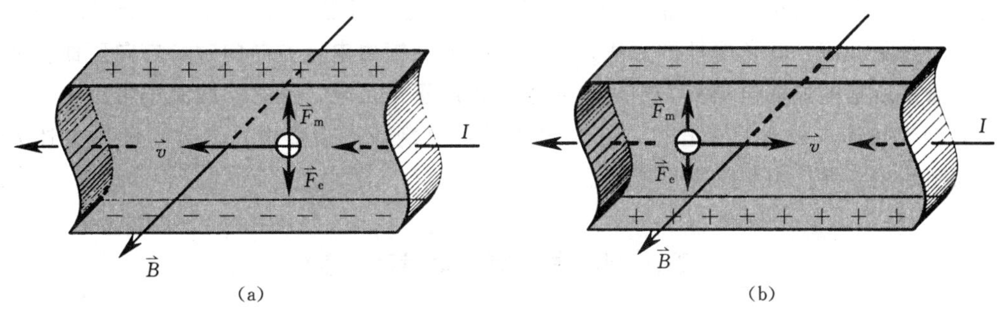


图 7-43

在图 7－43（b）中，电流、磁场与图 7－43（a）的情况完全一样，唯一的差别是导电片中的载流子是负电荷，由于负电荷的定向运动方向与电流方向相反，由洛伦兹力公式 $\vec{F}=q\vec{v}\times\vec{B}$ 可以知道，这些负电荷受到的磁场力方向仍然向上，也就是说，导电片上端面积累负电荷，下端面积累正电荷，结果使霍尔电势差反向。

设霍尔电场的强度为 $\vec{E}_{\mathrm{H}}$，则载流子受到的霍尔电场力的大小为

$$F_{\mathrm{e}}=qE_{\mathrm{H}}$$

在载流子受到的电场力与磁场力平衡的情况下，有

$$qvB=qE_{\mathrm{H}} \quad 或 \quad vB=E_{\mathrm{H}}$$

其中，霍尔电场强度的大小为 $E_{\mathrm{H}}=\dfrac{U_{\mathrm{H}}}{h}$，所以

$$U_{\mathrm{H}}=hvB$$

带电粒子定向运动的速度大小 $v$ 与电流强度 $I$ 的关系为

$$I=nqvS=nqvhd$$

式中：$n$ 为导电片中的载流子数密度。

由上式得

$$v=\frac{I}{nqhd}$$

因此霍尔电势差为

$$U_{\mathrm{H}}=\frac{1}{nq}\frac{IB}{d} \tag{7-32}$$

将式（7－32）与（7－31）比较，得霍尔系数为

$$K=\frac{1}{nq} \tag{7-33}$$

由式（7－33）可以看出，导电片中载流子的数密度越小，霍尔系数越大，霍尔效应越明显。半导体材料与金属材料相比较，半导体材料的载流子数密度要小得多，因此实际应用的霍尔元件都是半导体材料制成的。

此外，利用霍尔效应可以判断载流子的正负。由上述分析我们可以体会到，由于电流方向是正电荷定向移动的方向，而正电荷受到的洛伦兹力 $\vec{F}=q\vec{v}\times\vec{B}$ 的方向也是载流子侧向移动的方向，这个方向所指的导电片端面有正电荷积累，就意味着这个端面的电势高。因此判断载流子正负电性的方法是：**使右手的四指由电流方向向磁场方向弯曲，如果伸直的拇指所指的端面电势高，则导电片中的载流子带正电，反之，载流子带负电**。半导体有 P 型半导体（载流子带正电）和 N 型半导体（载流子带负电）之分，利用上述方法就可以判断出半导体材料的导电类型。

## 思考与讨论

1. 如图 7－44 所示，匀强磁场的磁感强度垂直于纸面向内，两个带电粒子在该磁场中的运动轨迹如图所示，试问：这两个粒子的电荷是否一定同号？两粒子的动量大小是否

一定不同？两粒子的运动周期是否一定不同？

2. 一个动量大小为 $p$ 的电子，沿着图 7－45 所示的方向入射到磁感强度为 $\vec{B}$ 的均匀磁场中，并从磁场的另一端穿出。已知磁场区域的宽度为 $L$，方向垂直纸面向里。试问：该电子出射方向与入射方向间的夹角 $\varphi$ 等于多少？

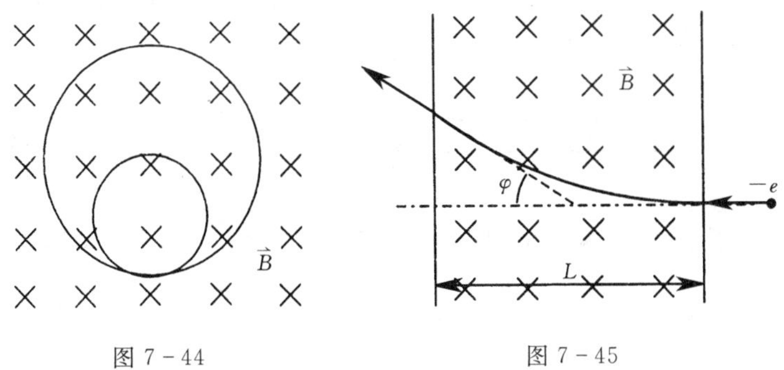


图 7－44　　　　图 7－45

3. 按照玻尔的氢原子理论，电子在以质子为中心、半径为 $r$ 的圆形轨道上运动。如果将这样一个原子放在均匀的外磁场 $\vec{B}$ 中，使电子轨道平面与外磁场垂直，如图 7－46 所示，试问：在 $r$ 保持不变的情况下，电子轨道运动的角速度将如何变化？

4. 图 7－47 所示为 4 个带电粒子自 $O$ 点沿相同方向垂直于磁感线射入均匀磁场后的偏转轨迹照片。磁场方向垂直纸面向外，轨迹所对应的 4 个粒子的质量相等，电量也相等，试问：其中动能最大的带正电的粒子的轨迹是哪一条？

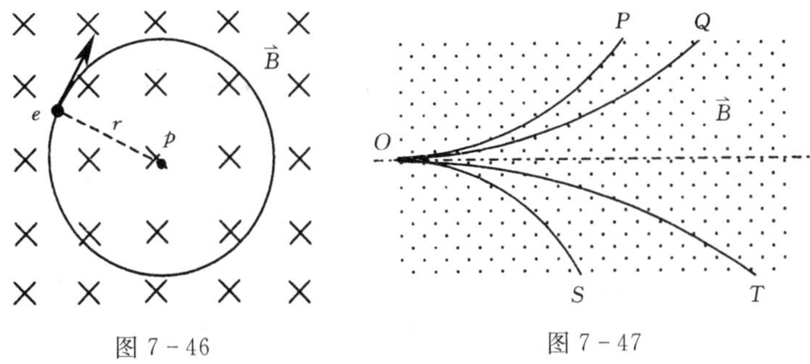


图 7－46　　　　图 7－47

5. $\alpha$ 粒子与质子 $p$ 以相同的速率垂直于磁场方向入射到均匀磁场中，试问：它们各自作圆周运动的半径比 $R_\alpha/R_p$ 和周期比 $T_\alpha/T_p$ 分别等于多少？

6. 如图 7－48 所示，一个半径为 $R$、通有电流为 $I$ 的圆形回路位于 $xOy$ 平面内，$O$ 点为圆心。一个带正电荷 $q$ 的粒子以速度 $\vec{v}$ 沿 $z$ 轴正方向运动，当该带电粒子恰好通过 $O$ 点时，试问：圆形回路受到的力等于多少？带电粒子受到的力又等于多少？

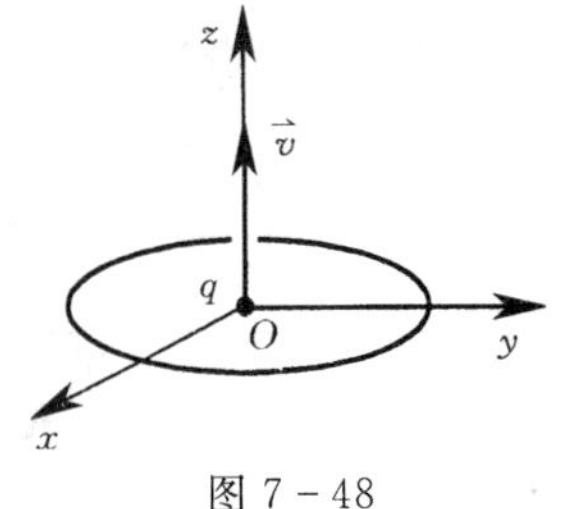


图 7－48

7. 如图 7－49 所示，截面积为 $S$、截面形状为矩形的直金属条中通有电流 $I$。金属条放在磁感强度为 $\vec{B}$ 的匀强磁场中，$\vec{B}$ 的方向垂直于金属条的前、后侧面。已知金属中单位体积内载流子数为 $n$，试问：在图示情况下金属条的上侧面将积累正电荷还是负电荷？载流子所受的洛伦兹力等于多少？

8. 如图 7－50 所示，一个顶角为 30°的扇形区域内有垂直纸面向内的均匀磁场 $\vec{B}$。有一个质量为 $m$、电荷为 $q$ 的带正电的粒子，从一个边界上距顶点为 $a$ 的点以速率 $v=\dfrac{qBa}{2m}$ 垂直于该边界射入磁场，试问：粒子从另一边界上射出，射出点与顶点的距离为多少？粒子出射方向与该边界的夹角为多大？

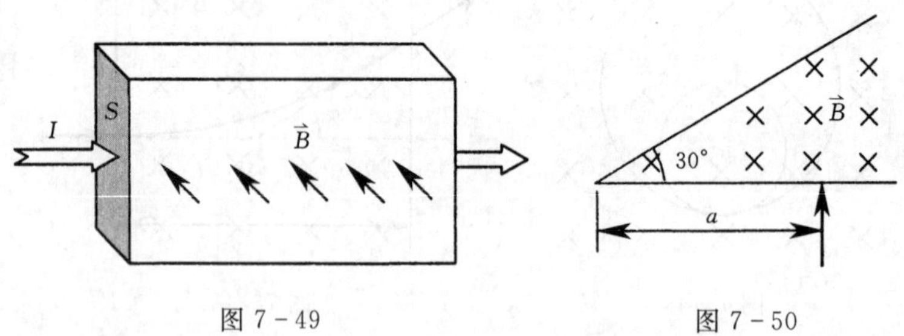


图 7－49　　　　图 7－50

9. 电子在磁感强度为 $\vec{B}$ 的均匀磁场中沿半径为 $R$ 的圆周运动，已知电子的电量为 $e$，电子的质量为 $m_e$。试问：电子运动所形成的等效圆电流强度等于多少？等效圆电流的磁矩等于多少？

10. 已知电子的质量为 $m$，电量为 $e$，以速度 $\vec{v}$ 飞入磁感强度为 $\vec{B}$ 的匀强磁场中，$\vec{v}$ 与 $\vec{B}$ 之间的夹角为 $\alpha$。电子作螺旋运动，试问：其螺旋线的螺距等于多少？回旋半径等于多少？

## 第七节　磁场对电流的作用

### 一、安培力

金属导线中的电流是自由电子定向运动形成的，当载流导线处于磁场中时，这些定向运动的自由电子受到洛伦兹力的作用而发生侧向移动，大量侧向移动的自由电子与金属晶格上的正离子发生碰撞，就使载流导线在宏观上表现出受到了磁场力。载流导线受到的磁场力称为**安培力**（Ampère force）。

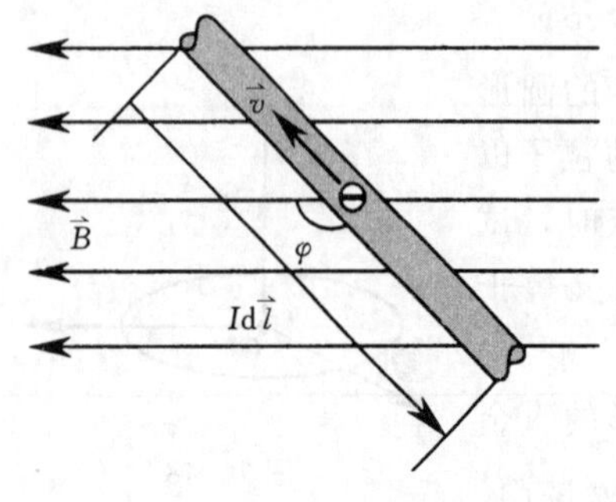


图 7－51

如图 7－51 所示，将电流元 $Id\vec{l}$ 置于磁场 $\vec{B}$ 中，由于 $d\vec{l}$ 是一个无穷小量，在它的范围内的磁场总可以认为是均匀的。设导线中自由电子数密度为 $n$，电流元中所有自由电子的定向移动速度均为 $\vec{v}$。根据洛伦兹力公式，每个自由电子受到的磁场力为

$$\vec{f}=-e\,\vec{v}\times\vec{B}$$

电流元中自由电子数目为 $dN=nSdl$，其中 $S$ 为电流元的横截面积。该电流元中所有自由电子受到的

磁场力为

$$d\vec{F}=\vec{f}dN=(-e\vec{v}\times\vec{B})nSdl$$

由于线元 $d\vec{l}$ 的方向（即电流方向）与自由电子数定向移动的速度 $\vec{u}$ 方向相反，因此上式可以改写为

$$d\vec{F}=(nevS)\,d\vec{l}\times\vec{B}$$

其中 $nevS=I$ 是电流元中的电流强度，因此

$$d\vec{F}=Id\vec{l}\times\vec{B} \tag{7-34}$$

式（7－34）就是电流元 $Id\vec{l}$ 受到的安培力，称为**安培定律**（Ampère law）。

任意形状的载流导线 $L$ 在任意磁场 $\vec{B}$ 中受到的安培力 $\vec{F}$ 等于各个电流元受到的安培力的矢量和，即

$$\vec{F}=\int_L d\vec{F}=\int_L Id\vec{l}\times\vec{B} \tag{7-35}$$

一般情况下，各个电流元所受的安培力的大小和方向并不相同，这时应将它们按选定的坐标方向进行分解，再将各方向的分量分别积分，求出合力在每个坐标方向的分量。

**【例 7－7】** 如图 7－52 所示，一根长为 $l$、通有电流 $I$ 的直导线放在磁感应强度大小为 $B$ 的均匀磁场中，电流方向与 $\vec{B}$ 之间的夹角为 $\varphi$。求该通电直导线所受的安培力。

**解：**在直导线上任取线元 $d\vec{l}$，电流元 $Id\vec{l}$ 与磁感应强度 $\vec{B}$ 之间的夹角为 $\varphi$，电流元所受安培力的大小为

$$dF=IdlB\sin\varphi$$

其方向垂直纸面向里。整段通电直导线所受安培力的大小为

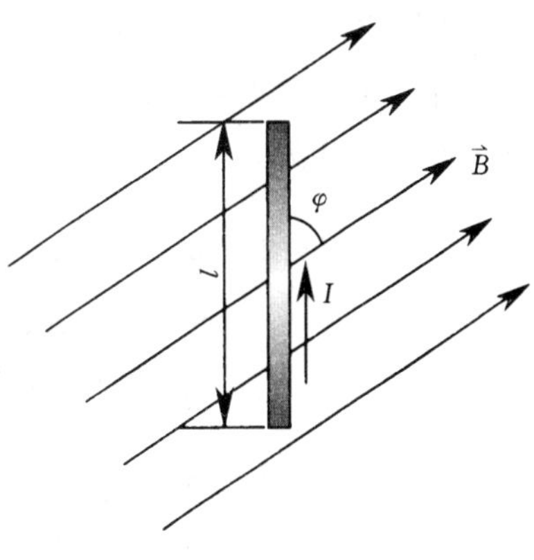


图 7－52

$$F=\int_L dF=\int_0^l IdlB\sin\varphi=IB\sin\varphi\int_0^l dl=IlB\sin\varphi$$

由于每个电流元受力方向都相同，因此整段通电直导线受力方向也垂直于纸面向里。考虑到方向性，上式可以改写成

$$\vec{F}=I\vec{l}\times\vec{B} \tag{7-36}$$

**【例 7－8】** 如图 7－53 所示，两根相距为 $d$ 的无限长平行直导线，通有同方向的电流 $I_1$、$I_2$，求单位长的导线上受到的安培力。

**解：**无限长直导线 1 在导线 2 上各点产生的磁感强度大小为

$$B_1=\frac{\mu_0 I_1}{2\pi d}$$

$\vec{B}_1$ 的方向垂直 1、2 导线构成的平面向下。由安培定律可知，作用在导线 2 上的电流

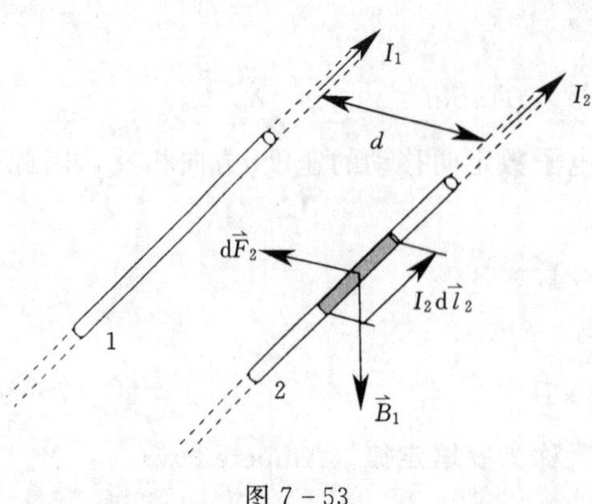

图 7-53

元 $I_2 d\vec{l}_2$ 的磁场力的大小为

$$dF_2 = B_1 I_2 dl_2 = \frac{\mu_0 I_1 I_2}{2\pi d} dl_2$$

$d\vec{F}_2$ 的方向垂直于导线 2 而指向导线 1。导线 2 单位长度所受磁场力的大小为

$$f_2 = \frac{dF_2}{dl_2} = \frac{\mu_0 I_1 I_2}{2\pi d} \tag{7-37}$$

$\vec{f}_2$ 的方向垂直于导线 2 而指向导线 1。

同理，导线 1 单位长度所受磁场力的大小 $f_1 = f_2$，方向与 $\vec{f}_2$ 相反，即通有同方向电流的两根平行直电流互相吸引。可以证明，通有反方向电流的两根平行直电流互相排斥。

通过本题目的讨论，我们更深刻地体会到，电流与电流之间的相互作用力是通过磁场得以实现的。

电流强度的单位安培就是利用通电平行直导线之间的相互作用力公式（7-37）定义的。

**【例 7-9】** 如图 7-54 所示，一根通有电流 $I$ 的无限长直导线在一处弯曲成半径为 $R$ 的半圆弧，将导线放在均匀磁场 $\vec{B}$ 中，磁场 $\vec{B}$ 的方向与半圆弧平面垂直。求这段通电半圆弧受到的安培力。

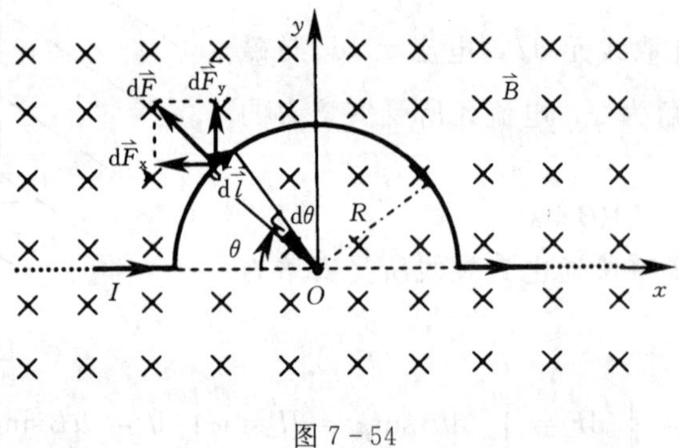

图 7-54

**解：** 以圆弧的圆心为坐标原点建立如图所示的坐标系。在圆弧上任取线元 $d\vec{l}$，其受到的安培力为

$$d\vec{F} = I d\vec{l} \times \vec{B}$$

$d\vec{F}$ 的方向沿半径向外，其大小为

$$dF = IBdl = IBRd\theta$$

由于半圆弧上各点的电流元受力方向各不相同，因此必须先对 $d\vec{F}$ 沿 $x$ 轴和 $y$ 轴进行分解，再对两个分量分别求和。由对称性分析容易看出，半圆弧上各电流元的 $d\vec{F}$ 的 $x$ 分量矢量和为零，$y$ 分量都沿 $y$ 轴正方向。因此这段通电半圆弧受到的安培力大小为

$$F = \int_L \mathrm{d}F_y = \int_L \mathrm{d}F\sin\theta = \int_0^{\pi} IBR\sin\theta\mathrm{d}\theta = IBR\int_0^{\pi}\sin\theta\mathrm{d}\theta = 2IBR \tag{7-38}$$

$\vec{F}$ 的方向沿 $y$ 轴正方向。

进一步考察 $\vec{F}$ 的大小和方向，我们发现 $\vec{F}$ 与通有同样电流、长度为 $2R$ 的一段直导线（即从半圆弧的左端到右端的直线段）受到的安培力完全相同。事实上，**不管通电导线的形状如何，它在均匀磁场中所受的安培力总是等于从该电流起点到末点之间的通电直导线受到的安培力。**

## 二、均匀磁场对平面载流线圈的作用

如图 7－55 所示，在磁感应强度为 $\vec{B}$ 的均匀磁场中，有一刚性矩形载流平面线圈 $abcd$，边长分别为 $l_1$ 和 $l_2$，通过的电流强度为 $I$，线圈平面的法线方向（与电流方向成右手螺旋关系）与磁场方向的夹角为 $\theta$，线圈的 $ab$ 边和 $cd$ 边与磁场方向垂直。

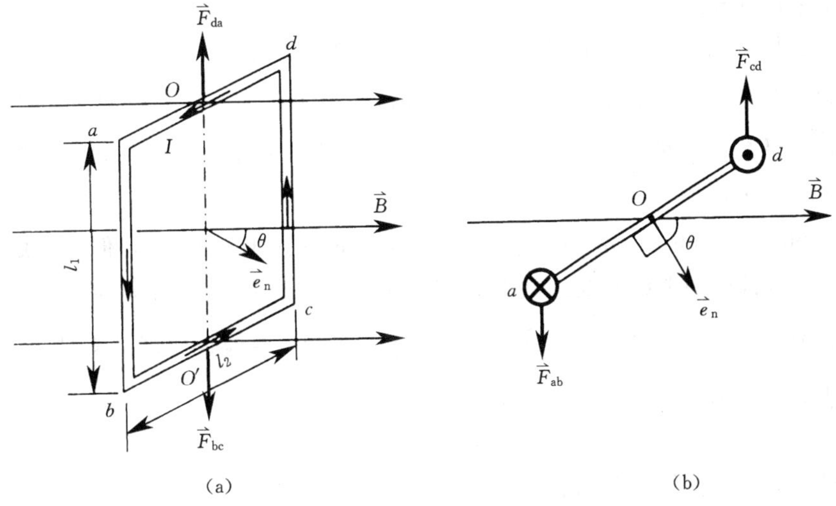


图 7－55

根据安培定律，磁场对 $bc$ 及 $da$ 边的作用力的大小为

$$F_{bc} = BIl_2\sin(90°-\theta) = BIl_2\cos\theta$$

$$F_{da} = BIl_2\sin(90°+\theta) = BIl_2\cos\theta$$

方向如图 7－55（a）所示。可见，$\vec{F}_{bc}$、$\vec{F}_{da}$ 大小相等方向相反，并且在同一条直线上，它们既不会使刚性线圈发生平动，也不会使刚性线圈发生转动。

磁场对 $ab$ 及 $cd$ 边的作用力大小为

$$F_{ab} = F_{cd} = BIl_1$$

方向如图 7－55（b）所示。可见，$\vec{F}_{ab}$、$\vec{F}_{cd}$ 大小相等方向相反，不会使刚性线圈发生平动。但是它们不在同一条直线上，它们形成力偶矩，可以使刚性线圈发生转动。其力偶矩的大小为

$$M = F_{ab}l_2\sin\theta = BIl_1l_2\sin\theta = BIS\sin\theta$$

其中 $S=l_1l_2$ 为平面线圈的面积。

如果线圈有 $N$ 匝，由于每一匝线圈受到的磁力矩都相同，因此整个线圈受到的磁力矩大小为

$$M=NBIS\sin\theta$$

在上式中，$NIS$ 仅与载流平面线圈本身有关，而与磁场无关；此外考虑到平面线圈的法线$\vec{e}_n$ 方向与电流方向成右手螺旋关系，即如果平面线圈的法线方向确定了，就相当于线圈中的电流方向明确了。因此我们引入一个描述载流线圈本身磁性质的物理量，称为载流线圈的**磁矩**（magnetic moment），其定义为

$$\vec{P}_m=NIS\vec{e}_n \tag{7-39}$$

这样，载流平面线圈受到的磁力矩为

$$\vec{M}=\vec{P}_m\times\vec{B} \tag{7-40}$$

式（7-40）虽然是由矩形载流平面线圈推出的，但可以证明，它对处在均匀磁场中的任意形状平面载流线圈都适用。

下面分三种情况对平面载流线圈所受的磁力矩进行讨论：

（1）如图 7-56（a）所示，当$\vec{p}_m$ 与 $\vec{B}$ 同向，即 $\theta=0$ 时，$M=0$，线圈处于稳定平衡状态。因为如果此时线圈受到扰动，使$\vec{p}_m$ 与 $\vec{B}$ 之间存在一个微小的夹角，$\vec{M}$将使线圈重新回到稳定平衡位置。

（2）如图 7-56（b）所示，当$\vec{p}_m$ 与 $\vec{B}$ 反向，即 $\theta=\pi$ 时，$M=0$，但线圈处于非稳定平衡状态。因为此时只要线圈受到微小扰动，$\vec{M}$将使线圈转到稳定平衡位置。

（3）如图 7-56（c）所示，当$\vec{p}_m$ 与 $\vec{B}$ 垂直，即 $\theta=\frac{\pi}{2}$时，线圈受到的磁力矩最大，这个最大值的大小为

$$M_{max}=P_mB=NISB$$

这个最大磁力矩力图使线圈转到稳定平衡位置。

综上所述，载流平面线圈在均匀磁场中受到的合力总是等于零，但合力矩一般不等于零。合力矩的作用是力图使载流平面线圈转到稳定平衡位置。

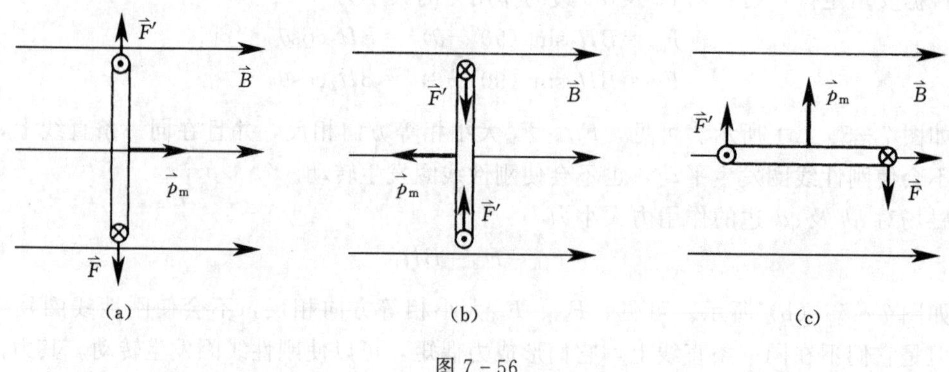

图 7-56

当载流平面线圈处在非均匀磁场中时，一般来说整个线圈受到的合力和合力矩都不

等于零，线圈除了转动外，还会发生平动。但是当载流平面线圈的面积非常小时，可以认为线圈所在处的磁场是均匀的，这时也可以利用式（7－40）计算磁力矩。

**【例 7－10】** 可以认为氢原子是一个电子围绕原子核作匀速平面圆周运动的带电系统。设圆周轨道半径为 $r$，电子的电量为 $e$、质量为 $m_e$。将这个系统置于磁感应强度为 $\vec{B}$ 的均匀外磁场中，设 $\vec{B}$ 的方向与轨道平面平行，试计算此系统受到的力矩 $\vec{M}$。

**解：** 如图 7－57 所示，设电子在 $xOy$ 平面内作匀速圆周运动，法向力是库仑力，由牛顿第二定律得

$$\frac{e^2}{4\pi\varepsilon_0 r^2}=m_e\frac{v^2}{r}$$

由此得电子作匀速圆周运动的速率为

$$v=\frac{e}{2\sqrt{\pi\varepsilon_0 r m_e}}$$

电子围绕原子核运动的周期为

$$T=\frac{2\pi r}{v}=\frac{4\pi r\sqrt{\pi\varepsilon_0 r m_e}}{e}$$

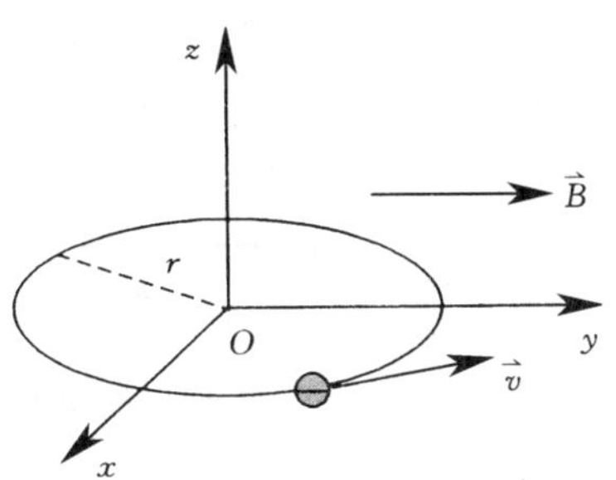


图 7－57

因此，氢原子的轨道磁矩 $\vec{p}_m$ 的大小为

$$p_m=IS=\frac{e}{T}\pi r^2=\frac{1}{4}e^2\sqrt{\frac{r}{\pi\varepsilon_0 m_e}}$$

由于电流方向与电子作圆周运动的速度方向相反，因此 $\vec{p}_m$ 的方向沿 $z$ 轴负方向，即

$$\vec{p}_m=-\frac{1}{4}e^2\sqrt{\frac{r}{\pi\varepsilon_0 m_e}}\vec{k}$$

设 $\vec{B}$ 的方向指向 $y$ 轴正方向，即 $\vec{B}=B\vec{j}$，所以系统所受磁力矩为

$$\vec{M}=\vec{p}_m\times\vec{B}=\frac{1}{4}e^2B\sqrt{\frac{r}{\pi\varepsilon_0 m_e}}\vec{i}$$

## 思考与讨论

1. 如图 7－58 所示，无限长直载流导线与正三角形载流线圈在同一平面内，如果长直导线固定不动，试问：载流三角形线圈将会怎样运动？

2. 如图 7－59 所示，长直载流导线 $ab$ 和 $cd$ 相互垂直，它们之间的距离为 $L$，$ab$ 固

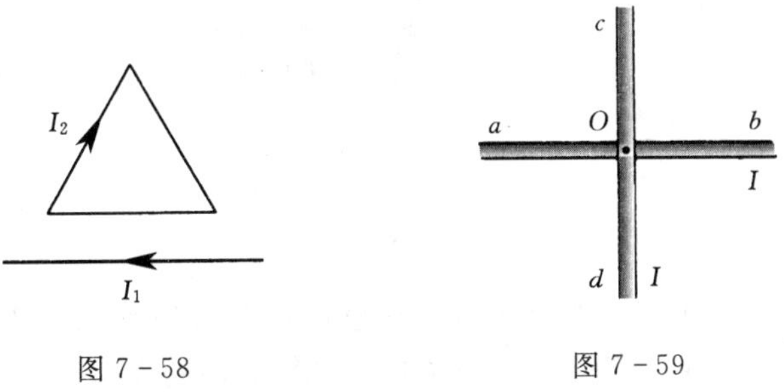


图 7－58　　图 7－59

定不动，$cd$ 能绕中点 $O$ 转动，并能靠近或离开 $ab$。当通过如图所示的电流时，试问：导线 $cd$ 将会怎样运动？

3. 如图 7-60 所示，三条无限长直导线等间距地并排安放，导线Ⅰ、Ⅱ、Ⅲ分别载有 2A、4A、6A 的同方向电流。由于磁相互作用的结果，导线Ⅰ、Ⅱ、Ⅲ单位长度上分别受力 $\vec{F}_1$、$\vec{F}_2$ 和 $\vec{F}_3$。试问：$\vec{F}_1$、$\vec{F}_2$ 和 $\vec{F}_3$ 三者大小的比值等于多少？

4. 如图 7-61 所示，一根长为 $L$ 的导线 $ab$ 用软线悬挂在磁感强度为 $\vec{B}$ 的匀强磁场中，电流方向从 $a$ 到 $b$。此时悬线张力不为零（即安培力与重力不平衡）。试问：若使 $ab$ 导线与软线连接处张力为零，可以采取哪些措施？

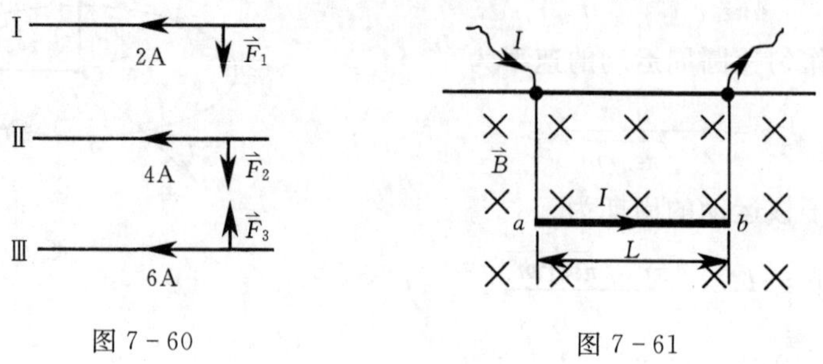


图 7-60　　　　图 7-61

5. 图 7-62 所示为测定水平方向匀强磁场的磁感强度 $\vec{B}$ 的实验装置。$L$ 是位于竖直平面内且横边水平的矩形多匝线圈。线圈挂在天平的右盘下，框的下端横边位于待测磁场中。在线圈没有通电时，将天平调节平衡；通电以后，由于磁场对线圈的作用力而破坏了天平的平衡，必须在天平左盘中加砝码 $m$ 才能使天平重新平衡。如果待测磁场的磁感强度变为原来的 4 倍，而通过线圈的电流变为原来的一半，磁场方向和电流方向均保持不变，试问：要使天平重新平衡，其左盘中加的砝码质量应该为 $m$ 的几倍？

6. 如图 7-63 所示，一根载流导线被弯成半径为 $R$ 的 1/4 圆弧，放在磁感强度为 $B$ 的均匀磁场中，试问：该载流圆弧导线 $ab$ 所受磁场的作用力为多少？方向如何？

7. 如图 7-64 所示，半径为 $R$ 的半圆形线圈通有电流 $I$。线圈处在与线圈平面平行向右的均匀磁场 $\vec{B}$ 中。试问：线圈所受磁力矩的大小为多少？方向如何？将线圈绕 $MN$ 轴转过多少角度时，磁力矩恰好为零？

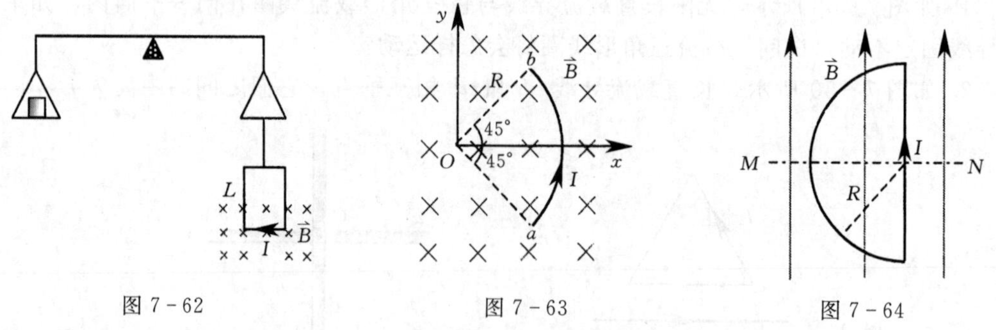


图 7-62　　　　图 7-63　　　　图 7-64

8. 某电子以 $2.40\times10^6$ m/s 的速率垂直磁感应线射入磁感强度为 2.50T 的均匀磁场中，试问：该电子的轨道磁矩为多少？其方向与磁场方向的夹角等于多少？

9. 如图 7－65 所示，在真空中有一个半径为 $R$ 的 3/4 的圆弧形导线，其中通以稳恒电流 $I$，导线置于均匀外磁场 $\vec{B}$ 中，且 $\vec{B}$ 与导线所在平面垂直。试问：该圆弧形载流导线所受磁力为多少？

10. 如图 7－66 所示，在粗糙的斜面上放有一根长为 $l$ 的木制圆柱，已知圆柱的质量为 $m$，上面绕有 $N$ 匝导线，圆柱体的轴线位于导线回路平面内，整个装置处于磁感强度大小为 $B$、方向竖直向上的均匀磁场中。如果绕组的平面与斜面平行，试问：当通过回路的电流等于多少时，圆柱体可以稳定在斜面上不滚动？

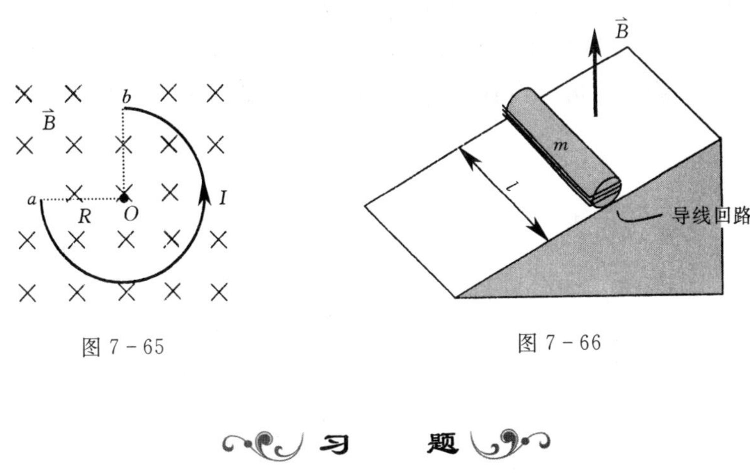


图 7－65　　　　图 7－66

## 习　　题

1. 如图 7－67 所示，已知均匀磁场的磁感强度大小为 $2.0\mathrm{Wb/m^2}$，方向沿 $y$ 轴正方向。试求通过图中三角柱体 5 个侧面的磁通量。

2. 如图 7－68 所示，一条长度为 $l$ 的柔软无弹性细绳的一端固定在 $O$ 点，另一端系着长度为 $a$ 刚性细杆 $MN$，细杆带有电荷线密度为 $\lambda$ 的均匀电荷，绳、杆装置可以绕过 $O$ 点的轴以角速度 $\omega$ 在水平面内匀速转动。试求 $O$ 点的磁感强度 $\vec{B}_0$ 和系统的磁矩 $\vec{p}_m$。

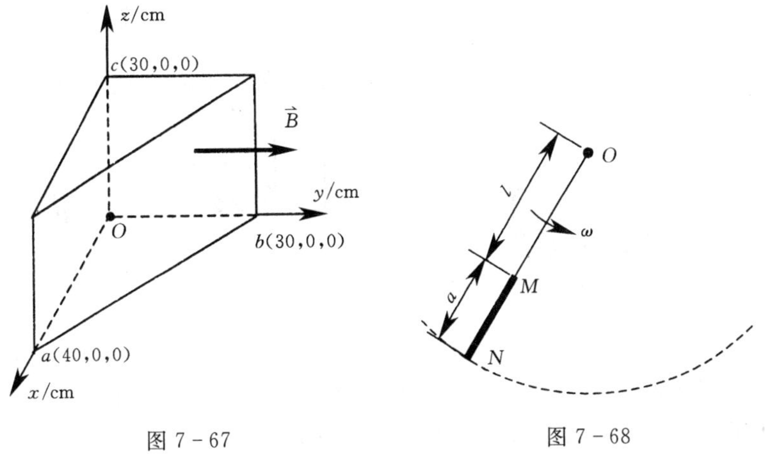


图 7－67　　　　图 7－68

3. 如图 7－69 所示，平面闭合回路由半径为 $R_1$ 和 $R_2$（$R_1>R_2$）的两个同心半圆弧和两个直导线段组成。已知闭合载流回路在两半圆弧中心 $O$ 处产生的总的磁感强度 $B$ 与

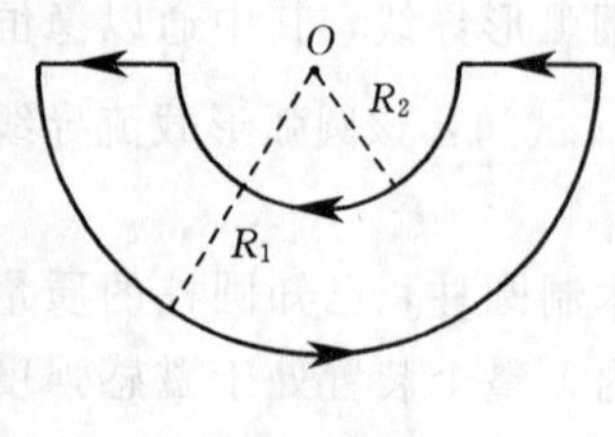

图 7-69

半径为 $R_2$ 的半圆弧在 $O$ 点产生的磁感强度 $B_2$ 的关系为 $B=2B_2/3$，试求 $R_1$ 与 $R_2$ 的关系。

4. 一个多层密绕螺线管的内半径为 $R_1$、外半径为 $R_2$、长为 $2l$，设该螺线管的总匝数为 $N$，导线很细，每匝线圈中通过的电流为 $I$，试求螺线管中心 $O$ 点的磁感强度。

5. 如图 7-70 所示，无限长直导线在某处折成V形，顶角为 $\alpha$，置于 $xy$ 平面内，一个角边与 $y$ 轴重合。当导线中有电流 $I$ 时，试求 $x$ 轴上一点 $P(b, 0)$ 处的磁感强度。

6. 如图 7-71 所示，一个扇形薄片的半径为 $R$，张角为 $\varphi$，其上均匀分布电荷面密度为 $\sigma$ 的正电荷，薄片绕过顶角 $O$ 点且垂直于薄片的轴转动，角速度为 $\omega$，试求 $O$ 点处的磁感强度。

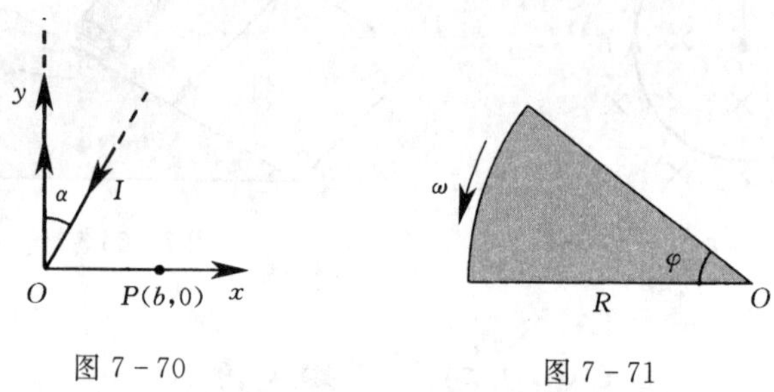

图 7-70　　图 7-71

7. 在如图 7-72 所示的平面螺旋线中，螺旋线被限制在半径为 $a$ 和 $b$ 的两圆之间，共有 $N$ 圈，每圈中通过电流强度为 $I$ 的电流，试求在螺旋线中点的磁感强度的大小（提示：螺旋线的极坐标方程为 $r=k\theta+c$，其中 $k$，$c$ 为待定系数）。

8. 如图 7-73 所示，一个半径为 $R$ 的无限长圆柱形铜导体，通有均匀分布的电流 $I$。如果取如图中斜线部分所示的矩形平面 $S$，其长为 $l$，宽为 $2R$，试求通过该矩形平面的磁通量。

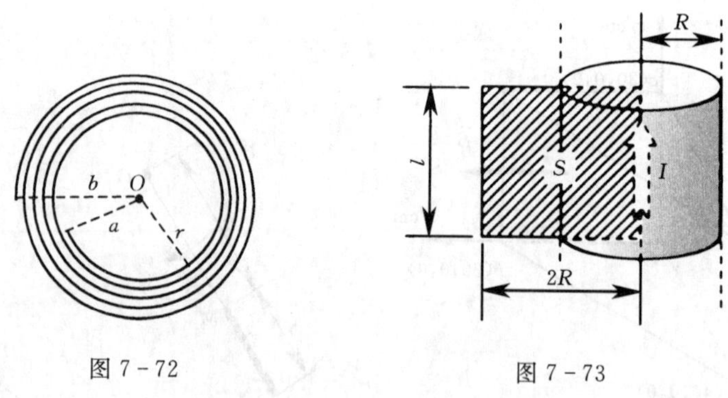

图 7-72　　图 7-73

9. 一个电荷线密度为 $\lambda$ 的带电正方形闭合线框，绕过其中心并垂直于其平面的轴以角速度 $\omega$ 匀速旋转，试求该正方形中心处的磁感强度大小。

10. 如图 7-74 所示，横截面为矩形的密绕环形螺线管的内外半径分别为 $R_1$ 和 $R_2$，芯子材料的磁导率为 $\mu_0$，导线总匝数为 $N$，如果每匝线圈中通过的电流为 $I$，试求：

（1）在 $r<R_1$、$R_1<r<R_2$ 和 $r>R_2$ 各区域的磁感应强度的大小。

（2）通过芯子截面的磁通量。

11. 如图 7-75 所示，有两根平行放置的长直载流导线，它们的半径均为 $R$，反向流过相同大小的电流 $I$，电流在导线内均匀分布。试在图示的坐标系中，求出 $x$ 轴上两导线之间区域 $[R, 9R]$ 内的磁感强度分布。

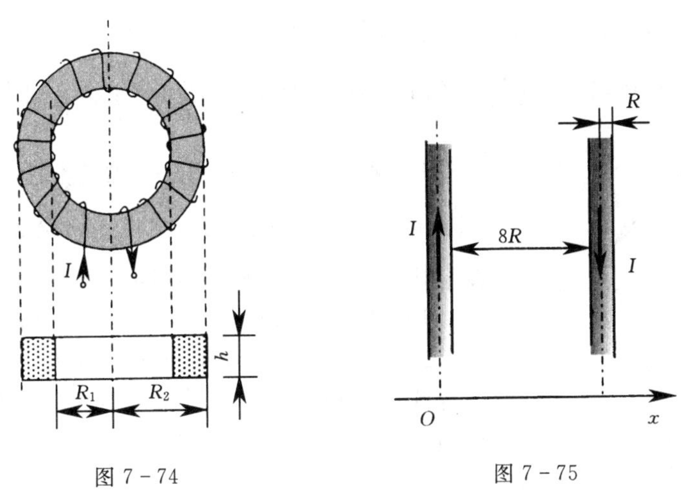


图 7-74　　图 7-75

12. 半径为 $R$ 的无限长圆筒上有一层均匀分布的面电流，这些电流环绕着轴线沿螺旋线流动并与轴线方向成 $\theta$ 角。设面电流密度为 $\alpha$，试求轴线上的磁感强度。

13. 如图 7-76 所示，在一个顶角为 45°的扇形区域内，有磁感强度为 $\vec{B}$ 的均匀磁场，方向垂直纸面向内。今有一个电子（质量为 $m_e$，电荷为 $-e$）在底边距顶点 $O$ 为 $L$ 的地方，以垂直底边的速度 $\vec{v}$ 射入该磁场区域，若要使电子不从上边界跑出，试问：电子的速度最大不应超过多少？

14. 如图 7-77 所示，有一无限大平面导体薄板，自下而上均匀通有电流，已知其电流面密度为 $\alpha$。试求：

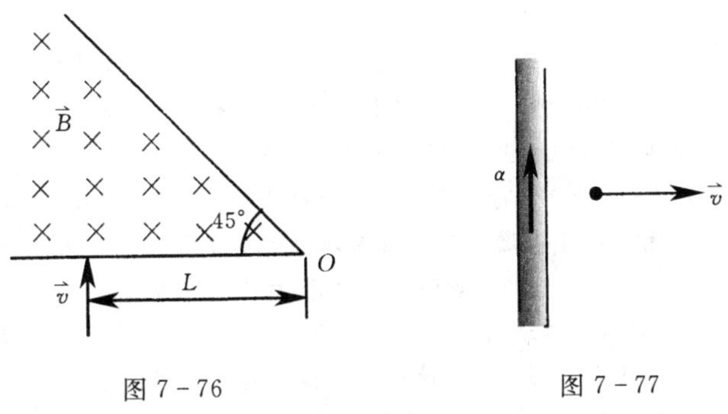


图 7-76　　图 7-77

（1）板外空间任一点磁感强度的大小和方向。

（2）有一个质量为 $m$、带正电荷 $q$ 的粒子，以速度 $v$ 沿平板法线方向向外运动，在不计粒子重力的情况下，带电粒子最初至少在距板多远的位置处才不会与大平板碰撞？带电粒子需要经过多长时间才能回到初始位置？

15. 一个电子以 $1\times10^4\,\mathrm{m/s}$ 的速率在磁场中运动，当电子沿 $x$ 轴正方向通过空间 $P$ 点时，受到一个沿 $y$ 轴正方向的作用力，力的大小为 $8.00\times10^{-17}\,\mathrm{N}$；当电子沿 $y$ 轴正方向以同一速率通过 $P$ 点时，所受的力沿 $z$ 轴的分量大小为 $1.39\times10^{-16}\,\mathrm{N}$。试求 $P$ 点的磁感强度大小及方向。

16. 空间某一区域有同方向的均匀电场$\vec{E}$和均匀磁场 $\vec{B}$。一个电子（质量 $m_e$，电荷$-e$）以初速$\vec{v}$在场中开始运动，$\vec{v}$与$\vec{E}$的夹角为 $\theta$，试求电子的加速度大小并指出电子的运动轨迹。

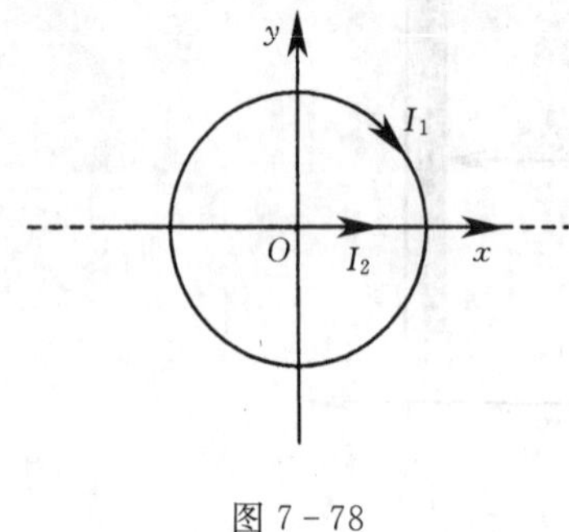

图 7－78

17. 在氢原子中，电子沿着某一圆轨道绕核运动。试求等效圆电流的磁矩 $\vec{p}_m$ 与电子轨道运动的角动量$\vec{L}$大小之比，并指出$\vec{p}_m$ 和$\vec{L}$方向间的关系。

18. 如图 7－78 所示，在 $xOy$ 平面内有一个圆心在 $O$ 点的圆线圈，通以顺时针的电流 $I_1$，另有一个无限长直导线与 $x$ 轴重合，其电流 $I_2$ 的方向向右。试求该圆线圈所受的磁力。

## 科学家史话　洛伦兹

洛伦兹（Hendrik Antoon Lorentz，1853—1928），荷兰物理学家、数学家。洛伦兹为了解释塞曼效应，创立电子论，认为一切物质分子都含有电子，阴极射线的粒子就是电子。1904 年，为了解决麦克斯韦电磁场方程组在坐标变换时出现的问题，洛伦兹提出了一种不同于伽利略变换的一种新的变换公式，即洛伦兹变换。后来爱因斯坦将洛伦兹变换用于力学关系式，创立了狭义相对论。

洛伦兹于 1853 年 7 月 18 日生于阿纳姆，并在这里读了小学和中学，成绩优异，少年时就对物理学感兴趣，同时还广泛地阅读历史和小说，并且熟练地掌握多门外语。他虽然生长在基督教的环境里，但却是一个自由思想家。1870 年，洛伦兹考入莱顿大学，学习数学、物理和天文，1875 年获博士学位。1877 年，莱顿大学聘请他为理论物理学教授，此时洛伦兹年仅 23 岁。在莱顿大学任教 35 年，他对物理学的贡献都是在这期间作出的。

洛伦兹认为一切物质分子都含有电子，阴极射线的粒子就是电子，他把以太与物质的相互作用归结为以太与电子的相互作用。由于用这个理论成功地解释了塞曼效应，因此他与塞曼共同获得了 1902 年诺贝尔物理学奖。1892 年，他为了说明迈克尔逊-莫雷实验的结果，独立地提出了长度收缩的假说，认为相对以太运动的物体，其运动方向上的长度缩短了。1895 年，他发表了长度收缩的准确公式。1899 年，他讨论了惯性系之间坐标和时间的变换问题，并得出电子质量与速度有关的结论。1904 年，他发表了著名的洛伦兹变换公式，并指出光速是物体相对于以太运动速度的极限。洛伦兹还是一位教育家，他在莱顿大学从事普通物理和理论物理教学多年，写过微积分和普通物理等教科

书。在哈勒姆，他曾致力于通俗物理讲演。他一生中花了很大一部分时间和精力审查别人的理论并给予帮助。他为人热诚、谦虚，受到爱因斯坦、薛定谔和其他青年一代理论物理学家们的尊敬，他们多次到莱顿大学向他请教。

1912 年，洛伦兹辞去莱顿大学教授职务，到哈勒姆担任一个博物馆的顾问，同时兼任莱顿大学的名誉教授，每星期一早晨到莱顿大学就物理学当前的一些问题作演讲。1921 年起，洛伦兹担任高等教育部部长。

洛伦兹是一位非常富有国际性的物理学家。在他事业的最初 20 年中，他的国际性工作仅限于著作。后来，他开始离开莱顿书房和教室，广泛地与国外科学家进行个人接触。他的电子理论使他在物理学界获得领导地位。1898 年，洛伦兹接受波尔兹曼的邀请，为德国的自然科学与医学学会的杜塞尔多夫会议物理组作演讲。1900 年，在巴黎为国际物理代表会作演讲。在 1911—1927 年，洛伦兹担任了物理学的索尔维会议的定期主席，他在临终前还主持了最后一次会议。洛伦兹在这些国际性的集会中主持会议并成为公认的领袖。大家对他渊博的学问、高明的技术、善于总结最复杂的争论以及无比精炼的语言都非常佩服。第一次世界大战后，洛伦兹的国际主义活动带有若干政治色彩。1909—1921 年，他担任荷兰皇家科学与文学研究院物理组的主任时，以自己的影响来说服人们参加战后盟国创立的国际性科学组织。1923 年，他成为国联文化协作国际委员会的 7 个委员之一，并继承伯格森（H. Bergson）担任主席。

洛伦兹于 1928 年 2 月 4 日在荷兰的哈勒姆去世，享年 75 岁。为了悼念这位荷兰近代文化的巨人，在举行葬礼的那天，荷兰全国的电信、电话中止 3 分钟。世界各地科学界的著名人物参加了洛伦兹的葬礼。爱因斯坦在洛伦兹墓前致词说道："洛伦兹的成就对我产生了最伟大的影响，他是我们时代最伟大、最高尚的人。"

# 第八章　磁介质中的磁场

在第七章讨论运动电荷或电流产生磁场的规律时，都是假设其周围空间为真空，没有其他物质存在。然而在实际的磁场中总是有各种各样的物质，磁场对这些物质会产生影响，这些受到磁场影响的物质反过来也会对磁场产生影响。我们把能够与磁场发生相互影响的物质称为**磁介质**（magnetic medium），磁介质受到磁场影响而发生变化的过程称为**磁化**（magnetization）。事实上一切实际物质都是磁介质。

本章将讨论磁场与磁介质相互作用的规律，根据磁介质在磁场中的宏观表现对磁介质进行分类，并从物质的电结构出发说明弱磁质和强磁质的磁化特性。

**本章学习要点**

（1）了解磁介质的磁化现象及其微观解释；理解磁导率及相对磁导率的物理意义。

（2）理解磁场强度的作用，掌握磁场强度与磁感应强度的关系及其区别，掌握有磁介质时磁场的计算方法。

（3）掌握磁介质中的高斯定理和安培环路定理，并能应用它们解决一些简单的问题。

（4）了解铁磁质的磁化特点。

## 第一节　磁介质　弱磁质的磁化

### 一、磁介质的分类

我们知道，放入电场中的电介质会被极化，同时产生附加电场。与此类似，放入磁场中的磁介质会被磁化，磁化了的磁介质会产生附加磁场，对原来的磁场产生影响。设真空中磁场的磁感应强度为$\vec{B}_0$，在该磁场区域充入磁介质以后，磁介质产生的附加磁感应强度为$\vec{B}'$，则磁介质内任一点的磁感应强度$\vec{B}$为

$$\vec{B}=\vec{B}_0+\vec{B}' \tag{8-1}$$

实验证明，不同的磁介质产生的附加磁感应强度大小和方向也不同，因此，我们可以对磁介质进行如下分类。

1. 顺磁质

如果$\vec{B}'$与$\vec{B}_0$的方向相同，并且$B'\ll B_0$，这类磁介质称为**顺磁质**（paramagnetic substance）。例如，锰、铬、铝、铂、氧等都是顺磁质。

2. 抗磁质

如果$\vec{B}'$与$\vec{B}_0$的方向相反，并且$B'\ll B_0$，这类磁介质称为**抗磁质**（diamagnetic sub-

stance)。例如，汞、铜、铋、硫、银金等都是抗磁质。

3. 铁磁质

如果$\vec{B}'$与$\vec{B}_0$的方向相同，并且$B' \gg B_0$，这种磁介质称为**铁磁质**（ferromagnetic substance)。例如，铁、镍、钴、钇、镉及其合金，还有铁氧体物质等都是铁磁质。

不同种类的磁介质都是由分子和原子组成的，但磁化后的表现有很大差异。既然磁性起源于电荷的运动，磁介质的磁化结果应该可以用物质分子的电结构理论进行解释。

## 二、弱磁质的磁化

物质的电结构学说告诉我们，物质是由分子组成，而分子又是由原子组成的，原子由原子核和绕核旋转的电子组成。电子绕原子核的运动等效于环形电流，其产生的磁矩称为**轨道磁矩**；此外，电子还绕自身的轴旋转，它也等效一个环形电流，与其对应的磁矩称为**自旋磁矩**。分子中所有电子的轨道磁矩与自旋磁矩的矢量和称为**分子磁矩**（molecular magnetic moment）或分子的**固有磁矩**，用$\vec{p}_m$表示。与分子磁矩对应的等效环形电流称为**分子电流**。构成抗磁质的分子的固有磁矩$\vec{p}_m=0$，而构成顺磁质的分子的固有磁矩$\vec{p}_m\neq 0$。下面我们先来讨论抗磁质的磁化机制。

由于构成抗磁质的分子固有磁矩$\vec{p}_m=0$，在不加外磁场时整个抗磁质对外不显磁性，尽管如此，原子中的电子仍然在原子核的库仑引力$\vec{F}_e$作用下绕核作圆周运动。将磁介质放入外磁场$\vec{B}_0$中，如图 8-1 所示，为了讨论问题方便，我们只研究外磁场垂直电子圆周运动平面的情况。这时电子只有图 8-1 所示的两种可能的旋转方向。在图 8-1 (a) 中，电子在原子核的库仑引力$\vec{F}_e$作用下作绕核运动时，形成的轨道磁矩$\vec{p}_{ml}$的方向与外磁场$\vec{B}_0$的方向相同，在此基础上，电子还受到洛伦兹力$\vec{F}_m$的作用，其方向与$\vec{F}_e$相反，使电子受到的向心力变小。近代物理学告诉我们，原子处于稳定状态时，电子绕核运动的半径保持不变，电子受到的向心力变小的结果导致电子绕核运动的速度变小，等效电流$I$变小，轨道磁矩$\vec{p}_{ml}$变小。这种情况相当于在原来电子轨道磁矩$\vec{p}_{ml}$方向上叠加了一个反方向的附加

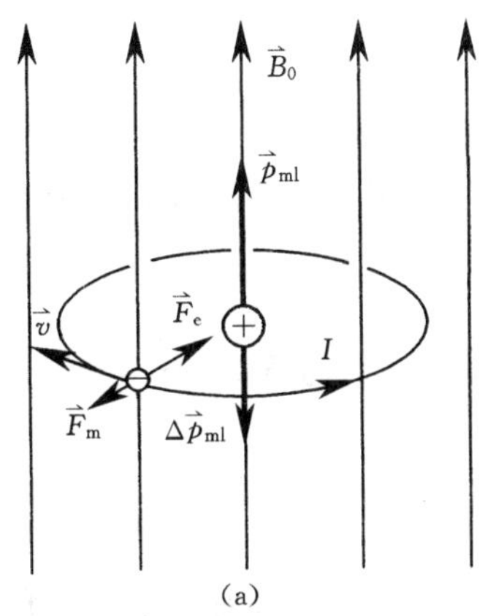


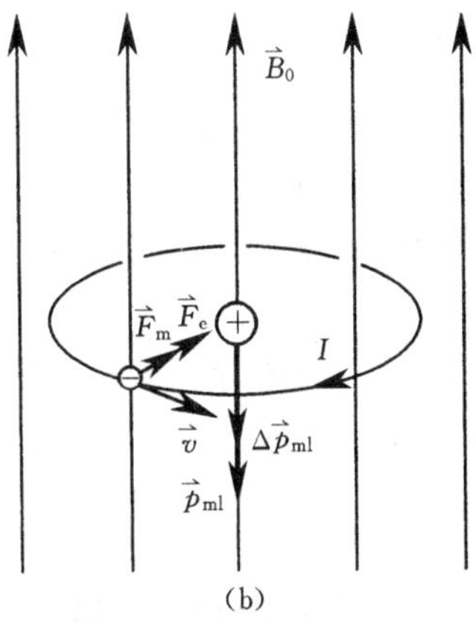


图 8-1

轨道磁矩 $\Delta\vec{p}_{ml}$，分子中所有电子的附加轨道磁矩 $\Delta\vec{p}_{ml}$ 合成为分子的附加磁矩 $\Delta\vec{p}_{m}$，其方向与外磁场 $\vec{B}_0$ 相反。大量分子的附加磁矩 $\Delta\vec{p}_{m}$ 所产生的磁效应必将削弱外磁场。如果电子反向运动，如图 8-1（b）所示，做与上述类似的分析可以看出，分子的附加磁矩 $\Delta\vec{p}_{m}$ 的方向也与外磁场 $\vec{B}_0$ 相反，大量分子所产生的磁效应也将削弱外磁场。

现在我们再来讨论顺磁质的磁化机制。在没有外磁场作用时，如图 8-2（a）所示，虽然每个分子都有固有磁矩 $\vec{p}_{m}$，但由于分子热运动，各个固有磁矩的取向杂乱无章，大量分子的固有磁矩矢量和为零，整个顺磁质对外不显示磁性。当磁介质处在外磁场 $\vec{B}_0$ 中时，每个分子磁矩 $\vec{p}_{m}$ 由于受到磁力偶矩的作用而转向沿外磁场方向排列，如图 8-2（b）所示。但是由于分子受热运动的影响，这种排列并不整齐，达到平衡状态时，所有分子磁矩都大致上沿外磁场方向排列，外磁场越强，这种有规则排列越整齐，如图 8-2（c）所示。这时，所有分子磁矩的矢量和不等于零，即 $\sum_i \vec{p}_{mi} \neq 0$，其方向与外磁场 $\vec{B}_0$ 相同。大量分子磁矩所产生的磁效应必将加强外磁场。

值得注意的是，顺磁质分子在外磁场中也会产生抗磁效应，但是它与顺磁效应相比较要小得多，可以忽略。通过上述分析我们可以得出这样的结论，即**附加磁矩是抗磁质产生磁效应的唯一原因，而分子的固有磁矩是顺磁质产生磁效应的主要原因**。

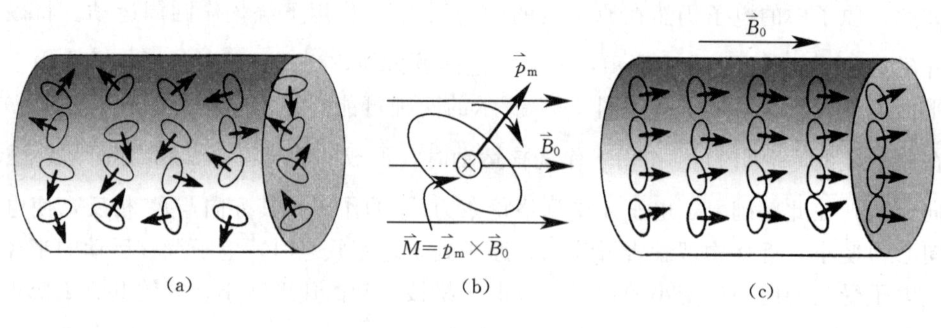


图 8-2

## 三、磁导率

设无限长螺线管线圈匝密度为 $n$，通过的电流强度为 $I$，当螺线管内为真空时，管内各点的磁感应强度由式（7-22）$B_0=\mu_0 nI$ 给出。实验表明，当螺线管内充满某种均匀磁介质时，管内的磁感应强度 $B$ 与 $B_0$ 成正比，即

$$B=\mu_r B_0 \tag{8-2}$$

式中，$\mu_r$ 是一个只与磁介质有关的常数，称为**磁介质的相对磁导率**（relative permeability）。将 $B_0$ 的表达式代入式（8-2）得

$$B=\mu_r\mu_0 nI$$

或

$$B=\mu nI \tag{8-3}$$

式中，$\mu=\mu_r\mu_0$ 称为**磁介质的磁导率**（permeability）。由于 $\mu_r$ 是没有量纲的纯数，因此磁介质的磁导率 $\mu$ 的单位与真空的磁导率 $\mu_0$ 相同，都是 N/A$^2$。

表 8-1 给出了几种磁介质在常温下的相对磁导率。

**表 8-1　　几种磁介质的相对磁导率**

| 顺磁质 | $\mu_r$ | 抗磁质 | $\mu_r$ | 铁磁质 | $\mu_r$（最大值） |
|---|---|---|---|---|---|
| Mg | 1.000012 | Hg | 0.999968 | 铸钢 | $2.2\times10^3$ |
| Al | 1.000023 | Ag | 0.999974 | 铸铁 | $4.0\times10^2$ |
| W | 1.000068 | Pb | 0.999982 | 硅钢 | $7.0\times10^2$ |
| $O_2$ | 1.000002 | Cu | 0.999990 | 坡莫合金 | $1.0\times10^5$ |

由于顺磁质产生的附加磁感应强度$\vec{B}'$与$\vec{B}_0$ 的方向相同，因此 $B=B_0+B'>B_0$，其相对磁导率 $\mu_r=\dfrac{B}{B_0}>1$，磁导率 $\mu=\mu_r\mu_0>\mu_0$。

由于抗磁质产生的附加磁感应强度$\vec{B}'$与$\vec{B}_0$ 的方向相反，因此 $B=B_0-B'<B_0$，其相对磁导率 $\mu_r=\dfrac{B}{B_0}<1$，磁导率 $\mu=\mu_r\mu_0<\mu_0$。

由表 8-1 可以看出，无论是顺磁质还是抗磁质，均有 $\mu_r\approx1$、$B\approx B_0$，它们磁化后所产生的附加磁感应强度 $B'$非常小，只有 $B_0$ 的几万分之一或几十万分之一，因此顺磁质和抗磁质又统称为**弱磁质**。而铁磁质 $\mu_r\gg1$、$B\gg B_0$，其附加磁感应强度 $B'$是 $B_0$ 的 $10^2\sim10^4$ 倍，因此铁磁质也称为**强磁质**。

## 第二节　磁介质中的磁场　磁场强度

如图 8-3 所示，在密绕无限长直螺线管内充满各向同性的均匀磁介质，当螺线管中通有电流 $I$ 时，管内产生均匀磁场$\vec{B}_0$，磁介质中的分子磁矩沿磁场$\vec{B}_0$ 方向排列，对应的分子电流的平面与$\vec{B}_0$ 方向垂直。在磁介质内部任一点（如图 8-3 中的 $A$ 点）总有大小相等、方向相反的两个分子电流通过，这两个电流所产生的磁效应互相抵消。但是截面边缘的分子电流却没有被抵消，这些**没有被抵消的分子电流形成的沿着磁介质表面“流动”的电流称为磁化电流**（magnetization current）。值得注意的是，磁化电流不是自由电荷定向移动形成的，它是受约束的分子电流的一种宏观表现，即磁化电流是一种束缚电流。磁化电流与传导电流一样能产生磁效应，但是不具有热效应。

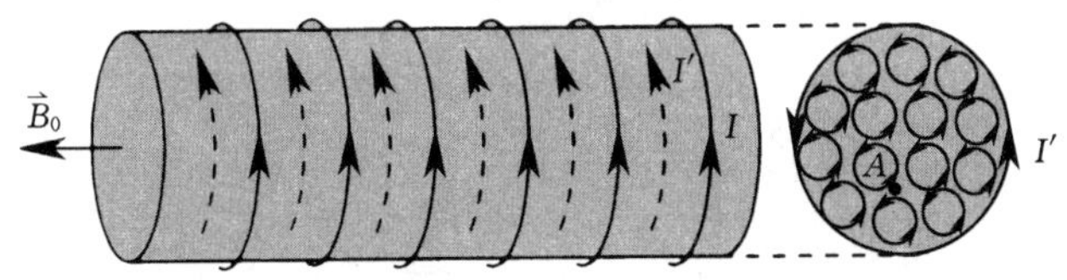


图 8-3

在真空中某区域存在传导电流，在该区域作闭合曲线 $L$，由真空中恒定磁场的安培环路定理得

$$\oint_L \vec{B}_0 \cdot \mathrm{d}\vec{l} = \mu_0 \sum_i I_i \tag{8-4}$$

式中：$\vec{B}_0$ 为由传导电流在闭合曲线上激发的磁感应强度。

如果在这个区域充入磁介质，这时的安培环路定理可以写为

$$\oint_L \vec{B} \cdot \mathrm{d}\vec{l} = \mu_0 (\sum_i I_i + \sum_i I'_i) \tag{8-5}$$

式中：$\vec{B}$为由传导电流和磁化电流共同激发的磁感应强度。

由于磁化电流分布不能直接测量，因此计算磁感应强度$\vec{B}$的环流相当困难。我们希望能够找到磁化电流 $\sum_i I'_i$与传导电流 $\sum_i I_i$ 的关系，使定理中不再含有磁化电流 $\sum_i I'_i$。注意式（8－2）$\vec{B}=\mu_r \vec{B}_0$ 直接给出了磁介质中磁场$\vec{B}$与真空中磁场$\vec{B}_0$ 的关系，而磁介质对原磁场的影响只用 $\mu_r$ 描述，其中并未涉及磁化电流问题。因此可以从式（8－2）入手来寻求问题的答案。

将$\vec{B}=\mu_r \vec{B}_0$ 代入式（8－5）中，得

$$\oint_L \mu_r \vec{B}_0 \cdot \mathrm{d}\vec{l} = \mu_r \oint_L \vec{B}_0 \cdot \mathrm{d}\vec{l} = \mu_0 (\sum_i I_i + \sum_i I'_i)$$

将式（8－4）代入上式，得

$$\mu_r \mu_0 \sum_i I_i = \mu_0 (\sum_i I_i + \sum_i I'_i)$$

解得

$$\sum_i I'_i = (\mu_r - 1) \sum_i I_i \tag{8-6}$$

式（8－6）正是我们需要的结果。闭合曲线 $L$ 包围的总电流为

$$\sum_i I_i + \sum_i I'_i = \sum_i I_i + (\mu_r - 1) \sum_i I_i = \mu_r \sum_i I_i$$

因此式（8－5）可以写为

$$\oint_L \vec{B} \cdot \mathrm{d}\vec{l} = \mu_0 \mu_r \sum_i I_i = \mu \sum_i I_i$$

或

$$\oint_L \frac{\vec{B}}{\mu} \cdot \mathrm{d}\vec{l} = \sum_i I_i \tag{8-7}$$

令

$$\vec{H} = \frac{\vec{B}}{\mu} \tag{8-8}$$

则式（8－7）变为

$$\oint_L \vec{H} \cdot \mathrm{d}\vec{l} = \sum_i I_i \tag{8-9}$$

式中，矢量$\vec{H}$称为**磁场强度**（magnetic filed intensity）。

式（8－9）就是**磁介质中的安培环路定理**。该定理表明：**磁场强度$\vec{H}$沿任意闭合曲线的线积分，等于闭合曲线所包围的传导电流的代数和。**

在国际单位制中，磁场强度$\vec{H}$的单位为安培每米，符号为 A/m，量纲为 $\mathrm{IL}^{-1}$。

在磁介质中的安培环路定理式（8-9）中，等式右边只含有传导电流，因此这个定理处理磁介质中的磁场问题时不必考虑磁化电流。不过必须注意，磁场强度$\vec{H}$是为了解决磁介质中磁场问题方便而引入的一个辅助物理量，描述磁场的基本物理量仍然是磁感应强度$\vec{B}$。

**【例 8-1】** 如图 8-4 所示，一根同轴电缆线由半径为 $R_1$ 的长直导线和套在它外面的内半径为 $R_2$、外半径为 $R_3$ 的同轴导体圆筒组成。两导体之间充满磁导率为 $\mu$ 的各向同性均匀磁介质。传导电流 $I$ 由长直导线均匀流进，由导体圆筒均匀流出。求磁场强度大小 $H$ 和磁感应强度大小 $B$ 的分布。

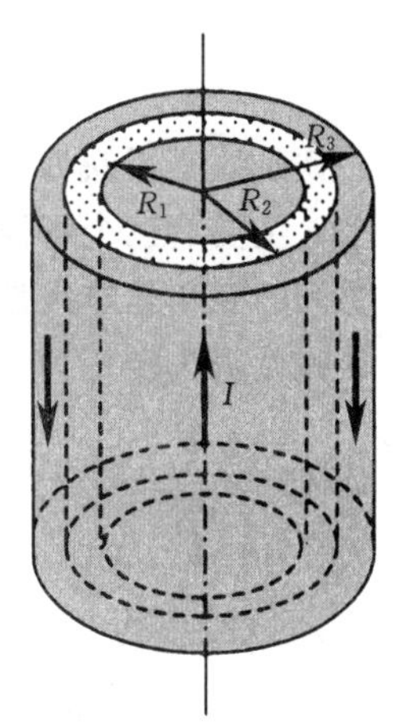


图 8-4

**解：** 由于磁场呈轴对称分布，因此作与导线同轴的、半径为 $r$ 的圆形闭合曲线为积分路径，方向与长直导线中的电流呈右手螺旋关系，则

$$\oint_L \vec{H}\cdot \mathrm{d}\vec{l} = \oint_L H\mathrm{d}l = H\oint_L \mathrm{d}l = 2\pi rH$$

由磁介质中的安培环路定理式（8-9）得

$$2\pi rH = \sum_i I_{\mathrm{i}}$$

即

$$H = \frac{\sum_i I_{\mathrm{i}}}{2\pi r}$$

由式（8-8）得

$$B = \mu' H = \frac{\mu' \sum_i I_{\mathrm{i}}}{2\pi r}$$

式中：$\mu'$为所讨论介质的磁导率。

在 $0<r<R_1$ 区域内，$\mu'=\mu_0$，$\sum_i I_{\mathrm{i}} = \frac{I}{\pi R_1^2}\pi r^2 = \frac{Ir^2}{R_1^2}$，因此

$$H=\frac{Ir}{2\pi R_1^2},\ B=\frac{\mu_0 Ir}{2\pi R_1^2}$$

在 $R_1<r<R_2$ 区域内，$\mu'=\mu$，$\sum_i I_{\mathrm{i}} = I$，因此

$$H=\frac{I}{2\pi r},\ B=\frac{\mu I}{2\pi r}$$

在 $R_2<r<R_3$ 区域内，$\mu'=\mu_0$，$\sum_i I_{\mathrm{i}} = I-\frac{I}{\pi(R_3^2-R_2^2)}\pi(r^2-R_2^2) = \frac{I(R_3^2-r^2)}{R_3^2-R_2^2}$，因此

$$H=\frac{I\ (R_3^2-r^2)}{2\pi r\ (R_3^2-R_2^2)},\quad B=\frac{\mu_0 I\ (R_3^2-r^2)}{2\pi r\ (R_3^2-R_2^2)}$$

在 $r>R_3$ 区域内，$\mu'=\mu_0$，$\sum_i I_i=0$，因此

$$H=0,\ B=0$$

## 第三节　铁　磁　质

铁磁质是以铁为代表的一类磁性很强的物质。铁磁质的磁性比顺磁质和抗磁质要复杂得多，主要有三个特征：**①具有高的相对磁导率，其范围约为 $10\sim10^5$；②磁感应强度随外磁场的变化呈非线性和不可逆的变化；③存在临界温度 $T_c$。**当温度 $T>T_c$ 时，铁磁质的铁磁性消失转变为顺磁质，这个临界温度称为**居里点**（Curie point）。例如铁的居里点为 1043K，钴为 1088K，镍为 631K。

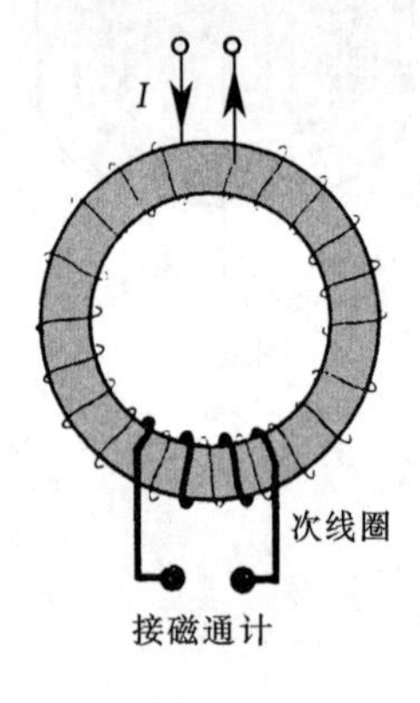

图 8-5

图 8-5 所示为一种研究铁磁质磁化规律的装置。将待测的铁磁质做成细圆环，在它的上面均匀地密绕 $N$ 匝线圈，形成充满均匀铁磁质的螺绕环。设螺绕环的横截面积为 $S$，平均周长为 $l$，每匝线圈通有电流 $I$。根据安培环路定理式（8-9），容易得到铁磁质中各点的磁场强度的大小为

$$H=\frac{N}{l}I$$

电流强度 $I$ 通过电流表读出，磁场强度的大小 $H$ 就可以求得。为了测量与 $H$ 对应的磁感应强度的大小 $B$，在圆环外再绕一个次级线圈，并在次级线圈上接冲击电流计，通过测量次级线圈中磁通量 $\Phi$ 的变化，就可以求出螺绕环内铁磁质中磁感应强度的大小 $B$（其原理将在第十章讲解）。改变电流 $I$，测量不同 $H$ 对应的 $B$，就可以得到 $B$ 随 $H$ 的变化关系，绘制待测样品的 $H\sim B$ 实验曲线，也就是**磁化曲线**（magnetization curve）。

### 一、磁化曲线

1. 起始磁化曲线

如图 8-6 所示，当外加磁场强度 $H=0$ 时，铁磁质处于未磁化状态，$B=0$。当外磁场 $H$ 逐渐加强时，铁磁质开始磁化，铁磁质内的磁感应强度 $B$ 也逐渐增加，开始时增加得比较缓慢（$Oa$ 段），再经过一段急剧增加的过程（$ab$ 段），然后又缓慢下来（$bc$ 段），再继续加大外磁场 $H$ 时，$B$ 几乎不再变化了（$cd$ 段），这时铁磁质达到磁化饱和状态，我们把铁磁质处于磁化饱和状态时对应的磁感应强度称为**饱和磁感应强度**，用 $B_s$ 表示。

由于顺磁质和抗磁质的磁导率（即 $H-B$ 曲线的斜率）是一个仅与磁介质有关的常数，因此，其磁化曲线是一条直线，而铁磁质的磁化曲线不是直线，说明铁磁质的磁导率是随外加磁场变化的。铁磁质从磁化开始到达到饱和状态为止这段曲线称为**起始磁化曲线**。

2. 磁滞回线

如图 8-7 所示，当铁磁质达到饱和磁化状态时，将外磁场 $H$ 逐渐减小到零的过程中，$B$ 也逐渐减小，但并没有回到未磁化的状态 $O$ 点，铁磁质内仍然具有一定的磁感应强度 $B_r$，我们将 $B_r$ 称为**剩余磁感应强度**，简称**剩磁**（remanence），这实际上就是人造永久磁铁的原理。

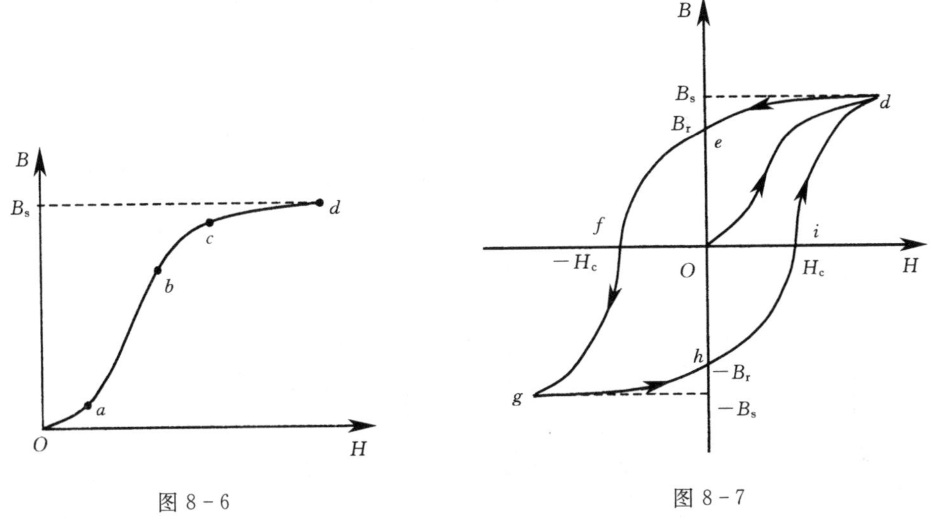


图 8-6　　图 8-7

如果对上述铁磁质施加反向外磁场，当外磁场反向增大到一定值 $H_c$ 时，铁磁质中的磁感应强度变为零，此时铁磁质达到完全退磁状态，$H_c$ 称为**矫顽力**（coercive force）。从铁磁质剩磁状态开始到完全退磁状态为止的一段曲线称为**退磁曲线**，对应的曲线为 $ef$。可见，使永久磁铁退磁的一种方法是对永久磁铁加反向磁场。

对已经完全退磁的铁磁质继续加反向外磁场，铁磁质将被反向磁化，其反向磁化曲线为 $fg$。当反向磁化达到反向饱和状态以后，逐渐减少反向磁场到零，铁磁质达到反向剩磁状态 $h$。再对铁磁质施加正向外磁场直到正向 $H_c$，铁磁质再次达到完全退磁状态，对应的退磁曲线为 $hi$。如果继续增大正向外磁场，最终会回到饱和磁化状态 $d$。

整个磁化过程形成了图 8-7 中的闭合曲线，其中两端曲线 $defg$ 和 $ghid$ 是关于 $O$ 点对称的。从铁磁质的磁化过程可以看出，**磁感应强度 $B$ 的变化总是落后于磁场强度 $H$ 的变化，这种现象称为磁滞**（hysteresis），铁磁质磁化过程所形成的闭合曲线称为铁磁质的**磁滞回线**（hysteresis loop）。可以证明，铁磁质磁滞回线所包围的面积等于铁磁质反复磁化过程中单位体积所消耗的能量。

应当指出，实际铁磁质的磁化规律远比上面描述的要复杂得多。上述磁滞回线是变化的外磁场的幅值足够大时形成的最大磁滞回线。

## 二、铁磁质的微观结构

铁磁质的磁化特性，特别是磁化时能够产生比外加磁场大很多的附加磁场，显然不能用分子磁矩在外磁场中的趋向性排列与分子热运动之间的对抗来解释。近代科学实践证

明：在铁磁质内部存在着许多局部小区域，在这些区域内电子的自旋磁矩是完全整齐排列着的，具有很强的磁性，它们是一些**自发磁化区，称为磁筹**（magnetic domain）。磁筹的形成可以用电子之间作用的量子效应来解释。

现在我们用一种比较形象的方法对铁磁质的磁化过程进行定性的解释。如图 8-8 所示，通常在未磁化的铁磁质中，各磁筹的自发磁化方向各不相同，铁磁质在宏观上不显示磁性［图 8-8（a）］。当外加磁场不断加强时，原来磁化方向与外磁场方向接近的那些磁筹体积扩大［图 8-8（b）］，将临近那些磁化方向与外磁场方向相反的磁筹吞并，直到它们完全消失［图 8-8（c）］。当外加磁场进一步加强时，磁筹的磁化方向逐渐转向外磁场的方向［图 8-8（d）］，当所有磁筹的磁化方向都与外磁场方向完全一致时，介质的磁化也就达到了饱和状态［图 8-8（e）］。由于磁筹本身已经是磁性很强的自发磁化区，因此磁筹的转向磁化不需要太强的外磁场，并且磁化后其磁性比弱磁质的磁性要强很多。造成铁磁质磁滞现象的主要原因是介质内的掺杂和内应力，在去掉外磁场以后，它们阻碍磁筹恢复到磁化前的状态。

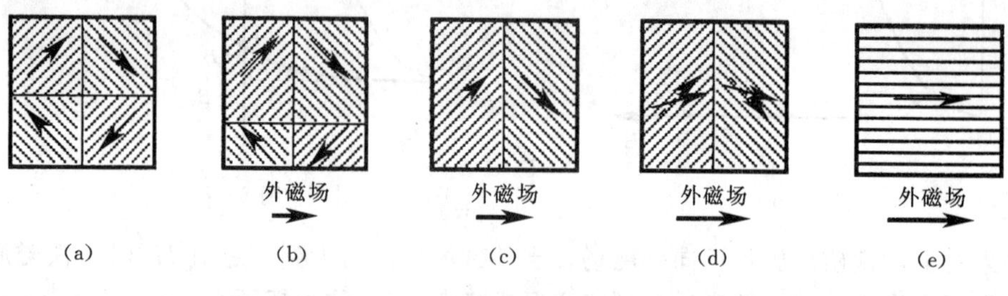


图 8-8

关于磁筹还有两点说明：①磁筹结构是真实存在的，可以通过实验方法显示（目前用来观察磁筹结构的实验方法主要有粉纹法和磁光法），其几何线度约为微米到毫米数量级，不同的铁磁质材料具有不同大小的磁筹；②铁磁质磁化时磁筹方向的改变会引起铁磁质中晶格间距的变化，从而使铁磁体的长度和体积发生改变，这种现象称为**磁致伸缩**，可用于微震动机械检测。

## 三、铁磁质的分类及应用

根据铁磁质的矫顽力大小可将其分为软磁性材料和硬磁性材料；根据铁磁质的化学成分不同可将其分为金属性材料和非金属磁性材料。

软磁性材料的矫顽力 $H_c$ 很小（数量级约为 1A/m）或剩磁小，容易磁化也容易退磁，如图 8-9（a）所示。矫顽力小意味着磁滞回线狭长，包围的面积小，在交变磁场的作用下损耗小，因此软磁性材料非常适用于交变磁场，例如变压器、镇流器、电动机以及发电机等的铁芯都采用软磁性材料。剩磁小的软磁性材料还用在那些要求切断电流后不能有剩磁存在的场合，例如电磁铁和继电器的铁芯就采用这种软磁性材料。

硬磁材料的矫顽力 $H_c$ 很大（数量级约为 $\times10^4\sim\times10^6$ A/m），或剩磁很大，其磁滞回线如图 8-9（b）所示。永久磁体都是采用硬磁材料制造的。在电表、扬声器、录音机、耳机和电话机等电气设备中都需要永久磁体。

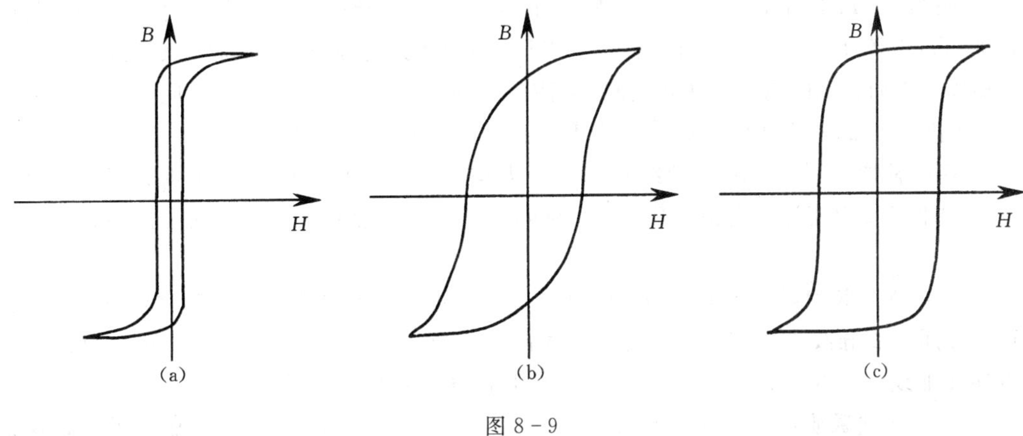


图 8-9

铁氧体是非金属磁性材料。它是由三氧化二铁（$Fe_2O_3$）和其他二价的金属化合物（例如 ZnO、NiO、MnO 等）的粉末在高温下混合烧结而成，又称**磁性瓷**。铁氧体的磁滞回线形状接近矩形，如图 8-9（c）所示，因此将这类磁介质称为**矩磁材料**。矩磁材料的特征是剩磁 $B_r$ 非常接近于饱和磁感应强度 $B_s$，并且矫顽力比较小，当外磁场逐渐减小到零时，它只能处在 $B_r$ 和 $-B_r$ 两种剩磁状态。如果将这种材料的两种剩磁状态分别代表计算机二进制中的两个数码 0 和 1，就能在计算机中起到记忆作用。电子计算机存储元件的磁芯以及现代电动机的铁芯都要用到这种材料。

## 思考与讨论

1. 一个绕有 500 匝导线的平均周长 0.5m 的细圆环，载有 0.4A 电流时铁芯的相对磁导率为 600。试问：铁芯中的磁感应强度为多少？铁芯中的磁场强度为多少？

2. 长直电缆由一个圆柱导体和一个共轴圆筒状导体组成，两导体中通有等值反向均匀的电流 $I$，其间充满磁导率为 $\mu$ 的均匀磁介质。试问：介质中离中心轴距离为 $r$ 的某点处的磁场强度等于多少？磁感应强度等于多少？

3. 如图 8-10 所示为三种不同的磁介质的 $B-H$ 关系曲线，如果虚线表示的是 $B=\mu_0 H$ 的关系。试问：$a$、$b$、$c$ 各代表哪一类磁介质的 $B-H$ 关系曲线？

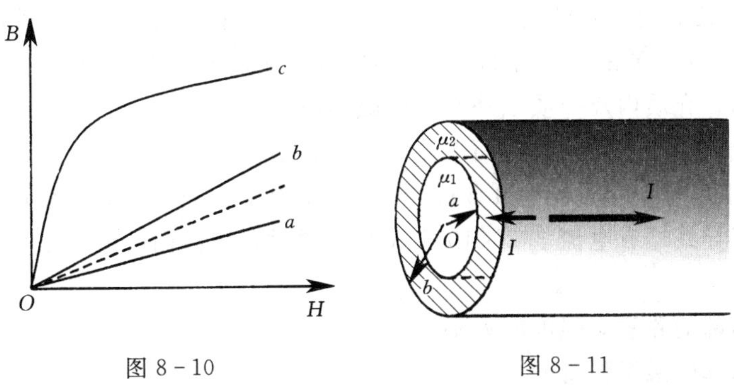


图 8-10　　图 8-11

4. 如图 8-11 所示，一个磁导率为 $\mu_1$ 的无限长均匀磁介质圆柱体的半径为 $a$，其中均匀地通过电流 $I$。在它的外面还有一个半径为 $b$ 的无限长同轴圆柱面，其上通有与前者大小相等、方向相反的电流，两者之间充满磁导率为 $\mu_2$ 的均匀磁介质。试问：在 $0<r<a$、$a<r<b$ 和 $r>b$ 的各空间中的磁感应强度和磁场强度分别等于多少？

5. 将圆柱形无限长载流直导线置于无限大均匀顺磁介质之中，磁介质的相对磁导率为 $\mu_r$，如果导线中流过的电流强度为 $I$，试问：与导线接触的磁介质表面上的磁化电流为多少？

6. 一根无限长直导线通有 2.0A 的电流，直导线外侧紧包着一层相对磁导率为 4 的圆筒形磁介质，直导线半径 0.2cm，磁介质的内半径为 0.2cm，外半径为 0.4cm。试问：距该直导线轴线为 0.3cm 和 0.5cm 处的磁感应强度各为多少？

7. 将一块铁磁质加热到居里点以上，然后冷却，则该铁磁质对外不显示磁性，这是什么原因？当在空间外加磁场时，随着磁场强度的增加，该铁磁质最终达到了磁饱和状态，试问：这是为什么？

## 习　题

1. 一个铁环的中心线周长为 1.5m，横截面积为 $1\times10^{-4}\,\text{m}^2$，在环上紧密地绕有一层 300 匝的线圈，当线圈中通有 $3.0\times10^{-2}$ A 的电流时，铁环的相对磁导率为 $\mu_r=500$。试求：

(1) 通过环横截面的磁通量。

(2) 铁环的磁化面电流密度。

2. 半径为 $R$、通有电流 $I$ 的一根圆柱形长直导线，外面是一层同轴的介质长圆管，管的内外半径分别为 $R_1$ 和 $R_2$，相对磁导率为 $\mu_r$。试求：

(1) 圆管上一段长为 $l$ 的纵截面内的磁通量。

(2) 介质圆管外距轴为 $r$ 处的磁感应强度的大小。

3. 一根很长的同轴电缆，由一个半径为 $a$ 的导体圆柱和内、外半径分别为 $b$、$c$ 的同轴的导体圆管构成，电流 $I$ 从一个导体流出，从另一导体流回。设电流都是均匀地分布在导体的横截面上，试求导体圆柱内和两导体之间的磁场强度的大小。

4. 一根无限长的圆柱形导线，外面紧包着一层相对磁导率为 $\mu_r$ 的圆管形磁介质。已知导线半径为 $a$，磁介质的外半径为 $b$，导线内均匀通过电流 $I$。试求：

(1) 导线内、介质内及介质以外空间的磁感应强度的大小。

(2) 磁介质内、外表面的磁化面电流密度的大小。

5. 一个铁环的中心线周长为 0.3m，横截面积为 $1.0\times10^{-4}\,\text{m}^2$，在环的表面密绕 300 匝绝缘导线，当导线通有电流 $3.2\times10^{-2}$ A 时，通过环横截面的磁通量为 $2.0\times10^{-6}$ Wb。试求：

(1) 铁环内部的磁感应强度的大小。

(2) 铁环内部的磁场强度的大小。

## 科学家史话　赫兹

海因里希·鲁道夫·赫兹（Heinrich Rudoif Hertz，1857—1894），德国物理学家。赫兹于1888年首先证实了无线电波的存在，这是他对人类最伟大的贡献。

赫兹早在少年时代就被光学和力学实验所吸引。他于19岁进入德累斯顿工学院学习工程，由于对自然科学的爱好，次年转入柏林大学，在物理学教授亥姆霍兹指导下学习；1885年，任卡尔鲁厄大学物理学教授；1889年，接替克劳修斯担任波恩大学物理学教授，直到逝世。

赫兹在柏林大学随亥姆霍兹学习物理时，受亥姆霍兹的鼓励研究麦克斯韦电磁理论，当时德国物理界深信韦伯的电力与磁力可以瞬时传送的理论。因此赫兹就决定通过实验来证实韦伯和麦克斯韦的理论究竟谁的正确。依照麦克斯韦理论，电扰动能辐射电磁波。赫兹根据电容器经由电火花隙会产生振荡的原理，设计了一套电磁波发生器，赫兹将一感应线圈的两端接在发生器的两根铜棒上。当感应线圈的电流突然中断时，其感应高电压使电火花隙之间产生火花。瞬间后，电荷便经由电火花隙在锌板间振荡，频率高达数百万周。按照麦克斯韦的理论，此火花应该产生电磁波，于是赫兹设计了一个简单的检波器来探测此电磁波。他将一小段导线弯成圆形，线的两端点间留有小电火花隙。因电磁波应在此小线圈上产生感应电压，而使电火花隙产生火花。所以他坐在一间暗室内，检波器距振荡器10米远，结果他发现检波器的电火花隙间确有小火花产生。1887年11月5日，赫兹在寄给亥姆霍兹的一篇题为《论在绝缘体中电过程引起的感应现象》的论文中，总结了这个重要发现。接着，赫兹还通过实验确认了电磁波是横波，并且实现了两列电磁波的干涉，同时证实了电磁波在直线传播时，其传播速度与光速相同，并且进一步完善了麦克斯韦方程组，使它更加优美、对称，得出了麦克斯韦方程组的现代形式。1888年1月，赫兹将这些成果总结在《论动电效应的传播速度》一文中。赫兹实验结果公布后，轰动了全世界的科学界。由法拉第开创、麦克斯韦总结的电磁场理论，至此才取得决定性的胜利。赫兹实验的成功使麦克斯韦理论获得了无上的光彩。此外，赫兹又做了一系列实验。他研究了紫外光对火花放电的影响，发现了光电效应，即在光的照射下物体会释放出电子的现象。这一发现后来成为爱因斯坦建立光量子理论的基础。

赫兹的发现具有划时代的意义，成了近代科学史上的一座里程碑。它不仅证实了麦克斯韦理论的正确性，更重要的是开创了无线电电子技术的新纪元。赫兹对人类文明作出了很大贡献，正当人们对他寄予更大期望时，他却于1894年元旦因血中毒逝世，年仅36岁。为了纪念他的功绩，人们用他的名字“赫兹”命名频率的单位。

# 第九章　电　磁　感　应

1820 年，奥斯特发现了电流的磁现象，从一个侧面揭示了电和磁之间的联系。1822 年，法拉第想到，既然电流能够产生磁场，那么磁场是否也能产生电流呢？从此，法拉第经过 10 年的实验研究，经历了一次又一次的失败，终于在 1831 年通过实验证实了磁场确实可以产生电流，这就是电磁感应现象。之后法拉第细致地研究了电磁感应现象，得出电磁感应现象遵循的基本规律，这个发现不论在理论上还是在实际应用方面都具有重大意义。

本章将在电磁感应现象的基础上讨论电磁感应定律、动生电动势和感生电动势，简单介绍自感现象和互感现象，并以此为基础得出磁场能量的一般表达式。

**本章学习要点**

(1) 熟练掌握法拉第电磁感应定律和楞次定律，会利用这两个定律解决相关的实际问题。

(2) 熟练掌握、理解动生电动势和感生电动势的概念和规律；理解感生电场的定义及其意义；熟练掌握感应电动势的计算方法。

(3) 理解自感现象和互感现象；了解自感系数和互感系数的定义及其物理意义；能计算一些简单元件的自感系数和互感系数。

(4) 了解磁场能量的概念；了解磁能密度的定义；会计算具有规则几何形状的磁场能量。

## 第一节　法拉第电磁感应定律

### 一、电动势

图 9-1 所示是直流电路工作的示意图。为了在导体内产生恒定电流，必须在导体内维持恒定的电场，也就是在导体两端维持恒定的电势差，这项任务是由电源完成的。但是电源正极向外电路输出的正电荷到达电源负极后，如果与负电荷中和，电源两极正、负电荷的数量就会减少，电源也就不能在外电路两端维持恒定的电势差了。而电源确实能在外电路两端维持恒定的电势差，说明到达电源负极的正电荷并没有与负

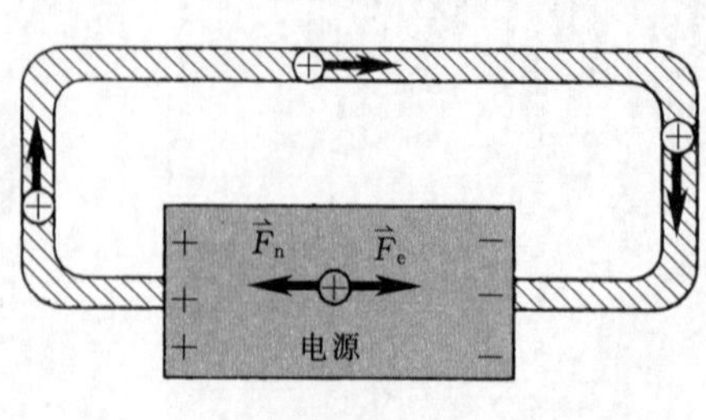

图 9-1

电荷中和，而是通过电源内部又被送回到正极。由于静电力 $\vec{F}_e$ 是阻止正电荷从电源负极移到正极的，因此**在电源内部一定存在一种非静电力 $\vec{F}_n$，它可以克服静电力 $\vec{F}_e$ 将正电荷从低电势的负极移到高电势的正极。**电源种类很多，不同种类的电源中非静电力的性质不相同。我们常见的电源是化学电池和直流发电机，在化学电池中非静电力是化学力，在直流发电机中非静电力是洛伦兹力。

在电源内部非静电力 $\vec{F}_n$ 将正电荷从负极移到正极的结果是提高了电荷的电势能，由功和能的关系可以知道，在这个过程中一定是非静电力 $\vec{F}_n$ 做了功，而完成这个功是要消耗能量的。因此从能量观点来看，**电源就是将其他形式的能量转换为电能的装置**。

电源内部存在静电力和非静电力，静电力是静电场$\vec{E}$对电荷的作用力，即 $\vec{F}_e=q\vec{E}$；我们可以认为非静电力是一种非静电性的场$\vec{E}_n$ 对电荷的作用力，即 $\vec{F}_n=q\vec{E}_n$。当正电荷 $q$ 沿非静电场$\vec{E}_n$ 的方向绕闭合路径 $L$ 一周时，静电力和非静电力对 $q$ 做功之和为

$$W=\oint_L q(\vec{E}+\vec{E}_n)\cdot d\vec{l}=q\oint_L \vec{E}\cdot d\vec{l}+q\oint_L \vec{E}_n\cdot d\vec{l}$$

由于$\oint_L \vec{E}\cdot d\vec{l}=0$，因此上式变为

$$W=q\oint_L \vec{E}_n\cdot d\vec{l}$$

或

$$\frac{W}{q}=\oint_L \vec{E}_n\cdot d\vec{l}$$

式中：$\oint_L \vec{E}_n\cdot d\vec{l}$ 为单位正电荷绕闭合路径 $L$ 一周时非静电力所做的功，这个功值越大，电源将其他形式的能量转换为电能的数值就越大，或者说将其他形式的能量转换为电能的本领越强。

我们将**单位正电荷绕闭合路径一周时非静电力所做的功定义为电源电动势**（electromotive force），用 $\varepsilon$ 表示，即

$$\varepsilon=\oint_L \vec{E}_n\cdot d\vec{l} \tag{9-1}$$

在直流电路中，由于在电源外部不存在非静电力，这种情况下电源电动势可以写为

$$\varepsilon=\int_-^+ \vec{E}_n\cdot d\vec{l} \tag{9-2}$$

即**在外电源中 $\vec{F}_n=0$ 的情况下，电源电动势等于单位正电荷从电源负极经电源内部移动到正极时，非静电力所做的功。**

尽管电动势是标量，但是它也有方向，我们**将电源电势升高的方向，即从电源负极经电源内部到正极的方向规定为电动势的方向**。电动势的单位及量纲与电势相同。

应该指出，在前面讨论问题时，我们所谈到的静电场准确地讲应该是**恒定电场**。在有恒定电流通过的电路中，导线中各点电荷分布不随时间改变，正是这些**空间分布不随时间改变的电荷激发了恒定电场**。恒定电场与静电场有许多相似之处，如这两种电场的空间分布都不随时间改变，它们都满足高斯定理和安培环路定理，都是保守力场，也都可以引入

电势的概念。正是由于这个原因，为了讨论问题方便，我们没有将这两种电场作过细的区分。

## 二、电磁感应现象

在图 9-2（a）中，线圈与电流计构成闭合电路，线圈放在蹄形磁铁的磁场中，当迅速向右或向左拉动线圈时，电流计发生了偏转，说明线圈中产生了电流。假设在这个过程中通过线圈的磁通量为 $\Phi_m = BS$，由于磁铁产生的磁场 $B$ 不变，但是线圈在磁场中的面积 $S$ 发生了变化［图 9-2（b）］，因此通过线圈的磁通量发生了变化。这个实验表明，由于线圈在磁场中的面积 $S$ 发生变化，导致通过线圈的磁通量发生变化时，线圈中就有电流产生。

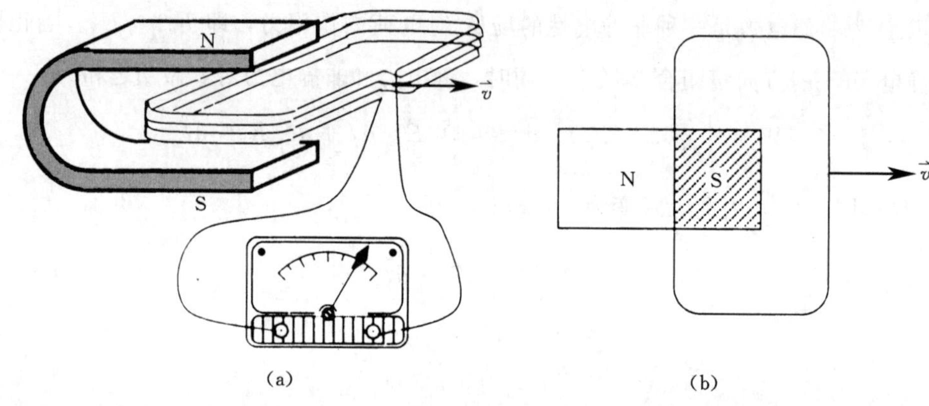


图 9-2

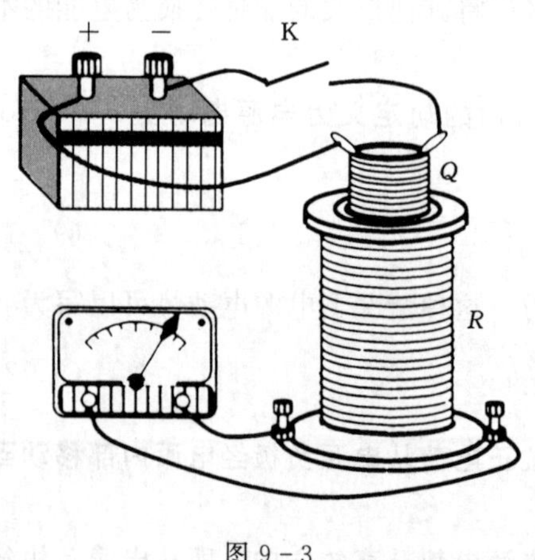


图 9-3

在图 9-3 中，线圈 $Q$ 与电源构成一个闭合回路，线圈 $R$ 与电流计构成另一个闭合回路，线圈 $Q$ 插在线圈 $R$ 中。当开关 K 接通或断开的瞬间，电流计发生了偏转，说明线圈 $R$ 中产生了电流。假设在这个过程中通过线圈 $R$ 的磁通量也表示为 $\Phi_m = BS$。当开关 K 接通或断开时线圈 $Q$ 中的电流发生了变化，使得线圈 $Q$ 激发的磁场 $B$ 也发生变化，由于线圈 $R$ 回路总面积 $S$ 保持不变，因此磁场 $B$ 的变化最终导致通过线圈 $R$ 的磁通量发生了变化。这个实验表明，由于线圈中的磁场发生变化，导致通过线圈的磁通量发生变化时，线圈中也有电流产生。

总之，**当通过闭合回路的磁通量发生变化时，在闭合回路中就会产生电流，这种现象称为电磁感应**（electromagnetic induction），**所产生的电流称为感应电流**（induction current）。我们知道，闭合回路中产生了电流就一定存在电动势，在电磁感应现象中产生的电动势称为感应**电动势**（induction electromotive force）。感应电动势比感应电流更能反

映电磁感应现象的本质。感应电流只是闭合回路中存在感应电动势的外在表现，如果回路不是闭合的，就不会有感应电流存在，但是感应电动势仍然可以存在。

## 三、法拉第电磁感应定律

*1. 法拉第电磁感应定律*

法拉第在实验中发现，如果穿过导体回路的磁通量变化得越快，感应电动势就越大。此外，感应电动势的方向与磁通量变化情况有关。法拉第对电磁感应现象只作了定性的描述，对这一现象的定量表述是在 1845 年由德国理论物理学家纽曼和后来的麦克斯韦完成的。

**法拉第电磁感应定律可以表述为，闭合回路中产生的感应电动势 $\varepsilon_i$ 与通过该回路所围面积的磁通量对时间的变化率 $\frac{d\Phi_m}{dt}$ 成正比**，即

$$\varepsilon_i=-\frac{d\Phi_m}{dt} \tag{9-3}$$

式（9－3）中的负号表示感应电动势的方向与磁通量对时间的变化率方向相反。在解决具体问题时，可以采用如下方法判断感应电动势的方向：任意选定回路所围面积的正方向 $\vec{e}_n$（一般与 $\vec{B}$ 的方向一致），则感应电动势 $\varepsilon_i$ 的正方向与 $\vec{e}_n$ 方向呈右手螺旋关系；如果穿过回路的磁通量 $\Phi_m$ 增加，即 $\frac{d\Phi_m}{dt}>0$，则感应电动势 $\varepsilon_i=-\frac{d\Phi_m}{dt}<0$，实际的感应电动势 $\varepsilon_i$ 的方向与正方向相反；反之，$\varepsilon_i$ 方向与正方向相同。

一般情况下，线圈并不是一匝，设穿过每匝线圈的磁通量都为 $\varphi_m$，则穿过 $N$ 匝线圈的磁通量为 $\Phi_m=N\varphi_m$，$\Phi_m$ 称为**磁通匝链数**（flux linkage），这时线圈中总的感应电动势为

$$\varepsilon_i=-N\frac{d\varphi_m}{dt}=-\frac{d(N\varphi_m)}{dt}=-\frac{d\Phi_m}{dt} \tag{9-4}$$

**【例 9－1】** 如图 9－4 所示，有一个弯成 $\theta$ 角的金属架 $MON$ 放在均匀磁场 $\vec{B}$ 中，$\vec{B}$ 的方向垂直于金属架所在的平面。有一个导体杆 $CD$ 垂直于 $ON$ 边，并在金属架上以恒定速度 $\vec{v}$ 向左滑动，$\vec{v}$ 的方向与 $CD$ 垂直。设开始时导体杆 $CD$ 处于 $O$ 点，求框架内的感应电动势 $\varepsilon_i$。

**解：** 选取回路所围面积的正法线方向 $\vec{e}_n$ 垂直纸面向里，则感应电动势 $\varepsilon_i$ 的正方向为顺时针。由于 $OC$、$OD$ 边中不会产生电动势，因此也可以说 $\varepsilon_i$ 的正方向沿导体杆从 $D$ 到 $C$。

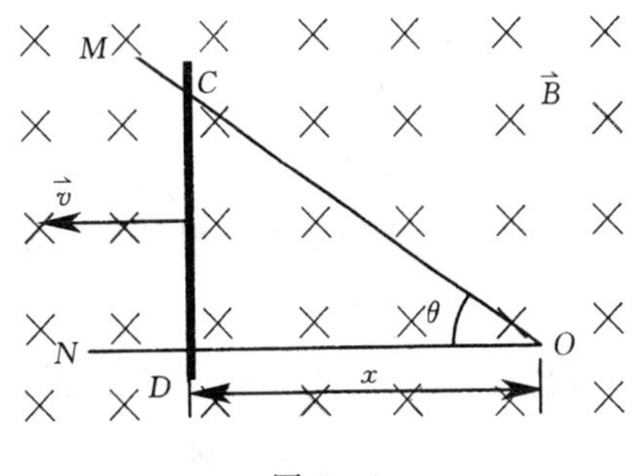

图 9－4

在任意时刻△$COD$ 的面积为

$$S=\frac{1}{2}x\cdot x\tan\theta=\frac{1}{2}x^2\tan\theta$$

其中 $x=vt$，因此

$$S=\frac{1}{2}v^2t^2\tan\theta$$

由于$\vec{S}=S\vec{e}_n$的方向与磁感应强度$\vec{B}$的方向相同，因此在任意时刻通过回路的磁通量为

$$\Phi_m=\vec{B}\cdot\vec{S}=BS=\frac{1}{2}Bv^2t^2\tan\theta$$

由法拉第电磁感应定律得框架内的感应电动势为

$$\varepsilon_i=-\frac{d\Phi_m}{dt}=-\frac{d}{dt}\left(\frac{1}{2}Bv^2t^2\tan\theta\right)=-Bv^2t\tan\theta$$

由于$\varepsilon_i<0$，因此实际的感应电动势$\varepsilon_i$方向与所选取的正方向相反，即$\varepsilon_i$的方向沿导体杆从$C$到$D$。

*2. 楞次定律*

俄国物理学家楞次对电磁感应现象作了细致分析，发现感应电流的方向总是使感应电流所产生的磁场力图使通过该回路的磁通量恢复到原来的状态。换句话说，**闭合回路中感应电流所产生的磁场总是要抵抗引起感应电流的磁通量的变化，这个结论称为楞次定律**(Lenzs law)。

利用楞次定律判断感应电流（或感应电动势）方向的具体基本步骤是：①明确外磁场方向；②判明穿过闭合回路的磁通量的变化情况（增加或减少）；③根据楞次定律确定感应电流激发的磁场方向；④根据感应电流产生的磁场方向，由右手螺旋法则确定感应电流的方向。

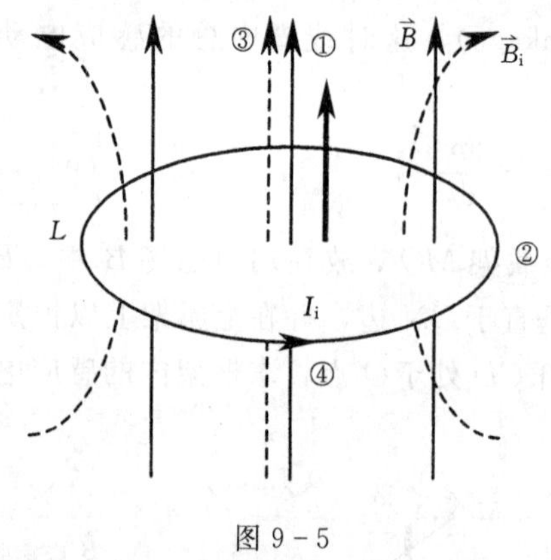


图 9-5

如图 9-5 所示，外磁场$\vec{B}$的方向向上；如果使闭合回路$L$的面积减小，则通过闭合回路的磁通量$\Phi_m$减少；根据楞次定律可知，感应电流产生的磁场$\vec{B}_i$阻碍磁通量的减少，因此$\vec{B}_i$的方向也向上；由于感应电流的方向与其产生的磁场方向符合右手螺旋法则，因此得感应电流（或感应电动势）$I_i$的方向如图 9-5 中所示。

我们也可以从另一个角度来理解上述结果。当闭合回路$L$的面积减小时，产生了如图 9-5 所示的感应电流$I_i$，磁场$\vec{B}$对感应电流$I_i$的安培力方向沿圆形闭合回路的半径向外，安培力阻碍闭合回路$L$的面积减小。因此楞次定律又可以表述为：**感应电流产生的效果总是反抗引起感应电流的原因**。这里所说的效果可以理解为感应电流所引起的机械作用，本例中是指磁场$\vec{B}$对感应电流$I_i$产生的安培力。

楞次定律实际上是能量转化和守恒定律的另一种表述形式。上述例子可以这样理解，外力反抗安培力做功，使闭合回路$L$的面积减小，闭合回路中产生的感应电流$I_i$将产生焦耳热，消耗了电能。即外力做功产生了电能，电能又转变成了热能。

3. 感应电荷量与磁通量改变量的关系

设闭合回路的电阻为 $R$，则通过回路的感应电流为

$$I_{\mathrm{i}}=\frac{\varepsilon_{\mathrm{i}}}{R}=-\frac{1}{R}\frac{\mathrm{d}\Phi_{\mathrm{m}}}{\mathrm{d}t}$$

将电流强度的定义式 $I_{\mathrm{i}}=\dfrac{\mathrm{d}q}{\mathrm{d}t}$代入上式得

$$\mathrm{d}q=-\frac{1}{R}\mathrm{d}\Phi_{\mathrm{m}}$$

设在 $t_1$ 和 $t_2$ 时刻通过回路的磁通量分别为 $\Phi_{\mathrm{m1}}$ 和 $\Phi_{\mathrm{m2}}$，则在这段时间内通过回路任意一个截面的感应电荷量为

$$q=-\frac{1}{R}\int_{\Phi_{\mathrm{m1}}}^{\Phi_{\mathrm{m2}}}\mathrm{d}\Phi_{\mathrm{m}}=\frac{\Phi_{\mathrm{m1}}-\Phi_{\mathrm{m2}}}{R}\tag{9-5}$$

上式表明，**在 $t_1$ 到 $t_2$ 时间内，通过回路某截面的感应电荷量仅与闭合回路中磁通量的变化量成正比，而与磁通量变化的快慢程度无关**。在实验中只要测量出通过闭合回路截面的感应电荷量和回路的总电阻，就可以方便地计算出相应的磁通量变化量。常用的磁通计就是利用这个原理设计的。

## 思考与讨论

1. 如图 9－6 所示，一块无限长直导体薄板宽为 $d$，板面与 $y$ 轴垂直，板的长度方向沿 $x$ 轴，板的两侧与一个伏特计相接。整个系统放在磁感强度为 $\vec{B}$ 的均匀磁场中，$\vec{B}$ 的方向沿 $y$ 轴正方向。如果伏特计与导体平板均以速度$\vec{v}$向 $x$ 轴正方向移动，试问：伏特计指示的电压值为多少？

2. 如图 9－7 所示，矩形区域为均匀稳恒磁场，半圆形闭合导线回路在纸面内绕轴 $O$ 以角速度 $\omega$ 作顺时针方向匀速转动，$O$ 点是圆心且恰好落在磁场的边缘上，半圆形闭合导线完全在磁场外时开始计时。试画出感应电动势随时间变化的函数关系图像。

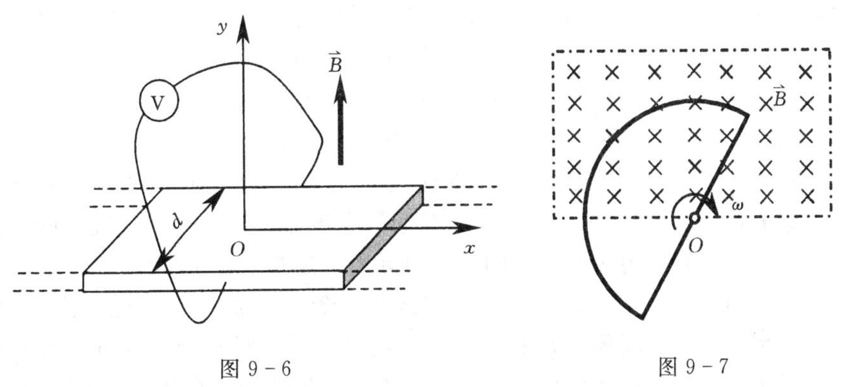


图 9－6　　图 9－7

3. 如图 9－8 所示，两根无限长平行直导线载有大小相等方向相反的电流 $I$，并各以 $\mathrm{d}I/\mathrm{d}t$ 的变化率增长，一个矩形线圈位于导线平面内。试问：线圈中有没有感应电流？如果有感应电流存在，感应电流的方向如何？

4. 如图 9-9 所示，一个矩形线框两边长分别为 $a$ 和 $b$，置于均匀磁场中，线框绕 $MN$ 轴以匀角速度 $\omega$ 匀速旋转。设 $t=0$ 时，线框平面处于纸面内，试问：在任一时刻的感应电动势为多少？

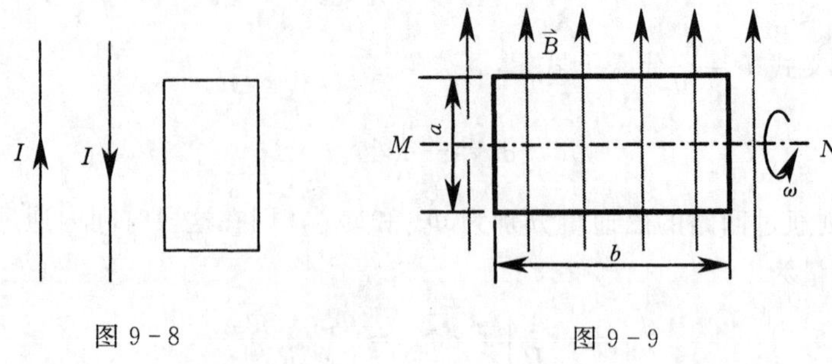


图 9-8　　图 9-9

5. 如图 9-10 所示，在一根通有电流 $I$ 的无限长直导线所在平面内，有一个半径为 $r$、电阻为 $R$ 的导线小环，环中心距直导线为 $x$，且 $x \gg r$。当直导线的电流被切断后，试问：沿着导线环流过的电荷约为多少？

6. 如图 9-11 所示，磁换能器常用来检测微小的振动。在振动杆的一端固接一个 $N$ 匝的矩形线圈，线圈的一部分在匀强磁场 $\vec{B}$ 中，设杆的微小振动规律为 $x=A\sin\omega t$，线圈随杆振动时，试问：线圈中的感应电动势等于多少？

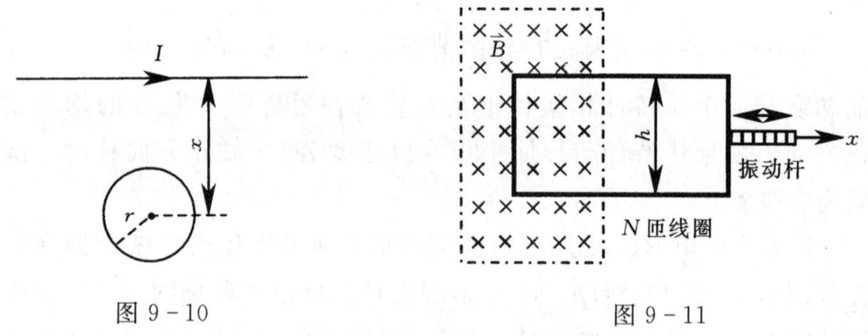


图 9-10　　图 9-11

7. 一个半径为 0.1m 的圆形闭合导线回路置于均匀磁场 $\vec{B}$ 中。已知磁感应强度的大小为 0.8T，磁场方向与回路平面正交。若圆形回路的半径从 $t=0$ 开始以恒定的速率 $dr/dt=-0.8$m/s 收缩，试问：在 $t=0$ 时刻闭合回路中的感应电动势为多少？如果要求感应电动势保持这一数值，则闭合回路面积应以多大的速率收缩？

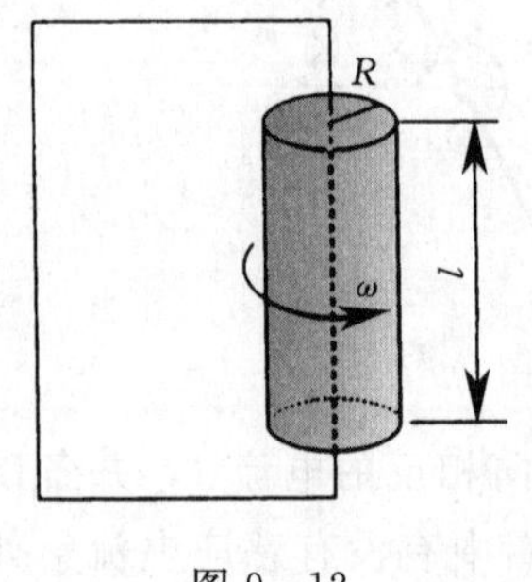


图 9-12

8. 将条形磁铁插入与冲击电流计串联的金属环中时，有 $2.0\times10^{-5}$C 的电荷通过电流计。如果连接电流计的电路总电阻为 25Ω，试问：穿过环的磁通量变化了多少？

9. 桌子上水平放置一个半径为 0.1m、电阻为 2.0Ω 的金属圆环。如果地磁场的磁感强度的竖直分量为 $5\times10^{-5}$T。试问：将环面翻转一次时，沿环流过任一个横截面的电荷等于多少？

10. 如图 9-12 所示。电荷 $Q$ 均匀分布在一个半径为 $R$，长为 $l(l\gg R)$ 的绝缘长圆筒上。一个静止的单匝矩形线圈的一条边与圆筒的轴线重合。如果筒以角速度 $\omega=\omega_0(1-\alpha t)$ 减速旋

转，试问：线圈中的感应电流等于多少？

## 第二节　动生电动势　感生电动势

前面曾经讨论过，只要导体回路的磁通量发生变化，不管是什么原因引起的这个变化，导体回路中都会产生感应电动势。由磁通量的计算公式 $\Phi_m=\int_S B\cos\theta \mathrm{d}S$ 可以看出，穿过回路所围面积 $S$ 的磁通量由磁感应强度 $B$、回路包围的面积 $S$ 以及面积矢量在磁场空间中的取向（指 $\cos\theta$）三个因素决定的。只要这三个因素中的任何一个发生变化，都会导致磁通量发生变化，从而产生感应电动势。通常将**由于回路所围面积的变化（回路的一部分运动或回路发生扩张与缩小）或面积矢量在磁场空间中的取向变化（一般指回路在磁场中转动）而引起的感应电动势称为动生电动势**（motional electromotive force）。而将仅仅**由于磁感应强度变化而引起的感应电动势称为感生电动势**（induced electromotive force）。

### 一、动生电动势

如图 9－13 所示，设磁感应强度为 $\vec{B}$ 的均匀磁场垂直于图面向里，有一长为 $l$ 的直导线 $MN$ 以速度 $\vec{v}$ 向右运动，则导线内各个自由电子也以同样的速度向右运动，每个自由电子受到的洛伦兹力为

$$\vec{F}_m=(-e)\vec{v}\times\vec{B}$$

式中：$-e$ 为电子所带电量。

洛伦兹力 $\vec{F}_m$ 的方向由 $M$ 指向 $N$，如图 9－14 所示。在 $\vec{F}_m$ 的作用下，电子沿导线由 $M$ 向 $N$ 移动，从而使电子在 $N$ 端聚集。$N$ 端带负电，$M$ 端由于缺少电子而带正电，这样在 $MN$ 导线中形成了从 $M$ 指向 $N$ 的静电场。该电场对电子的作用力方向由 $N$ 指向 $M$，电场力阻碍电子向 $N$ 端聚集，随着两端正负电荷的积累，这种阻碍作用越来越大。当电子受到的静电场力与洛伦兹平衡时，$M$、$N$ 两端就形成了稳定的电势差。由于洛伦兹力是非静电力，而作用在单位正电荷上的非静电力为

$$\vec{E}_n=\frac{\vec{F}_m}{-e}=\vec{v}\times\vec{B}$$

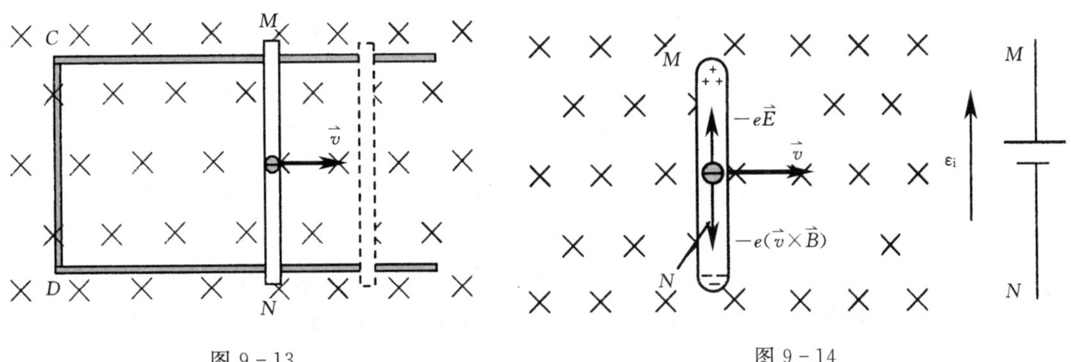


图 9－13　　图 9－14

根据电源电动势的定义式（9-2）得导线 $MN$ 中的动生电动势为

$$\varepsilon_i=\int_N^M \vec{E}_n\cdot d\vec{l}=\int_N^M(\vec{v}\times\vec{B})\cdot d\vec{l} \tag{9-6}$$

在图 9-13 所示的情况下，由于$\vec{v}$垂直于 $\vec{B}$，而$\vec{v}\times\vec{B}$ 的方向与 $d\vec{l}$方向一致，都沿导线从 $N$ 指向 $M$，因此

$$\varepsilon_i=\int_0^l vB\,dl=Blv \tag{9-7}$$

一般情况下，**动生电动势的方向为矢量$\vec{v}\times\vec{B}$ 沿导线 $MN$ 的分量的方向。**

由图 9-14 可以看出，$MN$ 导线可以等效为一个电源，其电动势方向由 $N$ 指向 $M$，并且 $U_M>U_N$，在电路开路的情况下，$MN$ 导线两端的电势差为

$$U_M-U_N=\varepsilon_i=\int_N^M(\vec{v}\times\vec{B})\cdot d\vec{l} \tag{9-8}$$

一般情况下，处在磁场中的整个闭合回路 $L$ 都在运动，回路上的每一点都形成动生电动势，这时闭合回路 $L$ 中的总动生电动势为

$$\varepsilon_i=\oint_L(\vec{v}\times\vec{B})\cdot d\vec{l} \tag{9-9}$$

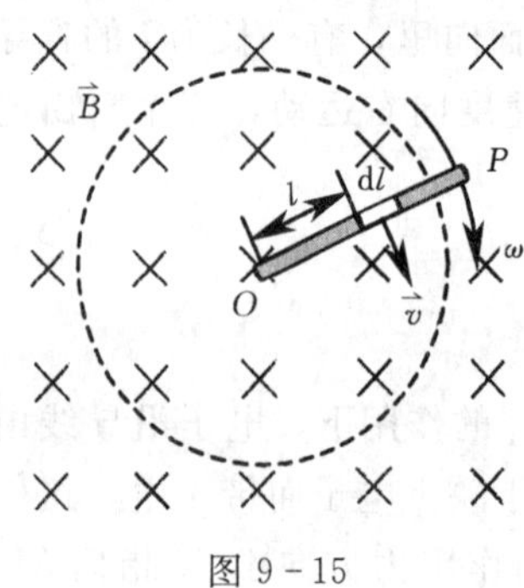

图 9-15

**【例 9-2】** 如图 9-15 所示，一根长度为 $L$ 的铜棒，在磁感应强度为 $\vec{B}$ 的均匀磁场中以角速度 $\omega$ 绕棒的一端 $O$ 做匀速转动，磁场方向垂直转动平面向里。试求铜棒上的动生电动势以及棒两端的电势差。

**解：**如图 9-15 所示，在铜棒上距离 $O$ 点为 $l$ 处取微分线元 $dl$，其方向从 $O$ 到 $P$，$d\vec{l}$、$\vec{v}$、$\vec{B}$ 三者两两垂直。线元 $dl$ 上的动生电动势为

$$d\varepsilon_i=(\vec{v}\times\vec{B})\cdot d\vec{l}$$

由于$\vec{v}\times\vec{B}$ 与 $d\vec{l}$的方向相同，并且注意到 $v=l\omega$，上式变为

$$d\varepsilon_i=vB\,dl=\omega lB\,dl$$

整个铜棒上的动生电动势为

$$\varepsilon_i=\int_O^P(\vec{v}\times\vec{B})\cdot d\vec{l}=\int_0^L\omega lB\,dl=\frac{1}{2}\omega BL^2$$

由式（9-8）得铜棒两端的电势差为

$$U_P-U_O=\varepsilon_i=\int_O^P(\vec{v}\times\vec{B})\cdot d\vec{l}=\frac{1}{2}\omega BL^2>0$$

即 $U_P>U_O$，上式相当于是电源的路端电压，并且铜棒的 $P$ 端为电源正极，$O$ 端为电源负极。

**【例 9-3】** 如图 9-16 所示，平面线圈面积为 $S$，由 $N$ 匝导线组成，在磁感应强度为 $B$ 的均匀磁场中绕轴线 $MN$ 以角速度 $\omega$ 作匀速转动，已知轴线 $MN$ 与磁场垂直，$t=0$ 时线圈平面法线$\vec{e}_n$ 与磁场 $\vec{B}$ 方向相同，求线圈中的感应电动势 $\varepsilon_i$。

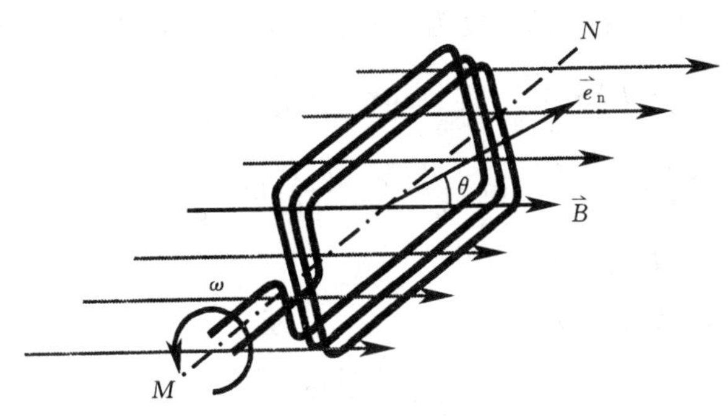


图 9－16

**解：** 在任意时刻线圈平面法线 $\vec{e}_n$ 与磁场 $\vec{B}$ 之间的夹角为 $\theta=\omega t$，此时通过线圈的总磁通量为

$$\Phi_m = NBS\cos\omega t$$

由法拉第电磁感应定律得线圈中的感应电动势为

$$\varepsilon_i = -\frac{d\Phi_m}{dt} = NBS\sin\omega t$$

或
$$\varepsilon_i = \varepsilon_{max}\sin\omega t$$

其中 $\varepsilon_{max}=NBS\omega$ 为线圈中感应电动势的最大值。

从本例可以看出，当平面线圈在均匀磁场中旋转时，线圈中产生的感应电动势将随时间作周期性变化，其周期为 $2\pi/\omega$，如图 9－17 所示。这就是交流发电机的原理。

**【例 9－4】** 如图 9－18 所示，在真空中有两根通有反向电流 $I$ 的无限长直导线，在它们中间放置一个固定的导体框架，它与两根载流长直导线处在同一竖直平面内。框架上连接一个电阻 $R$，另一质量为 $m$、长为 $l$ 的金属杆 $MN$ 可以在框架上无摩擦地滑动。如果将 $MN$ 由静止释放，试求金属杆 $MN$ 所能达到的最大速度。

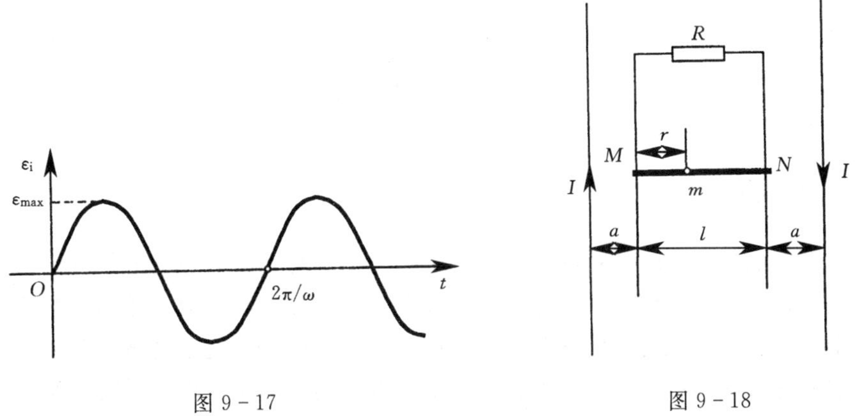


图 9－17　　　　图 9－18

**解：** 两条无限长载流直导线在金属杆 $MN$ 上离 $M$ 端为 $r$ 处产生的磁感应强度为

$$B=\frac{\mu_0 I}{2\pi(a+r)}+\frac{\mu_0 I}{2\pi(l+a-r)}=\frac{\mu_0 I}{2\pi}\left(\frac{1}{a+r}+\frac{1}{l+a-r}\right)$$

磁感应强度方向垂直纸面向里。

设在 $t$ 时刻金属杆 $MN$ 下滑的速度为 $v$，这时杆上的动生电动势为

$$\varepsilon_i=\int_M^N(\vec{v}\times\vec{B})\cdot d\vec{l}=\int_0^l vB dr=\frac{\mu_0 Iv}{2\pi}\int_0^l\left(\frac{1}{a+r}+\frac{1}{l+a-r}\right)dr$$

$$=\frac{\mu_0 Iv}{2\pi}\left(\ln\frac{a+l}{a}+\ln\frac{a+l}{a}\right)=\frac{\mu_0 Iv}{\pi}\ln\frac{a+l}{a}$$

动生电动势 $\varepsilon_i$ 的方向从 $M$ 指向 $N$。

金属杆 $MN$ 中的感应电流为

$$I_i=\frac{\varepsilon_i}{R}=\frac{\mu_0 Iv}{\pi R}\ln\frac{a+l}{a}$$

感应电流 $I_i$ 的方向也是从 $M$ 指向 $N$。

在 $t$ 时刻金属杆 $MN$ 受到的安培力方向竖直向上，其大小为

$$F=\left|\int_M^N I_i d\vec{r}\times\vec{B}\right|=\int_0^l I_i B dr=\frac{\mu_0 II_i}{2\pi}\int_0^l\left(\frac{1}{a+r}+\frac{1}{l+a-r}\right)dr$$

$$=\frac{\mu_0 I}{\pi}\ln\frac{a+l}{a}\frac{\mu_0 Iv}{\pi R}\ln\frac{a+l}{a}=\left(\frac{\mu_0 I}{\pi}\ln\frac{a+l}{a}\right)^2\frac{v}{R}$$

此外，金属杆 $MN$ 还受到方向竖直向下的重力 $mg$，由牛顿第二定律有

$$mg-\left(\frac{\mu_0 I}{\pi}\ln\frac{a+l}{a}\right)^2\frac{v}{R}=m\frac{dv}{dt}$$

将上式分离变量后再积分，有

$$\int_0^v\frac{dv}{g-\left(\frac{\mu_0 I}{\pi}\ln\frac{a+l}{a}\right)^2\frac{v}{mR}}=\int_0^t dt$$

解之得

$$v=\frac{mgR}{\left(\frac{\mu_0 I}{\pi}\ln\frac{a+l}{a}\right)^2}\left\{1-\exp\left[-\left(\frac{\mu_0 I}{\pi}\ln\frac{a+l}{a}\right)^2\frac{t}{mR}\right]\right\}$$

当 $t\to\infty$ 时，金属杆 $MN$ 的速度将趋于最大速度，即

$$v_{max}=\frac{mgR}{\left(\frac{\mu_0 I}{\pi}\ln\frac{a+l}{a}\right)^2}$$

## 二、感生电动势

当导体在磁场中运动时，在导体中会产生动生电动势，其非静电力是洛伦兹力。那么当磁场发生变化而引起感生电动势时，其非静电力又是什么呢？由于导体没有运动，其中的自由电子也不会作宏观的定向移动，因此这时的非静电力肯定不是洛伦兹力。麦克斯韦在对这种情况进行深刻思考以后，敏锐地意识到变化的磁场应该在其周围空间激发一种电场，由于这种电场具有涡旋性，因此称为**感生电场**（induced electric field）**或涡旋电场**（vortex electric field），用符号 $\vec{E}_i$ 表示。感生电场对电荷 $q$ 的作用力为 $\vec{F}_i=q\vec{E}_i$。当磁场发生变化时，正是这个感生电场对电荷施加了非静电力，才在静止导体中产生了感生电动势。

根据电动势的定义，感生电动势等于**单位正电荷绕闭合回路一周感生电场力所做的功**，即

$$\varepsilon_i = \oint_L \vec{E}_i \cdot d\vec{l} \tag{9-10}$$

感生电动势也可以由法拉第电磁感应定律式（9－3）计算，因此

$$\varepsilon_i = -\frac{d\Phi_m}{dt} = -\frac{d}{dt}\int_S \vec{B} \cdot d\vec{S} = -\int_S \frac{\partial \vec{B}}{\partial t} \cdot d\vec{S}$$

一般情况下，磁感应强度 $\vec{B}$ 是空间坐标和时间的函数，因此

$$\oint_L \vec{E}_i \cdot d\vec{l} = -\int_S \frac{\partial \vec{B}}{\partial t} \cdot d\vec{S} \tag{9-11}$$

式中：$S$ 为闭合曲线 $L$ 所包围的面积，其法线正方向与 $L$ 的绕行方向呈右手螺旋关系。

式（9－11）清楚地告诉我们，正是变化的磁场激发了涡旋电场。

对于感生电场，还有以下几点需要说明：①**感生电场的产生与导体存在与否无关**，只要磁场发生变化就会在空间激发感生电场，无论空间中是否存在导体；②**感生电场是非保守力场**，由于感生电场对电荷所做的功 $W_i = q\oint_L \vec{E}_i \cdot d\vec{l} \neq 0$，因此感生电场力不是保守力，感生电场不是保守力场；③**感生电场的电场线是闭合曲线**。

**【例 9－5】** 设无限长直螺线管的半径为 $R$，图 9－19 是其横截图。磁感应强度为 $\vec{B}$ 的磁场均匀分布在管内，$\vec{B}$ 的方向平行于轴线，磁场随时间的变化率为$\frac{dB}{dt}$，求螺线管内外感生电场$\vec{E}_i$ 的分布。

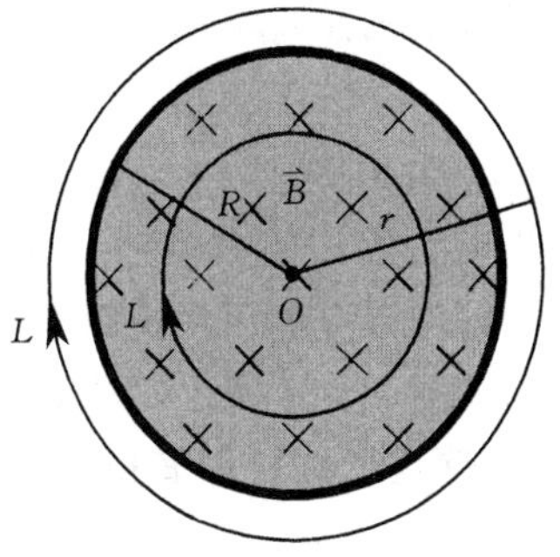


图 9－19

**解：** 由于感生电场是由变化的磁场激发的，而磁场分布具有轴对称性，因此感生电场的分布也具有轴对称性。以螺线管轴上一点 $O$ 为圆心，作半径为 $r$ 的圆周环路 $L$，设环路方向为顺时针。环路上各点的感生电场大小相等，方向沿环路上各点的切线方向。因此

$$\oint_L \vec{E}_i \cdot d\vec{l} = \oint_L E_i dl = 2\pi r E_i = -\frac{d\Phi_m}{dt}$$

所以

$$E_i = -\frac{1}{2\pi r}\frac{d\Phi_m}{dt}$$

在螺线管内部，$\Phi_m = \pi r^2 B$，其感生电场大小为

$$E_i = -\frac{1}{2\pi r}\frac{d(\pi r^2 B)}{dt} = -\frac{r}{2}\frac{dB}{dt} \quad (r<R)$$

在螺线管外部，$\Phi_m = \pi R^2 B$，其感生电场大小为

$$E_i = -\frac{1}{2\pi r}\frac{d(\pi R^2 B)}{dt} = -\frac{R^2}{2r}\frac{dB}{dt} \quad (r>R)$$

在以上两式中，如果$\frac{dB}{dt}>0$，则 $E_i<0$，即感生电场的实际方向与积分环路方向相反，

为逆时针方向；如果$\frac{dB}{dt}<0$，则$E_i>0$，感生电场的实际方向与积分环路方向相同，为顺时针方向。

**【例 9-6】** 在如图 9-20 所示的磁场中，磁场随时间的变化率$\frac{dB}{dt}>0$，$MN$直导线长为$L$，且距圆心$O$的垂直距离为$h$。求此导线上的感生电动势。

**解：解法一** 利用感生电动势求解

由［例 9-5］可知，在$r<R$的区域内，感生电场为

$$E_i=-\frac{r}{2}\frac{dB}{dt}$$

由于$\frac{dB}{dt}>0$，因此感生电场的方向如图 9-20 所示。

在$MN$直导线上任取线元$d\vec{l}$，它与$\vec{E}_i$的夹角为$\theta$，线元$d\vec{l}$中的感生电动势为

$$d\varepsilon_i=E_i\cdot d\vec{l}=E_i\cos\theta dl=\frac{r}{2}\frac{dB}{dt}\cos\theta dl$$

其中$r\cos\theta=h$，因此上式可以写为

$$d\varepsilon_i=\frac{h}{2}\frac{dB}{dt}dl$$

该导线上的感生电动势为

$$\varepsilon_i=\int_M^N d\varepsilon_i=\int_0^L\frac{h}{2}\frac{dB}{dt}dl=\frac{1}{2}hL\frac{dB}{dt}$$

感生电动势$\varepsilon_i$的方向为$M\to N$。

**解法二** 利用法拉第电磁感应定律求解

如图 9-21 所示，作辅助线$ON$、$OM$，它们与$MN$直导线构成假想的闭合回路$OMNO$，穿过回路所围面积$S$的磁通量为

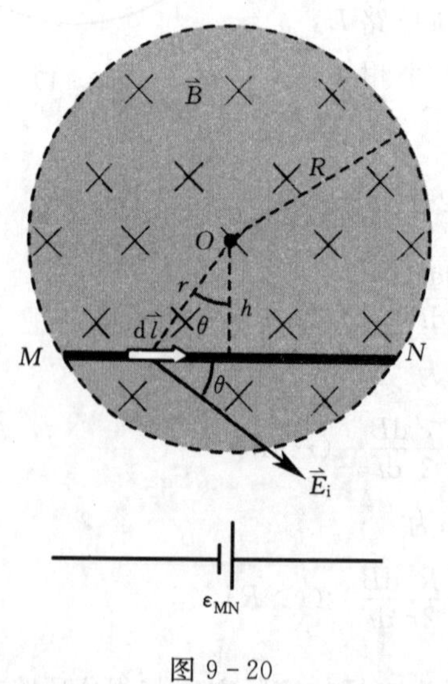

图 9-20

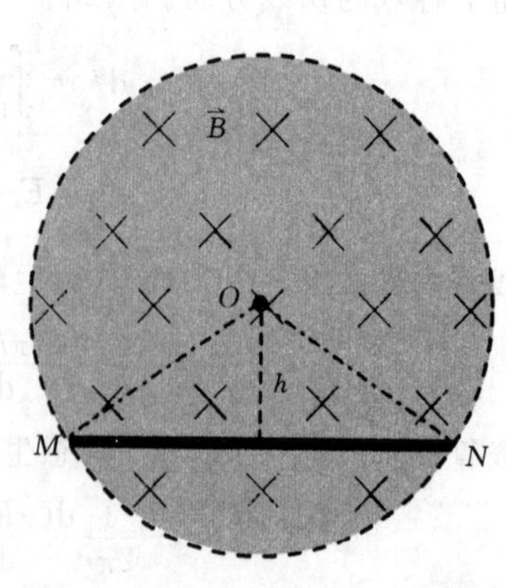

图 9-21

$$\Phi_m = BS = \frac{1}{2}hLB$$

闭合回路 $OMNO$ 上的感生电动势为

$$\varepsilon_i = \left| -\frac{d\Phi_m}{dt} \right| = \frac{1}{2}hL\frac{dB}{dt}$$

由楞次定律可以判断出，$\vec{E}_i$ 线是以 $O$ 为圆心的一些同心圆，方向沿顺时针，因此 $\vec{E}_i$ 与线段 $ON$、$OM$ 垂直，$\vec{E}_i$ 在这两条辅助线上的感生电动势均为零。上式的结果就是 $MN$ 导线上的感生电动势，其方向为 $M \to N$。

## 思考与讨论

1. 如图 9-22 所示，直角三角形金属框架 $MNP$ 放在均匀磁场中，磁场 $\vec{B}$ 平行于 $MN$ 边，$NP$ 边的长度为 $l$。当金属框架绕 $MN$ 边以匀角速度 $\omega$ 转动时，试问：$MNP$ 回路中的感应电动势和 $M$、$P$ 两点间的电势差分别为多少？

2. 如图 9-23 所示，圆铜盘水平放置在均匀磁场中，磁场方向垂直盘面向上。当铜盘绕通过中心垂直于盘面的轴沿图示方向转动时，试问：铜盘上有没有感应电流产生？如果有感应电流，其方向如何？有没有感应电动势产生？如果有感应电动势，其方向如何？

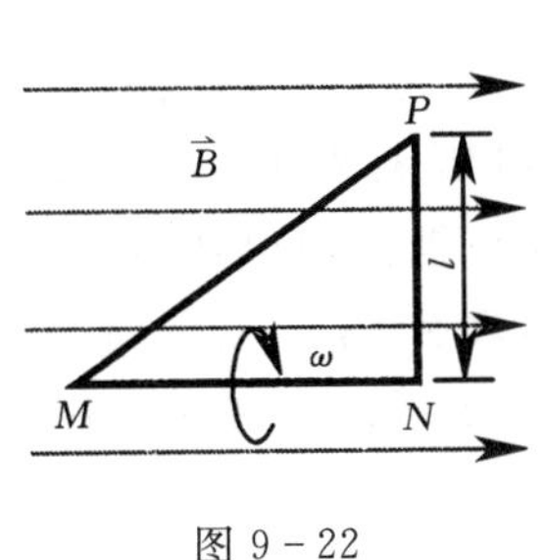


图 9-22

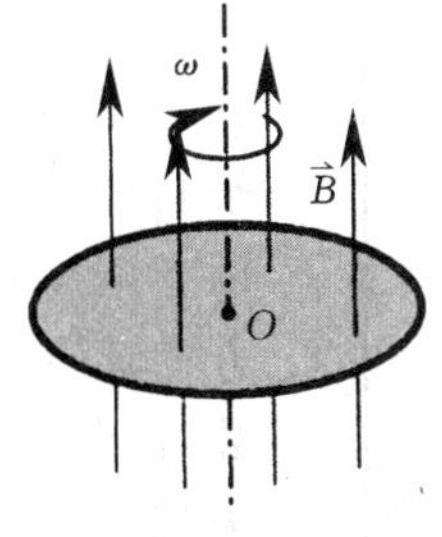


图 9-23

3. 如图 9-24 所示，边长为 $l$ 的等边三角形的金属框放在均匀磁场中，$ab$ 边平行于磁感强度 $\vec{B}$，当金属框绕 $ab$ 边以角速度 $\omega$ 转动时，试问：$bc$ 边和 $ca$ 边上的电动势为多少？如果规定沿 $abca$ 绕向为电动势的正方向，金属框内的总电动势为多少？

4. 金属杆 $MN$ 以 2m/s 的速度平行于长直载流导线作匀速运动，长直导线与 $MN$ 共面且相互垂直，如图 9-25 所示。已知长直导线中载有 40A 的电流，试问：此金属杆中的感应电动势等于多少？$M$、$N$ 两点哪一点电势较高？

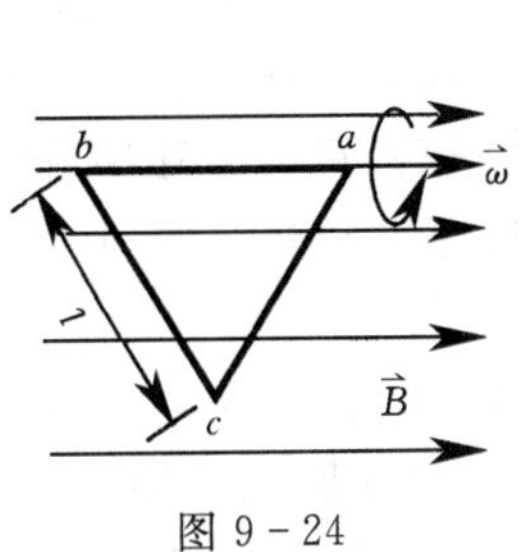


图 9-24

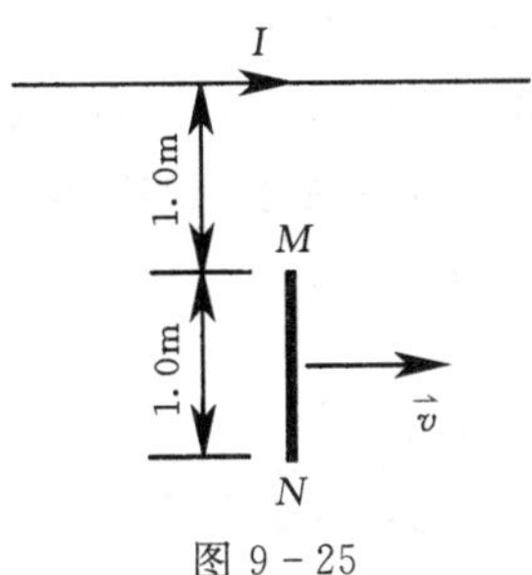


图 9-25

5. 在图 9－26 所示的电路中，长度为 0.05m 的导线 $MN$ 在固定导线框上以 2m/s 的速度匀速向左平移，均匀磁场随时间的变化率为 $dB/dt=-0.1T/s$。试问：在某一时刻 $B=0.5T$，$x=0.1m$，这时动生电动势等于多少？总的感应电动势等于多少？此后动生电动势随着 $AC$ 的运动而发生怎样的变化？

6. 一条导线被弯成如图 9－27 所示的形状，$abc$ 是半径为 $R$ 的 3/4 圆弧，直线段 $Oa$ 的长也为 $R$。如果此导线放在匀强磁场 $\vec{B}$ 中，$\vec{B}$ 的方向垂直图面向内。导线以角速度 $\omega$ 在图面内绕 $O$ 点匀速转动，试问：该导线中的动生电动势等于多少？电势最高的点是哪一点？

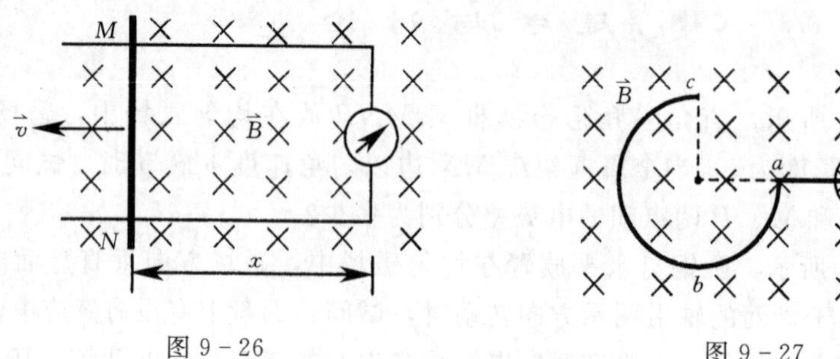


图 9－26　　　　图 9－27

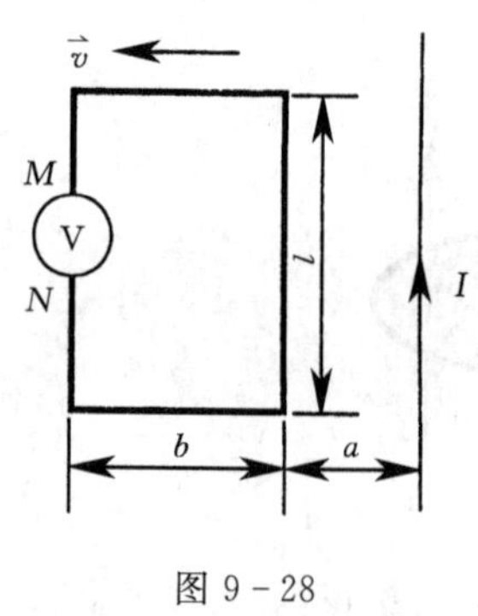


图 9－28

7. 如图 9－28 所示，在纸面内有一根载有电流 $I$ 的无限长直导线和一接有电压表的矩形线框。线框与长直导线相平行的边长度为 $l$，电压表两端 $M$、$N$ 间的距离与 $l$ 相比可以忽略不计。使线框在纸面内以速度 $\vec{v}$ 沿垂直于载流导线的方向离开导线，当运动到图示位置时，试问：电压表的读数等于多少？电压表的 $M$、$N$ 两端，哪一端是电压表的正极端？

# 第三节　自感现象　互感现象

## 一、自感现象

当导体回路中有电流通过时，该电流产生的磁场也可以通过自身回路，即有穿过自身回路所围面积的磁通量。当回路中的电流发生变化时，相应的磁场发生变化，穿过自身回路所围面积磁通量也发生变化，根据法拉第电磁感应定律，这个变化的磁通量会在回路自身产生感应电动势。这种**由于回路中电流发生变化而在其自身引起感应电动势的现象称为自感现象**（self－induction），所产生的电动势称为**自感电动势**（electromotive force of self－induction）。

自感现象可以用图 9－29 所示的实验来演示。$A_1$ 和 $A_2$ 是两个完全相同的灯泡，$L$ 为具有铁芯的线圈，$R$ 为可变电阻器，通过调节它使两条支路的电阻值相等。在开关 K 接通时，$A_2$ 灯泡立即达到正常发光状态，但是 $A_1$ 灯泡却慢慢地变亮，经过一段时间才与

$A_2$ 灯一样亮。

发生这种现象的原因是两条支路中的电流增加的快慢不同。当 K 接通时，电流由零开始增大，通过线圈 $L$ 的磁通量随电流增大而增加。根据法拉第电磁感应定律，这个变化的磁通量将在线圈 $L$ 中产生自感电动势。又根据楞次定律，自感电动势会阻碍磁通量的增加，也就是阻碍电流的增大，因此 $L$ 支路中的灯泡 $A_1$ 是慢慢亮起来的。$R$ 支路中没有线圈也就没有自感电动势，因此 K 一旦接通，该支路的电流立即就达到了稳定值。当 K 断开时，电流减小，通过线圈 $L$ 的磁通量减少，在线圈 $L$ 中产生的自感电动势阻碍电流的减小，由这两条支路构成的闭合回路中的电流不会立刻消失，$A_1$ 和 $A_2$ 两盏灯泡是慢慢熄灭的。

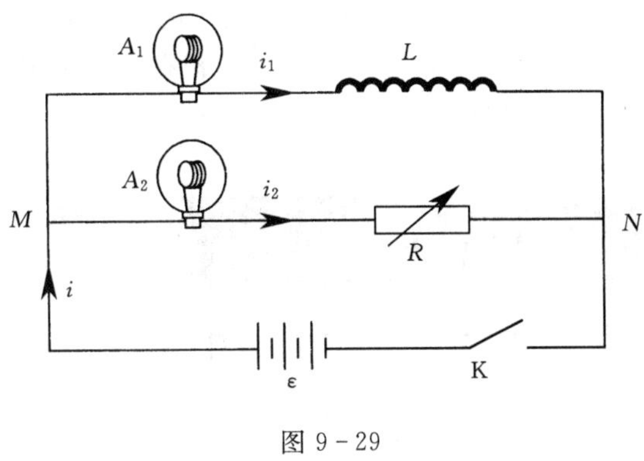


图 9－29

在不存在铁磁质的情况下，设通过导体回路的电流强度为 $I$，根据毕奥-萨伐尔定律，此电流在空间任意一点产生的磁感应强度 $B$ 与 $I$ 成正比，因此该导体回路的电流所产生的通过其自身的磁通量 $\Phi_m$ 也与 $I$ 成正比，即

$$\Phi_m = LI \tag{9-12}$$

式中：$L$ 为该导体回路的**自感系数**，简称**自感**（self－inductance），其数值与回路的形状、大小及周围磁介质的磁导率有关，而与回路中的电流无关。与导体的电阻 $R$ 和电容器的电容 $C$ 一样，自感 $L$ 也是表征电路元件自身特征的物理量。

在国际单位制中，自感系数的单位为亨利，用 H 表示。由式（9－12）可知

$$1\text{H} = 1\text{Wb/A}$$

亨利这个单位很大，实际中常用毫亨（mH）和微亨（μH）作为自感系数的单位，它们之间的换算关系为

$$1\text{H} = 10^3\,\text{mH} = 10^6\,\mu\text{H}$$

在回路自感系数不变的情况下，根据法拉第电磁感应定律 $\varepsilon_i = -\frac{\mathrm{d}\Phi_m}{\mathrm{d}t}$ 得自感电动势为

$$\varepsilon_L = -L\frac{\mathrm{d}I}{\mathrm{d}t} \tag{9-13}$$

此式表明，在电流随时间变化率相同的情况下，自感系数 $L$ 越大的导体回路，产生的自感电动势越大。

式（9－13）中的负号是楞次定律的数学表示，即自感电动势将反抗回路中电流的变化。当回路中的电流减小时，$\frac{\mathrm{d}I}{\mathrm{d}t}<0$、$\varepsilon_L>0$，自感电动势的方向与电流方向相同，其作用是阻碍电流的减小；当回路中的电流增加时，$\frac{\mathrm{d}I}{\mathrm{d}t}>0$、$\varepsilon_L<0$，自感电动势的方向与电流方向相反，以阻碍电流的增加。

自感现象在工程技术和日常生活中应用很广泛，如无线电技术和电工中常用的扼流

圈、日光灯上用的镇流器等。但是在某些情况下自感现象是有害的，例如，具有大自感线圈的电路在切断电源的瞬间，由于电流变化太快，在电路中会产生很大的自感电动势，以致击穿线圈本身的绝缘保护，或者在电闸断开的间隙中产生强烈的电弧，如果不加以防护，会烧坏电闸。

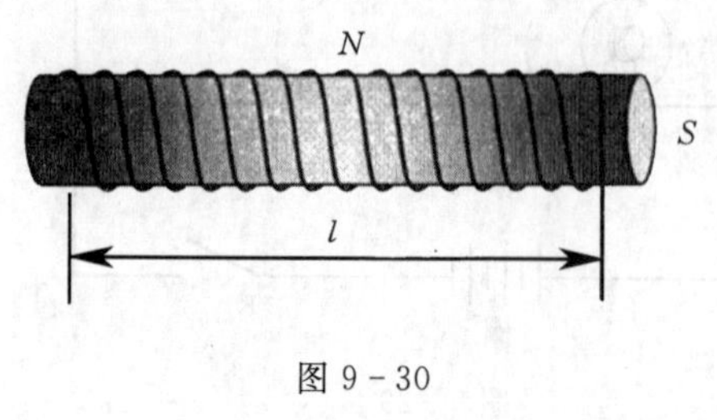


图 9-30

**【例 9-7】** 如图 9-30 所示，长度为 $l$ 的密绕长直螺线管，其横截面积为 $S$，导线总匝数为 $N$，管中充满磁导率为 $\mu$ 均匀磁介质，求其自感系数。

**解：** 通过长直螺线管的总磁通量为

$$\Phi_m = NBS = N\mu nIS$$

上式中，$n=\dfrac{N}{l}$是螺线管的匝密度，因此

$$\Phi_m = nl \cdot \mu nIS = \mu n^2 ISl = \mu n^2 IV$$

其中 $Sl=V$ 是长直螺线管的体积，所以长直螺线管的自感系数为

$$L=\frac{\Phi_m}{I}=\mu n^2 V$$

可见，通过采用大磁导率 $\mu$ 的磁介质、增加螺线管的匝密度的方法，可以增大螺线管的自感系数 $L$。

**【例 9-8】** 图 9-31 所示是一根同轴电缆，它由半径为 $R_1$ 和 $R_2$ 的同轴长圆筒组成，电流 $I$ 由内筒一端流入，经外筒的另一端流回，两圆筒之间充满磁导率为 $\mu$ 的均匀磁介质，试求单位长度同轴电缆的自感系数。

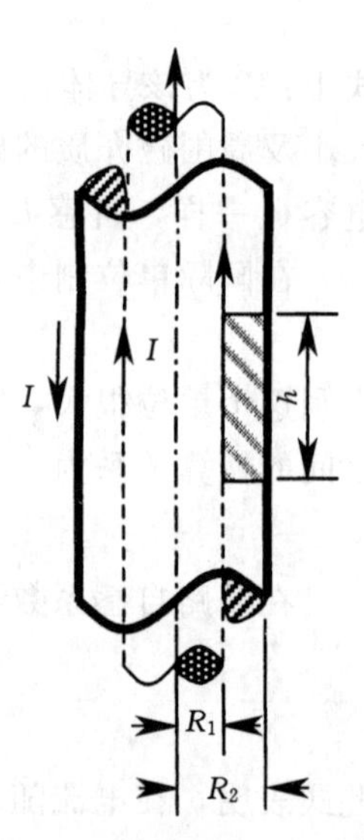


图 9-31

**解：** 由安培环路定理可知，在内筒之内、外筒之外的磁感应强度 $B=0$，在两筒之间的磁感应强度为

$$B=\frac{\mu I}{2\pi r},\ R_1 \leqslant r \leqslant R_2$$

取长为 $h$ 的一段电缆，穿过矩形截面的磁通量为

$$\Phi_m = \int_S \vec{B} \cdot d\vec{S} = \int_{R_1}^{R_1} \frac{\mu I}{2\pi r} h\,dr = \frac{\mu I}{2\pi}\int_{R_1}^{R_1}\frac{dr}{r} = \frac{\mu Ih}{2\pi}\ln\frac{R_2}{R_1}$$

这段电缆的自感系数为

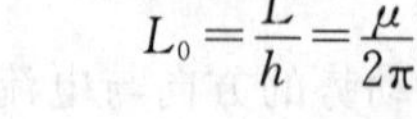

$$L=\frac{\Phi_m}{I}=\frac{\mu h}{2\pi}\ln\frac{R_2}{R_1}$$

所以单位长度同轴电缆的自感系数为

$$L_0=\frac{L}{h}=\frac{\mu}{2\pi}\ln\frac{R_2}{R_1}$$

## 二、互感现象

设有两个相邻的载流回路 1 和 2，如图 9-32 所示。当回路 1 通有电流 $I_1$ 时，其产生的磁场的部分磁感应线将通过回路 2 所包围的面积，这部分磁通量用 $\Phi_{12}$表示。当 $I_1$ 发生变化时，$\Phi_{12}$也发生变化，因而在回路 2 内产生感应电动势。同理，当回路 2 通有电流 $I_2$

时，电流产生的磁场也将有部分磁感应线通过回路 1 所包围的面积，这部分磁通量以 $\Phi_{21}$ 表示。当 $I_2$ 发生变化时，$\Phi_{21}$ 也发生变化，因而在回路 1 内产生感应电动势。上述两个载流回路**因电流发生变化而在对方回路中产生感应电动势的现象，称为互感现象**（mutual induction），所产生的电动势称为**互感电动势**（electromotive force of mutual induction）。

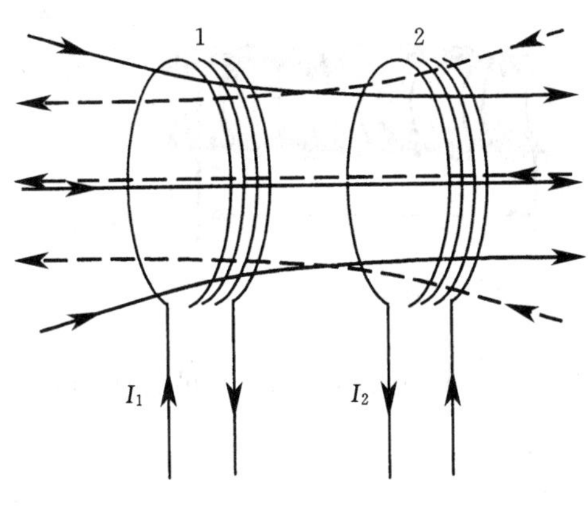


图 9－32

在不存在铁磁质的情况下，电流 $I_1$ 产生的磁感应强度 $B_1$ 与 $I_1$ 成正比，因此 $I_1$ 产生的磁场通过回路 2 的磁通量 $\Phi_{12}$ 与 $I_1$ 成正比，即

$$\Phi_{12}=M_{12}I_1$$

同理，$I_2$ 产生的磁场通过回路 1 的磁通量 $\Phi_{21}$ 与 $I_2$ 成正比，即

$$\Phi_{21}=M_{21}I_2$$

式中：$M_{12}$、$M_{21}$ 为两个比例系数，它们仅与两个回路的形状、相对位置及其周围磁介质的磁导率有关，而与回路中的电流无关。

理论和实验都证明，$M_{12}=M_{21}=M$，$M$ 称为两回路的**互感系数**（mutual inductance），简称**互感**。因此以上两式可以写为

$$\Phi_{12}=MI_1,\ \Phi_{21}=MI_2 \tag{9-14}$$

根据法拉第电磁感应定律 $\varepsilon_i=-\frac{d\Phi_m}{dt}$，当电流 $I_1$ 发生变化时，在回路 2 中产生的互感电动势为

$$\varepsilon_{12}=-M\frac{dI_1}{dt} \tag{9-15}$$

同理，当电流 $I_2$ 发生变化时，在回路 1 中产生的互感电动势为

$$\varepsilon_{21}=-M\frac{dI_2}{dt} \tag{9-16}$$

式（9－15）和式（9－16）表明，当一个回路中的电流随时间的变化率一定时，互感系数大，在对方回路中引起的互感电动势就越大；反之，互感系数越小，在对方回路引起的互感电动势就越小。因此，**互感系数是表征两个导体回路互感强弱的物理量**。

互感系数的单位与自感系数的相同，在国际单位制中，也为亨利（H）。

互感现象在电工和电子技术中有着广泛的应用。通过互感线圈使能量或信号由一个线圈方便地传递到另一个线圈；利用互感原理可制成变压器、感应圈等。当然，在某些问题中互感常常是有害的，例如，有线电话往往会由于两路电话之间的互感而引起串音，无线电设备中也往往会由于导线间或器件间的互感而妨碍正常工作，对于这种由于互感产生的干扰情形应该设法避免。

**【例 9－9】** 如图 9－33 所示，在截面积为 $S$ 的铁芯上，绕有两个长为 $l$ 的线圈，原线圈 $A$ 共有 $N_1$ 匝，副线圈 $B$ 共有 $N_2$ 匝，铁芯材料的磁导率为 $\mu$，求其互感系数。

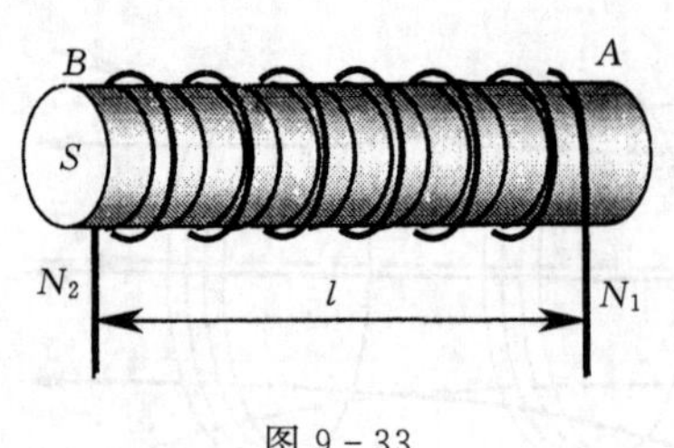

图 9-33

**解**：设在原线圈中通有电流 $I_1$ 时，通过副线圈的总磁通量为

$$\Phi_{21}=N_2B_1S=N_2\mu\frac{N_1}{l}I_1S=\mu\frac{N_1N_2}{l}I_1S$$

因此，它们的互感系数为

$$M=\frac{\Phi_{21}}{I_1}=\mu\frac{N_1N_2}{l}S=\mu\frac{N_1N_2}{l^2}Sl$$

其中，$Sl=V$ 是线圈内部空间的体积，$\frac{N_1}{l}=n_1$、$\frac{N_2}{l}=n_2$ 分别为原、副线圈的匝密度，因此

$$M=\mu n_1n_2V$$

此题也可以设在副线圈中通有电流 $I_2$，用以上的求解方法得到相同的结果。

将上述结果两边平方，得

$$M^2=\mu^2n_1^2n_2^2V^2=\mu n_1^2V\cdot\mu n_2^2V$$

其中，$\mu n_1^2V=L_1$、$\mu n_2^2V=L_2$ 分别为原、副线圈的自感系数，所以

$$M=\sqrt{L_1L_2}$$

上式只在一个线圈的磁通量完全通过另一个线圈时（即理想耦合）才成立。在一般情形下，有

$$M=k\sqrt{L_1L_2}\,(k\leqslant1)$$

式中：$k$ 为**耦合系数**，其值在 0 和 1 之间。

## 思考与讨论

1. 在自感系数为 0.25H 的线圈中，当电流在 0.05s 内由 2.0A 均匀减小到零时，试问：线圈中自感电动势的大小等于多少？

2. 一个薄壁纸筒的长度为 0.3m，截面直径为 0.03m，筒上绕有 500 匝线圈，纸筒内充满相对磁导率为 5000 的铁芯，试问：线圈的自感系数为多少？

3. 单匝线圈自感系数的定义式为 $L=\frac{\Phi}{I}$。当线圈的几何形状、大小及周围磁介质分布不变，且没有铁磁性物质时，如果线圈中的电流强度变小，试问：线圈的自感系数怎样变化？

4. 一个电阻为 $R$、自感系数为 $L$ 的线圈，将它接在一个电动势为 $\varepsilon(t)$ 的交变电源上，线圈的自感电动势为 $\varepsilon_L=-L\frac{dI}{dt}$，试问：流过线圈的电流为多少？

5. 在如图 9-34 所示的电路中，$M$、$N$ 是两支完全相同的小灯泡，其内阻 $r\gg R$，$L$ 是一个自感系数相当大的线圈，其电阻值与 $R$ 相等。当开关 K 接通时，试问：灯泡 $M$ 和 $N$ 中电流是否相等？如果不相等，哪一个大？当开关 K 断开时，灯泡 $M$ 和 $N$ 中电流是否相等？它们是否同时熄灭？

6. 在一个自感系数为 $L$ 的线圈中通过的电流 $I$ 随时间 $t$ 的变化规律如图 9-35 所示，

若以 $I$ 的正流向作为 $\varepsilon$ 的正方向，试画出代表线圈内自感电动势 $\varepsilon$ 随时间 $t$ 的变化曲线。

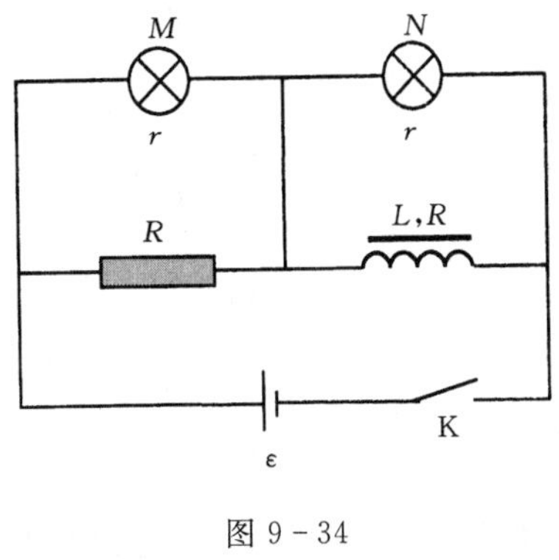


图 9-34

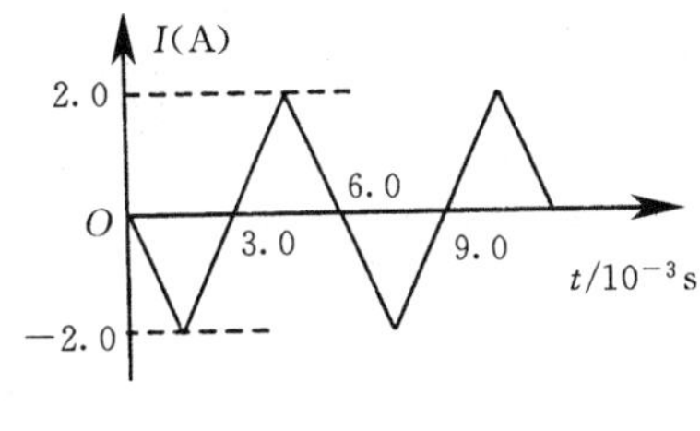


图 9-35

7. 面积为 $S$ 的平面线圈置于磁感强度为 $\vec{B}$ 的均匀磁场中。如果线圈以匀角速度 $\omega$ 绕位于线圈平面内且垂直于 $\vec{B}$ 方向的固定轴旋转，在 $t=0$ 时 $\vec{B}$ 与线圈平面垂直。试问：任意时刻 $t$ 通过线圈的磁通量为多少？线圈中的感应电动势为多少？如果均匀磁场 $\vec{B}$ 是由通有电流 $I$ 的线圈所产生，且 $B=kI$（$k$ 为常量），则旋转线圈相对于产生磁场的线圈最大互感系数等于多少？

8. 如图 9-36 所示，有一根无限长直绝缘导线紧贴在矩形线圈的中心轴 $MN$ 上，试问：直导线与矩形线圈间的互感系数等于多少？

9. 如图 9-37 所示，一条长直导线旁有一个长为 $a$、宽为 $b$ 的矩形线圈，线圈与导线共面，长度为 $b$ 的一条边与导线平行且与直导线相距为 $d$。试问：线圈与长直导线的互感系数等于多少？

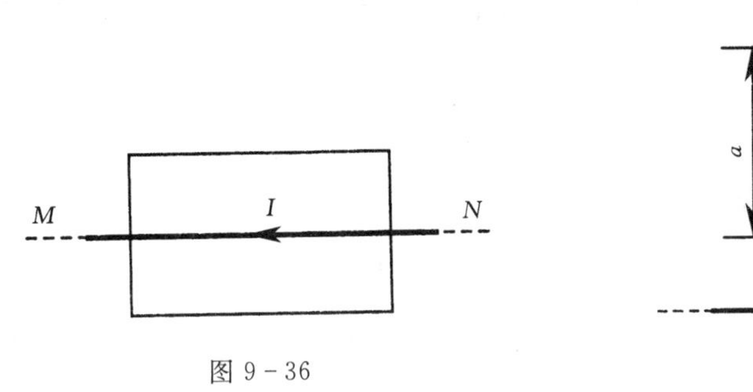


图 9-36

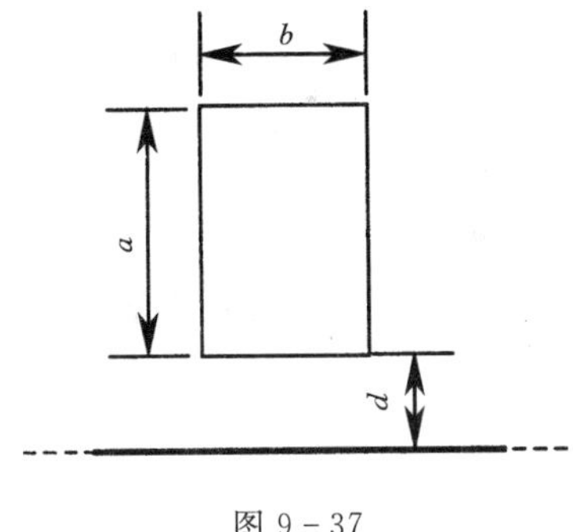


图 9-37

## 第四节　磁 场 的 能 量

在静电场中，储存电能的器件是电容器，在磁场中，储存磁能的器件是线圈。

图 9-38 是由电阻和线圈构成的简单电路，其中电源的电动势为 $\varepsilon$。当开关 K 接通时，电路中的电流强度 $i$ 增大，在线圈 $L$ 中产生的自感电动势为

$$\varepsilon_{\mathrm{L}}=-L\frac{\mathrm{d}i}{\mathrm{d}t}$$

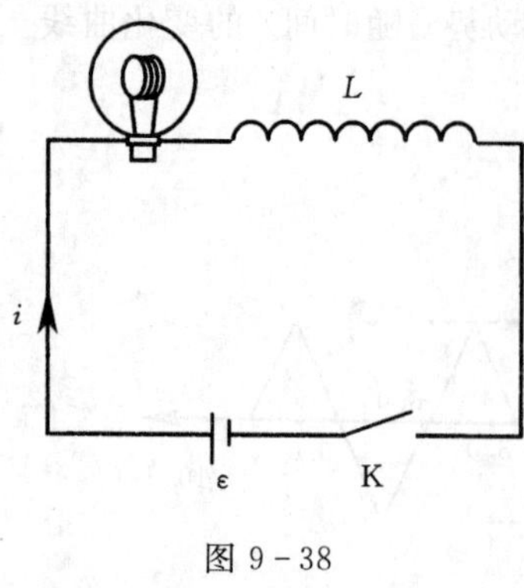


图 9-38

则电路中的总电动势为 $\varepsilon+\varepsilon_L=\varepsilon-L\dfrac{di}{dt}$，由闭合电路欧姆定律得

$$\varepsilon-L\frac{di}{dt}=Ri \quad 或 \quad \varepsilon=Ri+L\frac{di}{dt}$$

在上式两侧同乘以 $idt$ 得

$$\varepsilon i dt=Ri^2dt+Lidi$$

令 $t=0$ 时，$i=0$，$t=t_0$ 时，$i=I$，对上式积分，有

$$\int_0^{t_0}\varepsilon i dt=\int_0^{t_0}Ri^2dt+\int_0^I Lidi$$

式中：$\int_0^{t_0}\varepsilon i dt$ 为电源在 $t_0$ 时间内向电路提供的电能；$\int_0^{t_0}Ri^2dt$ 为电阻在 $t_0$ 时间内释放的焦耳热；$\int_0^I Lidi$ 为在 $t_0$ 时间内电源反抗自感电动势做的功，这部分功转变成磁场的能量。因此磁场的能量为

$$W_m=\int_0^I Lidi=\frac{1}{2}LI^2 \tag{9-17}$$

**自感系数为 $L$ 的载流线圈所具有的能量称为自感磁能**（self induction magnetic energy）。

与电场能量一样，磁场的能量也是定域在磁场中的，因此可以用磁感应强度表示磁场能量。以密绕的长直螺线管为例来讨论这个问题。设长直螺线管的体积为 $V$，其中通有电流 $I$，内部充满磁导率为 $\mu$ 的磁介质。则长直螺线管的自感系数 $L=\mu n^2V$，管内磁场的磁感应强度 $B=\mu nI$，因此

$$W_m=\frac{1}{2}LI^2=\frac{1}{2}\mu n^2V\frac{B^2}{\mu^2n^2}=\frac{1}{2}\frac{B^2}{\mu}V$$

因为长直螺线管内的磁场为均匀磁场，所以**磁能密度，即单位磁场体积内的磁场能量为**

$$w_m=\frac{W_m}{V}=\frac{1}{2}\frac{B^2}{\mu}$$

考虑到 $B=\mu H$，磁能密度可以表示为

$$w_m=\frac{B^2}{2\mu}=\frac{1}{2}\mu H^2=\frac{1}{2}BH \tag{9-18}$$

上式虽然是从一个简单特例推导出来的，但是可以证明，它对任何磁场都是成立的。在任意磁场中储存的能量为

$$W_m=\int_V w_m dV \tag{9-19}$$

其积分范围遍及磁场分布的空间 $V$。

**【例 9-10】** 如图 9-39 所示，同轴电缆由半径分别为 $R_1$ 和 $R_2$ 的两个无限长同轴导体柱面组成，其间充满磁导率为 $\mu$ 的均匀磁介质，它们所通过的电流大小相等、方向相反。试求这种电缆中长度为 $l$ 的一段的磁场能量和自感系数。

**解：** 由安培环路定理可知，同轴电缆的内筒内部和外筒外部的磁场均为零，因此磁场能量只存在于两个圆筒之间。两筒之间的磁场强度和磁感应强度分别为

$$H=\frac{I}{2\pi r},\ B=\mu H=\frac{\mu I}{2\pi r}$$

距离轴线为 $r$ 处的磁能密度为

$$w_{\mathrm{m}}=\frac{1}{2}BH=\frac{\mu^2}{8\pi^2 r^2}$$

因此，长度为 $l$ 一段同轴电缆中的磁场能量为

$$W_{\mathrm{m}}=\int_V w_{\mathrm{m}}\mathrm{d}V=\int_{R_1}^{R_2}\frac{\mu I^2}{8\pi^2 r^2}2\pi rl\,\mathrm{d}r=\frac{\mu I^2 l}{4\pi}\int_{R_1}^{R_2}\frac{1}{r}\mathrm{d}r=\frac{\mu I^2 l}{4\pi}\ln\frac{R_2}{R_1}$$

将上式与 $W_{\mathrm{m}}=\frac{1}{2}LI^2$ 比较，得这段同轴电缆的自感系数为

$$L=\frac{\mu l}{2\pi}\ln\frac{R_2}{R_1}$$

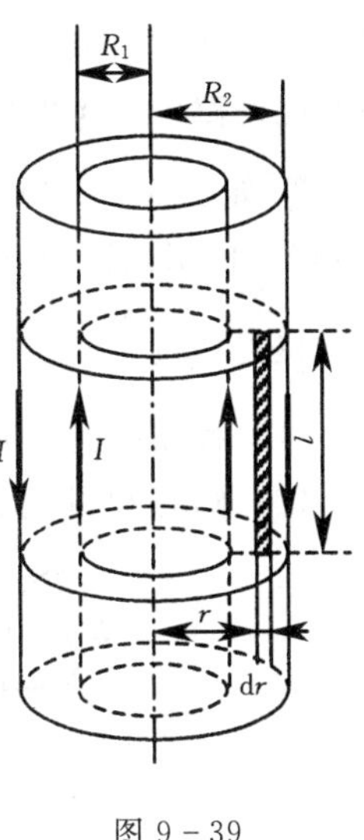


图 9-39

## 思考与讨论

1. 真空中一根无限长直细导线上通有电流 $I$，试问：距导线垂直距离为 $r$ 的空间某点处的磁能密度等于多少？

2. 半径为 $R$ 的无限长柱形导体上均匀通有电流 $I$，该导体材料的相对磁导率 $\mu_{\mathrm{r}}=1$，试问：在导体轴线上一点的磁场能量密度等于多少？在与导体轴线相距 $r$ 处的磁场能量密度等于多少？

3. 如图 9-40 所示，两根很长的平行直导线之间的距离为 $d$，与电源组成如图 9-40 所示的回路。已知导线中的电流为 $I$，两根导线的横截面半径均为 $R$，两导线回路单位长度的自感系数为 $L$，试问：沿导线单位长度空间内的总磁能 $W_{\mathrm{m}}$ 等于多少？

4. 真空中有两条相距为 $2a$ 的平行长直导线，通有大小相等、方向相同的电流 $I$，$M$、$N$ 两点与两导线在同一平面内，与导线的距离如图 9-41 所示，试问：这两点的磁场能量密度分别等于多少？

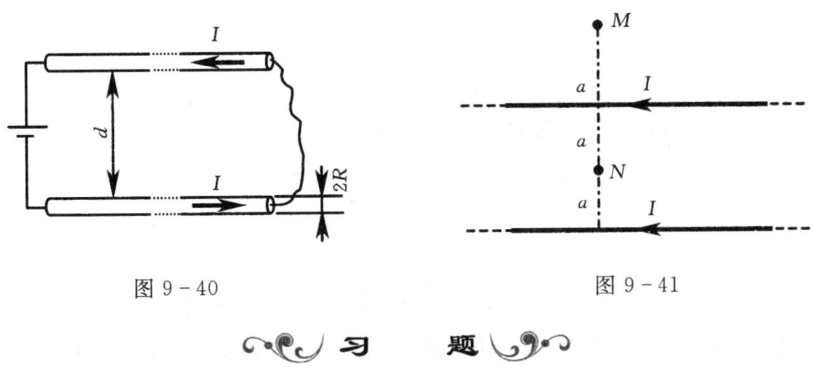


图 9-40　　图 9-41

## 习　题

1. 如图 9-42 所示，两个半径分别为 $R$ 和 $r$ 的同轴圆形线圈相距 $x$，且 $x\gg R\gg r$。如

果大线圈通有电流 $I$，小线圈沿 $x$ 轴方向以速率 $v$ 运动，试求当 $x=NR$ 时（$N$ 为正数）小线圈回路中产生的感应电动势大小。

2. 如图 9-43 所示，有一半径为 0.1m 的 200 匝圆形线圈置于均匀磁场 $\vec{B}$ 中（$B=0.5$T）。圆形线圈以 600r/min 的转速绕通过圆心 $O$ 的轴 $MN$ 匀速转动。试求圆线圈从图示的位置转过 $\frac{1}{2}\pi$ 时：

（1）线圈中的瞬时电流值（已知线圈的电阻为 100Ω，不计自感）。

（2）圆心 $O$ 处的磁感应强度。

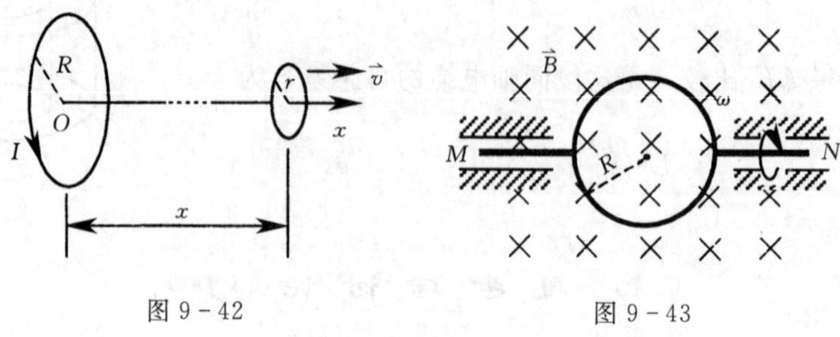


图 9-42　　图 9-43

3. 如图 9-44 所示，金属架 $COD$ 放在磁场中，磁场方向垂直于金属架 $COD$ 所在平面向外。一根导体杆 $MN$ 垂直于 $OD$ 边，并在金属架上以恒定速度 $\vec{v}$ 向左滑动，$\vec{v}$ 与导体杆 $MN$ 垂直。设 $t=0$ 时，$x=0$。就下列两种情形，试求框架内的感应电动势：

（1）磁场分布均匀，且 $\vec{B}$ 不随时间改变。

（2）非均匀的时变磁场 $B=kx\sin\omega t$。

4. 如图 9-45 所示，真空中有一条长直导线通有电流 $I(t)=I_0 e^{-\lambda t}$（式中 $I_0$、$\lambda$ 为常量，$t$ 为时间），有一个宽为 $h$、带有滑动边的矩形导线框与长直导线平行共面，两者相距 $x$。矩形线框的滑动边与长直导线垂直，并且以匀速 $\vec{v}$（方向平行长直导线）滑动。如果忽略线框中的自感电动势，并设开始时滑动边与对边重合，试求任意时刻 $t$ 在矩形线框内的感应电动势，并讨论其方向。

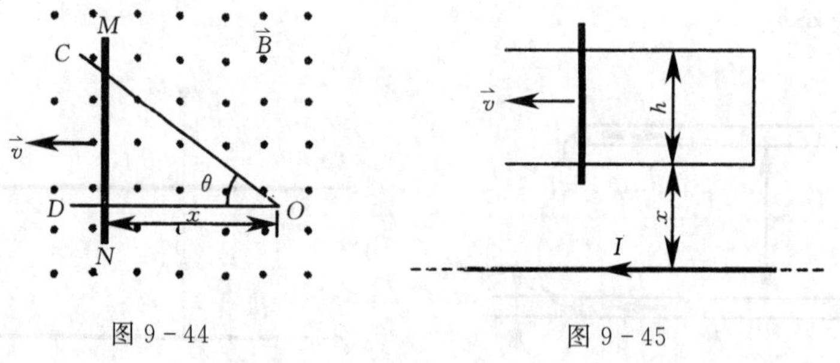


图 9-44　　图 9-45

5. 一个面积为 $S$ 的单匝平面线圈，以恒定角速度 $\omega$ 在磁感强度 $\vec{B}=B_0\sin\omega t\,\vec{k}$ 的均匀外磁场中转动，转轴与线圈共面且与 $\vec{B}$ 垂直。设 $t=0$ 时线圈的正法向与 $\vec{k}$ 同方向，试求线圈中的感应电动势。

6. 如图 9-46 所示，一根电荷线密度为 $\lambda$ 的长直带电线与一个边长为 $a$ 的正方形线圈

共面并与其一对边平行，与正方形较近的一条平行边的距离也为 $a$。带电线以变速率 $v(t)$ 沿着其长度方向运动。已知正方形线圈中的总电阻为 $R$，试求 $t$ 时刻正方形线圈中感应电流 $i(t)$ 的大小（不考虑线圈的自感）。

7. 如图 9-47 所示，在无限长直导线中通以恒定电流 $I$，有一个与之共面的直角三角形线圈 $ABC$，其三条边长分别为 $a$、$b$ 和 $c$。如果线圈以垂直于导线方向的速度$\vec{v}$向左平移，当 $C$ 点与长直导线的距离为 $x$ 时，试求线圈 $ABC$ 内的感应电动势的大小和感应电动势的方向。

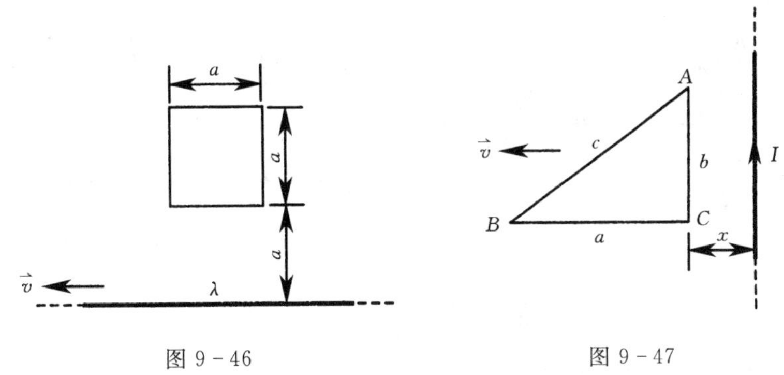


图 9-46　　　　图 9-47

8. 如图 9-48 所示，两根平行无限长直导线相距为 $d$，载有大小相等方向相反的电流 $I$，电流变化率 $\mathrm{d}I/\mathrm{d}t=\delta>0$。一个边长为 $a$ 的正方形线圈位于导线平面内，它与一根导线相距 $b$。试求线圈中的感应电动势，并说明线圈中的感应电流的方向。

9. 如图 9-49 所示，由质量为 $m$、电阻为 $R$ 的均匀导线制成的矩形线框的长为 $l$。$y=0$平面以上没有磁场，$y=0$ 平面以下有匀强磁场 $\vec{B}$，其方向垂直纸面向里。最初线框的下底边在 $y=0$ 平面上方 $h$ 处，线框从此处由静止开始下落，已知在 $t_1$ 和 $t_2$ 时刻线框的位置如图 9-49 所示，试求线框速度 $v$ 与时间 $t$ 的函数关系（忽略空气阻力，且不计线框的自感）。

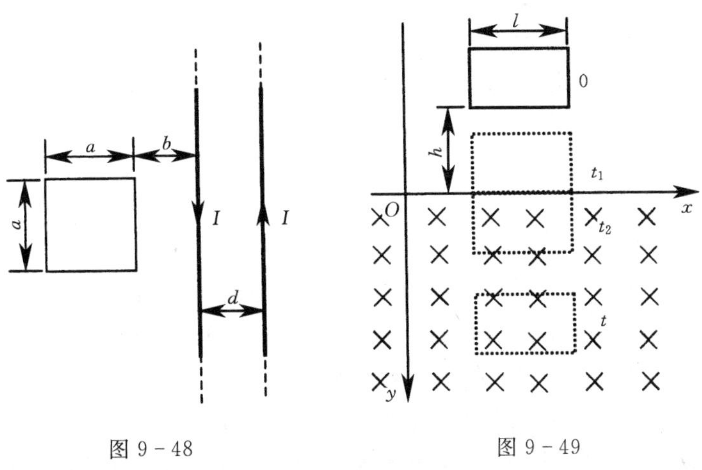


图 9-48　　　　图 9-49

10. 如图 9-50 所示，半径为 $R$ 的长直螺线管的匝密度为 $n$。在管外有一个包围着螺线管、面积为 $S$ 的圆线圈，其平面垂直于螺线管轴线。螺线管中电流 $i$ 随时间作周期为 $T$

的变化，试求圆线圈中的感生电动势，并画出 $\varepsilon-t$ 曲线。

11. 如图 9－51 所示，在载有电流 $I$ 的长直导线附近放置一个导体半圆环 $MPN$，半圆环与长直导线共面，且端点 $MN$ 的连线与长直导线垂直。已知半圆环的半径为 $R$，环心 $O$ 与导线相距 $d$。设半圆环以速度 $\vec{v}$ 平行于导线平移，试求半圆环内的感应电动势大小和方向以及 $MN$ 两端的电压 $U_M-U_N$。

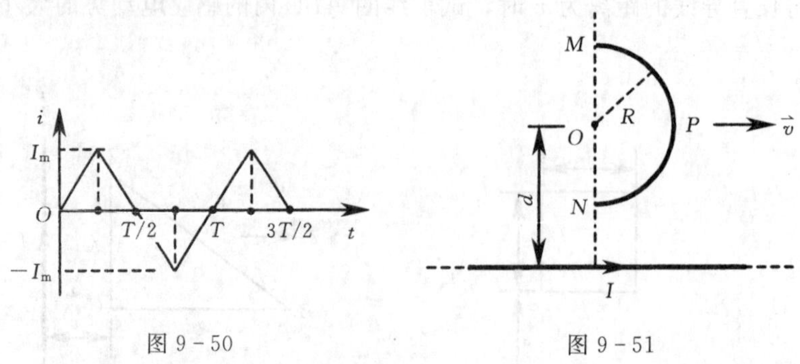


图 9－50　　　　图 9－51

12. 如图 9－52 所示，一个宽度为 $l$ 的长 $U$ 形导轨与水平面成 $\varphi$ 角，裸导线 $ab$ 可在导轨上无摩擦下滑，导轨位于方向竖直向上的均匀磁场 $\vec{B}$ 中。设导线 $ab$ 的质量为 $m$、电阻为 $R$，导轨的电阻忽略不计，$abcd$ 形成回路。如果导线 $ab$ 从静止开始下滑，试求其下滑的速度与时间的函数关系。

13. 如图 9－53 所示，长直导线 $MN$ 中通有电流 $i$，矩形线框 $abcd$ 与长直导线共面，并且 $ad /\!/ MN$、$dc$ 边固定，$ab$ 边可以沿 $da$、$cb$ 以速度 $\vec{v}$ 无摩擦地匀速平动。最初 $ab$ 边与 $cd$ 边重合。忽略线框的自感。

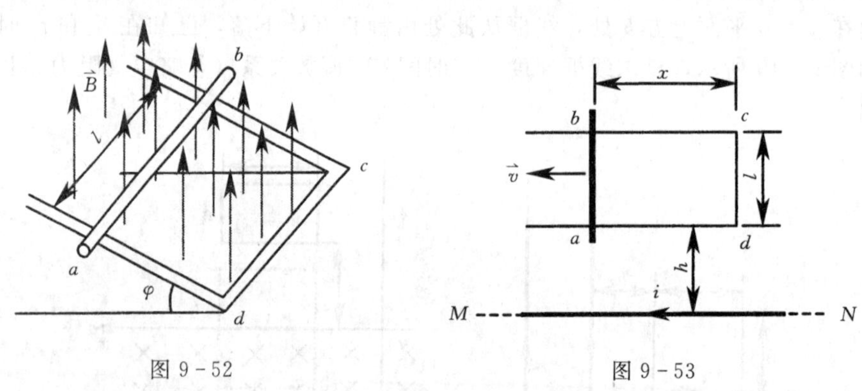


图 9－52　　　　图 9－53

(1) 设 $i=I_0$ 恒定，求 $ab$ 中的感应电动势，并指出 $a$、$b$ 两点哪一点电势高。

(2) 设 $i=I_0\sin\omega t$，求 $ab$ 边运动到图示位置时线框中的感应电动势。

14. 如图 9－54 所示，一根无限长直导线水平放置，其中通有方向向左的稳定电流 $I$。导线上方有一个与之共面、长度为 $l$ 的金属棒，绕其一个端点 $O$ 在该平面内逆时针匀速转动，转动角速度为 $\omega$，$O$ 点到导线的垂直距离为 $r(r>l)$。试求金属棒转到与竖直方向成 $\varphi$ 角时，棒内的感应电动势大小和方向。

15. 如图 9－55 所示，一根长为 $L$ 的金属细杆 $ab$ 绕竖直轴 $MN$ 以角速度 $\omega$ 在水平面

内旋转。轴 $MN$ 在距离细杆 $a$ 端 $3L/4$ 处。若已知地磁场在竖直方向的分量为 $\vec{B}$，求 $ab$ 两端间的电势差 $U_a-U_b$。

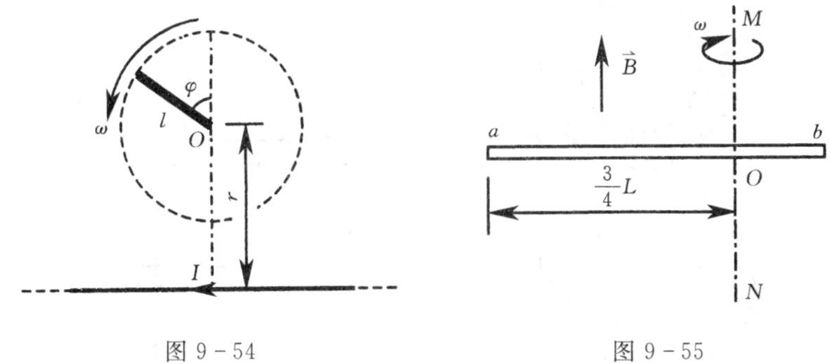


图 9-54　　图 9-55

16. 如图 9-56 所示，在纸面内有一根载有电流 $I$ 的无限长直导线，其左侧有一个边长为 $l$ 的等边三角形线圈 $abc$。该线圈的 $ab$ 边与长直导线距离最近且与长直导线平行。线圈 $abc$ 在纸面内以匀速 $\vec{v}$ 远离长直导线运动，且 $\vec{v}$ 与长直导线垂直。求当线圈 $ab$ 边与长直导线相距 $x$ 时，线圈 $abc$ 内的动生电动势大小和方向。

17. 如图 9-57 所示，水平面内有两条相距为 $h$ 的平行长直光滑裸导线 $ab$ 和 $cd$，其两端分别与电阻 $R_1$、$R_2$ 相连。匀强磁场 $\vec{B}$ 垂直于纸面向里。裸导线 $MN$ 垂直搭在两根平行导线上，并在外力作用下以速率 $v$ 平行于导线 $ab$ 向左作匀速运动。裸导线 $ab$、$cd$ 与 $MN$ 的电阻均忽略不计。试求：

(1) 电阻 $R_1$ 与 $R_2$ 中的电流 $I_1$ 与 $I_2$，并说明其方向。

(2) 设外力提供的功率不能超过某值 $P_0$，求导线 $MN$ 的最大速率。

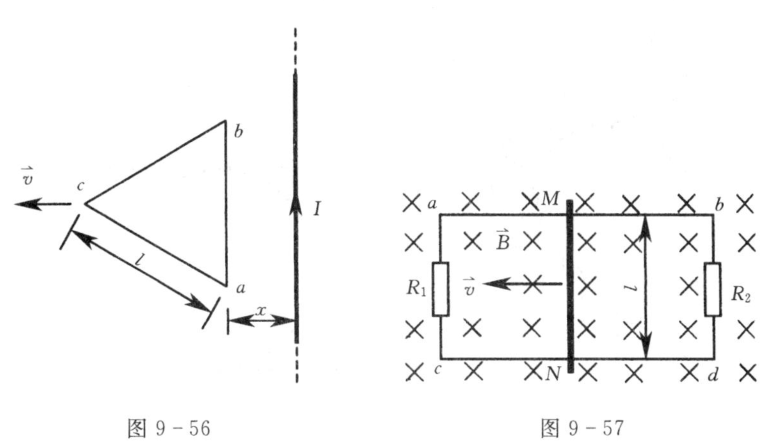


图 9-56　　图 9-57

18. 一个矩形截面的螺绕环处在真空中，其线圈总匝数为 $N$，尺寸如图 9-58 所示，试求它的自感系数。

19. 一根无限长直导线中通有电流 $i=I_0\mathrm{e}^{-3t}$。一个矩形线圈与长直导线共面放置，其长边与导线平行，位置及尺寸如图 9-59 所示。试求：

(1) 矩形线圈中感应电动势的大小和感应电流的方向。

(2) 导线与线圈系统的互感系数。

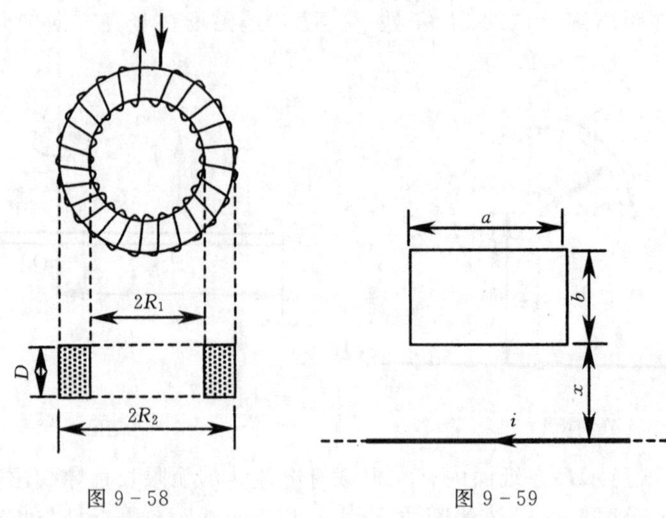


图 9-58　　　　图 9-59

20. 一个环形螺线管的截面半径为 $r$，环中心线的半径为 $R$，$R \gg r$。在环上用表面绝缘的导线均匀地密绕了匝数分别为 $N_1$、$N_2$ 的两个线圈，试求两个线圈的互感系数 $M$。

21. 如图 9-60 所示，由某种磁性材料制成的圆环的平均周长为 0.2m，横截面积为 $5.0\times10^{-5}\,\text{m}^2$。在该圆环上均匀密绕 400 匝线圈制成一个螺绕环。当线圈通以 0.1A 的电流时，测得穿过圆环截面积的磁通量为 $8.0\times10^{-5}$ Wb，试求该磁性材料的相对磁导率 $\mu_r$ 和该螺绕环的自感系数 $L$。

22. 如图 9-61 所示，两根无限长直导线互相平行，它们的间距为 $2r$，两导线在无限远处连接形成闭合回路。在两导线之间有一个半径为 $r$ 的圆环，并与导线绝缘。试求圆环与长直导线回路之间的互感系数。

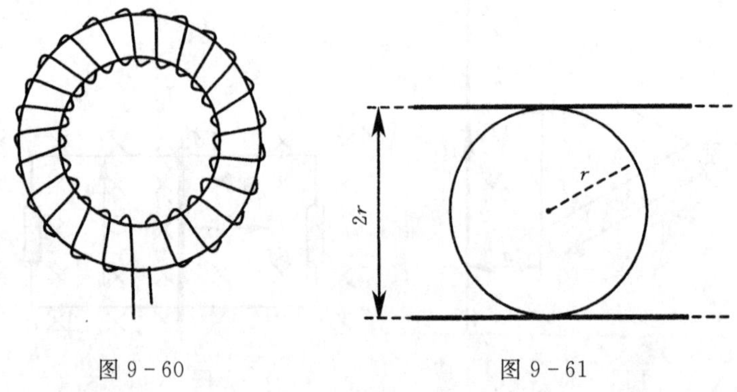


图 9-60　　　　图 9-61

23. 如图 9-62 所示，将一个宽度为 $h$ 的薄铜片卷成一个半径为 $R$ 的细圆管，设 $h \gg R$，电流 $I$ 均匀分布在此铜片上。

(1) 忽略边缘效应，求管内磁感强度的大小。

(2) 不考虑两个伸展面部份，求该细圆管的自感系数。

24. 在细铁环上绕有 200 匝的单层线圈，线圈中通有 4.0A 的电流，穿过铁环截面的磁通量为 $8\times10^{-4}$ Wb，求线圈中磁场的能量。

25. 如图 9－63 所示，一个横截面为矩形的螺绕环，环芯材料的磁导率为 $\mu$，内、外半径分别为 $R_1$、$R_2$，环的厚度为 $h$。在环上密绕 $N$ 匝线圈，并通以交变电流 $i=I_0\cos\omega t$。试求螺绕环中的磁场能量在一个周期内的平均值。

26. 如图 9－64 所示，设一个同轴电缆由半径分别为 $R_1$ 和 $R_2$ 的两个同轴薄壁长直圆筒组成，两长圆筒通有等值反向电流 $I$。两筒间介质的相对磁导率 $\mu_r$，试求：

（1）同轴电缆单位长度的自感系数。

（2）同轴电缆单位长度内所储存的磁能。

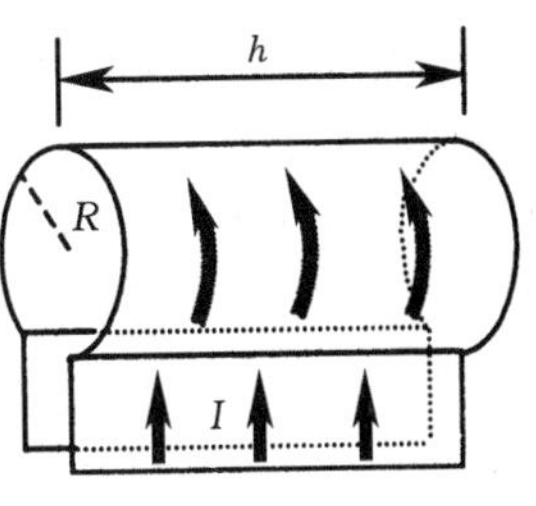


图 9－62

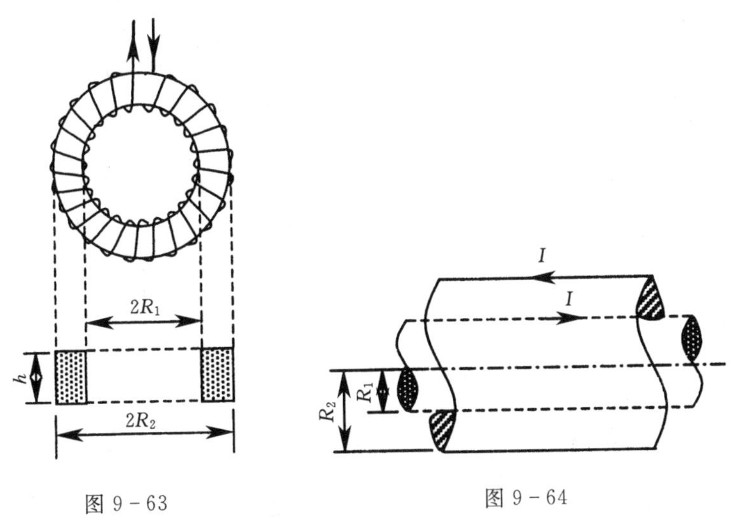


图 9－63　　图 9－64

## 科学家史话　法拉第

迈克尔·法拉第（Michael Faraday，1791—1867）英国著名物理学家、化学家。在化学、电化学、电磁学等领域都作出过杰出贡献。他家境贫寒，未受过系统的正规教育，但却在众多领域中作出惊人成就，堪称刻苦勤奋、探索真理、不计个人名利的典范。

法拉第于 1791 年 9 月 22 日生于萨里郡纽因顿的一个铁匠家庭。13 岁就在一家书店当送报和装订书籍的学徒。在强烈求知欲的驱使下，他挤出一切休息时间贪婪地阅读他装订的一切书籍。读后还临摹插图，工工整整地做读书笔记。用一些简单器皿按书中的描述进行实验，仔细观察和分析实验结果。在这家书店做工的 8 年期间，他废寝忘食、如饥似渴地学习。他后来回忆这段生活时说："我就是在工作之余，从这些书里开始找到我的哲学。这些书中有两本对我特别有帮助，一本是《大英百科全书》，我从它第一次得到电的概念；另一本是马塞夫人的《化学对话》，它给了我这门课的科学基础。"

在哥哥的赞助下，1810 年 2 月至 1811 年 9 月他听了十几次自然哲学的通俗讲演，每次听后都重新誊抄笔记，并画下仪器设备图。1812 年又连续听了戴维 4 次讲座，从此，他燃起了进行科学研究的

愿望。他曾致信皇家学院院长求助，失败后他写信给戴维："不管干什么都行，只要是为科学服务"。他还将他装帧精美的听课笔记整理成《亨·戴维爵士讲演录》寄上。他对讲演内容还作了补充，书法娟秀，插图精美，显示出法拉第做事一丝不苟的精神和对科学的热爱。经过戴维的推荐，1813 年 3 月，24 岁的法拉第担任了皇家学院助理实验员。后来戴维曾把他发现法拉第作为自己最重要的功绩而引以为荣。

1813 年，法拉第随同戴维赴欧洲大陆作科学考察旅行，1815 年回国后继续在英国皇家学院工作，长达 50 余年。1816 年，他发表第一篇科学论文。他最初从事化学研究工作，也涉足合金钢、重玻璃的研制。在电磁学领域，他倾注了大量心血，并取得了出色成绩。1824 年，法拉第被选为皇家学会会员，1825 年接替戴维任皇家学院实验室主任，1833 年任皇家学院化学教授。

法拉第工作异常勤奋，研究领域十分广泛。1818—1823 年研制合金钢期间，他首创金相分析方法。1823 年，他从事气体液化工作，标志着人类系统进行气体液化工作的开始。他采用低温加压方法，液化了氯化氢、硫化氢、二氧化硫、氨等。1824 年起，他开始研制光学玻璃，在 1845 年，他利用自己研制的一种重玻璃发现了磁致旋光效应。1825 年，他在将鲸油和鳕油制成的燃气分馏中发现了苯。

法拉第最出色的工作是电磁感应的发现和场的概念的提出。1821 年，在读过奥斯特关于电流磁效应的论文后，他被这一新的学科领域深深吸引。他刚刚迈入这个领域就取得重大成果——发现通电导线能绕磁铁旋转，从而跻身著名电学家的行列。他认为，电与磁是一对和谐的对称现象，既然电能生磁，他坚信磁亦能生电。经过 10 年探索，历经无数次失败后，1831 年 8 月 26 日，他终于实现了"磁生电"的夙愿，宣告了电气时代的到来。

作为 19 世纪伟大实验物理学家的法拉第并不满足于"磁生电"现象的发现，还力求探索该现象后面隐藏着的本质；他既十分重视实验研究，又格外重视理论思维的作用。那时的法拉第已经孕育着电磁波的存在以及光是一种电磁振动的杰出思想，尽管还带有一定的模糊性。为了解释电磁感应现象，他提出"电致紧张态"与"磁力线"等新概念，同时对当时盛行的超距作用说产生了强烈的怀疑："一个物体可以穿过真空超距地作用于另一个物体，不要任何一种东西的中间参与，就把作用和力从一个物体传递到另一个物体，这种说法对我来说，尤其荒谬。凡是在哲学方面有思考能力的人，决不会陷入这种谬论之中"。他开始向长期盘踞在物理学阵地的超距说宣战。与此同时，他还向另一种形而上学观点——流体说进行挑战。1833 年，他总结了前人与自己的大量研究成果，证实当时所知摩擦电、伏打电、电磁感应电、温差电和动物电等 5 种不同来源的电的同一性。他为了解释电流的本质，开始进行电流通过酸、碱、盐溶液方面的实验，并在 1833—1834 年发现电解定律，开创了电化学这一新的学科领域。他所创造的大量术语沿用至今。

1837 年，他发现电介质对静电过程的影响，提出了以近距"邻接"作用为基础的静电感应理论。不久以后，他又发现了抗磁性。在这些研究工作的基础上，他形成了"电和磁作用通过中间介质从一个物体传到另一个物体的思想"。于是，介质成了"场"的场所，场这个概念正是来源于法拉第。正如爱因斯坦所说，引入场的概念是法拉第的最富有独创性的思想，是牛顿以来最重要的发现。法拉第深邃的物理思想强烈地吸引了年轻的麦克斯韦，麦克斯韦认为法拉第的电磁场理论比当时流行的超距作用更为合理。抱着用严格的数学语言来表述法拉第理论的决心，麦克斯韦闯入了电磁学领域。

法拉第坚信："物质的力借以表现出的各种形式，都有一个共同的起源"，这一思想指导着法拉第探寻光与电磁之间的联系。1822 年，他曾使光沿着电流方向通过电解波，试图发现偏振面的变化，但是没有成功。这种思想是如此强烈，执著的追求使他终于在 1845 年发现强磁场使偏振光的偏振面发生旋转。他的晚年，尽管健康状况恶化，仍从事广泛的研究。他曾分析研究电缆中电报信号迟滞的原因，研制照明灯与航标灯。他的成就来源于勤奋，他的主要著作《日记》由 16041 则汇编而成；《电

学实验研究》有3362节之多。

法拉第一生热爱真理，热爱人民，真诚质朴，作风严谨，这样的感人事迹很多。他说："一件事实，除非亲眼目睹，我决不能认为自己已经掌握。""我必须使我的研究具有真正的实验性。"在1855年给化学家申拜因的信中说："我总是首先对自己采取严厉的批判态度，然后才给别人以这样的机会。"他在一次讲演中指出："自然哲学家应当是这样一些人：他愿意倾听每一种意见，却下定决心要自己作判断；他应当不被表面现象所迷惑，不对某一种假设有偏爱，不属于任何学派，在学术上不盲从大师；他应当重事不重人，真理应当是他的首要目标。如果有了这些品质，再加上勤勉，那么他确实可以有希望走进自然的圣殿。"

他在艰难困苦中选择科学为目标，就决心为追求真理而百折不回，义无反顾，不计名利，刚正不阿。他热爱人民，把纷至沓来的各种荣誉、奖状、证书藏之高阁，却经常走访贫苦教友的家庭，为穷人只有纸写的墓碑而浩然兴叹。他关心科学普及事业，愿更多的青少年奔向科学的殿堂。1826年，他提议开设周五科普讲座，直到1862年退休，他共主持过100多次讲座。根据他的讲稿汇编出版的《蜡烛的故事》一书，被译为多种文字出版，是科普读物的典范。

他生活俭朴，不尚华贵，以致有人到皇家学院实验室作实验时，错把他当作守门的老头。1857年，皇家学会学术委员会一致决议聘请他担任皇家学会会长。对这一荣誉职务他再三拒绝。他说："我是一个普通人。如果我接受皇家学会希望加在我身上的荣誉，那么我就不能保证自己的诚实和正直，连一年也保证不了。"同样的理由，他谢绝了皇家学院的院长职务。当英王室准备授予他爵士称号时，他多次婉言谢绝说："法拉第出身平民，不想变成贵族"。他的一位好友对此作了很好的解释："在他的眼中看去，宫廷的华丽和布来顿高原上的雷雨比较起来，算得什么；皇家的一切器具和落日比较起来，又算得什么。之所以说雷雨和落日，是因为这些现象在他的心里，都可以挑起一种狂喜。在他这种人的心胸中，那些世俗的荣华快乐，当然没有价值了"。"一方面可以得到15万镑的财产，一方面是完全没有报酬的学问，要在这两者之间去选择一种，他却选定了后者，遂穷困以终。"这就是这位铁匠的儿子、订书匠学徒的郑重选择。

1867年8月25日，法拉第逝世，墓碑上照他的遗愿只刻有他的名字和出生年月。后世的人们选择了"法拉第"作为电容的国际单位，以纪念这位物理学大师。

# 第十章　麦克斯韦方程组和电磁波

通过前几章的学习，我们已经知道电荷和变化的磁场都能激发电场，运动电荷或者恒定电流能激发磁场。既然变化的磁场能够激发电场，那么变化的电场能不能激发磁场呢？麦克斯韦首先意识到这个问题，并提出了位移电流假说，即不仅运动电荷或恒定电流可以激发磁场，而且变化的电场也可以激发磁场。在此基础上，麦克斯韦于 1862 年创立了描写电磁场完整体系的麦克斯韦方程组。该方程组预言了电磁波的存在，揭示了电磁波的传播速度等于光速，断言了光波就是一种电磁波，光的现象就是一种电磁现象，从而将电磁现象与光现象统一起来。20 多年后，德国物理学家赫兹用实验方法证实了电磁波的存在。

本章将在总结静电场、恒定电流磁场的实验现象和基本规律的基础上，通过科学的假设建立起描述宏观电磁现象的基本规律——麦克斯韦方程组，然后简单论述电磁场和电磁波的基本特性。

**本章学习要点**

(1) 掌握位移电流的定义及其意义，会计算有关位移电流的基本问题；理解全电流安培环路定律。

(2) 掌握麦克斯韦方程组的积分形式，会用该方程组解释基本的电磁场问题。

(3) 了解电磁波的产生原理、基本性质；理解电磁场的能量密度和能流密度概念；掌握有关电磁波能量的基本运算。

## 第一节　位　移　电　流

我们知道，恒定电流磁场中的安培环路定理具有如下形式

$$\oint_L \vec{H} \cdot d\vec{l} = \sum_i I_i$$

其中 $\sum_i I_i$ 是穿过以闭合回路 $L$ 为边界的任意曲面 $S$ 的传导电流的代数和。人们自然会想到，在非恒定电流的磁场中，这个定理是否也是成立的呢？

为了回答上述问题，下面来研究一下电容器的充放电过程。

图 10－1 所示是一个正在为电容器充电的电路。在某时刻 $t$，电路中的电流强度为 $i$、电容器极板上的电荷电量为 $q$，$i$ 和 $q$ 都是随时间变化的。

取环绕导线的积分环路 $L$，以 $L$ 为周界作两个曲面 $S_1$ 和 $S_2$，其中 $S_1$ 与导线相交，$S_2$ 经过电容器两极板之间。根据安培环路定理，磁场强度 $\vec{H}$ 沿环路 $L$ 的线积分等于穿过以 $L$ 为周界的曲面的电流代数和。在 $L$ 为 $S_1$ 面的周界的情况下，有

$$\oint_L \vec{H}\cdot d\vec{l}=i$$

$L$ 为 $S_2$ 面的周界的情况下，则有

$$\oint_L \vec{H}\cdot d\vec{l}=0$$

综上所述，以同一个环路 $L$ 作线积分，仅仅是选择的曲面不同，得到的结果却完全不一样。这两个互相矛盾的结果只能说明，从恒定电流磁场总结出来的安培环路定理在非恒定电流的情况下是不适用的。

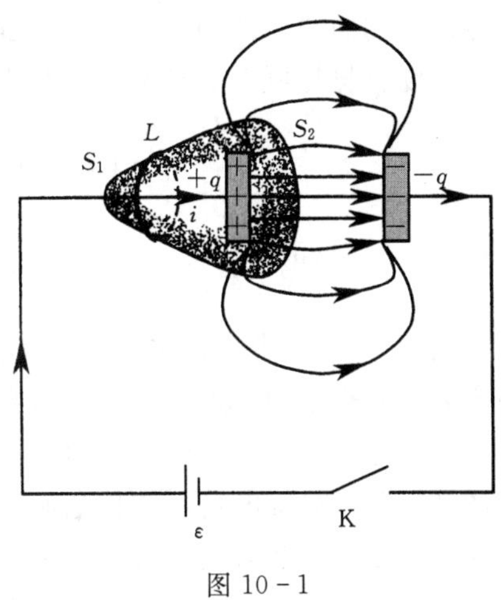


图 10－1

产生上述矛盾的原因在于传导电流是不连续的，即在导线中传导电流为 $i$，而在电容器两极板之间传导电流为零。麦克斯韦首先注意到，尽管在电容器两极板之间没有传导电流，但是电容器在充电过程中两极板上电荷却是变化的，因而两极板之间的电场以及通过 $S_2$ 面的电位移通量 $\psi_D$ 也是变化的。为了寻求电位移通量 $\psi_D$ 与传导电流 $i$ 的关系，我们对由 $S_1$ 和 $S_2$ 构成的闭合曲面应用高斯定理，得

$$\oint_{S_1+S_2}\vec{D}\cdot d\vec{S}=q \tag{10-1}$$

其中 $$\oint_{S_1+S_2}\vec{D}\cdot d\vec{S}=\int_{S_1}\vec{D}\cdot d\vec{S}+\int_{S_2}\vec{D}\cdot d\vec{S}=\int_{S_2}\vec{D}\cdot d\vec{S}$$

在上式中，由于 $S_1$ 与电容器的两极板非常远，极板上的电荷对通过 $S_1$ 面的电位移通量的贡献可以忽略不计，因此 $\int_{S_1}\vec{D}\cdot d\vec{S}=0$。将上式代入式（10－1）中，得

$$\psi_D=\int_{S_2}\vec{D}\cdot d\vec{S}=q \tag{10-2}$$

由于在 $dt$ 时间内流过导线横截面的电量 $dq$ 等于电容器极板在同样时间内电荷的增加量，因此

$$i=\frac{dq}{dt}=\frac{d\psi_D}{dt}=\frac{d}{dt}\int_{S_2}\vec{D}\cdot d\vec{S}=\int_{S_2}\frac{\partial\vec{D}}{\partial t}\cdot d\vec{S} \tag{10-3}$$

上式表明，导线中某时刻的传导电流 $i$ 等于该时刻通过 $S_2$ 面的电位移通量随时间的变化率 $\frac{d\psi_D}{dt}$，麦克斯韦将它称为**位移电流**（displacement current），即

$$I_D=\frac{d\psi_D}{dt}=\int_S\frac{\partial\vec{D}}{\partial t}\cdot d\vec{S} \tag{10-4}$$

从式（10－4）可以看出，位移电流是由变化的电场激发的，它通过导体时不会产生焦耳热，而传导电流是自由电荷的宏观定向运动形成的，它通过导体时会产生焦耳热。

在电容器充电过程中，在导线中有传导电流没有位移电流，而在电容器两极板之间没有传导电流但是却有位移电流，式（10－3）告诉我们，导线中的传导电流与电容器两极板之间的位移电流是相等的。因此引入位移电流的概念之后，保证了电容器充电过程中电路中电流的连续性。

麦克斯韦认为传导电流 $I$（这时的传导电流也可以是恒定的）与位移电流 $I_D$ 可以同

时存在，它们的代数和 $I+I_D$ 称为**全电流**。并且位移电流 $I_D$ 与传导电流 $I$ 一样，也能够激发磁场。将从恒定电流磁场总结出来的安培环路定理推广为更一般的形式，有

$$\oint_L \vec{H}\cdot d\vec{l} = I + I_D = \int_S \vec{j}\cdot d\vec{S} + \int_S \frac{\partial \vec{D}}{\partial t}\cdot d\vec{S} \tag{10-5}$$

式中：$\vec{j}$为传导电流密度；$\frac{\partial\vec{D}}{\partial t}$为位移电流密度。

式 (10－5) 表明，**磁场强度$\vec{H}$沿任意环路 $L$ 的线积分等于穿过此环路 $L$ 所包围曲面的全电流的代数和**。这个结论称为**全电流安培环路定律**。

位移电流的引入深刻地揭示电场和磁场的内在联系，法拉第电磁感应定律表明变化的磁场可以激发涡旋电场，位移电流假说则表明变化的电场可以激发涡旋磁场。变化的电场和变化的磁场相互激发、相互联系，构成统一的电磁场。

**【例 10－1】** 一个平行板电容器的两个圆导体极板半径都是 3.0cm。设充电后电荷在极板上均匀分布，两极板间的电场强度增加速率为$\frac{dE}{dt}=8.0\times10^{13}$ V/(m·s)。试求：

(1) 两极板间的位移电流 $I_d$。

(2) 两极板间的磁感应强度分布和极板边缘处的磁感应强度大小。

**解**：(1) 两极板间的位移电流为

$$I_D=\frac{d\psi_D}{dt}=S\,\frac{dD}{dt}=\pi R^2\varepsilon_0\,\frac{dE}{dt}=2.0\text{A}$$

(2) 在本题中，两极板外有传导电流，两极板间有位移电流。忽略边缘效应，可以认为两极板间为均匀电场，所以位移电流也均匀分布。位移电流激发的磁场具有轴对称性，对称轴为两极板的中心连线。磁感应线是以两极板中心连线为轴的一些同心圆，其方向与位移电流方向符合右手螺旋法则。如图 10－2 所示，取以两极板中心连线为轴、半径为 $r$ 的圆形环路作为积分路径，则磁场强度$\vec{H}$沿该环路的线积分为

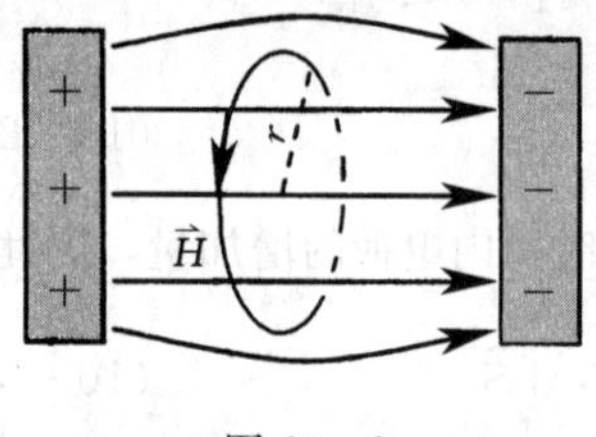

图 10－2

$$\oint_L \vec{H}\cdot d\vec{l} = 2\pi r H = 2\pi r\frac{B_r}{\mu_0}$$

穿过此环路 $L$ 所包围曲面的位移电流为

$$I_D=\pi r^2\varepsilon_0\,\frac{dE}{dt}$$

由全电流安培环路定律得

$$2\pi r\frac{B_r}{\mu_0}=\pi r^2\varepsilon_0\,\frac{dE}{dt}$$

因此，两极板间的磁感应强度分布为

$$B_r=\frac{1}{2}\varepsilon_0\mu_0 r\,\frac{dE}{dt}$$

麦克斯韦的电磁波理论指出，电磁波在真空中的传播速度 $c=\frac{1}{\sqrt{\varepsilon_0\mu_0}}=3.0\times10^8$ m/s，

所以上式也可以写为

$$B_{\mathrm{r}}=\frac{r}{2c^2}\frac{\mathrm{d}E}{\mathrm{d}t}$$

极板边缘处的磁感应强度大小为

$$B_{\mathrm{r=R}}=\frac{R}{2c^2}\frac{\mathrm{d}E}{\mathrm{d}t}=1.3\times10^{-5}\,\mathrm{T}$$

## 思考与讨论

1. 如图 10－3 所示，空气中有一个无限长金属薄壁圆筒，在表面上沿圆周方向均匀地流着一层随时间变化的面电流。试问：圆筒内部是否分布有均匀的变化磁场和变化电场？在任意时刻，通过圆筒内部任一个假想的球面的磁通量和电通量是否为零？沿圆筒外部任意闭合环路上磁感强度的环流是否为零？

2. 对位移电流，有四种说法：①位移电流是指变化电场；②位移电流是由线性变化磁场产生的；③位移电流的热效应服从焦耳定律；④位移电流的磁效应不服从安培环路定理。试问：其中哪一种说法是正确的？

图 10－3

3. 如图 10－4 所示，电荷为 $q$ 的点电荷以匀角速度 $\omega$ 作圆周运动，圆周的半径为 $R$。设最初 $q$ 处在点（$R$，0），试问：圆心处 $O$ 点的位移电流密度为多少？

4. 图 10－5 所示为某圆柱体的横截面，圆柱体内存在均匀电场$\vec{E}$，其方向垂直纸面向内，$\vec{E}$的大小随时间 $t$ 线性增加，$P$ 为柱体内与轴线相距为 $r$ 的一点，试问：该点的位移电流密度的方向如何？感生磁场的方向如何？

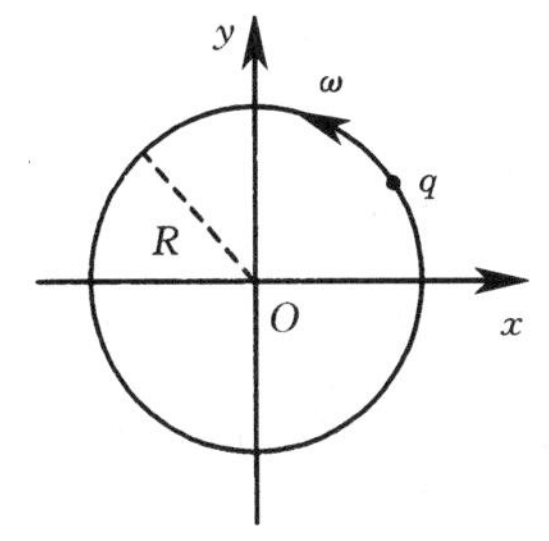


图 10－4

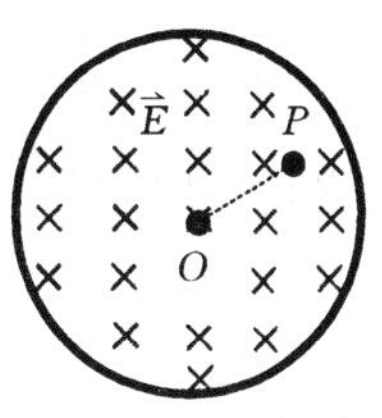


图 10－5

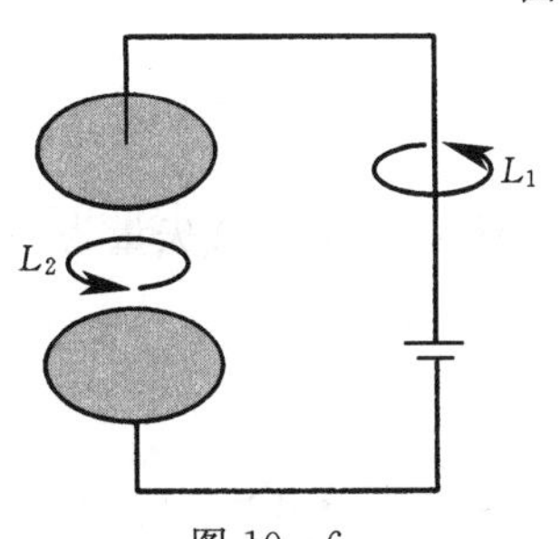


图 10－6

5. 平行板电容器的电容值为 30.0$\mu$F，两板上的电压变化率为 $\mathrm{d}U/\mathrm{d}t=1.5\times10^5\,\mathrm{V/s}$，试问：该平行板电容器中的位移电流等于多少？

6. 加在平行板电容器极板上的电压变化率为 $2.0\times10^6\,\mathrm{V/s}$，在电容器内产生了 1.5A 的位移电流，试问：该电容器的电容等于多少？

7. 如图 10－6 所示，在平板电容器充电的过程中，沿

环路 $L_1$ 的磁场强度$\vec{H}$的环流$\oint_{L_1}\vec{H}\cdot d\vec{l}$与沿环路 $L_2$ 的磁场强度$\vec{H}$的环流$\oint_{L_2}\vec{H}\cdot d\vec{l}$相比较，试问：哪一个更大一些？

## 第二节　麦克斯韦方程组的积分形式

现在我们回顾一下前面各章介绍的有关真空中静电场和恒定磁场的一些基本规律，即①法拉第电磁感应定律；②安培环路定律；③静电场中的高斯定理；④静磁场中的高斯定理。在此基础上对部分规律加以推广，就得到了麦克斯韦方程组。

方程 1：推广后的法拉第电磁感应定律

法拉第电磁感应定律为

$$\varepsilon_i=-\frac{d\Phi_m}{dt}$$

如果通过环路 $L$ 的磁通量变化是由磁场变化引起的，则 $\varepsilon_i$ 就是感生电动势，这种情况下法拉第电磁感应定律可以写为

$$\oint_L \vec{E}_i\cdot d\vec{l}=-\int_S \frac{\partial \vec{B}}{\partial t}\cdot d\vec{S}$$

其中$\vec{E}_i$ 是产生感生电动势的涡旋电场。一般情况下，空间中既存在由自由电荷激发的库仑电场$\vec{E}_0$，也存在由变化的磁场激发的涡旋电场$\vec{E}_i$，则空间总的电场强度$\vec{E}$为

$$\vec{E}=\vec{E}_0+\vec{E}_i \tag{10-6}$$

由于库仑电场的环流$\oint_L \vec{E}_0\cdot d\vec{l}=0$，因此

$$\oint_L \vec{E}\cdot d\vec{l}=\oint_L(\vec{E}_0+\vec{E}_i)\cdot d\vec{l}=\oint_L \vec{E}_i\cdot d\vec{l}$$

所以推广后的法拉第电磁感应定律为

$$\oint_L \vec{E}\cdot d\vec{l}=-\int_S \frac{\partial \vec{B}}{\partial t}\cdot d\vec{S} \tag{10-7}$$

方程 2：全电流安培环路定律

$$\oint_L \vec{H}\cdot d\vec{l}=\int_S \vec{j}\cdot d\vec{S}+\int_S \frac{\partial \vec{D}}{\partial t}\cdot d\vec{S} \tag{10-8}$$

方程 3：推广后的电场高斯定理

静电场中的高斯定理为

$$\oint_S \vec{D}\cdot d\vec{S}=\int_V \rho dV$$

其中$\vec{D}=\varepsilon_0\vec{E}_0$。如果空间中也存在由变化的磁场激发的涡旋电场$\vec{E}_i$，则电位移矢量为

$$\vec{D}=\varepsilon_0(\vec{E}_0+\vec{E}_i) \tag{10-9}$$

通过高斯面的电位移通量为

$$\oint_S \vec{D}\cdot d\vec{S}=\varepsilon_0\oint_S(\vec{E}_0+\vec{E}_i)\cdot d\vec{S}=\varepsilon_0\oint_S \vec{E}_0\cdot d\vec{S}+\varepsilon_0\oint_S \vec{E}_i\cdot d\vec{S}$$

由于涡旋电场$\vec{E}_i$是无源场，因此$\oint_S \vec{E}_i \cdot d\vec{S}=0$，所以推广后的电场高斯定理为

$$\oint_S \vec{D} \cdot d\vec{S}=\int_V \rho dV \tag{10-10}$$

方程 4：推广后的磁场高斯定理

恒定电流磁场中的高斯定理为

$$\oint_S \vec{B} \cdot d\vec{S}=0$$

如果空间中也存在由变化的电场激发的磁场，则上式中的$\vec{B}$应理解为由恒定电流和变化的电场共同激发的磁感应强度矢量和。但无论是由什么原因激发的磁场都是无源场，因此推广后的磁场高斯定理为

$$\oint_S \vec{B} \cdot d\vec{S}=0 \tag{10-11}$$

这样就得到了真空中的麦克斯韦方程组的积分形式为

$$\left.\begin{aligned}
&\oint_L \vec{E} \cdot d\vec{l}=-\int_S \frac{\partial \vec{B}}{\partial t} \cdot d\vec{S}\\
&\oint_L \vec{H} \cdot d\vec{l}=\int_S \vec{j} \cdot d\vec{S}+\int_S \frac{\partial \vec{D}}{\partial t} \cdot d\vec{S}\\
&\int_S \vec{D} \cdot d\vec{S}=\int_V \rho dV\\
&\oint_L \vec{B} \cdot d\vec{S}=0
\end{aligned}\right\} \tag{10-12}$$

麦克斯韦方程组中的场量$\vec{D}$和$\vec{E}$，$\vec{B}$和$\vec{H}$之间存在一定的关系。对于各项同性的均匀介质而言，有

$$\left.\begin{aligned}
&\vec{D}=\varepsilon \vec{E}\\
&\vec{B}=\mu \vec{H}\\
&\vec{j}=\gamma \vec{E}
\end{aligned}\right\} \tag{10-13}$$

综上所述，在存在变化电场和变化磁场的情况下，电场和磁场并不是各自独立和互不相关的，它们之间相互激发，构成了统一的**电磁场**（electromagnetic field）。麦克斯韦方程组对电荷、电流、电场、磁场之间的相互关系作出了全面的描述，所以麦克斯韦方程组在电磁学中的地位，相当于牛顿定律在经典力学中的地位，它是 19 世纪最伟大的科学成就之一。

## 思考与讨论

1. 反映电磁场基本性质和规律的积分形式的麦克斯韦方程组为①$\oint_S \vec{D} \cdot d\vec{S}=\int_V \rho dV$；②$\oint_L \vec{E} \cdot d\vec{l}=-\int_S \frac{\partial \vec{B}}{\partial t} \cdot d\vec{S}$；③$\oint_S \vec{B} \cdot d\vec{S}=0$；④$\oint_L \vec{H} \cdot d\vec{l}=\int_S \vec{j} \cdot d\vec{S}+\int_S \frac{\partial \vec{D}}{\partial t} \cdot d\vec{S}$。试

问：其中哪一个方程说明变化的磁场一定伴随有电场？哪一个方程说明磁感线是无头无尾的闭合曲线？哪一个方程说明电荷总伴随有电场？

2. 在没有自由电荷与传导电流的变化电磁场中，$L$ 为一个闭合环路，试问：$\oint_L \vec{H}\cdot d\vec{l}$ 为多少？$\oint_L \vec{E}\cdot d\vec{l}$ 为多少？

3. 在某段时间内，圆平板电容器两极板电势差随时间变化的规律为 $U_{ab}=U_a-U_b=kt$（$k$ 是正值常量，$t$ 是时间）。设两板间电场是均匀的，试问：此时在极板间 1、2 两点（2 比 1 更靠近极板边缘）处产生的磁感强度$\vec{B}_1$ 和$\vec{B}_2$ 的大小有什么关系？

4. 在真空中，有一个半径为 $R$ 的圆平板电容器。在该电容器充电的过程中，两板间的电场强度$\vec{E}$将随时间变化，如果略去边缘效应，试问：电容器两板间的位移电流大小等于多少？位移电流密度的方向如何？

5. 某平行板电容器的极板是半径为 $R$ 的圆形金属板，两极板与交变电源相接，极板上电荷随时间的变化为 $q=q_0\sin\omega t$（式中 $q_0$、$\omega$ 均为常量）。忽略边缘效应，试问：两极板间位移电流密度等于多少？在两极板间，离中心轴线距离为 $r$（$r<R$）处的磁场强度等于多少？

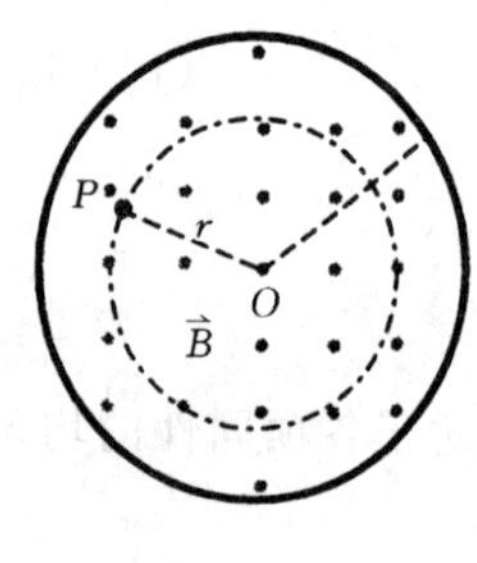


图 10－7

6. 如图 10－7 所示，在半径为 $R$ 的圆柱形区域内，匀强磁场的方向与轴线平行。设 $B$ 以 $2.5\times10^{-2}$ T/s 的速率随时间减小。在 $r=5.0\times10^{-2}$ m 的 $P$ 点处的电子受到了涡旋电场对它的作用力，试问：此力产生的加速度等于多少？请在图中画出加速度$\vec{a}$的方向。

7. 无限长直通电螺线管的半径为 $R$，设其内部的磁场以 $dB/dt$ 的变化率增加，试问：在螺线管内部距离轴线为 $r$（$r<R$）处的涡旋电场的强度等于多少？

8. 由半径为 $R$、间距为 $d$（$d\ll R$）的两块圆盘构成的平板电容器内充满了相对电容率为 $\varepsilon_r$ 的电介质。电容器上加有交变电压 $U=U_0\cos\omega t$，试问：板间电场强度 $E(t)$ 为多少？极板上自由电荷的面密度 $\sigma(t)$ 为多少？板间离中心轴线距离为 $r$ 处的磁感强度 $B(r,t)$为多少？

## 第三节　电磁振荡与电磁波

### 一、无阻尼自由电磁振荡

图 10－8 所示是由一个电感线圈和一个平行板电容器组成的电路。当开关 K 接到位置 1 时，电路中有电流通过，电容器开始充电，经过一段时间以后，充电电流逐渐减少到零，这时电容器两极板上的电量达到稳定值，极板 $A$ 带正电，极板 $B$ 带等量的负电。然后将开关 K 接到位置 2，电容器通过自感线圈 $L$ 放电。下面我们来建立电容器极板上电荷随时间的变化关系。

在电容器放电开始时 $LC$ 回路的电流强度为零，在任意时刻电路中的电流为 $i$，极板上的电荷为 $q$，则两极板间的电势差为

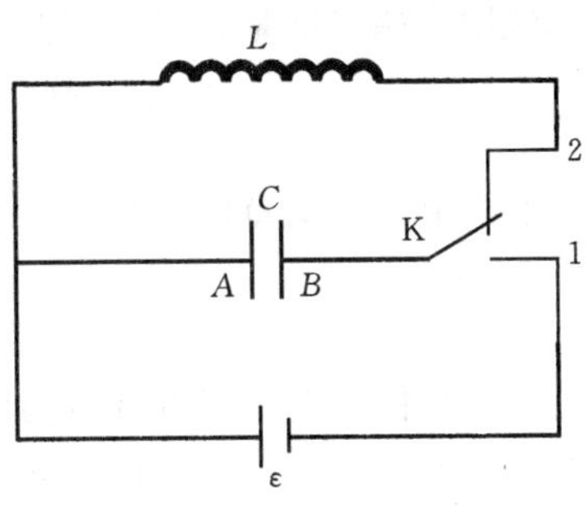

图 10-8

$$U_A - U_B = \frac{q}{C}$$

线圈内的自感电动势为

$$\varepsilon_L = -L\frac{di}{dt}$$

由于回路中的电阻为零，因此 $\varepsilon_L = U_A - U_B$，即

$$-L\frac{di}{dt} = \frac{q}{C} \quad 或 \quad L\frac{di}{dt} + \frac{q}{C} = 0$$

将电流强度定义式 $i = \frac{dq}{dt}$ 两边对时间求导得 $\frac{di}{dt} = \frac{d^2q}{dt^2}$，将此式代入上式得

$$L\frac{d^2q}{dt^2} + \frac{q}{C} = 0 \quad 或 \quad \frac{d^2q}{dt^2} + \frac{1}{LC}q = 0 \tag{10-14}$$

令 $\omega^2 = \frac{1}{LC}$，则 $LC$ 电路的微分方程为

$$\frac{d^2q}{dt^2} + \omega^2 q = 0 \tag{10-15}$$

式（10-15）是二阶线性常系数奇次微分方程，其解为

$$q = q_0\cos(\omega t + \varphi) \tag{10-16}$$

$LC$ 电路中的电流强度为

$$i = \frac{dq}{dt} = -\omega q_0\sin(\omega t + \varphi)$$

设电流强度的振幅为 $I = \omega q_0$，则

$$i = -I\sin(\omega t + \varphi) \tag{10-17}$$

由式（10-16）和式（10-17）可以看出，**$LC$ 电路中电容器极板上的电荷以及回路中的电流强度都作周期性变化，称为电磁振荡，产生电磁振荡的电路称为振荡电路。**电荷 $q$ 和电流 $i$ 变化的周期和频率分别为

$$T = \frac{2\pi}{\omega} = 2\pi\sqrt{LC} \tag{10-18}$$

$$\nu = \frac{1}{T} = \frac{1}{2\pi\sqrt{LC}} \tag{10-19}$$

电容器中的电场能量和线圈中磁场能量分别为

$$W_e = \frac{q^2}{2C} = \frac{q_0^2}{2C}\cos^2(\omega t + \varphi) \tag{10-20}$$

$$W_m = \frac{1}{2}Li^2 = \frac{1}{2}L\omega^2 q_0^2\sin^2(\omega t + \varphi) \tag{10-21}$$

由于 $\omega^2 = \frac{1}{LC}$，因此

$$\frac{1}{2}L\omega^2 q_0^2 = \frac{1}{2}Lq_0^2\frac{1}{LC} = \frac{q_0^2}{2C}$$

线圈中磁场能量也可以写为

$$W_m=\frac{q_0^2}{2C}\sin^2(\omega t+\varphi)$$

振荡电路中的总能量为

$$W=W_e+W_m=\frac{q_0^2}{2C} \tag{10-22}$$

由于我们没有考虑振荡电路的电阻，因此在振荡过程中没有能量损耗，振荡电路的总能量保持不变，这种振荡称为**无阻尼振荡**。在无阻尼振荡时，由于 $q_0$、$I$ 为定值，因此无阻尼振荡也称为**等幅振荡**。

## 二、电磁波的产生与传播

产生电磁波与产生机械波一样，也需要适当的波源。任何 $LC$ 振荡电路原则上都可以作为发射电磁波的波源，但是我们刚刚讨论过的 $LC$ 无阻尼振荡是一种理想情况，实际的 $LC$ 振荡电路总存在一定的电阻，因此要想使振荡能够不断地进行下去，电路中必须要有不断提供能量的电源。但这还不够，要有效地把电路中的电磁能量发射出去，振荡电路还必须具备以下两个条件：

（1）**频率必须很高**。我们知道，机械波的强度与频率的平方成正比，可以证明，电磁波的辐射强度与频率的四次方成正比。因此，只有振荡电路的固有频率很高，才能更有效地把电路中的电磁场能量发射出去。由式（10-19）可以看出，增大固有频率的方法是减小振荡电路的自感系数 $L$ 和电容 $C$，实际中一般采用减少线圈匝数的办法来减小自感系数 $L$，采用增大电容器两极板间距离和减小极板面积的办法来减小电容。

（2）**电路必须开放**。图 10-9（a）是振荡电路的示意图，其电场（或电能）和磁场（或磁能）都分别集中在电容、电感线圈中。为了将电磁场和电磁能发射出去，同时也是为了减小线圈的自感系数 $L$ 和电容器的电容 $C$，必须对电路加以改造。为此将 $LC$ 振荡电路按图 10-9 所示的顺序逐步加以改造，最后把电路完全演化为一条直导线，电流在其中来回振荡，两端出现交替的等量异号电荷。这样的电路称为**偶极振子**，它适合于做发射电磁波的振源。实际中的广播电台、电视台的天线都可以看成这类偶极振子。

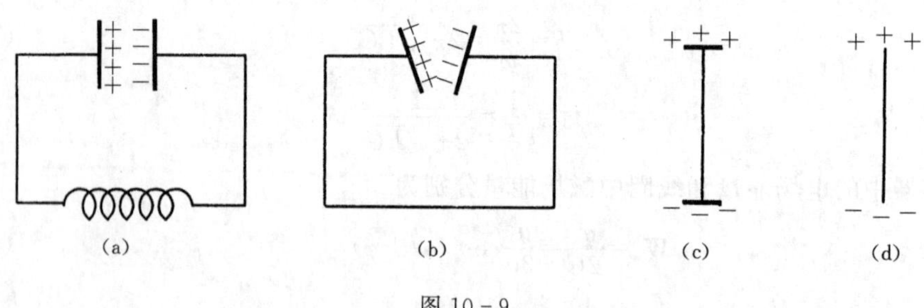


图 10-9

应当指出，电磁波在空间传播时并不需要介质，这一点与机械波完全不同。在历史上人们在承认电磁波存在这一事实之后的一段时间里，将电磁波和机械波进行了细致的类比，认为电磁波的传播也需要弹性介质，并把这种物质称为“以太”。虽然现在我们知道“以太”这种物质是不存在的，但在当时人们并没有认识到这一点，有趣的是，当人们最

终发现宇宙中根本没有“以太”的时候，一系列新的科学认识和理论却由此而建立起来。

电磁振荡之所以能够在真空中传播，其实就是依据麦克斯韦的两条基本理论：变化的磁场激发涡旋电场，变化的电场激发涡旋磁场。电场和磁场的相互激发使电磁场以波的形式传播出去，如图 10－10 所示。

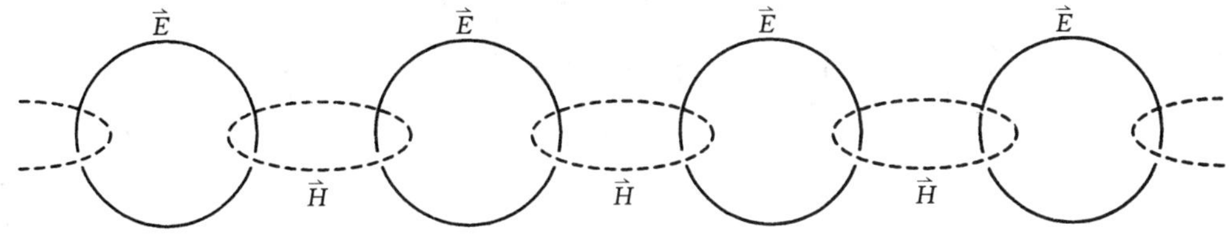


图 10－10

下面简要介绍一下偶极振子发射电磁波的原理。

偶极振子周围电磁场的分布可以由麦克斯韦方程组严格地计算出来，计算的结果已经为赫兹实验所证实。下面只对计算结果作定性的讨论。

如图 10－11 所示，以振子的中心为坐标原点，以振子的轴线为极轴建立球坐标系。任何包含极轴的平面称为“子午面”，通过原点垂直于极轴的平面称为“赤道面”。当振子中发生电磁振荡时，其中会产生交变电流，其两端积累的电荷也正负交替变化。从距振子较远的地方观察，振子相当于电偶极矩为$\vec{p}$的电偶极子作简谐变化，这就是我们将振子称为偶极振子的原因。计算结果表明，偶极振子周围的电场矢量$\vec{E}$位于子午面内，磁场矢量$\vec{H}$位于与赤道面平行的平面内，两者互相垂直。

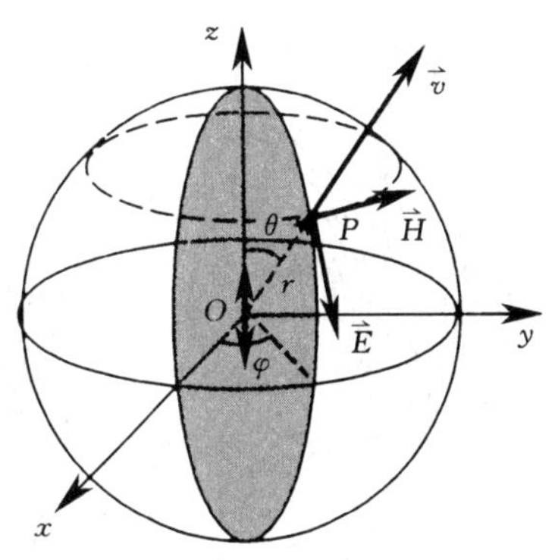


图 10－11

偶极振子周围空间可分为近场区和波场区，现在就两个区域分别进行讨论。

首先讨论**近场区**。在靠近偶极振子中心的小范围内（与电磁波波长 λ 具有同等数量级的范围），电场线的始末两端分别与偶极振子的正负电荷相连。我们认为偶极振子的等量异号点电荷在共同平衡点附近作简谐运动。偶极振子附近电场线的变化情况如图 10－12 所示。设开始时正负电荷正好都在平衡点［图 10－12（a）］。然后两个点电荷开始作相对的简谐运动，在第一个 1/4 周期内，正负电荷分别向上下两个方向运动［图 10－12（b）］，经过最远点后［图 10－12（c）］，在第二个 1/4 周期内，正负电荷分别向下上两个方向运动［图 10－12（d）］，最后正负电荷又回到平衡点［图 10－12（e）］。在这个 1/2 周期内出现了从正电荷出发到负电荷的电场线，同时电场线不断向外扩展，都回到平衡点时两端相连形成闭合的电场线。在后半个周期内，正负电荷位置互相对调。当后半个周期结束时又形成一条闭合的电场线。不过前后两个闭合电场线的环绕方向相反。电场线的变化表明了电场在变化，电场的变化在周围空间会激发变化的磁场。

接着再讨论**波场区**。离偶极振子足够远的区域是波场区。如图 10－13（a）所示，其

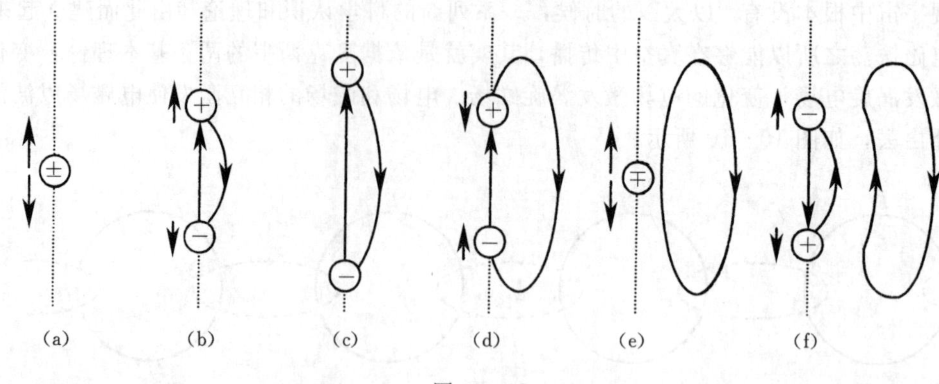


图 10 - 12

中$\vec{p}$为偶极振子，所有电场线都是闭合的。当距离$\vec{r}$增大时，波面逐渐趋于球形，电场线在子午面上，任一点处的电场强度矢量$\vec{E}$和磁场强度矢量$\vec{H}$都与径矢$\vec{r}$垂直。

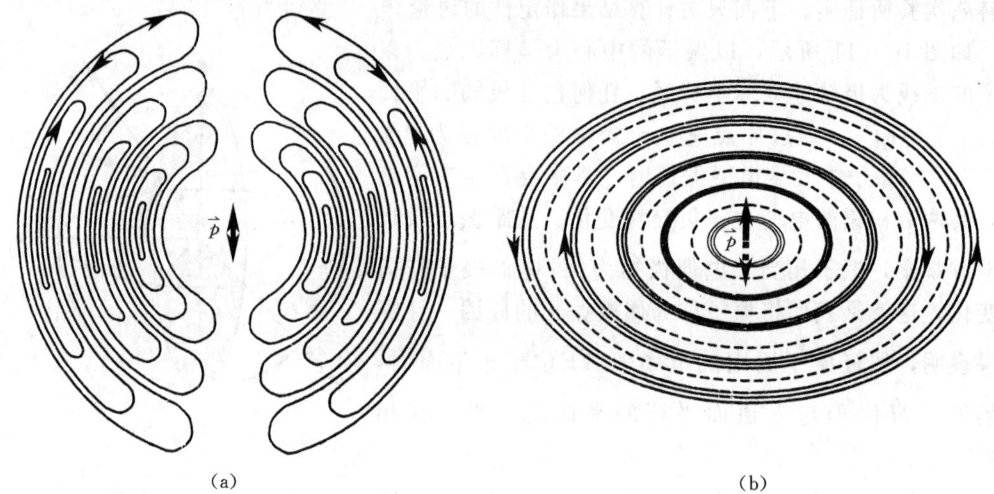


图 10 - 13

在近场区和波场区偶极振子的磁场线分布情况都如图 10 - 13（b）所示，它们都是平行于赤道面的一系列同心圆，即磁场线在与$\vec{p}$垂直的平面内，任一点处的磁场强度矢量$\vec{H}$既与$\vec{E}$垂直也与$\vec{r}$垂直，每条环形磁场线的半径都随时间不断向外扩展。正是由于电场和磁场彼此之间相互激发、相互感应，才使电场线环和磁场线环不断地向外扩展。

通过麦克斯韦方程组可以求得偶极振子产生的电场和磁场随时间的变化规律，在这里我们只给出计算结果。如图 10 - 11 所示，$\vec{E}$、$\vec{H}$和$\vec{r}$三个矢量互相垂直，且构成右手螺旋关系。若场点 $P$ 与偶极振子的距离足够远，则任意时刻 $t$，$P$ 点的$\vec{E}$和$\vec{H}$的大小为

$$E(r,t)=\frac{\omega^2 p_0 \sin\theta}{4\pi\varepsilon_0 c^2 r}\cos\omega\left(t-\frac{r}{c}\right) \tag{10-23}$$

$$H(r,t)=\frac{\omega^2 p_0 \sin\theta}{4\pi c r}\cos\omega\left(t-\frac{r}{c}\right) \tag{10-24}$$

上两式中：$r$ 为坐标原点 $O$ 到场点 $P$ 的矢径大小；$p_0$ 为偶极振子电偶极矩的幅值；$c$ 为电磁波在真空中的传播速度。

上两式表明，$\vec{E}$和$\vec{H}$的大小与极角 $\theta$ 有关，即偶极振子的辐射具有方向性。

如果只考虑远离偶极振子的一小区域的电磁波，此时 $\theta$ 和 $r$ 变化很小，可认为是常数，这种情况下以上两式可分别写为

$$E(r,t)=E_0\cos\omega\left(t-\frac{r}{c}\right) \tag{10-25}$$

$$H(r,t)=H_0\cos\omega\left(t-\frac{r}{c}\right) \tag{10-26}$$

这就是**平面电磁波的波动方程**。即在远离波源的小区域内，电磁波可以当做平面波处理。

## 三、电磁波的性质

偶极振子激发的平面电磁波具有以下性质：

(1) **电磁波是横波**。如图 10-14 所示，电场强度$\vec{E}$和磁场强度$\vec{H}$的振动方向互相垂直，并都与波的传播方向$\vec{r}$垂直。并且$\vec{E}\times\vec{H}$的方向与$\vec{r}$的方向一致。

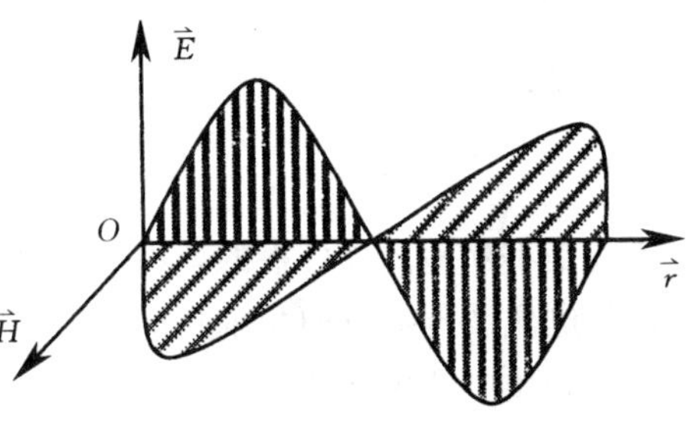


图 10-14

(2) **电磁波具有偏振性**。电场强度$\vec{E}$与波的传播方向$\vec{r}$所确定的平面称为电场强度$\vec{E}$的振动面。同理，$\vec{H}$和$\vec{r}$所确定的平面称为磁场强度$\vec{E}$的振动面。电磁波的偏振性是指电场强度$\vec{E}$和磁场强度$\vec{H}$分别在自己的振动面内振动。

(3) **$\vec{E}$和$\vec{H}$同相位**。由式（10-25）和式（10-26）可以看出，电场强度$\vec{E}$和磁场强度$\vec{H}$的相位总是相同的。即电场强度$\vec{E}$和磁场强度$\vec{H}$同步变化，同时达到最大值，同时达到最小值。

(4) 电磁波在介质中的传播速度为

$$v=\frac{1}{\sqrt{\varepsilon\mu}} \tag{10-27}$$

在真空中，$\varepsilon=\varepsilon_0$、$\mu=\mu_0$，因此电磁波在真空中的传播速度为

$$c=\frac{1}{\sqrt{\varepsilon_0\mu_0}} \tag{10-28}$$

将 $\varepsilon_0$ 和 $\mu_0$ 的值代入，这个值恰好等于光在真空中的传播速度，并且实验证明电磁波也具有反射、折射和偏振等性质，因此麦克斯韦预言了光也是一种电磁波，这是麦克斯韦电磁理论的又一个辉煌成就。

(5) **$\vec{E}$和$\vec{H}$的大小成正比**。将式（10-25）与式（10-26）相除得

$$\frac{E}{H}=\frac{1}{\varepsilon_0 c}=\frac{\sqrt{\varepsilon_0\mu_0}}{\varepsilon_0}=\sqrt{\frac{\mu_0}{\varepsilon_0}}$$

即

$$\sqrt{\varepsilon_0}E=\sqrt{\mu_0}H$$

在一般介质中，有

$$\sqrt{\varepsilon}E=\sqrt{\mu}H \tag{10-29}$$

或

$$\sqrt{\varepsilon}E_0=\sqrt{\mu}H_0 \tag{10-30}$$

式中：$E_0$、$H_0$ 分别为电场强度$\vec{E}$和磁场强度$\vec{H}$的幅值大小。

## 四、电磁波的能量

当电场和磁场同时在空间存在时，电磁场的能量密度应为

$$w=w_e+w_m$$

其中电场的能量密度为 $w_e=\frac{1}{2}\varepsilon E^2$，磁场的能量密度为 $w_m=\frac{1}{2}\mu H^2$，因此**电磁场的能量密度表示式为**

$$w=\frac{1}{2}\varepsilon E^2+\frac{1}{2}\mu H^2 \tag{10-31}$$

电磁波是不断地向外传播的，电磁波的传播过程也是电磁场能量的传播过程。单位时间内通过与电磁波传播方向相垂直的单位面积上的电磁场能量称为**电磁波的能流密度**。如果电磁波在介质中的传播速率为 $v$，能量密度为 $w$，则电磁波的能流密度 $S$ 可以表示为

$$S=wv$$

将式（10－27）和式（10－31）代入上式得

$$S=\frac{1}{2}\left(\sqrt{\frac{\varepsilon}{\mu}}E^2+\sqrt{\frac{\mu}{\varepsilon}}H^2\right)$$

由（10－29）式得$\sqrt{\frac{\varepsilon}{\mu}}=\frac{H}{E}$，因此

$$S=\frac{1}{2}\left(\frac{H}{E}E^2+\frac{E}{H}H^2\right)=EH$$

由于波的传播方向就是电磁能量的传播方向，并且$\vec{E}$、$\vec{H}$与波的传播方向构成右手螺旋关系，因此**能流密度是沿电磁波传播方向的矢量，称为坡印亭矢量**，用$\vec{S}$表示。坡印亭矢量$\vec{S}$与电场强度$\vec{E}$和磁场强度$\vec{H}$之间的关系为

$$\vec{S}=\vec{E}\times\vec{H} \tag{10-32}$$

将式（10－23）和式（10－24）代入上式，得偶极振子辐射的电磁波的能流密度大小为

$$S=\frac{\omega^4 p_0^2\sin^2\theta}{16\pi^2\varepsilon_0 c^3 r^2}\cos^2\omega\left(t-\frac{r}{c}\right)$$

**电磁辐射源在单位时间内辐射的电磁波能量称为辐射功率**。偶极振子的辐射功率为

$$P=\int_0^{2\pi}\int_0^{\pi}Sr^2\sin\theta\mathrm{d}\theta\mathrm{d}\varphi=\frac{\omega^4 p_0^2}{6\pi\varepsilon_0 c^3}\cos^2\omega\left(t-\frac{r}{c}\right)$$

**辐射功率在一个周期内的平均值称为平均辐射功率**，即

$$\overline{P}=\frac{1}{T}\int_0^T P\mathrm{d}t=\frac{\omega^4 p_0^2}{12\pi\varepsilon_0 c^3} \tag{10-33}$$

可见，平均辐射功率与电磁波的频率的四次方成正比。

## 五、电磁波谱

1887 年，年仅 30 岁的赫兹用实验方法证实了电磁波的存在。赫兹的实验结果公布后，轰动了全球的科学界。由法拉第发现、麦克斯韦创立的电磁场理论，至此取得决定性的胜利。赫兹通过实验确认了电磁波是横波，电磁波与机械波一样具有反射、折射和衍射等特性。他还实现了两列电磁波的干涉，同时证实了电磁波的传播速度与光速相等，从而全面验证了麦克斯韦电磁场理论的正确性。此外，他还进一步完善了麦克斯韦方程组，使它更加优美、对称，并得出了麦克斯韦方程组的现代形式。

在赫兹发现电磁波后不到 6 年，意大利的马可尼和俄国的波波夫分别实现了无线电传播，并很快投入实际应用。其他利用电磁波的技术，也像雨后春笋般相继问世。无线电报（1894 年）、无线电广播（1906 年）、无线电导航（1911 年）、无线电话（1916 年）、短波通信（1921 年）、无线电传真（1923 年）、电视（1929 年）、微波通信（1933 年）、雷达（1935 年）以及遥控、遥感、卫星通信、射电天文学……它们使整个世界的面貌焕然一新。

随后的许多实验不仅证明了光波是电磁波，而且证明了后来发现的伦琴射线、γ 射线等也是电磁波，它们在真空中的传播速率都等于 $c$，但它们的波长（或频率）范围有很大差异，将**各种电磁波按照波长（或频率）的顺序排列构成的图谱称为电磁波谱**，如图 10－15 所示。

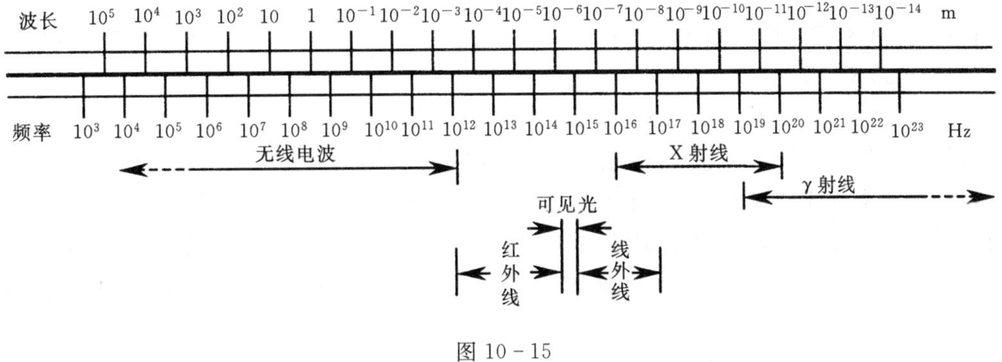


图 10－15

不同波长范围内的电磁波虽然本质相同，但它们产生的方法以及与物质之间发生相互作用时所表现出来的性质却各不相同。

一般的无线电波是由电磁振荡通过天线发射的，波长可以从几毫米到几千米，其间又

可分为几个波段，见表 10-1。

表 10-1　　各种无线电波的波长、频率及用途

| 波段 | 波长范围 /m | 频率 /MHz | 主要用途 |
|---|---|---|---|
| 长波 | 3000～30000 | 0.01～0.1 | 长距离通信和导航 |
| 中波 | 200～3000 | 0.1～1.5 | 无线电广播 |
| 中短波 | 50～200 | 1.5～6 | 无线电广播、电报通信 |
| 短波 | 10～50 | 6～30 | 无线电广播、电报通信 |
| 超短波 | 1～10 | 30～300 | 无线电广播、电视、无线电导航 |
| 微波 | 0.001～1 | 300～300000 | 雷达、电视、无线电导航等 |

可见光的波长范围为 400～760nm。除这个波段的电磁波外，其他范围的电磁波人眼都是看不到的。

红外线是波长比可见光中的红光波长还要长的射线，波长范围为 0.76～700μm。红外线一般是由分子的转动和振动能级跃迁产生的，主要由炽热物体辐射出来。其特点是热效应显著，能透过浓雾或较厚气层而不易被吸收，例如，生产中常利用红外线的热效应来烘烤物体。尽管人眼看不见红外线，但可以通过特制的透镜（氯化钠或锗等材料做成）或棱镜使红外线成像或色散，在特制的底片上感光；还可以通过图像变换器（红外热像仪等）将图像转变为可见的像。目前，红外照相、夜视仪、红外雷达和红外通信等都得到广泛的应用。另外，由于不同物质的分子结构和化学成分不同，对应着不同的红外吸收特征谱线，所以利用各种红外光谱仪，研究物质对红外线的吸收情况可以分析物质的组成和分子结构。

紫外线是波长比可见光中的紫光还要短的射线，是由原子的内、外层电子能级跃迁所发射的，波长范围为 5～400nm。太阳光和汞灯光中有大量的紫外线。紫外线很活跃，它会引起强烈的化学作用（使照相底片感光）和生物作用（杀菌）。昆虫对紫外线的很敏感，可以利用这点来诱捕害虫。

X 射线的波长更短，其波长范围为 0.001～10nm，它是由原子的内层电子能级跃迁发射出来的。例如，高速电子打在金属板上，使金属原子的内层电子跃迁而发射 X 射线。X 射线的穿透本领很强，工业上常采用 X 射线进行金属探伤和晶体结构分析，医疗上用其检查肺部和骨骼中病变等。此外，由于 X 射线的波长和晶体中原子间距的线度相近，可用 X 射线做晶体衍射实验，通过这样的实验可以进行晶体结构的分析。

比 X 射线波长更短的是 γ 射线，它是原子核内部状态发生变化时产生的电磁辐射。γ 射线的穿透本领更强，用它可以更好地进行金属探伤，我们也可以依靠 γ 射线的帮助来了解原子核的内部结构。另外原子武器爆炸时放出大量 γ 射线，这是原子武器主要杀伤因素之一。

## 思考与讨论

1. 两个电子在同一均匀磁场中分别沿半径不同的圆周运动，如果忽略相对论效应，试问：这两个电子是否向外辐射能量？如果辐射能量，单位时间内辐射的能量有什么关系？

2. 一个振荡电路由 8pF 的电容器和 40μH 的线圈组成。在电路中最大电流强度为 20mA，试问：电容器两极板间的最大电压值等于多少？

3. 一个平板电容器的极板面积为 $0.01\mathrm{m}^2$，极板间距为 $3.14\times10^{-3}\mathrm{m}$，一个线圈的自感系数为 $1.0\times10^{-6}\mathrm{H}$，将它们组成振荡回路，试问：产生的电磁波在真空中传播的波长等于多少？

4. 在 $LC$ 振荡回路中，设开始时电容为 $C$ 的电容器上的电荷为 $Q$，自感系数为 $L$ 的线圈中的电流为 0，当第一次达到线圈中的磁能等于电容器中的电能时，试问：所需的时间等于多少？这时电容器上的电荷等于多少？

5. 一列平面电磁波在非色散无损耗的媒质里传播，测得电磁波的平均能流密度为 $3000\mathrm{W/m^2}$，媒质的相对电容率为 4 ，相对磁导率为 1 ，试问：在介质中电磁波的平均能量密度为多少？

6. 在半径为 0.01m 直导线中通有 2.0A 的电流，已知导线的电阻为 0.5Ω/km，试问：在导线表面上任意点的能流密度矢量大小等于多少？

7. 在相对磁导率为 2、相对电容率为 4 的各向同性的均匀媒质中传播的平面电磁波的磁场强度振幅为 2A/m，试问：该电磁波的平均坡印亭矢量大小等于多少？最大能量密度等于多少？

8. 一列简谐平面电磁波在真空中沿如图 10－16 所示的 $y$ 轴方向传播。已知电场强度 $\vec{E}$ 在 $z$ 方向上振动，振幅为 $E_0$，试问：磁场强度在什么方向上振动？其振幅等于多少？该电磁波的平均能流密度等于多少？

9. 如图 10－17 所示，有一个充了电的圆柱形电容器的长度为 $l$，内外圆柱面半径分别为 $R_1$ 和 $R_2$，电荷线密度为 $\lambda$ ，置于均匀磁场 $\vec{B}$ 中，其极板轴线平行于磁场方向。试问：电容器极板之间距离轴线为 $r$ 处的能流密度大小等于多少？

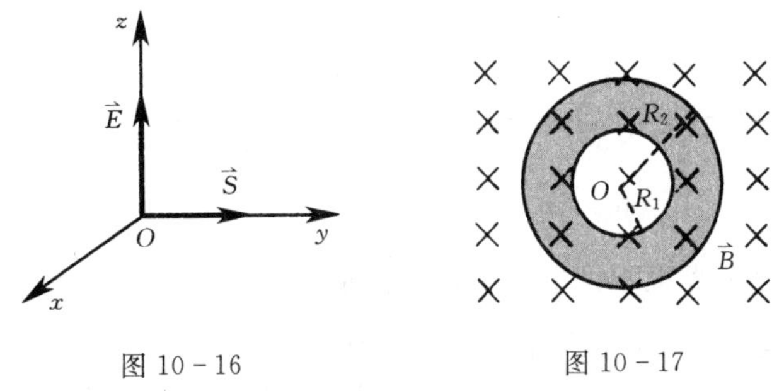


图 10－16　　图 10－17

10. 在一个圆形平板电容器内，存在着均匀分布的随时间变化的电场，电场强度为 $E=E_0\mathrm{e}^{-t/\tau}$（$E_0$ 和 $\tau$ 皆为常量），试问：在任意时刻，电容器内距中心轴为 $r$ 处的能流密

度等于多少？方向如何？

## 习 题

1. 电容为 $C$ 的平行板电容器在充电的过程中，电流 $i=0.5e^{-2t}$A，充电开始时电容器极板上没有电荷。试求：

（1）电容器两极板间的电压 $U$ 随时间 $t$ 的变化关系。

（2）$t$ 时刻极板间位移电流 $I_D$（忽略边缘效应）。

2. 一个球形电容器的内球面半径为 $R_1$，外球面半径为 $R_2$，两球面之间充有相对电容率为 $\varepsilon_r$ 的介质。电容器内球面对外球面的电压为 $U=U_0\cos\omega t$。$\omega$ 比较小，以致电容器两极板间的电场分布与静电场情形近似相同，试求：

（1）介质中各处的位移电流密度。

（2）通过半径为 $r$（$R_1<r<R_2$）的球面的位移电流。

3. 电荷为 $q$ 的点电荷以匀角速度 $\omega$ 作圆周运动，圆周的半径为 $R$。$t=0$ 时 $q$ 所在点的坐标为 $x_0=R$、$y_0=0$，以 $\vec{i}$、$\vec{j}$ 分别表示 $x$ 轴和 $y$ 轴的单位矢量。试求圆心处的位移电流密度 $\vec{J}$。

4. 如图 10－18 所示，由圆形板构成的平板电容器两极板之间的距离为 $d$，其中的介质为非理想绝缘的、具有电导率为 $\gamma$、电容率为 $\varepsilon$、磁导率为 $\mu$ 的非铁磁性、各向同性均匀介质。两极板间加电压 $U=U_0\cos\omega t$。忽略边缘效应，试求电容器两极板间任一点的磁感强度大小。

5. 如图 10－19 所示，在半径为 $R$ 的圆柱形空间存在着轴向均匀磁场，一根长为 $2R$ 的导体棒在与磁场垂直的平面内以速度 $\vec{v}$ 横扫过磁场，若磁感强度 $\vec{B}$ 以 $\frac{d\vec{B}}{dt}>0$ 变化，试求导体棒在图示位置处时，棒上的感应电动势。

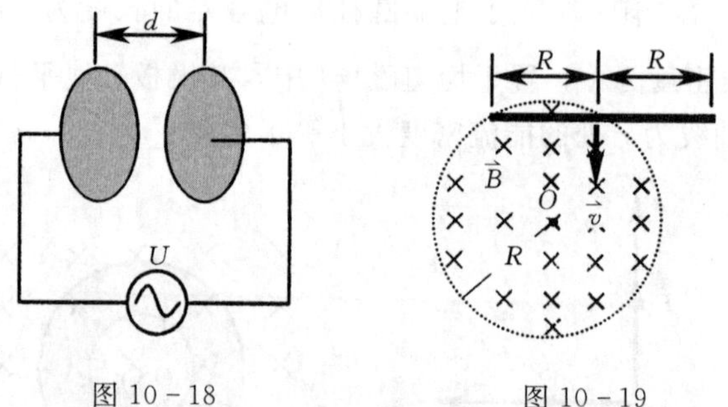


图 10－18　　图 10－19

6. 空气平行板电容器极板是半径为 $R$ 的圆形导体片，放电电流为 $i=I_0e^{-kt}$。忽略边缘效应，试求极板间与圆形导体片轴线的距离为 $r$（$r<R$）处的磁感强度 $\vec{B}$。

7. 在真空中，半径为 0.2m 的两块圆板构成平行板电容器。电容器在充电过程中，两极板间的电场变化率为 $\frac{dE}{dt}=2.0\times10^8\,\text{V}/(\text{m}\cdot\text{s})$。忽略边缘效应，试求：

（1）电容器两极板间的位移电流。

（2）电容器内与两极板中心连线的距离为 0.1m 处的磁感强度。

8. 无限长螺线管单位长度上线圈的匝数为 $n$，如果电流随时间均匀增加，即 $i=kt$（$k$ 为常量），试求：

（1）时刻 $t$ 时，螺线管内的磁感强度。

（2）螺线管中的电场强度。

9. 如图 10-20 所示，点电荷 $q$ 以速度 $\vec{v}$（$v \ll c$，$c$ 为真空中光速）向 $O$ 点运动，在 $O$ 点处作一个半径为 $r$ 的圆周，圆平面与速度方向垂直，当点电荷到 $O$ 点的距离为 $x$ 时，试求圆周各点的磁感强度和通过此圆面的位移电流。

10. 半径为 $R$、厚度为 $h$ 的金属圆盘置于均匀磁场中，磁感应强度 $\vec{B}$ 垂直于盘面，如图 10-21 所示。磁场的大小随时间而变化，$\mathrm{d}B/\mathrm{d}t=\alpha$，$\alpha$ 为一常量。已知金属圆盘的电导率为 $\sigma$，试求金属圆盘内总的涡电流。

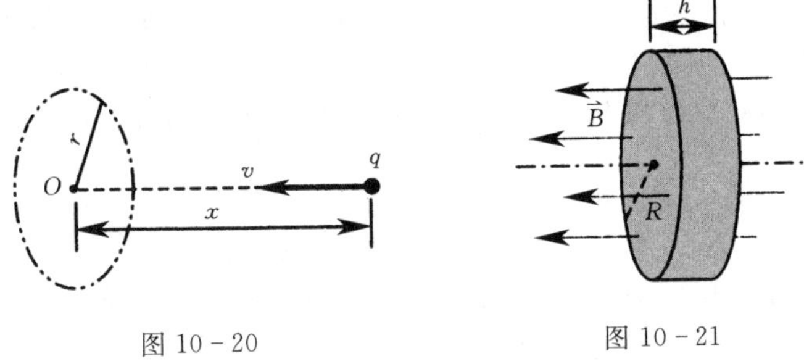


图 10-20　　　图 10-21

11. 半径为 $R$ 的无限长直螺线管每单位长度有线圈 $n$ 匝，通有电流 $i=i_0\cos\omega t$，试求：

（1）在螺线管内距轴线为 $r$ 处的一点的感应电场强度大小。

（2）该点的坡印亭矢量的大小。

12. 有一个内径为 $a$、外径为 $b$ 的空气柱形电容器，电容器的长度较（$b-a$）大得多。在电容器一端两极之间加上直流电压 $U$，另一端两极之间接上负载电阻 $R$。忽略电容器极板的电阻，试求电容器中能流密度矢量。

13. 如图 10-22 所示，一根长直同轴电缆的内导体半径为 $a$，外导体的内半径为 $b$。利用这个电缆输送恒稳电流 $I$ 到负载 $R$ 上。电缆的电阻很小可以忽略不计，内外导体之间为真空。试求电缆内外导体之间空间各处的能流密度矢量，并讨论电缆中能量输送情况。

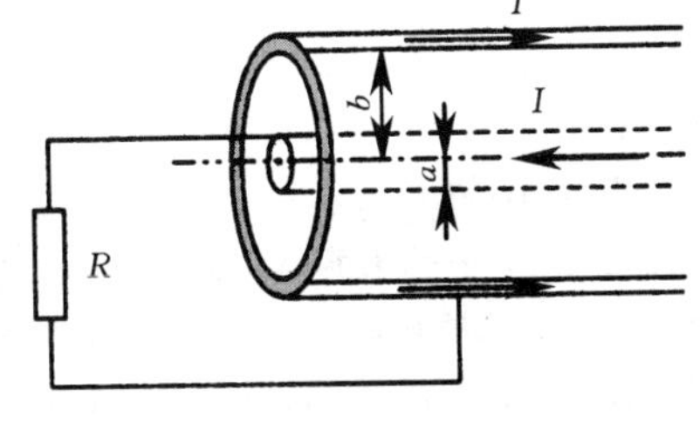


图 10-22

14. 有一台平均辐射功率为 60kW 的广播电台，试求在离电台天线 120km 处的电场强度振幅值 $E_0$ 和磁感应强度幅值 $B_0$（假定天线辐射的能量各方向相同）。

15. 一列平面简谐电磁波在空中某点的最大电场强度 $E_0=4.80\times10^{-2}$ V/m，试求该点的最大磁感应强度和电磁波的强度。

## 科学家史话　麦克斯韦

詹姆斯·克拉克·麦克斯韦（James Clerk Maxwell，1831—1879），英国物理学家、数学家。是继法拉第之后集电磁学大成的伟大科学家，在科学史上，通常称牛顿将天上和地上的运动规律统一起来，是实现第一次大综合的伟人。麦克斯韦将电、光统一起来，实现了第二次大综合，因此与牛顿齐名。1873年出版的《论电和磁》，也被尊为继牛顿《原理》之后的一部最重要的物理学经典。没有电磁学就没有现代电工学，也就不可能有现代文明。

麦克斯韦于1831年11月13日生于英国苏格兰的爱丁堡，自幼聪颖，父亲是一位知识渊博的律师，使麦克斯韦从小受到良好的教育。10岁时，他进入爱丁堡中学学习，14岁就在爱丁堡皇家学会会刊上发表了一篇关于二次曲线作图问题的论文，已显露出出众的才华。1847年，他进入爱丁堡大学学习数学和物理；1850年转入剑桥大学三一学院数学系学习，1854年以第二名的成绩获史密斯奖学金，毕业留校任职两年。1856年，他在苏格兰阿伯丁的马里沙耳任自然哲学教授。1860年，他到伦敦国王学院任自然哲学和天文学教授。1861年，他当选为伦敦皇家学会会员；1865年春，他辞去教职回到家乡以后，系统地总结了他的关于电磁学的研究成果，完成了电磁场理论的经典巨著《论电和磁》，并于1873年出版。

麦克斯韦主要从事电磁理论、分子物理学、统计物理学、光学、力学、弹性理论方面的研究。尤其是他建立的电磁场理论，将电学、磁学、光学统一起来，这是19世纪物理学发展的最光辉的成果，是科学史上最伟大的综合之一。他预言了电磁波的存在，这种理论预见后来得到了充分的实验验证。他为物理学树起了一座丰碑，造福于人类的无线电技术，就是以电磁场理论为基础发展起来的。

麦克斯韦8岁那年母亲去世，但在父亲深情的关照和详尽的指导下，加上自己的勇气和求知欲，麦克斯韦的童年仍然充满着美好。当他10岁进入爱丁堡中学读书时，班里的富家子弟叫他“乡巴佬”，但他十分顽强，勤奋学习，不受干扰，很快就显示出自己的才华，扭转了别人的看法。他在全校的数学竞赛和诗歌比赛中都取得了第一名，成了有名的“神童”。

麦克斯韦19岁进入剑桥大学。在此期间，麦克斯韦专攻数学，阅读了大量的专门著作。一次偶然的机会，麦克斯韦遇到了一位好老师，这就是剑桥大学数学教授霍普金斯。一天，霍普金斯到图书馆借书，他要的一本数学专著不巧被一位学生借走了。那书是一般学生不可能读懂的，教授感到有些奇怪。他询问借书人名字，管理员答道“麦克斯韦”。教授找到麦克斯韦，看见年轻人正埋头摘抄，笔记本上涂得五花八门，毫无头绪，房间里也是乱糟糟的。霍普金斯不禁对这个青年发生了兴趣，诙谐地说：“小伙子，如果没有秩序，你永远成不了优秀的数学物理家。”从这一天开始，霍普金斯成了麦克斯韦的指导教授。麦克斯韦在他的指教下，首先克服了杂乱无章的学习习惯。霍普金斯对他的每一个选题，每一步运算都要求很严。这位导师还将麦克斯韦推荐到剑桥大学的尖子班学习，这个班由有多方面成就的威廉·汤姆生和数学造诣很高的数学家斯托克斯主持，他俩也曾是霍普金斯的学生。经过这两位优秀数学家的指点，麦克斯韦进步很快，不到3年就掌握了当时所有先进的数学方法。霍普金斯曾对人称赞他说：“在我教过的所有学生中，毫无疑问，这是我所遇到的最杰出的一个。”

1854年，麦克斯韦毕业后不久，拜读到了法拉第的名著《电学实验研究》。法拉第在这本书中，将他数十年研究电磁现象的心得归结为“力线”的概念。麦克斯韦完全被书中的实验和新颖的见解吸引住了，法拉第的著作把他带进一个崭新的知识领域。一年之后，24岁的麦克斯韦发表了《法拉第的力线》，这是他第一篇关于电磁学的论文。在这篇论文中，麦克斯韦通过数学方法，把电流周围存

在磁力线这一特征，概括为一个数学方程。在4年后一个晴朗的春天，麦克斯韦专程拜访了法拉第。他们虽然通信几年了，但还从来没有见过面。这是一次难忘的会晤。两人一见如故，亲切交谈起来。阳光照耀着这两位伟人，他们不仅在年龄上相隔40年，在性情、爱好、特长等方面也颇有不同，这真是奇妙的结合：法拉第快活、和蔼，麦克斯韦严肃、机智，可是他们对物质世界的看法却产生了共鸣。老师是一团温暖的火，学生是一把锋利的剑。麦克斯韦不善于说话，法拉第演讲起来娓娓动听。两人的科学方法也恰好相反：法拉第专于实验探索，麦克斯韦擅长理论概括。谈话中法拉第提到了麦克斯韦4年前的论文《法拉第的力线》。当麦克斯韦征求他的看法时，法拉第说："我不认为自己的学说一定是真理，但你是真正理解它的人。""先生能给我指出论文的缺点吗?"麦克斯韦谦虚地说。"这是一篇出色的文章"，法拉第想了想说，"可是你不应停留于用数学来解释我的观点，而应该突破它。""突破它!"法拉第的话大大地鼓舞了麦克斯韦，他立即以更大的热忱投入了新的研究，要把法拉第的研究向前推进一步。两年的时光过去了，这是努力探求的两年，也是丰收的两年。1862年，麦克斯韦在英国《哲学杂志》上发表了第二篇电磁论文《论物理的力线》。文章一登出来，立即引起了强烈的反响。这是一篇划时代的论文，它与7年前麦克斯韦的第一篇电磁论文相比，有了质的飞跃。因为《论物理的力线》，不再是法拉第观点单纯的数学解释，而是有了创造性的引申和发展。麦克斯韦从理论上引出了位移电流的概念，这是电磁学上继法拉第电磁感应提出后的一项重大突破。麦克斯韦并未到此为止。他再一次发挥自己的数学才能，由这一科学假设出发，推导出两个高度抽象的微分方程式，这就是著名的麦克斯韦方程式。这组方程不仅圆满地解释了法拉第电磁感应现象，还作了推广：凡是有磁场变化的地方，周围不管是导体或者介质，都有感应电场存在。方程还证明了：不仅变化的磁场产生电场，而且变化的电场也产生磁场。经过麦克斯韦创造性的总结，电磁现象的规律终于被他用明确的数学形式揭示出来。电磁学到此才开始成为一种科学的理论。在自然科学史上，只有当某一科学达到了成熟阶段，才可能用数学表示成定律形式。这些定律不仅能解释已知的现象，还可以揭示出某些尚未发现的东西。正如牛顿的万有引力定律预见了海王星一样，麦克斯韦的方程式预见了电磁波的存在。因为既然交变的电场会产生交变的磁场，而交变的磁场又会产生交变的电场，这种交变的电磁场就会以波的形式，向空间散布开去。麦克斯韦作出这一预见时，年仅31岁。这是麦克斯韦一生中最辉煌的一年。麦克斯韦继续向电磁领域的深度进军。1865年，他发表了第三篇电磁学论文。在这篇重要文献中，麦克斯韦方程的形式更完备了。他采用了一种新的数学方法，由方程组直接推导出电场和磁场的波动方程，从理论上证明了电磁波的传播速度正好等于光速！至此，电磁波的存在是确信无疑了！于是麦克斯韦大胆地宣布：世界上存在一种尚未被人发现的电磁波，它看不见，摸不着，但是它充满在整个空间。光也是一种电磁波，只不过它可以被人看见而已。麦克斯韦的预言，震动了整个物理界，麦克斯韦《电磁学通论》的出版，成了当时物理学界的一件大事。

1871年，麦克斯韦受聘为剑桥大学新设立的卡文迪试验物理学教授，负责筹建著名的卡文迪实验室。他花费几年的时间整理卡文迪遗留下来的大量资料，工作相当繁杂、细致而困难，他放弃了自己的研究，耗尽了精力，将被埋没近半个世纪的许多有价值的东西整理出来。1874年建成后，他担任了这个实验室的第一任主任。1879年11月5日，年仅48岁的麦克斯韦在剑桥病逝。

# 附录Ⅰ 矢量及其运算

## 一、矢量和标量

根据物理量是否具有方向性而将其分为矢量和标量两大类。

1. 矢量

矢量是指既有大小又有方向的物理量。例如位移、速度、加速度、力、动量、电场强度等物理量都是矢量。

矢量常用黑粗体字母（例如 $\boldsymbol{B}$）或带箭头的字母（例如 $\vec{B}$）表示。矢量的大小称为**矢量的模**，用 $|\boldsymbol{B}|$ 或 $B$ 表示。模等于 1 的矢量称为**单位矢量**，矢量 $\boldsymbol{B}$ 的单位矢量表示为 $\boldsymbol{e}_{\mathrm{B}}$，它表示矢量 $\boldsymbol{B}$ 的方向。因此矢量 $\boldsymbol{B}$ 可以表示为

$$\boldsymbol{B}=B\boldsymbol{e}_{\mathrm{B}}$$

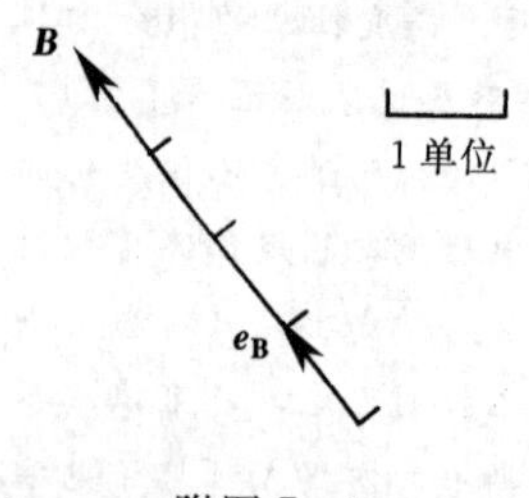


附图Ⅰ-1

矢量也可以用一条有向线段表示，如附图Ⅰ-1所示。线段的长度表示矢量的大小，线段的箭头方向表示矢量的方向。当将矢量平移时，由于矢量的大小和方向都保持不变，因此矢量平移时，矢量不变，矢量的这种性质称为**矢量平移不变性**。

2. 标量

标量是指只有大小没有方向的物理量。例如质量、速率、路程、温度、功、能量、电势等物理量都是标量。

## 二、矢量合成

1. 三角形法则

如附图Ⅰ-2（a）、（b）所示，求两个矢量 $\boldsymbol{A}$ 和 $\boldsymbol{B}$ 的合矢量时，将矢量 $\boldsymbol{A}$、$\boldsymbol{B}$ 平移，使它们的起点重合，再以 $\boldsymbol{A}$ 和 $\boldsymbol{B}$ 为邻边作平行四边形，从两个矢量的共同起点出发作平行四边形的对角线，对应的矢量 $\boldsymbol{R}$ 就是矢量 $\boldsymbol{A}$ 和 $\boldsymbol{B}$ 的合矢量。即

$$\boldsymbol{R}=\boldsymbol{A}+\boldsymbol{B}$$

这种矢量合成的方法称为**平行四边形法则**。

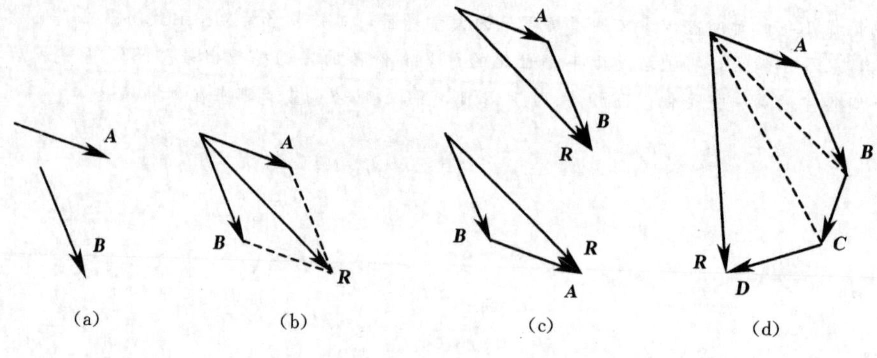


附图Ⅰ-2

考虑到矢量的平移不变性，矢量合成的平行四边形法则可以简化为矢量合成的**三角形法则**。如附图Ⅰ-2（c）所示，使矢量 $\boldsymbol{A}$ 和 $\boldsymbol{B}$ 的首尾相连，则从矢量 $\boldsymbol{A}$ 的起点出发至矢量 $\boldsymbol{B}$ 的末端的矢量即为合矢量 $\boldsymbol{R}$。当然也可以以矢量 $\boldsymbol{B}$ 的末端为起点作矢量 $\boldsymbol{A}$，则从矢量 $\boldsymbol{B}$ 的起点出发至矢量 $\boldsymbol{A}$ 末端的矢量也为合矢量 $\boldsymbol{R}$，其理由是 $\boldsymbol{A}+\boldsymbol{B}=\boldsymbol{B}+\boldsymbol{A}$。

当多个矢量合成时，可以先用三角形法则求出其中任意两个矢量的合矢量，然后再将这个合矢量与第三个矢量合成，以此类推即可得出多个矢量的合矢量，如附图Ⅰ-2（d）所示。从附图Ⅰ-2（d）中可以看出，多个矢量合成时，把所有的矢量首尾相连，然后由第一个矢量的始端向最后一个矢量的末端做矢量，即可得到合矢量，这种计算合矢量的方法称为**多边形法则**。

$$\boldsymbol{R}=\boldsymbol{A}+\boldsymbol{B}+\boldsymbol{C}+\boldsymbol{D}$$

2. 解析法

矢量可以合成，也可以分解。如附图Ⅰ-3所示，在平面直角坐标系中，矢量 $\boldsymbol{B}$ 可以表示为

$$\boldsymbol{B}=B_x\boldsymbol{i}+B_y\boldsymbol{j}$$

式中：$B_x$、$B_y$ 分别为矢量 $\boldsymbol{B}$ 在 $x$、$y$ 轴上的两个分量大小；$\boldsymbol{i}$、$\boldsymbol{j}$ 分别为 $x$、$y$ 方向的单位矢量。

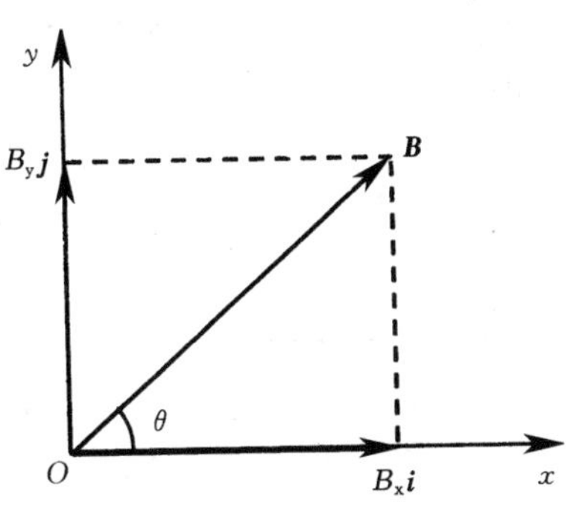


附图Ⅰ-3

由附图Ⅰ-3可知，矢量 $\boldsymbol{B}$ 的大小为

$$B=|\boldsymbol{B}|=\sqrt{B_x^2+B_y^2}$$

矢量 $\boldsymbol{B}$ 的方向用 $\boldsymbol{B}$ 与 $x$ 轴的夹角 $\theta$ 表示，显然

$$\tan\theta=\frac{B_y}{B_x}$$

有两个矢量 $\boldsymbol{A}=A_x\boldsymbol{i}+A_y\boldsymbol{j}$ 和 $\boldsymbol{B}=B_x\boldsymbol{i}+B_y\boldsymbol{j}$，其合矢量为

$$\boldsymbol{R}=\boldsymbol{A}+\boldsymbol{B}=(A_x+B_x)\boldsymbol{i}+(A_y+B_y)\boldsymbol{j}=R_x\boldsymbol{i}+R_y\boldsymbol{j}$$

3. 矢量减法

大小相等、方向相反的两个矢量互称为**负矢量**。如果 $\boldsymbol{A}$、$\boldsymbol{B}$ 两个矢量互为负矢量，则它们的关系表示为

$$\boldsymbol{A}=-\boldsymbol{B}$$

由于

$$\boldsymbol{R}=\boldsymbol{A}-\boldsymbol{B}=\boldsymbol{A}+(-\boldsymbol{B})$$

因此，矢量 $\boldsymbol{A}$ 减 $\boldsymbol{B}$ 可以视为矢量 $\boldsymbol{A}$ 加负矢量 $-\boldsymbol{B}$，如附图Ⅰ-4（a）、（b）所示。矢量减法也可以用三角形法则表示。如附图Ⅰ-4（c）所示，使两矢量的起点重合，连接两矢量的末端并指向被减矢量末端的矢量就是两矢量的差。

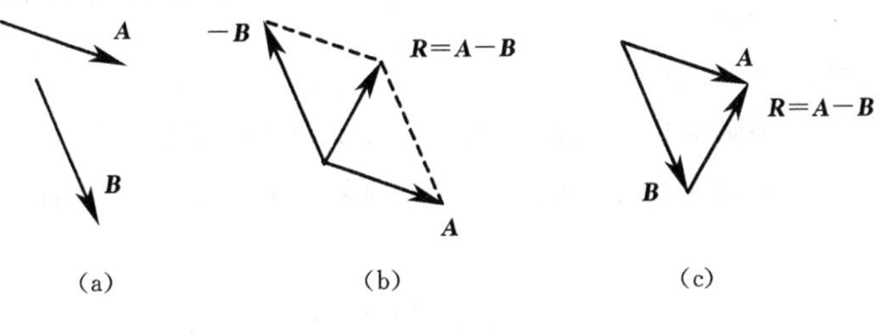


附图Ⅰ-4

有两个矢量 $\boldsymbol{A}=A_x\boldsymbol{i}+A_y\boldsymbol{j}$ 和 $\boldsymbol{B}=B_x\boldsymbol{i}+B_y\boldsymbol{j}$，其差矢量为

$$\boldsymbol{R}=\boldsymbol{A}-\boldsymbol{B}=(A_x-B_x)\boldsymbol{i}+(A_y-B_y)\boldsymbol{j}=R_x\boldsymbol{i}+R_y\boldsymbol{j}$$

**三、矢量乘积**

1. 矢量数积

一个数与矢量相乘称为**矢量数积**。数 $m$ 与矢量 $\boldsymbol{B}$ 相乘表示为

$$\boldsymbol{R}=m\boldsymbol{B}$$

矢量数积的结果得到一个新的矢量 $\boldsymbol{R}$。矢量 $\boldsymbol{R}$ 的大小为 $R=mB$，如果 $m>0$，则 $\boldsymbol{R}$ 的方向与 $\boldsymbol{B}$ 的方向相同；如果 $m<0$，$\boldsymbol{R}$ 的方向与 $\boldsymbol{B}$ 的方向相反。

2. 矢量标积（点乘）

**矢量标积**是指两个矢量相乘的结果为标量的运算，也称为矢量的点乘，记为 $\boldsymbol{A}\cdot\boldsymbol{B}$。

如附图Ⅰ-5所示，两矢量点乘的大小等于两矢量的大小及两矢量夹角余弦的乘积。即

$$\boldsymbol{A}\cdot\boldsymbol{B}=AB\cos\theta$$

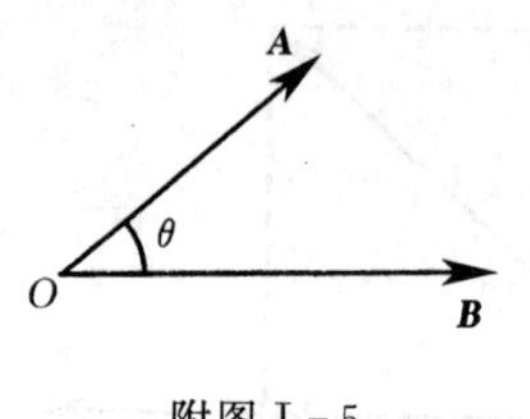

附图Ⅰ-5

式中：$\theta$ 为矢量 $\boldsymbol{A}$ 和 $\boldsymbol{B}$ 正方向的夹角。

若 $0\leqslant\theta<\pi/2$，$\boldsymbol{A}\cdot\boldsymbol{B}>0$；若 $\theta=\pi/2$，$\boldsymbol{A}\cdot\boldsymbol{B}=0$；若 $\pi/2<\theta\leqslant\pi$，$\boldsymbol{A}\cdot\boldsymbol{B}<0$。

有两个矢量 $\boldsymbol{A}=A_x\boldsymbol{i}+A_y\boldsymbol{j}$ 和 $\boldsymbol{B}=B_x\boldsymbol{i}+B_y\boldsymbol{j}$，它们的点乘结果为

$$R=\boldsymbol{A}\cdot\boldsymbol{B}=A_xB_x+A_yB_y$$

3. 矢量矢积（叉乘）

**矢量矢积**是指两个矢量相乘的结果为矢量的运算，也称为**矢量叉乘**，记为 $\boldsymbol{A}\times\boldsymbol{B}$。

两矢量叉乘的大小等于两矢量的大小及两矢量夹角正弦的乘积。即

$$|\boldsymbol{A}\times\boldsymbol{B}|=AB\sin\theta$$

式中：$\theta$ 为矢量 $\boldsymbol{A}$ 和 $\boldsymbol{B}$ 正方向的夹角。

$\boldsymbol{A}\times\boldsymbol{B}$ 的方向与 $\boldsymbol{A}$、$\boldsymbol{B}$ 成右手螺旋关系，即右手四指从 $\boldsymbol{A}$ 经由小于 $\pi$ 的角转向 $\boldsymbol{B}$ 时大拇指伸直时所指的方向，如附图Ⅰ-6所示。

有两个矢量 $\boldsymbol{A}=A_x\boldsymbol{i}+A_y\boldsymbol{j}+A_z\boldsymbol{k}$ 和 $\boldsymbol{B}=B_x\boldsymbol{i}+B_y\boldsymbol{j}+B_z\boldsymbol{k}$，它们的叉乘结果为

$$\boldsymbol{A}\times\boldsymbol{B}=\begin{vmatrix}\boldsymbol{i} & \boldsymbol{j} & \boldsymbol{k}\\ A_x & A_y & A_z\\ B_x & B_y & B_z\end{vmatrix}$$

附图Ⅰ-6

**四、矢量函数的导数和积分**

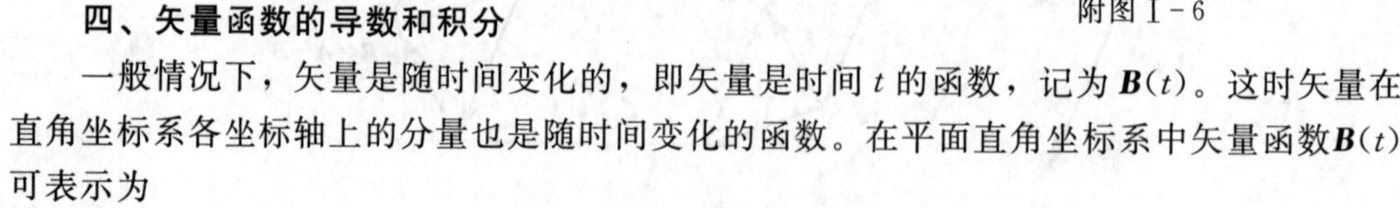

一般情况下，矢量是随时间变化的，即矢量是时间 $t$ 的函数，记为 $\boldsymbol{B}(t)$。这时矢量在直角坐标系各坐标轴上的分量也是随时间变化的函数。在平面直角坐标系中矢量函数 $\boldsymbol{B}(t)$ 可表示为

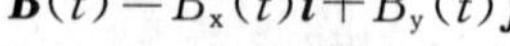

$$\boldsymbol{B}(t)=B_x(t)\boldsymbol{i}+B_y(t)\boldsymbol{j}$$

式中：$\boldsymbol{i}$、$\boldsymbol{j}$ 分别为 $x$、$y$ 方向的单位矢量，是不随时间变化的常矢量。

1. 矢量函数的导数

如果矢量函数 $\boldsymbol{B}(t)$ 的各个分量 $B_x(t)$、$B_y(t)$ 都是可导的，则 $\boldsymbol{B}(t)$ 的导数可写为

$$\frac{\mathrm{d}\boldsymbol{B}(t)}{\mathrm{d}t}=\frac{\mathrm{d}B_x(t)}{\mathrm{d}t}\boldsymbol{i}+\frac{\mathrm{d}B_y(t)}{\mathrm{d}t}\boldsymbol{j}$$

一般情况下，矢量函数的导数仍然是矢量。矢量函数对时间的二阶导数可表示为

$$\frac{\mathrm{d}^2\boldsymbol{B}(t)}{\mathrm{d}t^2}=\frac{\mathrm{d}^2B_x(t)}{\mathrm{d}t^2}\boldsymbol{i}+\frac{\mathrm{d}^2B_y(t)}{\mathrm{d}t^2}\boldsymbol{j}$$

2. 矢量函数的积分

如果已知一个矢量函数的导数，即已知 $\boldsymbol{R}(t)=\frac{\mathrm{d}\boldsymbol{B}(t)}{\mathrm{d}t}$，则矢量函数 $\boldsymbol{B}(t)$ 可以通过积分得到，即

$$\boldsymbol{B}(t)=\boldsymbol{B}(t_0)+\int_{t_0}^{t}\boldsymbol{R}(t)\mathrm{d}t=\boldsymbol{B}(t_0)+\int_{t_0}^{t}R_x(t)\mathrm{d}t\boldsymbol{i}+\int_{t_0}^{t}R_y(t)\mathrm{d}t\boldsymbol{j}$$

其中 $\boldsymbol{B}(t_0)$ 是 $t_0$ 时刻矢量 $\boldsymbol{B}(t)$ 的函数值，称为**初始条件**。

# 附录Ⅱ 国际单位制

国务院于1984年2月27日颁布了《中华人民共和国法定计量单位》。我国的法定计量单位是以国际单位制（SI）为基础的，具有结构简单、科学性强、使用方便、易于推广的特点。其中有7个**基本单位**：米（长度单位）、千克（质量单位）、秒（时间单位）、安培（电流单位）、开尔文（热力学温度单位）、摩尔（物质的量单位）、坎德拉（发光强度单位）；两个辅助单位：弧度（平面角单位）、球面度（立体角单位）。其他单位都是由这些单位导出的，称为**导出单位**。现将国际单位制的基本单位、辅助单位及在国际单位制中具有专门名称的导出单位见附表Ⅱ-1～附表Ⅱ-3。

**附表Ⅱ-1　国际单位制的基本单位**

| 物理量 | 单位名称 | 单位符号 | 定　义 |
|---|---|---|---|
| 长度 | 米 | m | 米是光在真空中经过1/299792458秒的时间间隔所经过的距离 |
| 质量 | 千克 | kg | 千克等于国际千克原器的质量 |
| 时间 | 秒 | s | 秒是铯133原子基态两个超精细能级之间跃迁辐射周期的9192631770倍的持续时间 |
| 电流 | 安培 | A | 安培是一恒定电流，若保持在处于真空中相距1m的两无限长、而圆截面可忽略的平行直导线内，则此两导线之间每米长度上产生的力等于$2\times10^{-7}$牛顿 |
| 热力学温度 | 开［尔文］ | K | 开尔文是水三相点热力学温度的1/273.16 |
| 物质的量 | 摩［尔］ | mol | 摩尔是系统的物质的量，该系统中所包含的基本单元数与0.012千克碳—12的原子数目相等；在使用摩尔时，基本单元应予指明，可以是原子、分子、离子及其他粒子，或是这些粒子的特定组合 |
| 发光强度 | 坎［德拉］ | cd | 坎德拉是一光源在给定方向上的发光强度，该光源发出频率为$540\times10^{12}$赫兹的单色辐射，且在此方向上的辐射强度为1/683瓦特每球面度 |

**附表Ⅱ-2　国际单位制的辅助单位**

| 物理量 | 单位名称 | 单位符号 | 定　义 |
|---|---|---|---|
| 平面角 | 弧度 | rad | 弧度是一个圆内两条半径之间的平面角，这两条半径在圆周上截取的弧长与半径相等 |
| 立体角 | 球面度 | sr | 球面度是一立体角，其顶点位于球心，而它在球面上截取的面积等于以球半径为边长的正方形面积 |

**附表Ⅱ-3　国际单位制中具有专门名称的导出单位**

| 物理量 | 单位名称 | 单位符号 | 与SI基本单位的关系 | 与SI其他单位的关系 |
|---|---|---|---|---|
| 频率 | 赫［兹］ | Hz | $s^{-1}$ | |
| 力 | 牛［顿］ | N | $kg\cdot m\cdot s^{-2}$ | |
| 压强 | 帕［斯卡］焦 | Pa | $N\cdot m^{-2}$ | $N/m^2$ |

续表

| 物理量 | 单位名称 | 单位符号 | 与 SI 基本单位的关系 | 与 SI 其他单位的关系 |
|---|---|---|---|---|
| 能量、功、热量 | [耳] | J | $kg \cdot m^2 \cdot s^{-2}$ | $N \cdot m$ |
| 功率、辐射通量 | 瓦 [特] | W | $kg \cdot m^2 \cdot s^{-3}$ | J/s |
| 电荷量 | 库 [仑] | C | $A \cdot s$ | |
| 电势、电压、电动势 | 伏 [特] | V | $kg \cdot m^2 \cdot s^{-3} \cdot A^{-1}$ | W/A |
| 电容 | 法 [拉] | F | $kg \cdot m^{-2} \cdot s^4 \cdot A^2$ | C/V |
| 电阻 | 欧 [姆] | Ω | $kg \cdot m^2 \cdot s^{-3} \cdot A^{-2}$ | V/A |
| 电导 | 西 [门子] | S | $kg^{-1} \cdot m^{-2} \cdot s^3 \cdot A^2$ | A/V |
| 磁通量 | 韦 [伯] | Wb | $kg \cdot m^2 \cdot s^{-2} \cdot A^{-1}$ | $V \cdot s$ |
| 磁感应强度、磁通密度 | 特 [斯拉] | T | $kg \cdot s^{-2} \cdot A^{-1}$ | $Wb/m^2$ |
| 电感 | 亨 [利] | H | $kg \cdot m^2 \cdot s^{-2} \cdot A^{-2}$ | Wb/A |
| 摄氏温度 | 摄氏度 | ℃ | K | |
| 光通量 | 流 [明] | lm | $cd \cdot sr$ | |
| 光照度 | 勒 [克斯] | lx | $m^{-2} \cdot cd \cdot sr$ | $lm/m^2$ |
| 放射性活度 | 贝可 [勒尔] | Bq | $s^{-1}$ | |
| 吸收剂量 | 戈 [瑞] | Gy | $m^2 \cdot s^{-2}$ | J/kg |

几种常用的单位换算：

1rad＝57.30°＝0.1592r

$1° = \frac{\pi}{180}$rad

1r＝2π rad

1 原子质量单位（u）＝$1.66 \times 10^{-27}$kg

1atm＝760mmHg＝$1.013 \times 10^5$Pa

1cal＝4.18J 或 1J＝0.24cal

1ev＝$1.6 \times 10^{-9}$ J

1T＝$10^{-4}$Gs

国际单位制词头见附表Ⅱ-4。

**附表Ⅱ-4　国 际 单 位 制 词 头**

| 倍数 | 词头名称 | 词头符号 | 倍数 | 词头名称 | 词头符号 |
|---|---|---|---|---|---|
| $10^{18}$ | 艾 [可萨] | E | $10^{-1}$ | 分 | d |
| $10^{15}$ | 拍 [它] | P | $10^{-2}$ | 厘 | c |
| $10^{12}$ | 太 [拉] | T | $10^{-3}$ | 毫 | m |
| $10^9$ | 吉 [伽] | G | $10^{-6}$ | 微 | μ |
| $10^6$ | 兆 | M | $10^{-9}$ | 纳 [诺] | n |
| $10^3$ | 千 | K | $10^{-12}$ | 皮 [可] | p |
| $10^2$ | 百 | h | $10^{-15}$ | 飞 [母托] | f |
| $10^1$ | 十 | da | $10^{-18}$ | 阿 [托] | a |

# 参 考 文 献


[1] 吴泽华. 大学物理 [M]. 杭州：浙江大学出版社，2006.

[2] 张达宋. 物理学基本教程 [M]. 北京：高等教育出版社，2008.

[3] 马文蔚. 物理学教程 [M]. 北京：高等教育出版社，2001.

[4] 程守洙. 普通物理学 [M]. 北京：高等教育出版社，2006.

[5] 李元杰. 大学物理学 [M]. 北京：高等教育出版社，2003.

[6] 赵凯华. 新概念物理学教程 [M]. 北京：高等教育出版社，2003.

[7] 姚建明. 大学物理 [M]. 北京：北京理工大学出版社，2007.

[8] 毛骏健. 大学物理学 [M]. 北京：高等教育出版社，2006.

[9] 王秀敏. 大学物理 [M]. 北京：北京邮电大学出版社，2008.